前 言

机器视觉是人工智能领域的一个活跃学科，旨在研究机器视觉的构成、图像处理算法和应用系统。近年来，机器视觉作为学科交叉的研究领域，研究内容和研究方法涉及光学工程、模式识别、人工智能、仪器仪表、图像处理、信号处理、机器人学、机器学习、神经网络及自动化等多学科领域，广泛应用于航空航天、智能制造、建材、冶金、选矿、自动驾驶、固废处理、服务机器人等领域。本书重点介绍机器视觉的原理及多种机器视觉算法的实用化应用。

本书从原理与应用两个角度进行阐述，系统深入地讲解了目前主要的机器视觉算法，包括机器视觉理论简介、机器视觉数学基础、机器视觉编程基础、机器视觉测量系统、视觉图像基础、基于 OpenCV 和 Python 的图像预处理、图像的特征提取、视觉动态纹理识别、图像配准、立体视觉、主动轮廓与跟踪运动、聚类分析及随机配置网络。对重点算法分别通过理论分析、实验程序、实际应用三部分进行讲解。对于算法的核心部分，编著者进行了详细的阐述。

学习本书，需要读者掌握基本的数学基础知识，如微积分、线性代数、概率论及矩阵论等，同时应具备一些编程基础，如 C 语言、MATLAB 及 Python 和 OpenCV。

本书由沈阳工业大学的乔景慧编著。编著者的学生李岭、赵校伟、何鑫达、张皓博、赵燕松、崔景研等为本书的实践应用部分做了大量的工作，唐韫泽、徐宁、陈宇曦、张啸涵、李洪达、韩玉明、张开济、张岩、熊宁康、苏冠赫、黄湛强、柳司麒、李卓然等为本书的插图及程序提供了大量帮助。

回望学术研究之路，感谢我的硕士导师韩跃新教授在选矿及纳米材料方面的指引，感谢我的博士导师柴天佑院士在控制理论与控制工程专业的引领。回望教学之路，感谢田方教授及沈阳工业大学各位同事的支持和帮助。回望科研实践之路，感谢各合作企业给予的大力支持。

本书的编写得到了国家自然科学基金项目的支持（项目编号：61573249），辽宁省高等学校创新人才支持计划（项目编号：LR2019048）的支持，也得到了辽宁省研究生教育教学改革研究项目——多元协调的机械工程研究生实践创新能力培养的教学改革与实践探索（项目编号：LNYJG2022073）的支持，以及沈阳工业大学“战略领域学科方向团队——智能视觉与智能装备”的资助。此外，本书还得到了沈阳工业大学研究生教育教学改革研究项目——面向基础研究创新型研究生培养的优秀导师团队建设与实践（项目编号：SYJG2022002）的资助。

由于编著者的水平和经验有限，书中难免存在不妥之处，敬请读者给予批评与指正！

乔景慧

目　录

普通高等教育人工智能系列教材

机器视觉原理与应用

乔景慧　编著

机 械 工 业 出 版 社

本书是机器视觉原理与应用的基础性教材，使用 OpenCV、Python 与 MATLAB 实现涉及的各种机器视觉算法。通过本书的学习，读者能理解并掌握机器视觉的原理和应用。本书注重理论与实践的结合，共 13 章，分别是机器视觉理论简介、机器视觉数学基础、机器视觉编程基础、机器视觉测量系统、视觉图像基础、基于 OpenCV 和 Python 的图像预处理、图像的特征提取、视觉动态纹理识别、图像配准、立体视觉、主动轮廓与跟踪运动、聚类分析及随机配置网络。

本书内容翔实、实例丰富，注重理论与实践相结合，不仅可以作为本科生和研究生的教材或参考书，而且可以作为机器视觉爱好者入门与提高的参考书。

图书在版编目（CIP）数据

机器视觉原理与应用/乔景慧编著. —北京：机械工业出版社，2024.1（2025.1 重印）

普通高等教育人工智能系列教材

ISBN 978-7-111-74726-0

Ⅰ.①机… Ⅱ.①乔… Ⅲ.①计算机视觉-高等学校-教材 Ⅳ.①TP302.7

中国国家版本馆 CIP 数据核字（2024）第 002051 号

机械工业出版社（北京市百万庄大街 22 号 邮政编码 100037）

策划编辑：余 皞　　责任编辑：余 皞 张翠翠

责任校对：杨 霞 陈 越　　封面设计：张 静

责任印制：常天培

北京机工印刷厂有限公司印刷

2025 年 1 月第 1 版第 2 次印刷

184mm×260mm · 19.5 印张 · 484 千字

标准书号：ISBN 978-7-111-74726-0

定价：65.00 元

电话服务

客服电话：010-88361066

010-88379833

010-68326294

网络服务

机 工 官 网：www.cmpbook.com

机 工 官 博：weibo.com/cmp1952

金 书 网：www.golden-book.com

机工教育服务网：www.cmpedu.com

第1章 机器视觉理论简介

目前，基于视觉的工业机器人应用越来越广泛。工业机器人视觉系统能够有效地胜任作业环境发生变化的工作，如作业对象发生了偏移、旋转或变形而导致的位置发生变化，或者有障碍物及遮挡等情况。因此，需要深入研究视觉的作用机理。视觉是人类强大的感知方式，它为人们提供了周围环境的大量信息，使人们能有效地与周围环境进行交互。据统计，人类从外界接收的各种信息中有 80%以上是通过视觉获得的，约 50%的大脑皮层参与视觉功能。

1.1 机器视觉简介

机器视觉（Machine Vision）是一个系统的概念，集成了光学、机械、电子、计算机软硬件等方面的技术，涉及计算机、图像处理、模式识别、机械工程、电光源照明、人工智能、信号处理、光机电一体化、光学成像、传感器、模拟与数字视频技术、计算机软硬件技术（图像增强和分析算法、图像卡、I/O 卡等）等多个领域。一个典型的机器视觉应用系统包括图像捕捉、光源系统、图像数字化模块、数字图像处理模块、智能判断决策模块和机械控制执行模块。

国际制造工程师学会（SME）机器视觉分会和美国机器人工业协会（RIA）自动化视觉分会关于机器视觉的定义为：机器视觉是使用光学器件进行非接触感知，自动获取和解释一个真实场景的图像，以获取信息和用于控制机器运动的装置。通俗地讲，机器视觉就是为机器安装一双“智慧的眼睛”，让机器具有像人一样的视觉功能，从而实现引导、检测、测量、识别等功能。

机器视觉与计算机视觉既有区别又有联系。机器视觉侧重于机器，也就是机器应用。而计算机视觉侧重于计算机，也就是计算机图像处理。从学科上说，计算机视觉是计算机科学发展出来的一个分支，机器视觉则是系统工程领域内多学科知识的交叉应用。机器视觉属于应用领域，更多的是利用现有的各学科理论来实现机器替代，最终结果是完成现实生产目标。计算机视觉则侧重于理论研究，其研究在实践中存在着不确定性。机器视觉系统是可以自动获取一幅或多幅目标物体图像，对所获取图像的各种特征量进行处理、分析和测量，根据最终结果做出定性分析和定量解释，从而得到有关目标物体的某种认识并做出相应决策，执行可直接创造经济价值或社会价值的功能活动。

机器视觉对于计算机的图像处理功能存在极强的依赖性。计算机视觉为机器视觉提供了图像处理分析的理论和算法，而机器视觉则实现了计算机视觉研究成果向实际应用的转化。

1.2 机器视觉的发展

机器视觉的发展经历了 20 世纪 70 年代初期的数字图像处理、20 世纪 80 年代的卡尔曼滤波及正则化时代、20 世纪 90 年代的图像分割、21 世纪的计算摄像学与机器视觉中的深度学习等。

1. 20世纪70年代

机器视觉始于20世纪70年代初期，它被视为模拟人类智能并赋予机器人智能行为的感知组成部分。人工智能和机器人的早期研究者（麻省理工学院、斯坦福大学和卡内基·梅隆大学的研究者）认为，在解决高层次推理和规划等更困难问题的过程中，针对“视觉输入”的问题应该是一个简单的步骤。比如，1966年，麻省理工学院的Marvin Minsky让他的本科生Gerald Jay Sussman在暑期将相机连接到计算机上，让计算机描述它所看到的事物。现在我们觉得很简单，但是在当时是不容易解决的。

20世纪70年代，人们对物体的三维建模进行了研究。Barrow、Tenenbaum与Marr提出了一种理解亮度和阴影变化的方法，并通过表面朝向和阴影等恢复三维结构。同时出现了基于特征的立体视觉对应（Stereo Correspondence）算法和基于亮度的光流（Optical Flow）算法。在这个时期，David Marr介绍了视觉信息处理表达的三个层次。

2. 20世纪80年代

20世纪80年代，计算机视觉获得蓬勃发展，新概念、新方法和新理论不断涌现，如基于感知特征群的物体识别理论框架、主动识别理论框架、视觉集成理论框架等。图像金字塔和尺度空间用于对应点搜索。三维视觉重建中出现“由X到形状”的方法，包括由阴影到形状、由光度立体视觉到形状、由纹理到形状，以及由聚焦到形状。

3. 20世纪90年代

计算机视觉技术进入深入发展、广泛应用时期。这段时期，光流方法得到了不断改进，产生了完整三维表面的多视图立体视觉算法，同时跟踪算法也得到了很多改进，包括使用“活动轮廓”方法的轮廓跟踪（如蛇形、粒子滤波和水平集方法）和基于亮度的跟踪方法。

4. 21世纪

计算机视觉与计算机图形学之间的交叉越来越明显，特别是在基于图像的建模和绘制交叉领域。计算摄像学得到深入发展，其中光场获取和绘制以及通过多曝光实现的高动态范围成像得到了发展。

1.3 Marr视觉计算理论

Marr视觉计算理论立足于计算机科学，系统地概括了心理生理学、神经生理学等方面已取得的所有重要成果，是视觉研究中迄今为止最为完善的视觉理论。Marr建立的视觉计算理论，使计算机视觉研究有了一个比较明确的体系，并大大推动了计算机视觉研究的发展。人们普遍认为，计算机视觉这门学科的形成与Marr的视觉理论有着密切的关系。事实上，尽管20世纪70年代初期就有人使用计算机视觉这个名词，但正是Marr于20世纪70年代末建立的视觉理论促进了计算机视觉这一名词的流行。

1.3.1 机器视觉的三个层次

Marr 认为视觉是一个信息处理系统。系统研究分为三个层次：计算理论层次、表示（Epresenain）与算法层次、硬件实现层次，如表 1-1 所示。

表 1-1 Marr 视觉理论的三个层次

计算理论层次	表示与算法层次	硬件实现层次
计算的目的是什么？ 为什么这一计算是合适的？ 执行计算的策略是什么？	如何实现这个理论计算？ 输入、输出的表示是什么？ 表示与表示之间的变换是什么？	在物理上如何实现这些表示和算法？

计算理论层次：要回答视觉系统的计算目的和策略是什么，视觉系统的输入和输出是什么，如何由系统的输入求出系统的输出。在这个层次上，信息系统的特征是将一种信息（输入）映射为另一种信息（输出）。比如，系统输入是二维灰度图像，输出则是三维物体的形状、位置和姿态，视觉系统的任务就是研究如何建立输入与输出之间的关系和约束，如何由二维灰度图像恢复物体的三维信息。

表示与算法层次：进一步回答如何表示输入和输出信息，如何实现计算理论所对应功能的算法，以及如何由一种表示变换成另一种表示，比如创建数据结构和符号等。一般来说，不同的输入、输出和计算理论对应不同的表示，而同一种输入、输出或计算理论可能对应若干种表示。

硬件实现层次：在解决了理论问题和表示问题后，最后一个层次是解决用硬件实现上述表示和算法的问题，比如计算机体系结构及具体的计算装置及其细节。从信息处理的观点来看，至关重要的乃是最高层次，即计算理论层次。这是因为构成视觉的计算本质，取决于解决计算问题本身，而不取决于用来解决计算问题的特殊硬件。换句话说，通过正确理解待解决问题的本质，将有助于理解并创造算法。如果考虑解决问题的机制和物理实现，则往往对理解算法无济于事。

上述三个层次之间存在着逻辑的因果关系，但它们之间的联系不十分紧密。因此，某些现象只能在其中一个或两个层次上进行解释。比如，神经解剖学原则上与第三个层次（即硬件实现层次）联系在一起。突触机制、动作电位抑制性相互作用都在第三个层次上。心理物理学与第二个层次（即表示与算法层次）有着更直接的联系。更一般地说，不同的现象必须在不同的层次上进行解释，这会有助于人们把握正确的研究方向。例如，人们常说，人脑完全不同于计算机，因为前者是并行计算的，后者是串行的。对于这个问题，应该这样回答：并行计算和串行计算是在表示与算法这个层次上的区别，而不是根本性的区别，因为任何一个并行的计算程序都可以写成串行的程序。因此，这种并行与串行的区别并不支持这种观点，即人脑的运行与计算机的运算是不同的，因而人脑所完成的任务不可能通过编制程序用计算机来完成。

1.3.2 视觉表示框架

视觉过程可划分为三个阶段。第一阶段（也称为早期阶段）是对输入的原始图像进行处理，抽取图像中诸如角点、边缘、纹理、线条、边界等基本特征。这些特征的集合称为基元图（Primitive Sketch）；第二阶段（中期阶段）是指在以观测者为中心的坐标系中，由输入图像和基元图恢复场景可见部分的深度、法线方向、轮廓等。这些信息包含了深度信息，但不是真正的物体三维表示，因此称为二维半图（2.5 Dimensional Sketch）；在以物体为中心的坐标系中，由输入图像、基元图、二维半图来恢复、表示和识别三维物体的过程称为视觉的第三阶段（后期阶段）。

Marr 理论是计算机视觉研究领域的划时代成就，但该理论不是十分完善的，许多方面还有争议。比如，该理论所建立的视觉处理框架基本上是自下而上的，没有反馈。还有，该理论没有足够地重视知识的应用。尽管如此，Marr 理论还是给了人们研究计算机视觉许多珍贵的哲学思想和研究方法，同时也给计算机视觉研究领域创造了许多研究起点。

由图像恢复形状信息的表示框架如表 1-2 所示。

表 1-2　由图像恢复形状信息的表示框架

名　称	作　用	基　元
图像	亮度表示	图像中每一点的亮度值
基元图	表示二维图像的重要信息，主要是图像中的亮度变化位置及其几何分布和组织结构	零交叉，斑点，端点和不连接点，边缘，有效线段，组合群，曲线组织，边界
二维半图	在以观测者为中心的坐标系中，表示可见表面的方向、深度值和不连续的轮廓	局部表面朝上（“针”基元） 离观测者的距离 深度上的不连续点 表面朝上的不连续点
三维模型表示	在以物体为中心的坐标系中，用三维体积基元面积构成的模块化多层次表示，描述形状及空间组织形式	分层次组成若干三维模型，每个三维模型都是在几个轴线空间的基础上构成的，所有体积基元或面积形状基元都附着在轴线上

1.4　深度学习

深度学习（Deep Learning）是机器学习的分支，它是使用包含复杂结构或由多重非线性变换构成的多个处理层对数据进行高层抽象的机器学习的算法。它与机器学习以及人工智能的关系如图 1-1 所示，最外面的一环是人工智能（Artificial Intelligence，AI），里面的一环是机器学习（Machine Learning），深度学习在最中心。

在过去的若干年中，由于功能更强大和价格更便宜的计算机的出现，许多研究人员开始采用复杂（深层）神经网络的体系结构来实现 20 年前难以想象的目标。自 1957 年 Rosenblatt 发明感知器后，人们对神经网络的兴趣变得越来越浓。然而，许多限制（内存和 CPU 速度）阻碍了此方面的研究，并且限制了算法的大量应用。在过去十年中，研究人员开始瞄准越来越大的模型，建立几个不同层次的神经网络模型（这就是为什么这种方法被称为深度学习）以解决新的具有挑战性的问题。便宜和快速的计算机的可用性允许他们使用

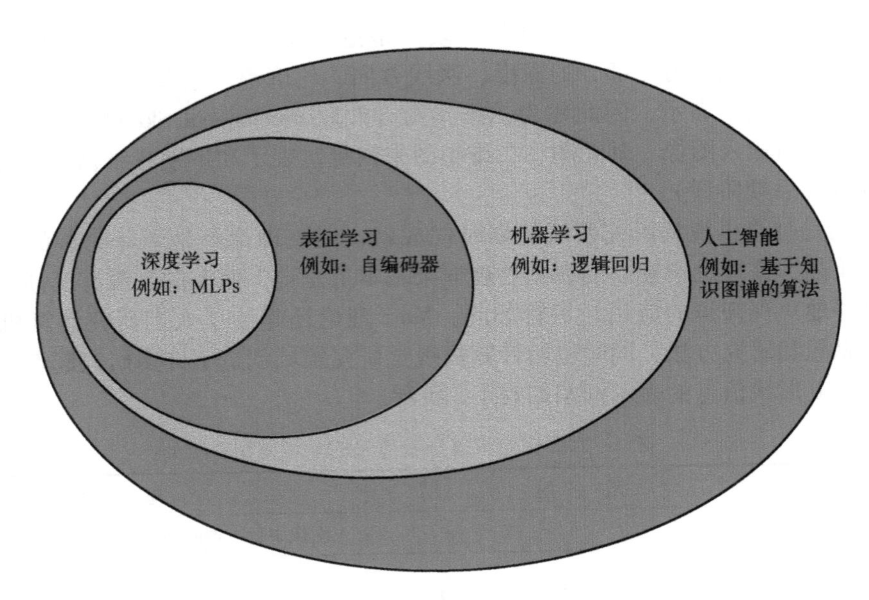

图 1-1 深度学习与机器学习及人工智能的关系

非常大的数据集（由图像、文本和动画组成的数据）在可接受的时间范围内获得结果。这一努力产生了令人印象深刻的成果，如基于图片元素的分类和使用强化学习的实时智能交互。

这些技术背后的想法是创建像大脑一样工作的算法，由于神经科学和认知心理学的贡献，这一领域已经有了很多重要的进展。特别是人们对于模式识别和联想记忆的研究兴趣越来越浓厚，采用了与人类大脑皮层相似的结构和功能。神经网络还包括更简单的称为无模型（Model-free）的算法。该算法更多的是基于通用学习技巧和重复经验，而不是基于特定问题的数学物理方法。

当然，对不同的构架和优化算法的测试可以通过并行处理来进行，从而使得其比定义一个复杂的模型要简单得多，并且复杂的模型也更难以适应不同的情况。此外，即使是没有基于上下文的模型，深度学习也表现出比其他方法更好的性能。这表明在许多情况下，最好是用不确定性做出不太精确的决定，而不是由非常复杂的模型（通常不是很快）输出确定的精确决策。对于动物来说，这种决策往往生死攸关，如果决策成功，也是因为它隐含地放弃了一些精确性。

常见的深度学习应用包括图像分类、实时视觉跟踪、自动驾驶、物流优化、生物信息、语音识别。

许多问题也可以使用经典方法来求解，但有时要复杂很多，而深度学习的效果更好。此外，深度学习可以将其应用扩展到最初被认为非常复杂的情况下，如自动驾驶汽车或实现视觉对象识别。

本书将详细介绍一些经典算法。然而，还有许多介绍性和更高级的学习资源可供参考。Geogle DeepMind 团队已经得到了许多有趣的结果，建议通过访问网站 https://deepmind. com 来了解他们的最新研究结果。

1.5　机器视觉的研究内容及面临的问题

1.5.1　机器视觉的研究内容

机器视觉主要研究输入设备、图像生成、低层视觉、中层视觉和高层视觉五方面的内容。

（1）输入设备

输入设备包括成像设备和数字化设备。成像设备是指通过光学摄像机或红外、激光、超声、X 射线对周围场景或物体进行探测成像，然后使用数字化设备得到关于场景或物体的二维或三维数字化图像。获取数字化图像是机器视觉系统的最基本功能。目前用于研究视觉的大多数输入设备是商业化产品，如 CCD 黑白或彩色摄像机、数字扫描仪、超声成像探测仪、CT（计算机断层扫描）成像设备等。但是这些商业化的输入设备远远不能满足实际的需要，因此研究人员正在研究各种性能先进的成像系统，如红外成像系统、激光成像系统、计算机成像系统、高分辨率智能成像显微仪器（RUSH，每秒能够拍到百亿像素，是国际上首个能实现小鼠全脑皮层范围神经活动高分辨率成像的仪器）。

（2）图像生成

图像生成主要研究相机内参数和外参数，使用线性或非线性对相机进行标定，包括光源类型及其产生的效果、光照及阴影，色彩匹配及线性颜色空间和非线性颜色空间，图像颜色模型中的漫反射项及镜面反射项受表面的颜色与光源的互反射的颜色影响。

（3）低层视觉

低层视觉主要对输入的原始图像进行处理，主要包括图像线性滤波或非线性滤波、图像增强、边缘检测、图像纹理检测、图像运动检测、由纹理恢复形状、图像去噪等。

（4）中层视觉

中层视觉的主要任务是恢复场景深度、表面法线方向、轮廓等有关场景的 2.5 维信息，实现途径有立体视觉、测距成像、运动估计，以及利用明暗特征、纹理特征等进行形状恢复的方法。

（5）高层视觉

高层视觉的主要任务是在以物体为中心的坐标系中，根据原始输入图像及基本特征恢复物体的三维结构，并确定物体的位置和方向。另外，利用微分几何知识描述物体的平滑表面及轮廓，同时利用滑动窗口法进行人脸检测、行人检测和边界检测、形变物体检测等。

1.5.2　机器视觉研究面临的问题

目前所建立的各种机器视觉系统只适用于某种特定环境或应用场合，而要建立一个可以与人类视觉相比拟的通用视觉系统是非常困难的。机器视觉研究面临的困难如下。

（1）信息损失

在相机或者人眼图像获取过程中，会出现三维向二维转换过程中的信息损失。这是由针孔模型的近似或者透镜成像模型决定的，在成像过程中会丢失深度等的信息，在投影变换过程中，点沿着射线做映射，但不保持角度和共线性。

（2）局部窗口和对全局视图的需要

一般来说，图像分析与处理的是全局图像的一部分像素，也就是说通过小孔来看图像。因此通过局部（小孔）很难实现全局上下文的理解。20 世纪 80 年代，McCarthy 指出构造上下文是解决推广性问题的关键，而仅从局部来看或只有一些局部小孔可供观察时，解释一幅图像一般是非常困难的。

（3）噪声

实际的视觉检测都含有噪声，需要使用相应的数学工具和方法对含有噪声的视觉感知结果进行分析与处理，进而复原真实视觉数据。

（4）亮度测量

辐射率用图像亮度近似表示。辐射率依赖于辐照度（辐照度与光源类型、强度和位置有关）、观察者位置、表面的局部几何性质。

（5）大数据

灰度图像、彩色图像、深度图像的信息量是巨大的，视频数据会更大。巨大的数据量处理的效率仍然是一个重要的问题。

1.6 机器视觉的应用

机器视觉在很多领域已经得到了广泛应用，如工业自动化生产线、视觉导航、医学成像、人机交互、虚拟现实等。

（1）工业自动化生产线

机器视觉应用于工业自动化可以提高生产效率和产品质量，同时还可以应用于产品检测、质量控制、工业探伤、自动焊接以及各种危险场合工作的机器人等。

（2）视觉导航

视觉导航可用于无人驾驶、移动机器人、巡航导弹制导及自动巡航装备捕获目标和确定距离。

（3）医学成像

医学成像广泛应用于医学诊断，成像方法包括传统的 X 射线成像、计算机断层扫描（Computerd Tomography，CT）成像、核磁共振成像（Magnetic Resonance Imaging，MRI）、超声成像等。机器视觉在医学诊断方面主要有两方面的应用：一是对图像进行增强、标记、染色等处理来帮助医生诊断疾病，协助医生对关注的区域进行定量测量和比较；二是利用专家知识系统对图像进行自动分析和解释，给出诊断结果。

（4）人机交互

让计算机借助人的手势、嘴唇动作、躯干运动、表情等了解人的要求而执行指令，鉴别用户身份，识别用户的体势及表情测定，既符合人类的交互习惯，也增强交互的方便性和临场感。

（5）虚拟现实

虚拟现实如飞机驾驶员训练、手术模拟、场景建模、战场环境表示等，可以帮助人们超越人的生理极限，使人们“身临其境”，从而提高工作效率。

（6）其他

计算机视觉的应用是多方面的，它在制造业、电子、航天、遥感、印刷、固废处理、冶炼、选矿、建材、纺织、包装、医疗、制药、食品、智能交通、金融、体育、考古、公共安全、各种球类运动分析、农业、心理学、电视及电影制作、美术模型、远程教育、多媒体教学及科学研究等行业均有着广泛应用。

思考与练习

1-1　什么是机器视觉？

1-2　总结机器视觉的发展历程。

1-3　机器视觉研究的主要内容有哪些？

1-4　说明机器视觉应用的五个具体例子。

1-5　说明 Marr 视觉理论的主要内容。

第2章 机器视觉数学基础

本章简要介绍了机器视觉原理与应用的数学基础知识，包括概率论的方差、偏度和峰度及偏度和峰度的检验，矩阵论的内积空间、向量范数、矩阵范数、矩阵扰动分析及广义逆矩阵与线性方程的极小二乘解等。

2.1　线性空间

在引入线性空间概念之前，首先介绍数域的概念。如果复数的一个非空集合 $\boldsymbol{P}$ 含有非零的数，且其中任意两数的和、差、积、商（除数不为零）仍属于该集合，则称数集 $\boldsymbol{P}$ 为一个**数域**。如**有理数域**、**实数域**及**复数域**，其中有理数域是数域的一部分，每个数域都包含整数 0 和 1。基于以上描述，线性空间的定义如下。

定义 2-1　设 $\boldsymbol{V}$ 是一非空集合，$\boldsymbol{P}$ 是一数域。如果：

1）在集合 $\boldsymbol{V}$ 上定义了一个二元运算（通常称为加法），即 $\boldsymbol{V}$ 中任意元素 x、y 经过这个运算后得到的结果仍是集合 $\boldsymbol{V}$ 中一个唯一确定的元素，该元素称为 x 与 y 的和，并记作 $x+y$。

2）在数域 $\boldsymbol{P}$ 与集合 $\boldsymbol{V}$ 的元素之间还定义了一种运算，称为数量乘法，即对于 $\boldsymbol{P}$ 中任意数 λ 与 $\boldsymbol{V}$ 中任一元素 x，经过该运算后的所得结果仍为 $\boldsymbol{V}$ 中的一个唯一确定元素，则称为 λ 与 x 的数量乘积，记作 λx。

3）上述两个运算满足下列八条规则：

① 对任意 $x,y\in\boldsymbol{V}$，$x+y=y+x$。

② 对任意 $x,y,z\in\boldsymbol{V}$，$(x+y)+z=x+(y+z)$。

③ $\boldsymbol{V}$ 中存在一个零元素，记作 $\boldsymbol{0}$，对任意 $x\in\boldsymbol{V}$，都有 $x+\boldsymbol{0}=x$。

④ 任意 $x\in\boldsymbol{V}$，都有 $y\in\boldsymbol{V}$，使得 $x+y=\boldsymbol{0}$，元素 y 称为 x 的负元素，记作 $-x$。

⑤ 对任意 $x\in\boldsymbol{V}$，都有 $1x=x$。

⑥ 对任意 $\lambda,\mu\in\boldsymbol{P}$，$x\in\boldsymbol{V}$，都有 $\lambda(\mu x)=(\lambda\mu)x$。

⑦ 对任意 $\lambda,\mu\in\boldsymbol{P}$，$x\in\boldsymbol{V}$，都有 $(\lambda+\mu)x=\lambda x+\mu x$。

⑧ 对任意 $\lambda\in\boldsymbol{P}$，$x,y\in\boldsymbol{V}$，都有 $\lambda(x+y)=\lambda x+\lambda y$。

则集合 $\boldsymbol{V}$ 称为数域 $\boldsymbol{P}$ 上的线性空间或向量空间，$\boldsymbol{V}$ 中的元素常称为向量。$\boldsymbol{V}$ 中的零元素常称为零向量。当 $\boldsymbol{P}$ 是实数域时，$\boldsymbol{V}$ 称为实线性空间；当 $\boldsymbol{P}$ 是复数域时，$\boldsymbol{V}$ 称为复线性空间；数域 $\boldsymbol{P}$ 上的线性空间有时简称为**线性空间**。

定义 2-2　设 $\boldsymbol{V}$ 是数域 $\boldsymbol{P}$ 上的线性空间，$\boldsymbol{W}$ 是 $\boldsymbol{V}$ 的一个非空子集，如果 $\boldsymbol{W}$ 对于 $\boldsymbol{V}$ 的加减法运算及数量乘法运算也构成数域 $\boldsymbol{P}$ 上的线性空间，则 $\boldsymbol{W}$ 为 $\boldsymbol{V}$ 的一个线性子空间（简称子空间）。

如何判断线性空间 $\boldsymbol{V}$ 的一个非空子集 $\boldsymbol{W}$ 是否构成 $\boldsymbol{V}$ 的子空间？有如下定理。

定理 2-1　设 $\boldsymbol{W}$ 是数域 $\boldsymbol{P}$ 上线性空间 $\boldsymbol{V}$ 的非空子集，则 $\boldsymbol{W}$ 是 $\boldsymbol{V}$ 的一个线性子空间，当且仅当 $\boldsymbol{W}$ 对于 $\boldsymbol{V}$ 的两种运算封闭成立，即：

1）如果 $\alpha,\beta\in\boldsymbol{W}$，则 $\alpha+\beta\in\boldsymbol{W}$。

2）如果 $k\in P$，$\alpha\in\boldsymbol{W}$，则 $k\alpha\in\boldsymbol{W}$。

定理 2-2　若 $\boldsymbol{W}$ 是有限维线性空间 $\boldsymbol{V}$ 的子空间，则 $\boldsymbol{W}$ 的一组基可扩充成 $\boldsymbol{V}$ 的一组基。

由定理 2-1 可知，线性空间 $\boldsymbol{V}$ 的一组向量构造 $\boldsymbol{V}$ 的子空间的方法如下。

设 $\alpha_1,\alpha_2,\cdots,\alpha_s$ 是数域 $\boldsymbol{P}$ 上线性空间 $\boldsymbol{V}$ 的一组向量，这个向量组的所有线性组合组成的集合记为 $\boldsymbol{W}$，即：

$$\boldsymbol{W}=\{k_1\alpha_1+k_2\alpha_2+\cdots+k_s\alpha_s \mid k_i\in \boldsymbol{P}, i=1,\cdots,s\}$$

显然，$\boldsymbol{W}$ 是 $\boldsymbol{V}$ 的非空子集，并且由定理 2-1 知 $\boldsymbol{W}$ 是 $\boldsymbol{V}$ 的子空间，我们称 $\boldsymbol{W}$ 是由向量 α_1，$\alpha_2,\cdots,\alpha_s$ **生成（或张成）的子空间**，记为 $L(\alpha_1,\alpha_2,\cdots,\alpha_s)$ 或 $\mathrm{span}(\alpha_1,\alpha_2,\cdots,\alpha_s)$。

在有限维线性空间 $\boldsymbol{V}$ 中，任何一个子空间 $\boldsymbol{W}$ 都可以用上述方法得到。事实上，设 $\boldsymbol{W}$ 是 $\boldsymbol{V}$ 的任一子空间，$\boldsymbol{W}$ 也是有限维的。在 $\boldsymbol{W}$ 中取一组基 $\alpha_1,\alpha_2,\cdots,\alpha_s$，则 $\boldsymbol{W}=\mathrm{span}(\alpha_1,\alpha_2,\cdots,\alpha_s)$。

2.2 内积空间

上一小节中有关线性空间的讨论，主要是围绕着向量之间的加法和数量乘法进行的。与几何空间相比，向量的度量性质，如长度、夹角等，在讨论中还没有得到反映。但是向量的度量性质在实际应用中是非常重要的，因此有必要引入度量的概念。

2.2.1 内积空间及其基本性质

在解析几何中引进了向量的内积概念后，向量的长度、两个向量之间的夹角等度量性质都可以用内积来表示。受此启发，我们首先在一般的线性空间中定义内积运算，导出内积空间的概念，然后引进长度、角度等度量概念。

定义 2-3 设 $\boldsymbol{V}$ 是数域 $\boldsymbol{P}$ 上的线性空间，$\boldsymbol{V}$ 到 $\boldsymbol{P}$ 的一个代数运算记为 (α,β)。如果 (α,β) 满足下列条件：

1）$(\alpha,\beta)=(\beta,\alpha)$。

2）$(\alpha+\beta,\gamma)=(\alpha,\gamma)+(\beta,\gamma)$。

3）$(k\alpha,\beta)=k(\alpha,\beta)$。

4）$(\alpha,\alpha)\geqslant 0$，当且仅当 $\alpha=0$ 时 $(\alpha,\alpha)=0$。

其中，k 是数域 $\boldsymbol{P}$ 中的任意数，α,β,γ 是 $\boldsymbol{V}$ 中的任意元素，则称 (α,β) 为 α 与 β 的**内积**。定义了内积的线性空间 $\boldsymbol{V}$ 称为**内积空间**。特别地，称实数域 $\mathbf{R}$ 上的内积空间 $\boldsymbol{V}$ 为 **Euclid** 空间（简称为**欧氏空间**），称复数域 $\mathbf{C}$ 上的内积空间 $\boldsymbol{V}$ 为**酉空间**或**复内积空间**。若内积空间是完备的，则称为 **Hilbert** 空间（内积空间+完备性）。

由定义 2-3 不难导出，在内积空间中有：

1）$(\alpha,\beta+\gamma)=(\alpha,\beta)+(\alpha,\gamma)$。

2）$(\alpha,k\beta)=k(\alpha,\beta)$。

3）$(\alpha,0)=(0,\alpha)=0$。

例 2-1 在实数域 $\mathbf{R}$ 上的 n 维线性空间 $\mathbf{R}^n$ 中，对向量：

$$\boldsymbol{x}=(x_1,x_2,\cdots,x_n)^{\mathrm{T}},\ \boldsymbol{y}=(y_1,y_2,\cdots,y_n)^{\mathrm{T}}$$

定义实数域内积：

$$(\boldsymbol{x},\boldsymbol{y})=\boldsymbol{y}^{\mathrm{T}}\boldsymbol{x}=\sum_{i=1}^{n}x_iy_i \tag{2-1}$$

则 $\mathbf{R}^n$ 称为一个欧式空间，仍用 $\mathbf{R}^n$ 表示这个欧式空间。

例 2-2　在复数域 $\mathbf{C}$ 上的 n 维线性空间 $\mathbf{C}^n$ 中，对向量：

$$\boldsymbol{x}=(x_1,x_2,\cdots,x_n)^{\mathrm{T}},\ \boldsymbol{y}=(y_1,y_2,\cdots,y_n)^{\mathrm{T}}$$

定义复数域内积：

$$(\boldsymbol{x},\boldsymbol{y})=\boldsymbol{y}^{\mathrm{H}}\boldsymbol{x}=\sum_{i=1}^{n}x_i\bar{y}_i \tag{2-2}$$

其中，$\boldsymbol{y}^{\mathrm{H}}=(\bar{y}_1,\bar{y}_2,\cdots,\bar{y}_n)$，则 $\mathbf{C}^n$ 成为一个酉空间，仍用 $\mathbf{C}^n$ 表示这个酉空间。

例 2-3　在线性空间 $\mathbf{R}^{m\times n}$中，对矩阵 $\boldsymbol{A}$，$\boldsymbol{B}\in\mathbf{R}^{m\times n}$定义：

$$(\boldsymbol{A},\boldsymbol{B})=\mathrm{tr}(\boldsymbol{B}^{\mathrm{T}}\boldsymbol{A}) \tag{2-3}$$

$\mathrm{tr}(\boldsymbol{D})$ 表示矩阵 $\boldsymbol{D}$ 的迹（即矩阵 $\boldsymbol{D}$ 的对角元素之和）。容易证明，式（2-3）中的（$\boldsymbol{A},\boldsymbol{B}$）是 $\mathbf{R}^{m\times n}$上的内积，$\mathbf{R}^{m\times n}$是欧式空间。

例 2-4　在线性空间 $\boldsymbol{C}[a,b]$ 中，对 $f(x),g(x)\in\boldsymbol{C}[a,b]$ 定义：

$$(f,g)=\int_a^b f(x)g(x)\,\mathrm{d}x \tag{2-4}$$

则（f,g）是 $\boldsymbol{C}[a,b]$ 上的内积，$\boldsymbol{C}[a,b]$ 称为欧氏空间。

在内积空间中，向量的长度、夹角等概念如下。

定义 2-4　设 $\boldsymbol{V}$ 是内积空间，$\boldsymbol{V}$ 中向量 $\boldsymbol{\alpha}$ 的长度定义为 $\|\boldsymbol{\alpha}\|=\sqrt{(\boldsymbol{\alpha},\boldsymbol{\alpha})}$。

定理 2-3　设 $\boldsymbol{V}$ 是数域 $\boldsymbol{P}$ 上的内积空间，则向量长度 $\|\boldsymbol{\alpha}\|$ 具有如下性质：

1）$\|\boldsymbol{\alpha}\|\geqslant0$，当且仅当 $\boldsymbol{\alpha}=0$ 时，$\|\boldsymbol{\alpha}\|=0$。

2）对任意 $k\in\boldsymbol{P}$，有 $\|k\boldsymbol{\alpha}\|=|k|\|\boldsymbol{\alpha}\|$。

3）对任意 $\boldsymbol{\alpha},\boldsymbol{\beta}\in\boldsymbol{V}$，有：

$$\|\boldsymbol{\alpha}+\boldsymbol{\beta}\|^2+\|\boldsymbol{\alpha}-\boldsymbol{\beta}\|^2=2(\|\boldsymbol{\alpha}\|^2+\|\boldsymbol{\beta}\|^2) \tag{2-5}$$

4）对任意 $\boldsymbol{\alpha},\boldsymbol{\beta}\in\boldsymbol{V}$，有 $\|\boldsymbol{\alpha}+\boldsymbol{\beta}\|\leqslant\|\boldsymbol{\alpha}\|+\|\boldsymbol{\beta}\|$。

5）对任意 $\boldsymbol{\alpha},\boldsymbol{\beta}\in\boldsymbol{V}$，有：

$$|(\boldsymbol{\alpha},\boldsymbol{\beta})|\leqslant\|\boldsymbol{\alpha}\|\|\boldsymbol{\beta}\| \tag{2-6}$$

并且等号成立的充分必要条件是 $\boldsymbol{\alpha},\boldsymbol{\beta}$ 线性相关。

证明　1）和 2）显然成立。下面证明 3）、4）和 5）。

先证明 3）。将长度用内积表示，即得：

$$\begin{aligned}\|\boldsymbol{\alpha}+\boldsymbol{\beta}\|^2+\|\boldsymbol{\alpha}-\boldsymbol{\beta}\|^2&=(\boldsymbol{\alpha}+\boldsymbol{\beta},\boldsymbol{\alpha}+\boldsymbol{\beta})+(\boldsymbol{\alpha}-\boldsymbol{\beta},\boldsymbol{\alpha}-\boldsymbol{\beta})\\&=2[(\boldsymbol{\alpha},\boldsymbol{\alpha})+(\boldsymbol{\beta},\boldsymbol{\beta})]\\&=2(\|\boldsymbol{\alpha}\|^2+\|\boldsymbol{\beta}\|^2)\end{aligned}$$

其次证明 5）。当 $\boldsymbol{\beta}=0$ 时，式（2-6）显然成立。以下设 $\boldsymbol{\beta}\neq0$，对任意 $t\in\boldsymbol{P}$，$\boldsymbol{\alpha}+t\boldsymbol{\beta}\in\boldsymbol{V}$，则：

$$0\leqslant(\boldsymbol{\alpha}+t\boldsymbol{\beta},\boldsymbol{\alpha}+t\boldsymbol{\beta})=(\boldsymbol{\alpha},\boldsymbol{\alpha})+t(\boldsymbol{\beta},\boldsymbol{\alpha})+\bar{t}(\boldsymbol{\alpha},\boldsymbol{\beta})+|t|^2(\boldsymbol{\beta},\boldsymbol{\beta})$$

令 $t=-\dfrac{(\boldsymbol{\alpha},\boldsymbol{\beta})}{(\boldsymbol{\beta},\boldsymbol{\beta})}$，代入上式得：

$$(\boldsymbol{\alpha},\boldsymbol{\alpha})-\frac{|(\boldsymbol{\alpha},\boldsymbol{\beta})|^2}{(\boldsymbol{\beta},\boldsymbol{\beta})}\geqslant0$$

于是不等式（2-6）成立。

当（$\boldsymbol{\alpha},\boldsymbol{\beta}$）线性相关时，式（2-6）中的等号显然成立。如果 $\boldsymbol{\alpha},\boldsymbol{\beta}$ 线性无关，则对任意 $t\in \boldsymbol{P}$，$\boldsymbol{\alpha}+t\boldsymbol{\beta}\neq 0$，从而：

$$(\boldsymbol{\alpha}+t\boldsymbol{\beta},\boldsymbol{\alpha}+t\boldsymbol{\beta})>0$$

取 $t=-\dfrac{(\boldsymbol{\alpha},\boldsymbol{\beta})}{(\boldsymbol{\beta},\boldsymbol{\beta})}$，有 $|(\boldsymbol{\alpha},\boldsymbol{\beta})|^2<(\boldsymbol{\alpha},\boldsymbol{\alpha})(\boldsymbol{\beta},\boldsymbol{\beta})=\|\boldsymbol{\alpha}\|^2\|\boldsymbol{\beta}\|^2$，这与式（2-6）等号成立矛盾，因此 $\boldsymbol{\alpha},\boldsymbol{\beta}$ 线性相关。

最后证明 4）。对任意 $\boldsymbol{\alpha},\boldsymbol{\beta}\in \boldsymbol{V}$，有：

$$\begin{aligned}\|\boldsymbol{\alpha}+\boldsymbol{\beta}\|^2&=(\boldsymbol{\alpha}+\boldsymbol{\beta},\boldsymbol{\alpha}+\boldsymbol{\beta})==(\boldsymbol{\alpha},\boldsymbol{\alpha})+(\boldsymbol{\alpha},\boldsymbol{\beta})+(\boldsymbol{\beta},\boldsymbol{\alpha})+(\boldsymbol{\beta},\boldsymbol{\beta})\\&\leqslant\|\boldsymbol{\alpha}\|^2+2|(\boldsymbol{\alpha},\boldsymbol{\beta})|+\|\boldsymbol{\beta}\|^2\\&\leqslant\|\boldsymbol{\alpha}\|^2+2\|\boldsymbol{\alpha}\|\|\boldsymbol{\beta}\|+\|\boldsymbol{\beta}\|^2=(\|\boldsymbol{\alpha}\|+\|\boldsymbol{\beta}\|)^2\end{aligned} \tag{2-7}$$

由此即得 4）。

不等式（2-6）有十分重要的应用。例如，它在欧氏空间 $\mathbf{R}^n$ 中的形式为：

$$\left|\sum_{i=1}^{n}x_iy_i\right|\leqslant\left(\sum_{i=1}^{n}x_i^2\right)^{\frac{1}{2}}\left(\sum_{j=1}^{n}y_j^2\right)^{\frac{1}{2}} \tag{2-8}$$

不等式（2-8）称为 Cauchy 不等式。

定义 2-5 设 $\boldsymbol{V}$ 是内积空间，$\boldsymbol{V}$ 中的向量 $\boldsymbol{\alpha}$ 与 $\boldsymbol{\beta}$ 之间的距离定义为：

$$d(\boldsymbol{\alpha},\boldsymbol{\beta})=\|\boldsymbol{\alpha}-\boldsymbol{\beta}\| \tag{2-9}$$

并称 $d(\boldsymbol{\alpha},\boldsymbol{\beta})=\|\boldsymbol{\alpha}-\boldsymbol{\beta}\|$ 是由**长度导出的距离**。

2.2.2 度量矩阵

定义 2-6 设 $\boldsymbol{\alpha},\boldsymbol{\beta}$ 是内积空间中的两个向量，如果（$\boldsymbol{\alpha},\boldsymbol{\beta}$）= 0，则称 $\boldsymbol{\alpha}$ 与 $\boldsymbol{\beta}$ 正交，记为 $\boldsymbol{\alpha}\perp\boldsymbol{\beta}$。

由定义 2-6 及内积的性质可知，零向量与任何向量都正交，并且只有零向量与自身正交。

如果 $\boldsymbol{\alpha}$ 与 $\boldsymbol{\beta}$ 正交，则由式（2-7）即得“勾股定理”。

$$\|\boldsymbol{\alpha}+\boldsymbol{\beta}\|^2=\|\boldsymbol{\alpha}\|^2+\|\boldsymbol{\beta}\|^2 \tag{2-10}$$

设 $\boldsymbol{V}$ 是数域 $\boldsymbol{P}$ 上的 n 维内积空间，$\varepsilon_1,\varepsilon_2,\cdots,\varepsilon_n$ 是 $\boldsymbol{V}$ 的一组基，对任意 $\boldsymbol{\alpha},\boldsymbol{\beta}\in\boldsymbol{V}$ 有：

$$\boldsymbol{\alpha}=x_1\varepsilon_1+x_2\varepsilon_2+\cdots+x_n\varepsilon_n,\ \boldsymbol{\beta}=y_1\varepsilon_1+y_2\varepsilon_2+\cdots+y_n\varepsilon_n$$

则 $\boldsymbol{\alpha}$ 与 $\boldsymbol{\beta}$ 的内积：

$$(\boldsymbol{\alpha},\boldsymbol{\beta})=\left(\sum_{i=1}^{n}x_i\varepsilon_i,\sum_{j=1}^{n}y_j\varepsilon_j\right)=\sum_{i=1}^{n}\sum_{j=1}^{n}(\varepsilon_i,\varepsilon_j)x_i\overline{y}_j$$

令：

$$a_{ij}=(\varepsilon_i,\varepsilon_j),\ i,j=1,\cdots,n$$

$$\boldsymbol{A}=\begin{pmatrix}a_{11}&a_{12}&\cdots&a_{1n}\\a_{21}&a_{22}&\cdots&a_{2n}\\\vdots&\vdots&&\vdots\\a_{n1}&a_{n2}&\cdots&a_{nn}\end{pmatrix},\ \boldsymbol{x}=\begin{pmatrix}x_1\\x_2\\\vdots\\x_n\end{pmatrix},\ \boldsymbol{y}=\begin{pmatrix}y_1\\y_2\\\vdots\\y_n\end{pmatrix}$$

称矩阵 $\boldsymbol{A}$ 为基 $\varepsilon_1,\varepsilon_2,\cdots,\varepsilon_n$ 的度量矩阵，显然 $a_{ij}=\overline{a_{ji}}(i,j=1,2,\cdots,n)$，并且：

$$(\boldsymbol{\alpha},\boldsymbol{\beta})=\boldsymbol{y}^{\mathrm{H}}\boldsymbol{A}\boldsymbol{x} \tag{2-11}$$

定理 2-4　设 $\varepsilon_1,\varepsilon_2,\cdots,\varepsilon_n$ 是数域 $\boldsymbol{P}$ 上 n 维内积空间 $\boldsymbol{V}$ 的一组基，则它的度量矩阵 $\boldsymbol{A}$ 非奇异。

证明　假若基 $\varepsilon_1,\varepsilon_2,\cdots,\varepsilon_n$ 的度量矩阵 $\boldsymbol{A}$ 奇异，则齐次线性方程组：

$$\boldsymbol{Ax}=0$$

有非零解 $\boldsymbol{x}=(x_1,x_2,\cdots,x_n)^{\mathrm{T}}\in\boldsymbol{P}^n$。令：

$$\boldsymbol{\alpha}=x_1\varepsilon_1+x_2\varepsilon_2+\cdots+x_n\varepsilon_n$$

则 $\boldsymbol{\alpha}\neq0$，但 $(\boldsymbol{\alpha},\boldsymbol{\alpha})=\boldsymbol{x}^{\mathrm{H}}\boldsymbol{Ax}=0$，这与 $(\boldsymbol{\alpha},\boldsymbol{\alpha})>0$ 矛盾，因此 $\boldsymbol{A}$ 非奇异。

定义 2-7　设 $\boldsymbol{A}\in\boldsymbol{C}^{m\times n}$，用 $\overline{\boldsymbol{A}}$ 表示以 $\boldsymbol{A}$ 的元素的共轭复数为元素组成的矩阵，$\boldsymbol{A}^{\mathrm{H}}=(\overline{\boldsymbol{A}})^{\mathrm{T}}$ 称为 $\boldsymbol{A}$ 的共轭转置矩阵。矩阵的共轭转置运算具有下列性质：

1）$\boldsymbol{A}^{\mathrm{H}}=\overline{(\boldsymbol{A}^{\mathrm{T}})}$。

2）$(\boldsymbol{A}+\boldsymbol{B})^{\mathrm{H}}=\boldsymbol{A}^{\mathrm{H}}+\boldsymbol{B}^{\mathrm{H}}$。

3）$(k\boldsymbol{A})^{\mathrm{H}}=\bar{k}\boldsymbol{A}^{\mathrm{H}}$。

4）$(\boldsymbol{AB})^{\mathrm{H}}=\boldsymbol{B}^{\mathrm{H}}\boldsymbol{A}^{\mathrm{H}}$。

5）$(\boldsymbol{A}^{\mathrm{H}})^{\mathrm{H}}=\boldsymbol{A}$。

6）如果 $\boldsymbol{A}$ 可逆，则 $(\boldsymbol{A}^{\mathrm{H}})^{-1}=(\boldsymbol{A}^{-1})^{\mathrm{H}}$。

定义 2-8　设 $\boldsymbol{A}\in\boldsymbol{C}^{m\times n}$，如果 $\boldsymbol{A}^{\mathrm{H}}=\boldsymbol{A}$，则称 $\boldsymbol{A}$ 为厄米特（Hermite）矩阵；如果 $\boldsymbol{A}^{\mathrm{H}}=-\boldsymbol{A}$，则称 $\boldsymbol{A}$ 为反厄米特（Hermite）矩阵。

实对称矩阵是厄米特矩阵，有限维内积空间的度量矩阵是厄米特矩阵。

定义 2-9　如果 n 阶实矩阵 $\boldsymbol{A}$ 满足：

$$\boldsymbol{A}^{\mathrm{T}}\boldsymbol{A}=\boldsymbol{A}\boldsymbol{A}^{\mathrm{T}}=\boldsymbol{E}$$

则称 $\boldsymbol{A}$ 为**正交矩阵**。

如果 n 阶复矩阵 $\boldsymbol{A}$ 满足：

$$\boldsymbol{A}^{\mathrm{H}}\boldsymbol{A}=\boldsymbol{A}\boldsymbol{A}^{\mathrm{H}}=\boldsymbol{E}$$

则称 $\boldsymbol{A}$ 为**酉矩阵**。

根据定义容易验证：如果 $\boldsymbol{A}$、$\boldsymbol{B}$ 是正交矩阵，则：

1）$\boldsymbol{A}^{-1}=\boldsymbol{A}^{\mathrm{T}}$，且 $\boldsymbol{A}^{\mathrm{T}}$ 也是正交矩阵。

2）$\boldsymbol{A}$ 非奇异且 $|\boldsymbol{A}|=\pm1$。

3）$\boldsymbol{AB}$ 仍是正交矩阵。

对酉矩阵也有类似的结论。

有一类矩阵 $\boldsymbol{A}$，如对角矩阵、实对称矩阵（$\boldsymbol{A}^{\mathrm{T}}=\boldsymbol{A}$）、实反对称矩阵（$\boldsymbol{A}^{\mathrm{T}}=-\boldsymbol{A}$）、厄米特矩阵（$\boldsymbol{A}^{\mathrm{H}}=\boldsymbol{A}$）、反厄米特矩阵（$\boldsymbol{A}^{\mathrm{H}}=-\boldsymbol{A}$）、正交矩阵（$\boldsymbol{A}^{\mathrm{T}}\boldsymbol{A}=\boldsymbol{A}\boldsymbol{A}^{\mathrm{T}}=\boldsymbol{E}$）以及酉矩阵（$\boldsymbol{A}^{\mathrm{H}}\boldsymbol{A}=\boldsymbol{A}\boldsymbol{A}^{\mathrm{H}}=\boldsymbol{E}$）等都有一个共同的性质：$\boldsymbol{A}^{\mathrm{H}}\boldsymbol{A}=\boldsymbol{A}\boldsymbol{A}^{\mathrm{H}}$。为了能够用统一的方法研究它们的相似标准形，引入正规矩阵的概念。

定义 2-10　设 $\boldsymbol{A}\in\boldsymbol{C}^{n\times n}$，且 $\boldsymbol{A}^{\mathrm{H}}\boldsymbol{A}=\boldsymbol{A}\boldsymbol{A}^{\mathrm{H}}$，则称 $\boldsymbol{A}$ 为**正规矩阵**。

推论 2-1　设 $\boldsymbol{A}$ 是 n 阶正规矩阵，其特征值为 $\lambda_1,\lambda_2,\cdots,\lambda_n$，则：

1）$\boldsymbol{A}$ 是厄米特矩阵的充要条件是 $\boldsymbol{A}$ 的特征值全为实数。

2）$\boldsymbol{A}$ 是反厄米特矩阵的充要条件是 $\boldsymbol{A}$ 的特征值为零或纯虚数。

3）$\boldsymbol{A}$ 是酉矩阵的充要条件是 $\boldsymbol{A}$ 的每个特征值 λ_i 的模 $|\lambda_i|=1$。

2.3 矩阵的因子分解

2.3.1 对角矩阵

线性变换$\begin{cases} y_1=\lambda_1 x_1 \\ y_2=\lambda_2 x_2 \\ \vdots \\ y_n=\lambda_n x_n \end{cases}$ 对应的 n 阶方阵 $\boldsymbol{\Lambda}=\begin{pmatrix} \lambda_1 & 0 & \cdots & 0 \\ 0 & \lambda_2 & \cdots & 0 \\ \vdots & \vdots & & \vdots \\ 0 & 0 & \cdots & \lambda_n \end{pmatrix}$

方阵 $\boldsymbol{\Lambda}$ 的特点是：从左上角到右下角的直线（称为对角线）以外的元素都是 0，这种方阵称为**对角矩阵**，简称**对角阵**。对角阵也记作：

$$\boldsymbol{\Lambda}=\mathrm{diag}(\lambda_1,\lambda_2,\cdots,\lambda_n)$$

特别地，当 $\lambda_1=\lambda_2=\cdots=\lambda_n=1$ 时的线性变换称为恒等变换，它对应的 n 阶方阵：

$$\boldsymbol{E}=\begin{pmatrix} 1 & 0 & \cdots & 0 \\ 0 & 1 & \cdots & 0 \\ \vdots & \vdots & & \vdots \\ 0 & 0 & \cdots & 1 \end{pmatrix}$$

称为 n 阶单位矩阵。

2.3.2 单位矩阵

形如 $\boldsymbol{E}=\begin{pmatrix} 1 & 0 & \cdots & 0 \\ 0 & 1 & \cdots & 0 \\ \vdots & \vdots & & \vdots \\ 0 & 0 & \cdots & 1 \end{pmatrix}$的矩阵特点：对角线上的元素都是 1，其他元素都是 0。即单位矩阵 $\boldsymbol{E}$ 的 (i,j) 元 e_{ij}为 $e_{ij}=\begin{cases} 1, & 当\ i=j \\ 0, & 当\ i\neq j \end{cases}(i,j=1,2,\cdots,n)$。

2.3.3 初等矩阵

1. 初等行变换

1）对换两行（对换 i,j 两行，记作 $r_i \longleftrightarrow r_j$）。

2）以数 $k\neq 0$ 乘以某一行中的所有元素（第 i 行乘 k，记作 $r_i\times k$）。

3）把某一行所有元素的 k 倍加到另一行对应的元素上去（第 j 行的 k 倍加到第 i 行上，记作 r_i+kr_j）。

2. 初等列变换

把上面 1)、2)、3）的“行”换成“列”，得初等列变换。

3. 初等变换

矩阵的初等行变换与初等列变换，统称为**初等变换**。

4. 初等矩阵

在线性代数课程中，我们已经看到初等矩阵对矩阵求逆与线性方程组的研究起着重要的作用，这里介绍更一般形式的初等矩阵，它是矩阵理论、矩阵计算及机器学习与机器视觉的基本工具。

定义 2-11 设 $\boldsymbol{u},\boldsymbol{v}\in \boldsymbol{C}^n$，$\sigma$ 为一复数，则如下形式的矩阵：

$$\boldsymbol{E}(\boldsymbol{u},\boldsymbol{v},\sigma)=\boldsymbol{I}-\sigma\boldsymbol{u}\boldsymbol{v}^{\mathrm{H}} \tag{2-12}$$

称为**初等矩阵**。

定理 2-5 初等矩阵 $\boldsymbol{E}(\boldsymbol{u},\boldsymbol{v},\sigma)$ 具有如下性质：

1）$\det(\boldsymbol{E}(\boldsymbol{u},\boldsymbol{v},\sigma))=1-\sigma\boldsymbol{v}^{\mathrm{H}}\boldsymbol{u}$。

2）如果 $\sigma\boldsymbol{v}^{\mathrm{H}}\boldsymbol{u}\neq 1$，则 $\boldsymbol{E}(\boldsymbol{u},\boldsymbol{v},\sigma)$ 可逆，并且其逆矩阵也是初等矩阵：

$$\boldsymbol{E}(\boldsymbol{u},\boldsymbol{v},\sigma)^{-1}=\boldsymbol{E}(\boldsymbol{u},\boldsymbol{v},\tau) \tag{2-13}$$

其中，$\tau=\dfrac{\sigma}{\sigma\boldsymbol{v}^{\mathrm{H}}\boldsymbol{u}-1}$。

3）对任意非零向量 $\boldsymbol{a},\boldsymbol{b}\in \boldsymbol{C}^n$，可适当选取 $\boldsymbol{u},\boldsymbol{v}$ 和 σ，使得：

$$\boldsymbol{E}(\boldsymbol{u},\boldsymbol{v},\sigma)\boldsymbol{a}=\boldsymbol{b} \tag{2-14}$$

证明 1）如果 $\boldsymbol{v}=0$，则 1）显然成立；如果 $\boldsymbol{v}\neq 0$，则令 $\boldsymbol{u}_1=\dfrac{\boldsymbol{v}}{\|\boldsymbol{v}\|}$，并在 $\mathrm{span}(\boldsymbol{v})^{\perp}$ 中取一组标准正交基 $u_1,u_2,\cdots,u_n$，记 $\boldsymbol{U}=[u_1,u_2,\cdots,u_n]$，则 $\boldsymbol{U}$ 是酉矩阵，且：

$$\boldsymbol{U}^{\mathrm{H}}\boldsymbol{E}(\boldsymbol{u},\boldsymbol{v},\sigma)\boldsymbol{U}=\begin{pmatrix} 1-\sigma\boldsymbol{v}^{\mathrm{H}}\boldsymbol{u} & 0 & \cdots & 0 \\ -\sigma\|\boldsymbol{v}\|\boldsymbol{u}_2^{\mathrm{H}}\boldsymbol{u} & 1 & \cdots & 0 \\ \vdots & \vdots & & \vdots \\ -\sigma\|\boldsymbol{v}\|\boldsymbol{u}_n^{\mathrm{H}}\boldsymbol{u} & 0 & \cdots & 1 \end{pmatrix}$$

由上式即得 $\det(\boldsymbol{E}(\boldsymbol{u},\boldsymbol{v},\sigma))=1-\sigma\boldsymbol{v}^{\mathrm{H}}\boldsymbol{u}$

2）由关系式 $\boldsymbol{E}(\boldsymbol{u},\boldsymbol{v},\sigma)\boldsymbol{E}(\boldsymbol{u},\boldsymbol{v},\tau)=\boldsymbol{E}(\boldsymbol{u},\boldsymbol{v},\sigma+\tau-\sigma\tau\boldsymbol{v}^{\mathrm{H}}\boldsymbol{u})$ 及 1）可知，当且仅当 $\sigma\boldsymbol{v}^{\mathrm{H}}\boldsymbol{u}\neq 1$ 时，$\boldsymbol{E}(\boldsymbol{u},\boldsymbol{v},\sigma)$ 可逆，并且当 $\sigma+\tau-\sigma\tau\boldsymbol{v}^{\mathrm{H}}\boldsymbol{u}=0$ 时，即 $\tau=\dfrac{\sigma}{\sigma\boldsymbol{v}^{\mathrm{H}}\boldsymbol{u}-1}$时，$\boldsymbol{E}(\boldsymbol{u},\boldsymbol{v},\sigma)^{-1}=\boldsymbol{E}(\boldsymbol{u},\boldsymbol{v},\tau)$。

3）只需使 $\boldsymbol{u},\boldsymbol{v}$ 和 σ 满足 $\boldsymbol{v}^{\mathrm{H}}\boldsymbol{a}\neq 0$，$\sigma\boldsymbol{u}=\dfrac{\boldsymbol{a}-\boldsymbol{b}}{\boldsymbol{v}^{\mathrm{H}}\boldsymbol{a}}$即可。

线性代数中所用的初等矩阵都可以用初等矩阵 $\boldsymbol{E}(\boldsymbol{u},\boldsymbol{v},\sigma)$ 表示。

例 2-5 初等（交换）矩阵 $\boldsymbol{P}(i,j)$，即交换单位矩阵 $\boldsymbol{I}$ 的第 i、j 两行（或者两列）所得的矩阵，令 $\boldsymbol{u}=\boldsymbol{v}=\boldsymbol{e}_i-\boldsymbol{e}_j$，其中 $\boldsymbol{e}_i=(\underbrace{0,\cdots,0,1}_{i},0\cdots,0)^{\mathrm{T}}$，$\sigma=1$，则：

$$\boldsymbol{P}(i,j)=\boldsymbol{E}(\boldsymbol{e}_i-\boldsymbol{e}_j,\boldsymbol{e}_i-\boldsymbol{e}_j,1)=\boldsymbol{I}-(\boldsymbol{e}_i-\boldsymbol{e}_j)(\boldsymbol{e}_i-\boldsymbol{e}_j)^{\mathrm{T}}$$

由定理 2-5 知 $\det(\boldsymbol{P}(i,j))=-1(i\neq j)$，并且 $\boldsymbol{P}(i,j)^{-1}=\boldsymbol{P}(i,j)$。

例 2-6 初等矩阵 $\boldsymbol{P}(i(k))$ 即由单位矩阵 $\boldsymbol{I}$ 的第 i 行（列）乘以非零数 k 所得的矩阵，

令 $\boldsymbol{u}=\boldsymbol{v}=\boldsymbol{e}_i$，$\sigma=1-k$，则：

$$\boldsymbol{P}(i(k))=\boldsymbol{E}(\boldsymbol{e}_i,\boldsymbol{e}_i,1-k)=\boldsymbol{I}-(1-k)\boldsymbol{e}_i\boldsymbol{e}_i^{\mathrm{T}}$$

由定理 2-5 知，$\det(\boldsymbol{P}(i(k)))=k$，并且 $\boldsymbol{P}(i(k))^{-1}=\boldsymbol{P}\left(i\left(\frac{1}{k}\right)\right)$。

例 2-7 初等矩阵 $\boldsymbol{P}(i,j(k))$ 即把单位矩阵第 j 行的 k 倍加到第 i 行所得的矩阵，令 $\boldsymbol{u}=\boldsymbol{e}_i$，$\boldsymbol{v}=\boldsymbol{e}_j$，$\sigma=-k$，则：

$$\boldsymbol{P}(i,j(k))=\boldsymbol{E}(\boldsymbol{e}_i,\boldsymbol{e}_j,-k)=\boldsymbol{I}+k\boldsymbol{e}_i\boldsymbol{e}_j^{\mathrm{T}}$$

并且 $\det(\boldsymbol{P}(i,j(k)))=1$，$\boldsymbol{P}(i,j(k))^{-1}=\boldsymbol{P}(i,j(-k))$。

2.4 稠密及其完备性

1. 稠密集

设 X 是距离空间，A，$B\subset X$，如果 B 中任何点 x 的任何邻域 $O(x,\delta)$ 中都含有 A 的点，就称 A 在 B 中稠密。

2. 子列

在数列 $x_1,x_2,\cdots,x_n$ 中，按照原来的顺序自左向右自由选取无穷多项，如 $x_2,x_5,\cdots,x_{50}$，这种数列称为 $\{x_n\}$ 的子列。为方便表示，$\{x_n\}$ 的子列表示为 x_{n1}，x_{n2}，…，x_{nk}。

3. 确界的存在性

一切无限小数统称实数，其中，循环小数为有理数，不循环小数为无理数。常用 $\mathbf{R}^1$ 表示全体实数集合。我们知道，自然数在数直线上是很稀疏的。有理数在数直线上处处稠密，但有空隙存在。全体实数和数直线上的点一一对应，所以这种空隙不存在了。实数的这种“没有空隙”的性质，就是实数的完备性或连续性。下面来讨论完备性的几个等价命题。

定义 2-12（有界集） 设 $A\in\mathbf{R}^1$ 是非空数集。

1）如果存在 $M\in\mathbf{R}^1$，使 $\forall x\in A$，有 $x\leqslant M$，则称 M 为数集 A 的一个上界。

2）如果存在 $m\in\mathbf{R}^1$，使 $\forall x\in A$，有 $x\geqslant m$，则称 m 为数集 A 的一个下界。

3）如果数集 A 既有上界又有下界，则称 A 为有界数集。

注 2-1 数集有界的等价定义：如果存在 $M>0$，使 $\forall x\in A$，有 $|x|\leqslant M$，则称 A 为有界数集。

定义 2-13（确界） 设 $A\subset\mathbf{R}^1$ 是非空数集，若存在这样一个实数 β，满足：

1）$\forall x\in A$，有 $x\leqslant\beta$。

2）$\forall\varepsilon>0$，$\exists x_0\in A$，使 $x_0>\beta-\varepsilon$。

则 β 称为 A 的**上确界**（或**最小上界**），记为：

$$\beta=\sup A \text{ 或 } \beta=\sup_{x\in A}\{x\}$$

上面的第一个条件意味着 β 是数集 A 的一个上界，而第二个条件凡小于 β 的任何实数都

不是 A 的上界。因此，β 也称为数集 E 的最小上界。

不难证明：若 β 是 A 的上确界，则存在 $x_m \in A$，使 $\lim\limits_{m\to\infty} x_m=\beta$。

同样，给定数集 $A\subset\mathbf{R}^1$，若存在 $\alpha\subset\mathbf{R}^1$，满足：

1）$\forall x\in A$，有 $x\geqslant\alpha$。

2）$\forall \varepsilon>0$，$\exists x_0\in A$，使 $x_0<\alpha+\varepsilon$。

则称 α 为数集 A 的**下确界**（或**最大下界**），记为：

$$\alpha=\inf A \text{ 或 } \alpha=\inf_{x\in A} f\{x\}$$

注意：某个有界函数，没有最大值和最小值，但是有上确界和下确界。

例如，函数 $f(x)=x^2$，$x\in(1,2)$，由于定义域为开区间（1,2），无最大值和最小值，所以最大下确界为 $\inf f(x)=1$，最小上确界为 $\sup f(x)=4$。

实数的完备性质（即没有空隙）在理论上十分重要。为了在应用这些性质时更加确切，可以把它表述成以下的公理。

定理 2-6（确界存在公理）　任何有上（下）界的数集必存在上（下）确界。

注 2-2　并不是任何数集都有上下确界，对于有限数集而言，上下确界必存在，分别是该数集的最大数、最小数。对于无限数集来讲，上下确界未必存在，例如，自然数集 $\mathbf{N}=\{0,1,2,\cdots,n\}$ 有下确界 0，而无上确界。

注 2-3　无限数集 A 即使有上确界 β（或下确界 α），然而 β（或 α）可以属于 A，也可以不属于 A，如 $A=(0,1]$。

$$\alpha=\inf A=0\in A,\ \beta=\sup A=1\in A$$

4. 完备性

在微积分中，数列 $\{x_n\}$ 收敛$\Leftrightarrow$ $\{x_n\}$ 是基本列（或 Cauchy 列），它有六个相互等价的命题，这些命题反映了实数的完备性（连续性）。现在将这一概念推广到距离空间。

定义 2-14（基本列）　设 (X,d) 是一距离空间，$\{x_n\}$ 是 X 中的点列，如果 $\forall\varepsilon>0$，$\exists N$，当 $n,m>N$ 时，有：

$$d(x_m,x_n)<\varepsilon \tag{2-15}$$

就称 $\{x_n\}$ 为**基本列**（或 Cauchy 列）。

定理 2-7（基本列的性质）　(X,d) 中的基本列有如下的性质：

1）若点列 $\{x_n\}$ 收敛，则 $\{x_n\}$ 是基本列。

2）若点列 $\{x_n\}$ 是基本列，则 $\{x_n\}$ 有界。

3）若基本列含有收敛子列，则该基本列收敛，其极限为该子列的极限。

结论 1)、2) 易证，证明略。这里仅证明结论 3)。设 $\{x_n\}$ 是一基本列，且有一收敛子列 $\{x_{n_i}\}$，$\lim\limits_{k\to\infty} x_{n_k}=x$，即 $\forall\varepsilon>0$，$\exists N_1$，当 $k>N_1$ 时有：

$$d(x_{n_k},x)<\frac{1}{2}\varepsilon$$

由于 $\{x_n\}$ 是基本列，故 $\exists N_2$，当 m，$n>N_2$ 时有：

$$d(x_m,x_n)<\frac{1}{2}\varepsilon$$

令 $N=\max(N_1,N_2)$，当 $n>N$ 及任一 $k>N$，有：

$$d(x_n,x)\leqslant d(x_n,x_{n_k})+d(x_{n_k},x)<\varepsilon$$

因此有 $\lim\limits_{n\to\infty}x_n=x$。

注 2-4 定理 2-7 中 1）的逆不成立。举反例如下：

$X=(0,1)$，$\forall x$，$y\in X$，$d(x,y)=|x-y|$，点列 $\{x_n\}=\left\{\dfrac{1}{n+1}\right\}$是 X 中的基本列，$\{x_n\}$ 在 X 中不收敛。

在一个距离空间中，如果它的每一个基本列都收敛，则这个空间在分析中特别有意义，因为在此空间中不必具体找出序列的极限，就可以判别它是否收敛。一个空间，如果其中的每个基本列都有极限（因而是收敛的），就称为**完备空间**。

定义 2-15（完备空间） 如果距离空间 X 中的每一基本列都收敛于 X 中的点，就称 X 为完备的距离空间。

2.5 向量范数

定义 2-16（范数公理） 设 V 是数域 P 上的线性空间，$\|\boldsymbol{\alpha}\|$ 是以 V 中的向量 $\boldsymbol{\alpha}$ 为自变量的非负实值函数，如果它满足以下三个条件：

1）非负性：当 $\boldsymbol{\alpha}\neq 0$ 时，$\|\boldsymbol{\alpha}\|>0$；当 $\boldsymbol{\alpha}=0$ 时，$\|\boldsymbol{\alpha}\|=0$。

2）齐次性：对任意 $k\in P$，$\boldsymbol{\alpha}\in V$，有 $\|k\boldsymbol{\alpha}\|=|k|\|\boldsymbol{\alpha}\|$。

3）三角不等式：对任意 $\boldsymbol{\alpha}$，$\boldsymbol{\beta}\in V$，有 $\|\boldsymbol{\alpha}+\boldsymbol{\beta}\|\leqslant\|\boldsymbol{\alpha}\|+\|\boldsymbol{\beta}\|$。

则称 $\|\boldsymbol{\alpha}\|$ 为向量 $\boldsymbol{\alpha}$ 的范数，并称定义了范数的线性空间为**赋范线性空间**，**称** $(V,\|\cdot\|)$ **为赋范线性空间，简记为** V。

如果 V 按照距离 $d(\boldsymbol{\alpha},\boldsymbol{\beta})=\|\boldsymbol{\alpha}-\boldsymbol{\beta}\|$ 是完备的，则称 V 为**巴拿赫空间**。

例 2-8 在 n 维向量空间 C^n 中，对任意的向量 $\boldsymbol{x}=(x_1,\cdots,x_n)^{\mathrm{T}}\in C^n$ 定义：

$$\|\boldsymbol{x}\|_1=\sum_{i=1}^{n}|x_i| \tag{2-16}$$

$$\|\boldsymbol{x}\|_2=\left(\sum_{i=1}^{n}|x_i|^2\right)^{\frac{1}{2}} \tag{2-17}$$

$$\|\boldsymbol{x}\|_\infty=\max_{1\leqslant i\leqslant n}|x_i| \tag{2-18}$$

容易证明 $\|\boldsymbol{x}\|_1$、$\|\boldsymbol{x}\|_2$ 和 $\|\boldsymbol{x}\|_\infty$ 都满足定义 2-16 中的三个条件，因此 $\|\boldsymbol{x}\|_1$、$\|\boldsymbol{x}\|_2$ 和 $\|\boldsymbol{x}\|_\infty$ 都是 C^n 上的范数，分别称为 **1 范数**、**2 范数**（或 **Euclid 范数**）和**∞ 范数**。

对 $1\leqslant p<+\infty$，在 C^n 上定义：

$$\|\boldsymbol{x}\|_p=\left(\sum_{i=1}^{n}|x_i|^p\right)^{\frac{1}{p}},\quad 1\leqslant p<+\infty \tag{2-19}$$

则当 $p=1$ 时，$\|\boldsymbol{x}\|_p=\sum\limits_{i=1}^{n}|x_i|=\|\boldsymbol{x}\|_1$；当 $p=2$ 时，$\|\boldsymbol{x}\|_p=\left(\sum\limits_{i=1}^{n}|x_i|^2\right)^{\frac{1}{2}}=\|\boldsymbol{x}\|_2$。

下面证明由式（2-19）定义的 $\|\boldsymbol{x}\|_p$ 是 C^n 上的一种向量范数。

引理　如果实数 $p>1$，$q>1$ 且 $\frac{1}{p}+\frac{1}{q}=1$，则对任意非负实数 a、b 有：

$$ab\leqslant\frac{a^p}{p}+\frac{b^q}{q} \tag{2-20}$$

证明　若 $a=0$ 或 $b=0$，则（2-20）显然成立。下面考虑 a、b 均为正数的情况。

对 $x>0$，$0<\alpha<1$，记 $f(x)=x^\alpha-\alpha x$，容易验证 $f(x)$ 在 $x=1$ 处达到最大值 $1-\alpha$，从而 $f(x)\leqslant 1-\alpha$，即：

$$x^\alpha\leqslant 1-\alpha+\alpha x$$

对任意正实数 A、B，在上式中令 $x=\frac{A}{B}$，$\alpha=\frac{1}{p}$，$1-\alpha=\frac{1}{q}$，则 $A^{\frac{1}{p}}B^{\frac{1}{q}}\leqslant\frac{A}{p}+\frac{B}{q}$，由此再令 $a=A^{\frac{1}{p}}$，$b=B^{\frac{1}{q}}$，即得式（2-20）。

2.6 矩阵范数

因为 $m\times n$ 复矩阵（一个 $m\times n$ 矩阵可以看作一个 mn 维向量）的全体 $C^{m\times n}$ 是复数域上的线性空间，所以上节中范数的定义也适用于矩阵。

定义 2-17　设 $\|\boldsymbol{A}\|$ 是以 $C^{m\times n}$ 中的矩阵 $\boldsymbol{A}$ 为自变量的非负实值函数，如果它满足以下四个条件：

1）非负性：当 $\boldsymbol{A}\neq 0$ 时，$\|\boldsymbol{A}\|>0$；当 $\boldsymbol{A}=0$ 时，$\|\boldsymbol{A}\|=0$。

2）齐次性：对任意 $k\in C$，$\boldsymbol{A}\in C^{m\times n}$，有 $\|k\boldsymbol{A}\|=|k|\|\boldsymbol{A}\|$。

3）三角不等式：对任意 $\boldsymbol{A},\boldsymbol{B}\in C^{m\times n}$，有 $\|\boldsymbol{A}+\boldsymbol{B}\|\leqslant\|\boldsymbol{A}\|+\|\boldsymbol{B}\|$。

4）$\|\boldsymbol{AB}\|\leqslant\|\boldsymbol{A}\|\|\boldsymbol{B}\|$。

则称 $\|\boldsymbol{A}\|$ 为 $m\times n$ 矩阵 $\boldsymbol{A}$ 的范数。

例 2-9　对应 $\boldsymbol{A}=(a_{ij})\in C^{m\times n}$，令

$$\|\boldsymbol{A}\|_1'\equiv\sum_{i=1}^{m}\sum_{j=1}^{n}|a_{ij}|$$

$$\|\boldsymbol{A}\|_\infty'\equiv\max_{i,j}|a_{ij}|$$

$$\|\boldsymbol{A}\|_{\mathrm{F}}\equiv\left(\sum_{i=1}^{m}\sum_{j=1}^{n}|a_{ij}|^2\right)^{\frac{1}{2}}=(\mathrm{tr}(\boldsymbol{A}^{\mathrm{H}}\boldsymbol{A}))^{\frac{1}{2}}$$

容易证明 $\|\cdot\|_1'$，$\|\cdot\|_\infty'$ 和 $\|\cdot\|_{\mathrm{F}}$ 都是 $C^{m\times n}$ 上的矩阵范数，$\|\boldsymbol{A}\|_{\mathrm{F}}$ 称为 $\boldsymbol{A}$ 的 **Frobenius** 范数（F 范数）。

矩阵 $\boldsymbol{A}$ 的 **Frobenius** 范数 $\|\boldsymbol{A}\|_{\mathrm{F}}$ 是 $C^{m\times n}$ 中的内积 $(\boldsymbol{A},\boldsymbol{B})=\mathrm{tr}(\boldsymbol{B}^{\mathrm{H}}\boldsymbol{A})$ 所导出的矩阵范数。因此，矩阵 **Frobenius** 范数是向量 Euclid 范数的自然推广。

定理 2-8　设 $\boldsymbol{A}=(a_{ij})\in C^{m\times n}$，则有：

$$\|\boldsymbol{A}\|_1=\max_{1\leqslant j\leqslant n}\sum_{i=1}^{m}|a_{ij}|\quad\text{（列模和最大者）} \tag{2-21}$$

$$\|\boldsymbol{A}\|_2=(\lambda_{\max}(\boldsymbol{A}^{\mathrm{H}}\boldsymbol{A}))^{\frac{1}{2}} \quad (\lambda_{\max}(\boldsymbol{A}^{\mathrm{H}}\boldsymbol{A})\text{是}\boldsymbol{A}^{\mathrm{H}}\boldsymbol{A}\text{最大特征者}) \tag{2-22}$$

$$\|\boldsymbol{A}\|_\infty=\max_{1\leqslant i\leqslant m}\sum_{j=1}^{n}|a_{ij}| \quad (\text{行模和最大者}) \tag{2-23}$$

$$\|\boldsymbol{A}\|_{\mathrm{F}}=\sqrt{\sum_{i=1}^{m}\sum_{j=1}^{n}|a_{ij}|^2} \tag{2-24}$$

证明　记$\boldsymbol{A}=[\boldsymbol{a}_1,\cdots,\boldsymbol{a}_n]$，其中$\boldsymbol{a}_j\in C^m(j=1,\cdots,n)$，对任意$\boldsymbol{x}=(x_1,\cdots,x_n)\neq 0$都有：

$$\|\boldsymbol{Ax}\|_1=\left\|\sum_{j=1}^{n}x_j\boldsymbol{a}_j\right\|_1\leqslant\sum_{j=1}^{n}|x_j|\|\boldsymbol{a}_j\|_1\leqslant\max_{1\leqslant j\leqslant n}\|\boldsymbol{a}_j\|_1\|\boldsymbol{x}\|_1$$

因此：

$$\|\boldsymbol{A}\|_1=\max_{1\leqslant j\leqslant n}\sum_{i=1}^{m}|a_{ij}|$$

另一方面，如果$\max\limits_{1\leqslant j\leqslant n}\|\boldsymbol{a}_j\|_1=\|\boldsymbol{a}_k\|_1$，则由$\|\boldsymbol{e}_k\|_1=1$和$\|\boldsymbol{Ae}_k\|_1=\|\boldsymbol{a}_k\|_1=\max\limits_{1\leqslant j\leqslant n}\|\boldsymbol{a}_j\|_1$知$\|\boldsymbol{A}\|_1\geqslant\max\limits_{1\leqslant j\leqslant n}\|\boldsymbol{a}_j\|_1$，因此（2-21）成立。

同理可证式（2-23）。

下面证明式（2-22）。对n阶 **Hermite** 矩阵$\boldsymbol{A}^{\mathrm{H}}\boldsymbol{A}$，存在$n$阶酉矩阵$\boldsymbol{U}$使得：

$$\boldsymbol{A}^{\mathrm{H}}\boldsymbol{A}=\boldsymbol{U\Lambda U}^{\mathrm{H}}$$

其中，$\boldsymbol{\Lambda}$是对角矩阵，其对角元素为$\boldsymbol{A}^{\mathrm{H}}\boldsymbol{A}$的特征值，则：

$$\begin{aligned}\|\boldsymbol{A}\|_2^2&=\max_{\|\boldsymbol{x}\|_2=1}\boldsymbol{x}^{\mathrm{H}}\boldsymbol{A}^{\mathrm{H}}\boldsymbol{Ax}=\max_{\|\boldsymbol{x}\|_2=1}(\boldsymbol{U}^{\mathrm{H}}\boldsymbol{x})^{\mathrm{H}}\boldsymbol{\Lambda U}^{\mathrm{H}}\boldsymbol{x}\\&=\max_{\|\boldsymbol{y}\|_2=1}\boldsymbol{y}^{\mathrm{H}}\boldsymbol{\Lambda y}=\lambda_{\max}(\boldsymbol{A}^{\mathrm{H}}\boldsymbol{A})\end{aligned}$$

通常将$\|\boldsymbol{A}\|_1$称为$\boldsymbol{A}$的**列和范数**。$\|\boldsymbol{A}\|_2$称为$\boldsymbol{A}$的**谱范数**，$\|\boldsymbol{A}\|_\infty$称为$\boldsymbol{A}$的**行和范数**，$\|\boldsymbol{A}\|_{\mathrm{F}}$称为$\boldsymbol{A}$的 **Frobenius 范数**（F 范数）。

例 2-10　设

$$\boldsymbol{A}=\begin{pmatrix}2&-1&0\\0&2&3\\1&2&0\end{pmatrix},\boldsymbol{A}^{\mathrm{H}}=\begin{pmatrix}2&0&1\\-1&2&2\\0&3&0\end{pmatrix}$$

计算$\|\boldsymbol{A}\|_1$、$\|\boldsymbol{A}\|_2$、$\|\boldsymbol{A}\|_\infty$和$\|\boldsymbol{A}\|_{\mathrm{F}}$。

解　$\|\boldsymbol{A}\|_1=5,\|\boldsymbol{A}\|_\infty=5,\|\boldsymbol{A}\|_{\mathrm{F}}=\sqrt{23}$。

因为

$$\boldsymbol{A}^{\mathrm{H}}\boldsymbol{A}=\begin{pmatrix}5&0&0\\0&9&6\\0&6&9\end{pmatrix}$$

$$|\boldsymbol{A}^{\mathrm{H}}\boldsymbol{A}-\lambda\boldsymbol{E}|=0\Rightarrow\begin{vmatrix}5-\lambda&0&0\\0&9-\lambda&6\\0&6&9-\lambda\end{vmatrix}=0\Rightarrow\begin{cases}\lambda_1=3\\\lambda_2=5\\\lambda_3=15\end{cases}$$

所以$\lambda_{\max}(\boldsymbol{A}^{\mathrm{H}}\boldsymbol{A})=15$，因此$\|\boldsymbol{A}\|_2=\sqrt{15}$。

2.7　矩阵扰动分析

为了解决科学与工程中的实际问题，人们根据物理、力学等规律建立问题的数学模型，并根据数学模型提出求解数学问题的数值计算方法，然后进行程序设计，在计算机上计算出实际需要的结果。在数学问题的求解过程中，通常存在两类误差，从而影响计算结果的精度，即数值计算方法引起的截断误差和计算环境引起的舍入误差。为了分析这些误差对数学问题解的影响，人们将其归结为原始数据的扰动（或摄动）对解的影响。自然地，我们需要研究该扰动引起了问题解的多大变化，即问题解的稳定性。

下面看一个简单的例子。

考虑一个二阶线性方程组：

$$\begin{pmatrix}1 & 0.99\\0.99 & 0.98\end{pmatrix}\begin{pmatrix}x_1\\x_2\end{pmatrix}=\begin{pmatrix}1\\1\end{pmatrix}$$

可以验证，该方程组的精确解为 $x_1=100$，$x_2=-100$。

如果系数矩阵有一扰动$\begin{pmatrix}0 & 0\\0 & 0.01\end{pmatrix}$，并且右端项也有一扰动$\begin{pmatrix}0\\0.001\end{pmatrix}$，则扰动后的线性方程组为：

$$\begin{pmatrix}1 & 0.99\\0.99 & 0.99\end{pmatrix}\begin{pmatrix}x_1+\delta x_1\\x_2+\delta x_2\end{pmatrix}=\begin{pmatrix}1\\1.001\end{pmatrix}$$

可以验证，这个方程组的精确解为 $x_1+\delta x_1=-0.1$，$x_2+\delta x_2=\frac{10}{9}$。

可见，系数矩阵和右端项的微小扰动引起了解的强烈变化。

注意到上面的例子并没有截断误差和舍入误差，因此原始数据的扰动对问题解的影响程度取决于问题本身的固有性质。如果原始数据的小扰动引起问题解的很大变化，则称该问题是病态的（敏感的）或不稳定的，否则称该问题是良态的（不敏感的）或稳定的。

矩阵扰动分析就是研究矩阵元素的变化对矩阵问题解的影响，它对矩阵论和矩阵计算都具有重要意义。矩阵扰动分析的理论及其主要结果是在最近三四十年里得到的。随着各种科学计算问题的深入与扩大，矩阵扰动理论不仅会有新的发展，而且还存在许多问题有待进一步解决，主要有矩阵 $\boldsymbol{A}$ 的逆矩阵、以 $\boldsymbol{A}$ 为系数矩阵的线性方程组的解和矩阵特征值的扰动分析。下面以**矩阵逆的扰动**为例进行分析。

矩阵逆的扰动分析：设矩阵 $\boldsymbol{A}\in C^{n\times n}$并且 $\boldsymbol{A}$ 非奇异，经扰动变为 $\boldsymbol{A}+\boldsymbol{E}$，其中 $\boldsymbol{E}\in C^{n\times n}$称为扰动矩阵。我们需要解决在什么条件下 $\boldsymbol{A}+\boldsymbol{E}$ 非奇异。当 $\boldsymbol{A}+\boldsymbol{E}$ 非奇异时，$(\boldsymbol{A}+\boldsymbol{E})^{-1}$与 $\boldsymbol{A}^{-1}$ 的近似程度？

定理 2-9　设 $\boldsymbol{A},\boldsymbol{E}\in C^{n\times n}$，$\boldsymbol{B}=\boldsymbol{A}+\boldsymbol{E}$。如果 $\boldsymbol{A}$ 与 $\boldsymbol{B}$ 均非奇异，则：

$$\frac{\|\boldsymbol{B}^{-1}-\boldsymbol{A}^{-1}\|}{\|\boldsymbol{A}^{-1}\|}\leqslant\|\boldsymbol{A}\|\|\boldsymbol{B}^{-1}\|\frac{\|\boldsymbol{E}\|}{\|\boldsymbol{A}\|}\tag{2-25}$$

证明　由：

$$\boldsymbol{B}^{-1}-\boldsymbol{A}^{-1}=\boldsymbol{A}^{-1}(\boldsymbol{A}-\boldsymbol{B})\boldsymbol{B}^{-1}=-\boldsymbol{A}^{-1}\boldsymbol{E}\boldsymbol{B}^{-1} \tag{2-26}$$

又由矩阵范数得：

$$\|\boldsymbol{B}^{-1}-\boldsymbol{A}^{-1}\| \leqslant \|\boldsymbol{A}^{-1}\|\|\boldsymbol{B}^{-1}\|\|\boldsymbol{E}\|$$

于是：

$$\frac{\|\boldsymbol{B}^{-1}-\boldsymbol{A}^{-1}\|}{\|\boldsymbol{A}^{-1}\|} \leqslant \|\boldsymbol{B}^{-1}\|\|\boldsymbol{E}\|=\|\boldsymbol{A}\|\|\boldsymbol{B}^{-1}\|\frac{\|\boldsymbol{E}\|}{\|\boldsymbol{A}\|}$$

定理 2-10　设 $\boldsymbol{A}\in C^{n\times n}$ 是非奇异矩阵，$\boldsymbol{E}\in C^{n\times n}$ 满足条件：

$$\|\boldsymbol{A}^{-1}\boldsymbol{E}\|<1 \tag{2-27}$$

则 $\boldsymbol{A}+\boldsymbol{E}$ 非奇异，并且有：

$$\|(\boldsymbol{A}+\boldsymbol{E})^{-1}\| \leqslant \frac{\|\boldsymbol{A}^{-1}\|}{1-\|\boldsymbol{A}^{-1}\boldsymbol{E}\|} \tag{2-28}$$

$$\frac{\|(\boldsymbol{A}+\boldsymbol{E})^{-1}-\boldsymbol{A}^{-1}\|}{\|\boldsymbol{A}^{-1}\|} \leqslant \frac{\|\boldsymbol{A}^{-1}\boldsymbol{E}\|}{1-\|\boldsymbol{A}^{-1}\boldsymbol{E}\|} \tag{2-29}$$

证明　因为 $\boldsymbol{A}+\boldsymbol{E}=\boldsymbol{A}(\boldsymbol{I}+\boldsymbol{A}^{-1}\boldsymbol{E})$，其中 $\|\boldsymbol{A}^{-1}\boldsymbol{E}\|<1$，则 $\boldsymbol{I}+\boldsymbol{A}^{-1}\boldsymbol{E}$ 非奇异，从而 $\boldsymbol{A}+\boldsymbol{E}$ 也非奇异，由于：

$$(\boldsymbol{A}+\boldsymbol{E})^{-1}=(\boldsymbol{I}+\boldsymbol{A}^{-1}\boldsymbol{E})^{-1}\boldsymbol{A}^{-1} \tag{2-30}$$

又由矩阵范数得：

$$\|(\boldsymbol{A}+\boldsymbol{E})^{-1}\| \leqslant \|(\boldsymbol{I}+\boldsymbol{A}^{-1}\boldsymbol{E})^{-1}\|\|\boldsymbol{A}^{-1}\| \leqslant \frac{1}{1-\|\boldsymbol{A}^{-1}\boldsymbol{E}\|}\cdot\|\boldsymbol{A}^{-1}\|$$

再由于：

$$\|(\boldsymbol{A}+\boldsymbol{E})^{-1}\| \leqslant \frac{\|\boldsymbol{A}^{-1}\|}{1-\|\boldsymbol{A}^{-1}\boldsymbol{E}\|}$$

且：

$$(\boldsymbol{A}+\boldsymbol{E})^{-1}-\boldsymbol{A}^{-1}=[(\boldsymbol{I}+\boldsymbol{A}^{-1}\boldsymbol{E})^{-1}-\boldsymbol{I}]\boldsymbol{A}^{-1}$$

则有：

$$\|(\boldsymbol{A}+\boldsymbol{E})^{-1}-\boldsymbol{A}^{-1}\| \leqslant \|(\boldsymbol{I}+\boldsymbol{A}^{-1}\boldsymbol{E})^{-1}-\boldsymbol{I}\|\|\boldsymbol{A}^{-1}\| \leqslant \frac{\|\boldsymbol{A}^{-1}\|\|\boldsymbol{A}^{-1}\boldsymbol{E}\|}{1-\|\boldsymbol{A}^{-1}\boldsymbol{E}\|}$$

由上式即得式（2-29）。

因为 $\|\boldsymbol{A}^{-1}\boldsymbol{E}\| \leqslant \|\boldsymbol{A}^{-1}\|\|\boldsymbol{E}\|$，所以由定理 2-10 可得如下推论。

推论 2-2　设 $\boldsymbol{A}\in C^{n\times n}$ 是非奇异矩阵，$\boldsymbol{E}\in C^{n\times n}$ 满足条件 $\|\boldsymbol{A}^{-1}\|\|\boldsymbol{E}\|<1$，则 $\boldsymbol{A}+\boldsymbol{E}$ 非奇异，并且有：

$$\frac{\|(\boldsymbol{A}+\boldsymbol{E})^{-1}-\boldsymbol{A}^{-1}\|}{\|\boldsymbol{A}^{-1}\|} \leqslant \frac{k(\boldsymbol{A})\dfrac{\|\boldsymbol{E}\|}{\|\boldsymbol{A}\|}}{1-k(\boldsymbol{A})\dfrac{\|\boldsymbol{E}\|}{\|\boldsymbol{A}\|}} \tag{2-31}$$

式中，$k(\boldsymbol{A})=\|\boldsymbol{A}\|\|\boldsymbol{A}^{-1}\|$。式（2-31）表明，$k(\boldsymbol{A})$ 反映了 $\boldsymbol{A}^{-1}$ 对于 $\boldsymbol{A}$ 的扰动的敏感性，$k(\boldsymbol{A})$ 越大，$(\boldsymbol{A}+\boldsymbol{E})^{-1}$ 与 $\boldsymbol{A}^{-1}$ 的相对误差就越大。

定义 2-18　设 n 阶矩阵 $\boldsymbol{A}$ 非奇异，则称 $k(\boldsymbol{A})=\|\boldsymbol{A}\|\|\boldsymbol{A}^{-1}\|$ 为 $\boldsymbol{A}$ 关于求逆的条件数。

由推论 2-2 知，如果 $k(\boldsymbol{A})$ 很大，则矩阵 $\boldsymbol{A}$ 关于求逆是病态的。

2.8 广义逆矩阵

在线性代数中，如果 $\boldsymbol{A}$ 是 n 阶非奇异矩阵，则 $\boldsymbol{A}$ 存在唯一的逆矩阵 $\boldsymbol{A}^{-1}$。如果线性方程组 $\boldsymbol{A}x=b$ 的系数矩阵非奇异，则该方程存在唯一解 $x=\boldsymbol{A}^{-1}b$。但是，在许多实际问题中所遇到的矩阵 $\boldsymbol{A}$ 往往是非奇异方阵或长方阵，并且线性方程组 $\boldsymbol{A}x=b$ 可能是矛盾方程组，这时应该如何将该方程组在某种意义下的解通过矩阵 $\boldsymbol{A}$ 的某种逆加以表示呢？这就促使人们设法将矩阵逆的概念、理论和方法推广到奇异方阵或长方阵的情形。

1920 年，E. H. moore 首先提出了广义逆矩阵的概念，但其后 30 年并未引起人们的重视。直到 1955 年，R. Penrose 利用四个矩阵方程给出广义逆矩阵的新的更简洁实用的定义之后，广义逆矩阵的研究才进入一个新的时期，其理论和应用得到了迅速发展，已成为矩阵论的一个重要分支。广义逆矩阵在数理统计、最优化理论、控制理论、系统识别、机器学习、机器视觉和数字图像处理等许多领域都具有重要应用。

本节着重介绍几种常用的广义逆矩阵及其在解线性方程组中的应用。这里仅限于对实矩阵进行讨论。类似地，对复矩阵也有相同的结果。

2.8.1 广义逆矩阵的概念

对 $\boldsymbol{A}\in R^{m\times n}$，R. Penrose 以简便实用的形式给出了矩阵 $\boldsymbol{A}$ 的广义逆定义，并陈述了四个条件，称为 **Penrose** 方程。

1）$\boldsymbol{AGA}=\boldsymbol{A}$

2）$\boldsymbol{GAG}=\boldsymbol{G}$

3）$(\boldsymbol{AG})^{\mathrm{T}}=\boldsymbol{AG}$

4）$(\boldsymbol{GA})^{\mathrm{T}}=\boldsymbol{GA}$

定义 2-19 对任意 $m\times n$ 矩阵 $\boldsymbol{A}$，如果存在某个 $n\times m$ 矩阵 $\boldsymbol{G}$ 满足 Penrose 方程的一部分或全部，则称 $\boldsymbol{G}$ 为 $\boldsymbol{A}$ 的**广义逆矩阵**。

如果广义逆矩阵 $\boldsymbol{G}$ 满足第 i 个条件，则把 $\boldsymbol{G}$ 记作 $\boldsymbol{A}^{(i)}$，并把这类矩阵的全体记作 $\boldsymbol{A}\{i\}$，于是 $\boldsymbol{A}^{(i)}\in\boldsymbol{A}\{i\}$。类似地，把满足第 i、j 两个条件的广义逆矩阵 $\boldsymbol{G}$ 记作 $\boldsymbol{A}^{(i,j)}$；把满足第 i、j、k 三个条件的广义逆矩阵 $\boldsymbol{G}$ 记作 $\boldsymbol{A}^{(i,j,k)}$；把满足全部四个条件的广义逆矩阵 $\boldsymbol{G}$ 记作 $\boldsymbol{A}^{(1,2,3,4)}$；相应地，分别有 $\boldsymbol{A}\{i,j\}$、$\boldsymbol{A}\{i,j,k\}$、$\boldsymbol{A}\{1,2,3,4\}$。

由定义 2-19 可知，满足一个、两个、三个、四个 Penrose 方程的广义逆矩阵共有十五种。但应用较多的是 $\boldsymbol{A}^{(1)}$、$\boldsymbol{A}^{(1,3)}$、$\boldsymbol{A}^{(1,4)}$ 和 $\boldsymbol{A}^{(1,2,3,4)}$ 四种广义逆矩阵，分别记为 $\boldsymbol{A}^{-}$、$\boldsymbol{A}_{l}^{-}$、$\boldsymbol{A}_{m}^{-}$、$\boldsymbol{A}^{+}$，并称 $\boldsymbol{A}^{-}$ 为**减号逆**或 $\boldsymbol{g}^{-}$**逆**，$\boldsymbol{A}_{l}^{-}$ 为**最小二乘广义逆**，$\boldsymbol{A}_{m}^{-}$ 为**极小范数广义逆**，$\boldsymbol{A}^{+}$ 为**加号逆**或 **Moore-Penrose 广义逆**。

2.8.2 广义逆矩阵 A^{+} 与线性方程组的极小最小二乘解

设 $\boldsymbol{A}$ 是 $m\times n$ 的矩阵，其秩为 $r(r\geqslant 1)$。关于矩阵 $\boldsymbol{A}$ 的 Moore-Penrose 广义逆 $\boldsymbol{A}^{+}$ 的存在性与唯一性，有如下结论。

定理 2-11 设 $\boldsymbol{A}$ 是任意的 $m\times n$ 矩阵，$\boldsymbol{A}^{+}$ 存在并且唯一。

证明 设 A 的奇异值分解为：

$$A=U\begin{pmatrix}\Sigma & 0\\ 0 & 0\end{pmatrix}V^{\mathrm{T}} \tag{2-32}$$

式中，$U\in R^{m\times m}$ 和 $V=R^{n\times n}$ 是正交矩阵，$\Sigma=\mathrm{diag}(\sigma_1,\cdots,\sigma_r)>0$，令：

$$A^{+}=V\begin{pmatrix}\Sigma^{-1} & 0\\ 0 & 0\end{pmatrix}U^{\mathrm{T}} \tag{2-33}$$

直接验证便知，式（2-33）定义的 A^+满足定义 2-19 中的四个 Penrose 方程，故 A^+存在。

再证明唯一性。设矩阵 G_1 和 G_2 都是 A 的 Moore-Penrose 广义逆，则：

$$\begin{aligned}G_1 &=G_1AG_1=G_1(AG_1)^{\mathrm{T}}=G_1G_1^{\mathrm{T}}A^{\mathrm{T}}=G_1G_1^{\mathrm{T}}(AG_2A)^{\mathrm{T}}\\ &=G_1G_1^{\mathrm{T}}A^{\mathrm{T}}(AG_2)^{\mathrm{T}}=G_1(AG_1)^{\mathrm{T}}AG_2=G_1AG_1AG_2\\ &=G_1AG_2=G_1AG_2AG_2=(G_1A)^{\mathrm{T}}(G_2A)^{\mathrm{T}}G_2\\ &=(G_2AG_1A)^{\mathrm{T}}G_2=(G_2A)^{\mathrm{T}}G_2=G_2AG_2=G_2\end{aligned}$$

定理 2-11的证明同时也给出了 A^+的一个计算方法。利用 A 的满秩分解,可以给出 A^+的另一个表达式。

定理 2-12 设 A 是 $m\times n$ 矩阵,其满秩分解为：

$$A=BC \tag{2-34}$$

式中，B 是 $m\times r$ 矩阵，C 是 $r\times n$ 矩阵，$\mathrm{rank}(A)=\mathrm{rank}(B)=\mathrm{rank}(C)=r$，则：

$$A^{+}=C^{\mathrm{T}}(CC^{\mathrm{T}})^{-1}(B^{\mathrm{T}}B)^{-1}B^{\mathrm{T}} \tag{2-35}$$

证明 直接验证式（2-35）定义的 A^+满足定义 2-19 中的四个 Penrose 方程。

Moore-Penrose 广义逆 A^+的基本性质可概述为如下定理。

定理 2-13 设 A 是 $m\times n$ 矩阵，则：

1）$(A^+)^+=A$。

2）$(A^+)^{\mathrm{T}}=(A^{\mathrm{T}})^+$。

3）$A^+AA^{\mathrm{T}}=A^{\mathrm{T}}=A^{\mathrm{T}}AA^+$。

4）$(A^{\mathrm{T}}A)^+=A^+(A^{\mathrm{T}})^+=A^+(A^+)^{\mathrm{T}}$。

5）$A^+=(A^{\mathrm{T}}A)^+A^{\mathrm{T}}=A^{\mathrm{T}}(AA^{\mathrm{T}})^+$。

6）$A^+=A_m^-AA_l^-$。

7）$\mathrm{rank}(A)=\mathrm{rank}(A^+)=\mathrm{rank}(AA^+)=\mathrm{rank}(A^+A)$。

8）若 $\mathrm{rank}(A)=n$，则 $A^+=(A^{\mathrm{T}}A)^{-1}A^{\mathrm{T}}$。

9）若 $\mathrm{rank}(A)=m$，则 $A^+=A^{\mathrm{T}}(AA^{\mathrm{T}})^{-1}$。

10）若 U、V 分别为 m、n 阶正交矩阵，则（$UAV)^+=V^{\mathrm{T}}A^+U^{\mathrm{T}}$。

11）若 $A=\begin{pmatrix}R & 0\\ 0 & 0\end{pmatrix}$，其中 R 为 r 阶非奇异矩阵，则 $A^+=\begin{pmatrix}R^{-1} & 0\\ 0 & 0\end{pmatrix}_{n\times m}$。

证明 这里仅给出 6）的证明，其余请自行证明。

记 $G=A_m^-AA_l^-$，由 A_m^- 和 A_l^- 的性质可得：

$$AGA=AA_m^-AA_l^-A=AA_l^-A=A$$

$$GAG=A_m^-AA_l^-AA_m^-AA_l^-=A_m^-AA_m^-AA_l^-=A_m^-AA_l^-=G$$

$$(AG)^{\mathrm{T}}=(AA_m^-AA_l^-)^{\mathrm{T}}=(AA_l^-)^{\mathrm{T}}=AA_l^-=AG$$

$$(GA)^{\mathrm{T}}=(A_m^-AA_l^-A)^{\mathrm{T}}=(A_m^-A)^{\mathrm{T}}=A_m^-A=GA$$

由 Moore-Penrose 广义逆的唯一性即得 $A^+=G=A_m^-AA_l^-$。

值得指出的是，A^{-1}的许多性质A^+并不具备。

1）对任意 $m\times n$ 矩阵 A 和 $n\times p$ 矩阵 B，等式（AB）$^+=B^+A^+$一般不成立。

事实上，若取 $A=(1,1)$，$B=\begin{pmatrix}1 & -1\\0 & 1\end{pmatrix}$，则：

$$AB=(1,0),\ (AB)^+=\begin{pmatrix}1\\0\end{pmatrix}$$

而：

$$A^+=\begin{pmatrix}\frac{1}{2}\\\frac{1}{2}\end{pmatrix},\ B^+=\begin{pmatrix}1 & 1\\0 & 1\end{pmatrix},\ B^+A^+=\begin{pmatrix}1\\\frac{1}{2}\end{pmatrix}$$

可见（AB）$^+\neq B^+A^+$。

如果 A 是列满秩矩阵，B 是行满秩矩阵，由定理 2-12 和定理 2-13 的 8）、9）可知，等式（AB）$^+\neq B^+A^+$成立。

2）对任意 $m\times n$ 矩阵 A，$AA^+\neq A^+A$。

3）对任意 $m\times n$ 矩阵 A，若 P 和 Q 分别为 m、n 阶非奇异矩阵，则：

$$(PAQ)^+\neq Q^{-1}A^+P^{-1}$$

4）对任意 n 阶奇异矩阵 A 和正整数 k，$(A^k)^+\neq(A^+)^k$。

事实上，当 $k=2$ 时，若取 $A=\begin{pmatrix}\frac{1}{\sqrt{2}} & \frac{1}{\sqrt{2}}\\0 & 0\end{pmatrix}$，则 $A^2=\begin{pmatrix}\frac{1}{2} & \frac{1}{2}\\0 & 0\end{pmatrix}$，$A^+=\begin{pmatrix}\frac{1}{\sqrt{2}} & \frac{1}{\sqrt{2}}\\0 & 0\end{pmatrix}$，$(A^+)^2=\begin{pmatrix}\frac{1}{2} & 0\\\frac{1}{2} & 0\end{pmatrix}\neq(A^2)^+$。

利用 Moore-Penrose 广义逆可以给出线性方程组 $Ax=b$ 的可解性条件和通解表达式。

定理 2-14　设 $A\in R^{m\times n}$，$b\in R^m$，则线性方程组 $Ax=b$ 有解的充分必要条件是：

$$AA^+b=b \tag{2-36}$$

这时，$Ax=b$ 的通解是：

$$x=A^+b+(I-A^+A)y \tag{2-37}$$

其中 $y\in R^n$ 是任意的。

定理 2-15　设 $A\in R^{m\times n}$，$b\in R^m$，则不相容线性方程组 $Ax=b$ 的最小二乘解的通式为：

$$x=A^+b+(I-A^+A)y \tag{2-38}$$

式中，$y\in R^n$ 是任意的。

证明　不相容线性方程组 $Ax=b$ 的最小二乘解与相容线性方程组 $A^{\mathrm{T}}Ax=A^{\mathrm{T}}b$ 的通解为：

$$x=(A^{\mathrm{T}}A)^+A^{\mathrm{T}}b+[I-(A^{\mathrm{T}}A)^+(A^{\mathrm{T}}A)]y$$

由定理 2-13 的 5）即得式（2-38）。

不相容线性方程组 $\boldsymbol{Ax}=\boldsymbol{b}$ 的最小二乘解一般是不唯一的，设 $\boldsymbol{x}_0$ 是 $\boldsymbol{Ax}=\boldsymbol{b}$ 的一个最小二乘解，如果对于任意的最小二乘解 $\boldsymbol{x}$ 都有：

$$\|\boldsymbol{x}_0\|_2 \leqslant \|\boldsymbol{x}\|_2 \tag{2-39}$$

则称 $\boldsymbol{x}_0$ 为 $\boldsymbol{Ax}=\boldsymbol{b}$ 的**极小最小二乘解**。

因为式（2-38）给出了不相容线性方程组 $\boldsymbol{Ax}=\boldsymbol{b}$ 的最小二乘解，并且：

$$\|\boldsymbol{A}^+\boldsymbol{b}+(\boldsymbol{I}-\boldsymbol{A}^+\boldsymbol{A})\boldsymbol{y}\|_2^2=\|\boldsymbol{A}^+\boldsymbol{b}\|_2^2+\|(\boldsymbol{I}-\boldsymbol{A}^+\boldsymbol{A})\boldsymbol{y}\|_2^2 \geqslant \|\boldsymbol{A}^+\boldsymbol{b}\|_2^2$$

等号成立，当且仅当 $(\boldsymbol{I}-\boldsymbol{A}^+\boldsymbol{A})\boldsymbol{y}=0$ 时，所以 $\boldsymbol{Ax}=\boldsymbol{b}$ 的极小最小二乘解唯一，且为 $\boldsymbol{x}=\boldsymbol{A}^+\boldsymbol{b}$。

定理 2-16 设 $\boldsymbol{A}$ 是 $m\times n$ 矩阵，则 $\boldsymbol{G}$ 是 Moore-Penrose 广义逆 $\boldsymbol{A}^+$ 的充分必要条件为 $\boldsymbol{x}=\boldsymbol{Gb}$ 是不相容线性方程组 $\boldsymbol{Ax}=\boldsymbol{b}$ 的极小最小二乘解。

证明 不相容方程组 $\boldsymbol{Ax}=\boldsymbol{b}$ 的最小二乘解与相容方程组：

$$\boldsymbol{Ax}=\boldsymbol{AA}_l^-\boldsymbol{b} \tag{2-40}$$

的解一致。因此，$\boldsymbol{Ax}=\boldsymbol{b}$ 的极小最小二乘解就是式（2-40）的极小范数解，并且是唯一的，即有：

$$\boldsymbol{x}=\boldsymbol{A}_m^-\boldsymbol{AA}_l^-\boldsymbol{b} \tag{2-41}$$

由定理 2-13 的 6）可得 $\boldsymbol{G}=\boldsymbol{A}_m^-\boldsymbol{AA}_l^-=\boldsymbol{A}^+$。

注意，上述论证是可逆的，从而得到结论。

思考与练习

2-1 数域 P 上的线性空间的含义。

2-2 什么是张成的子空间？怎样表示？

2-3 什么是内积空间、欧氏空间及酉空间？各自具有哪些性质？

2-4 试证明定理 2-3 中的 1)~5)。

2-5 向量范数和矩阵范数各具有哪些性质？

2-6 广义逆矩阵具有哪些性质？

第3章 机器视觉编程基础

本书以 Python 语言为基础，以 OpenCV 为框架，介绍机器视觉编程基础。OpenCV 于 1999 年由 Intel 建立，如今由 Willow Garage 提供支持。OpenCV 是一个基于 BSD 许可发行的跨平台计算机视觉库，可以运行在 Linux、Windows、Mac OS 操作系统上。它简捷而高效，由一系列 C 函数和少量 C++类构成，同时提供了 Python、Ruby、MATLAB 等语言的接口，实现了计算机视觉和图像处理方面的很多通用算法，广泛应用于图像识别、运动跟踪、机器视觉等领域。

3.1 Python 安装及环境搭建

Python 是一种跨平台的、开源的、免费的、解释型的高级编程语言。它具有强大和丰富的库，能够把用其他语言编写的各种模块（尤其是 C/C++）很轻松地联结在一起，所以 Python 常被称为“胶水”语言。Python 英文的本意是指“蟒蛇”。1989 年，由荷兰人 Guido van Rossum 发明的一种面向对象的解释型高级编程语言，命名为 Python，随后将其面向全世界开源，这也导致 Python 的发展十分迅速。如今，Python 已经成为一门应用广泛的开发语言。安装 Python 有多种方式，本书采用 Windows 系统下的 Anaconda 安装。虽然可以通过其官网安装 Python，但本书推荐直接安装 Anaconda。Anaconda 是 Python 的科学计算环境，内置 Python 安装程序，并且配置了许多科学计算包。这种安装方式比较简单，十分适合刚接触 Python 的读者进行学习。

Anaconda 是 Python 的一个开源发行版本，支持多种操作系统（Windows、Linux 和 Mac OS），集合了上百种常用的 Python 包，如 NumPy、Pandas、SciPy 和 Matplotlib 等。安装 Anaconda 时，这些包会被一并安装，同时兼容 Python 多版本。本节将介绍如何安装 Anaconda，如何在 Anaconda 的虚拟环境下搭建 OpenCV 及一些常用库的安装。

3.1.1 安装 Python

从官网上下载 Anaconda 安装包。如图 3-1 所示，根据计算机系统的不同，Anaconda 官网提供了不同的安装包，本书使用的是 Anaconda 3.7 版本。Anaconda 官网下载地址为 https://www.anaconda.com/products/individual。安装包下载完成后，在下载文件中找到类似 Anaconda3-5.2.0-Windows-x86_64 的可执行（.exe）文件，双击该文件出现图 3-2 所示的 Anaconda 安装界面。

图 3-1 Anaconda 官网下载界面

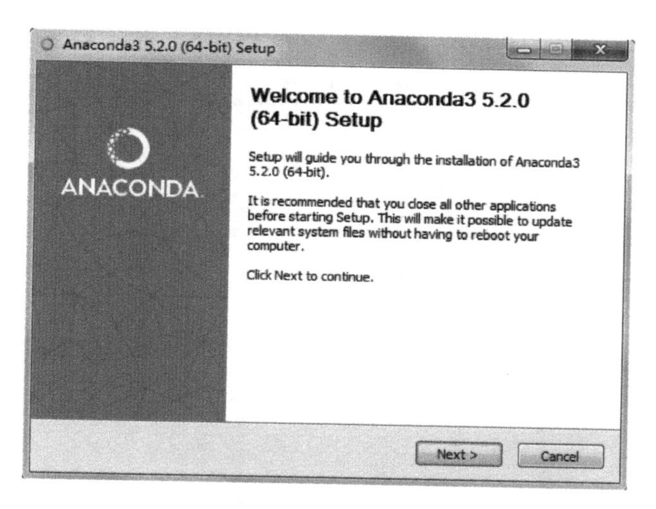

图 3-2　Anaconda 安装界面

单击 Next 按钮，出现图 3-3 所示的许可协议界面。单击 I Agree 按钮，出现图 3-4 所示的选择安装类型界面。在该界面中，如果计算机用户较多，则选择 All Users（requires admin privileges）；如果只是自己使用，则选择 Just Me（recommended）。本书选择 Just Me（recommended）。

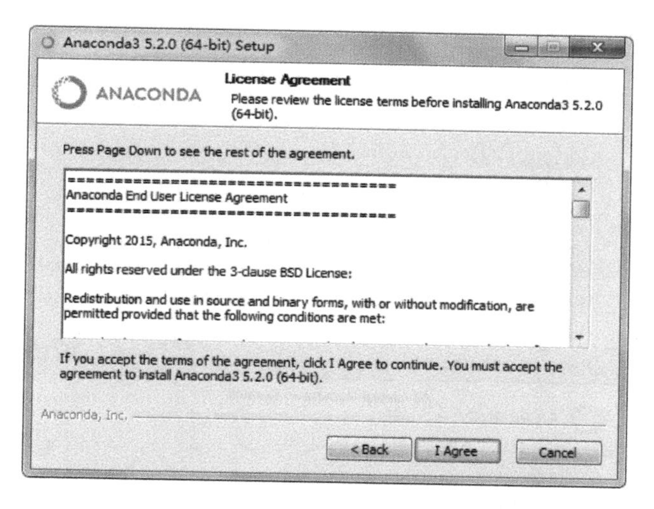

图 3-3　许可协议界面

在图 3-4 中单击 Next 按钮，出现图 3-5 所示的选择安装地址界面，安装地址默认为 C 盘的用户目录，也可以自行选择。单击图 3-5 中的 Next 按钮，出现图 3-6 所示的高级安装选项界面。勾选 Add Anaconda to my PATH environment variable 复选框，即可将 Anaconda 添加到自己的路径环境变量。这一选项默认直接添加用户变量，后续不需要再添加。勾选 Register Anaconda as my default Python 3.6 复选框，即将 Anaconda 注册为默认的 Python 3.6。最后单击 Install 按钮进行安装，出现图 3-7 所示的正在安装界面。

根据计算机配置的高低等待的时间不同，安装完成后的界面如图 3-8 所示。单击 Next 按钮，出现图 3-9 所示的界面。

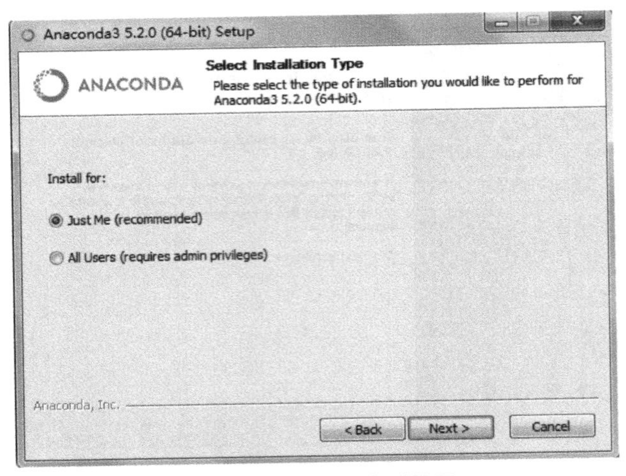

图 3-4　选择安装类型界面

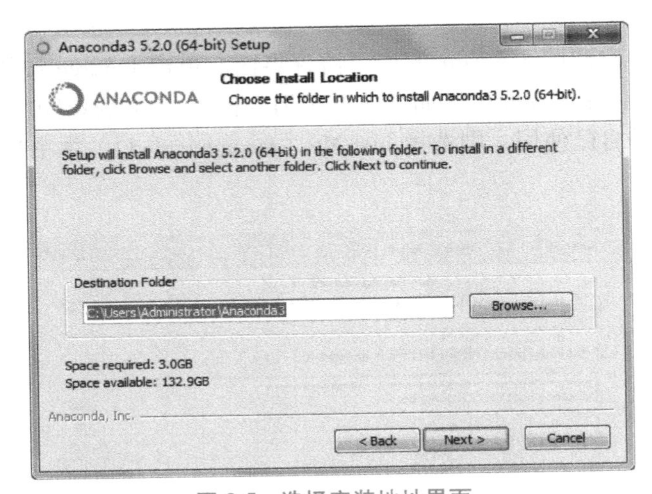

图 3-5　选择安装地址界面

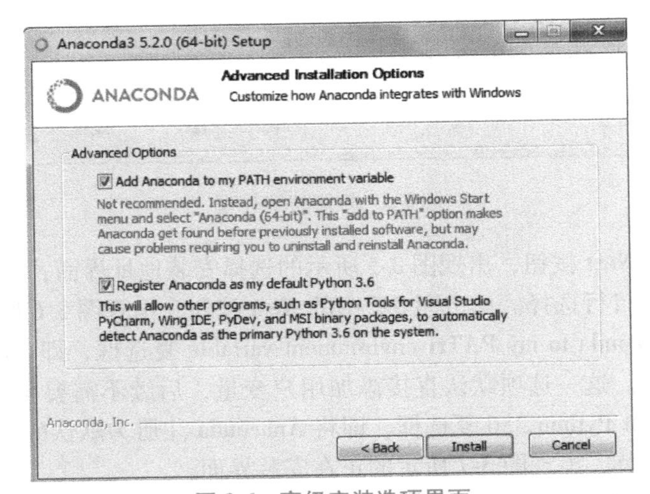

图 3-6　高级安装选项界面

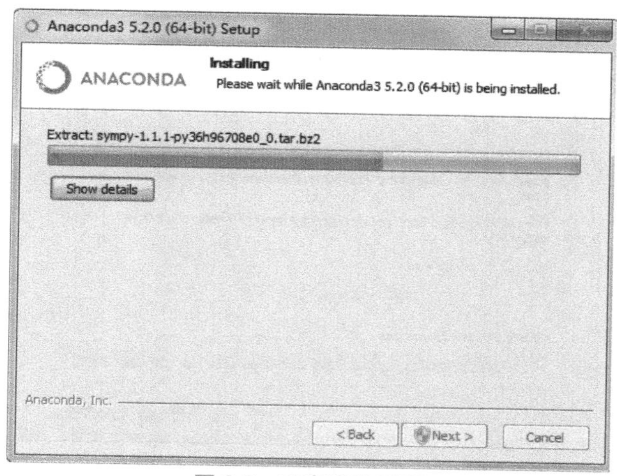

图 3-7　正在安装界面

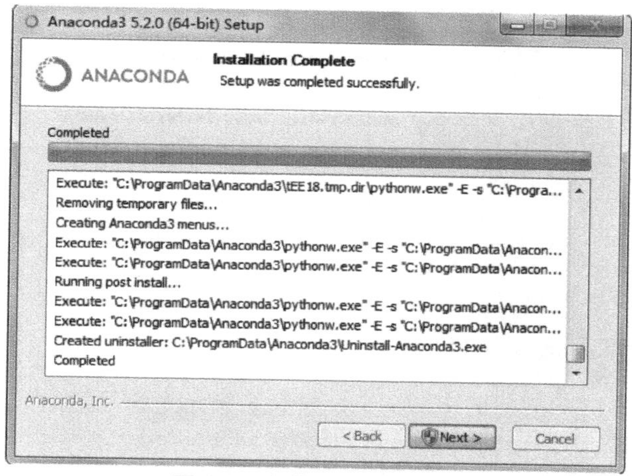

图 3-8　安装完成后的界面

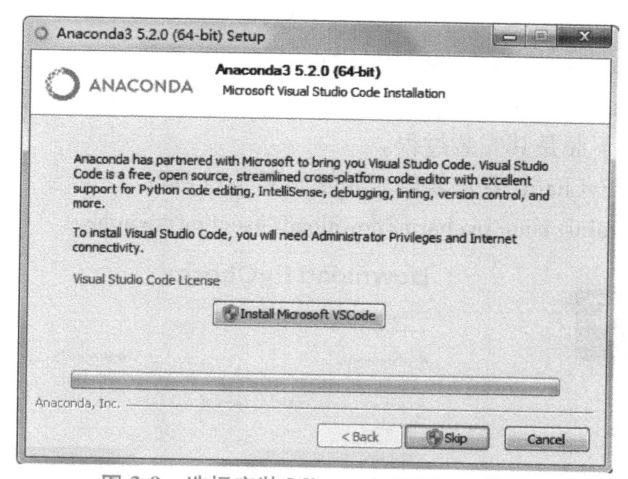

图 3-9　选择安装 Microsoft VSCode 界面

单击图 3-9 中的 Install Microsoft VSCode 按钮，出现图 3-10 所示的界面。安装完成后，单击 Next 按钮，出现图 3-11 所示的安装完成界面。

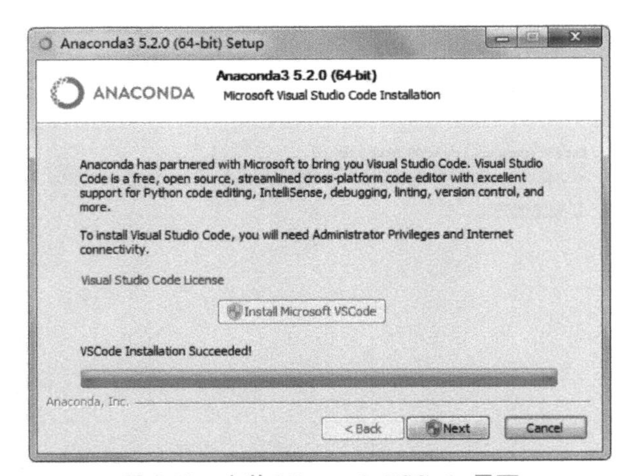

图 3-10　安装 Microsoft VSCode 界面

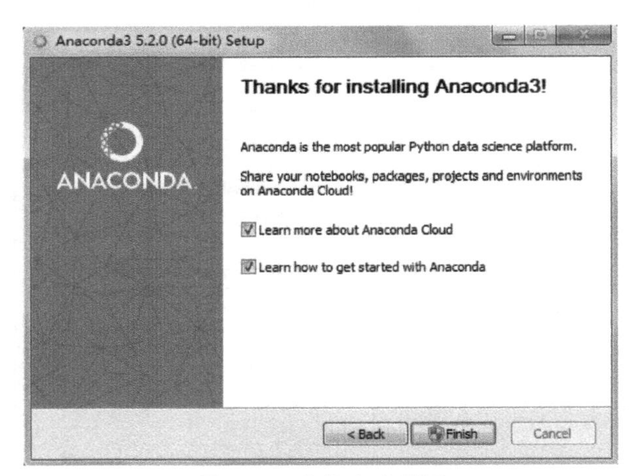

图 3-11　安装完成界面

3.1.2　安装 PyCharm Community

Anaconda 安装完成后，可进一步安装 Python 编辑器 PyCharm。它是一种十分简易且有效的 Python 编辑器，下面是其安装过程。

从如下官网下载 PyCharm 的安装包，界面如图 3-12 所示。

https://www.jetbrains.com/pycharm/download/#section=windows

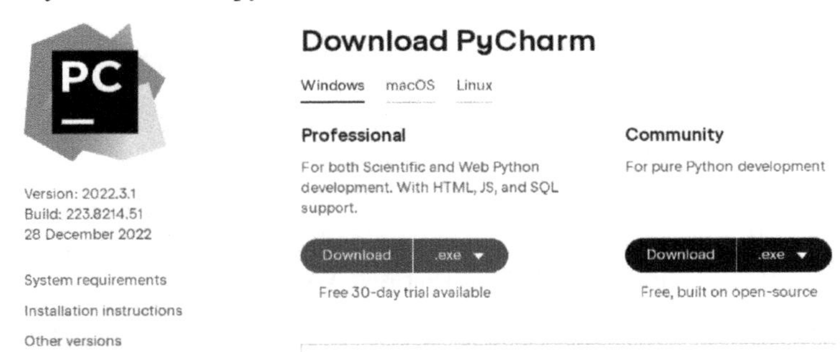

图 3-12　PyCharm 官网下载界面

PyCharm 安装界面如图 3-13 所示。

图 3-13　PyCharm 安装界面

选择安装路径界面如图 3-14 所示。

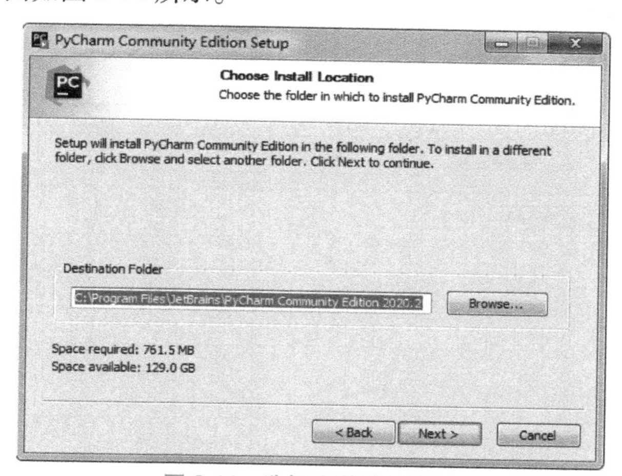

图 3-14　选择安装路径界面

选择安装选项界面如图 3-15 所示。

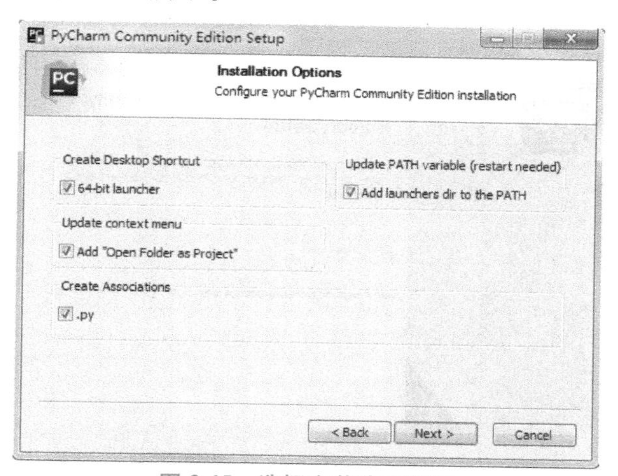

图 3-15　选择安装选项界面

准备安装界面如图 3-16 所示。

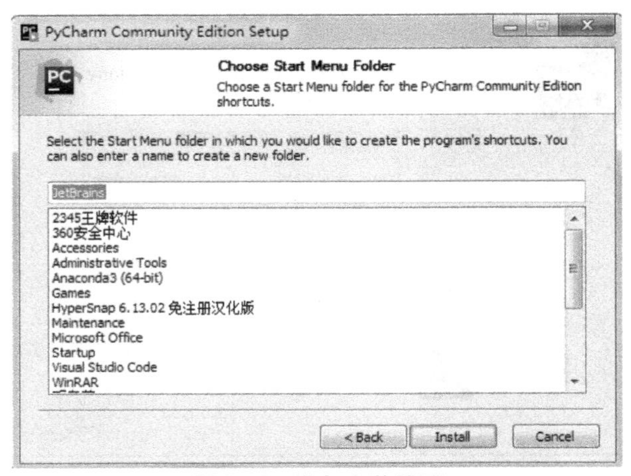

图 3-16　准备安装界面

正在安装界面如图 3-17 所示。

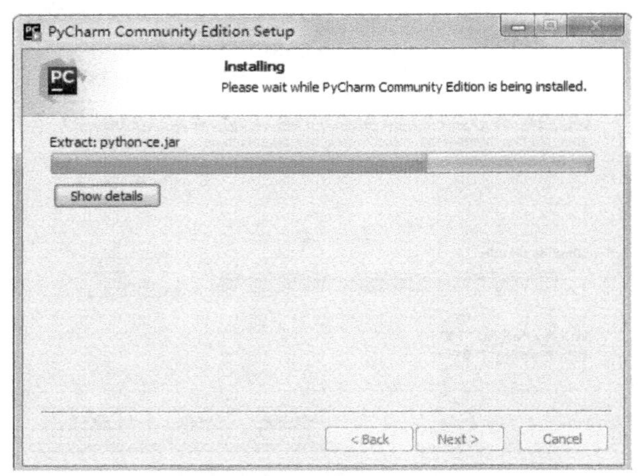

图 3-17　正在安装界面

安装完成界面如图 3-18 所示。

图 3-18　安装完成界面

3.1.3 PyCharm 初始化

完成 PyCharm 安装后，需要对 PyCharm 进行一些初始化配置。单击图 3-19 所示的 PyCham Community 图标，出现图 3-20 所示的界面。

图 3-19 单击 PyCharm Community 图标

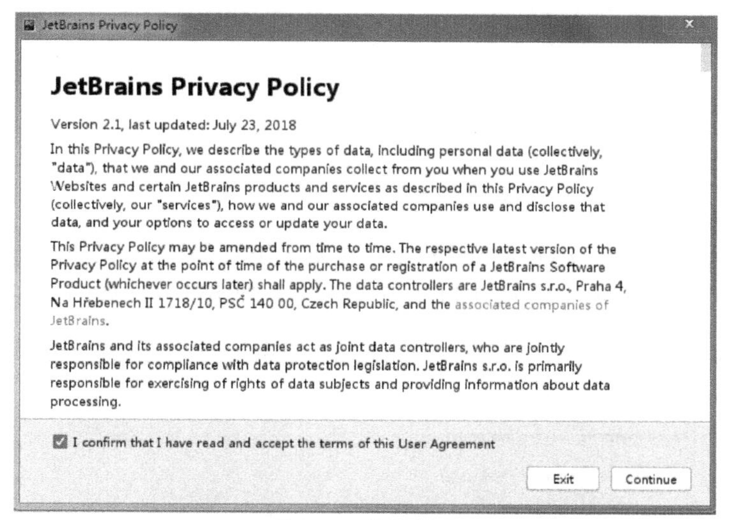

图 3-20 协议界面

单击 Continue 按钮，进入图 3-21 所示的界面。

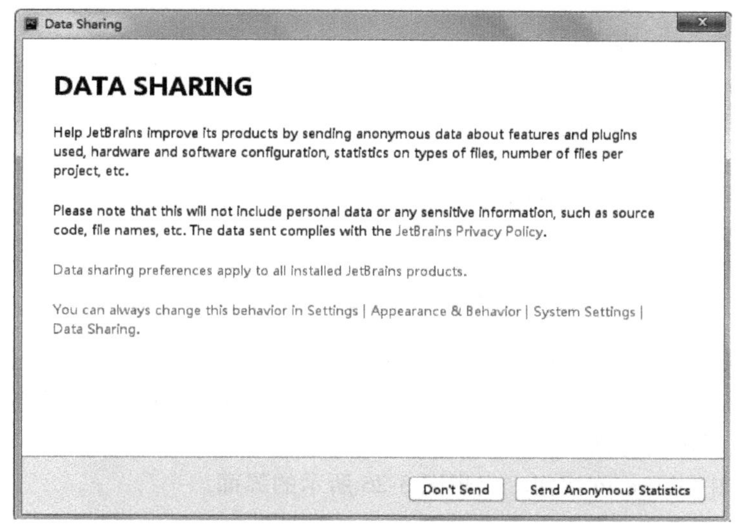

图 3-21 PyCharm 安装数据分享界面

单击图 3-21 中所示的 Don't Send 按钮，进入创建工程开始界面，如图 3-22 所示。

图 3-22　创建工程开始界面

单击 New Project 选项，出现图 3-23 所示的创建工程界面，创建一个新的工程。选择 Existing interpreter 单选按钮，单击右侧的目录按钮，弹出的界面如图 3-24 所示。

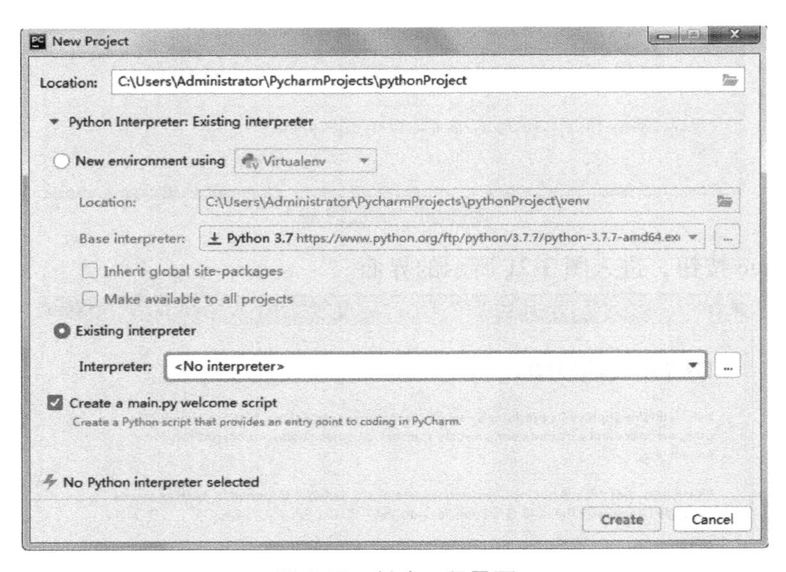

图 3-23　创建工程界面

在图 3-24 所示界面中左侧栏选择 Conda Environment，在右侧的 Interpreter 中找到 python. exe 的路径。此文件 python. exe 在已安装好的 Anaconda 目录下，单击 OK 按钮完成配置，出现图 3-25 所示的界面。

单击图 3-25 中的 Create 按钮，出现图 3-26 所示的界面。

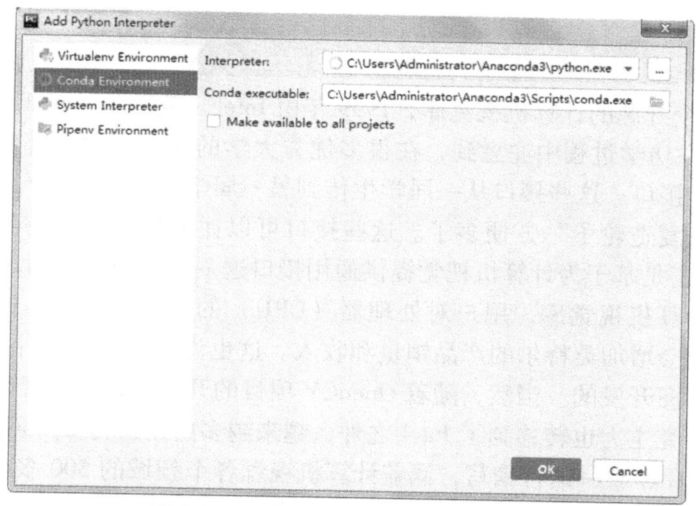

图 3-24　Add Python Interpreter 界面

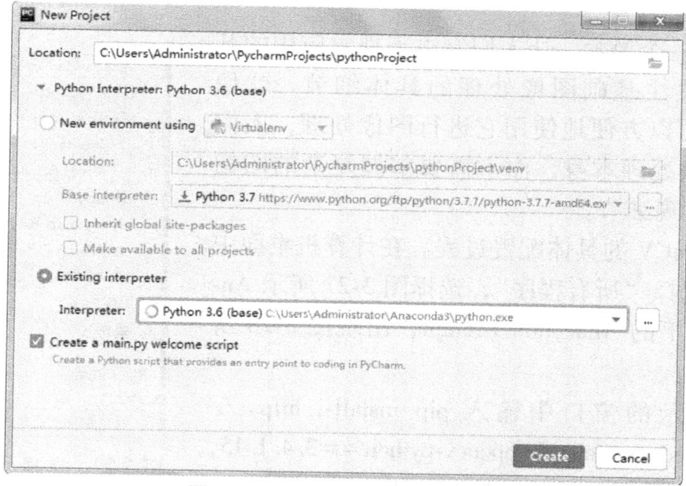

图 3-25　返回到创建工程界面

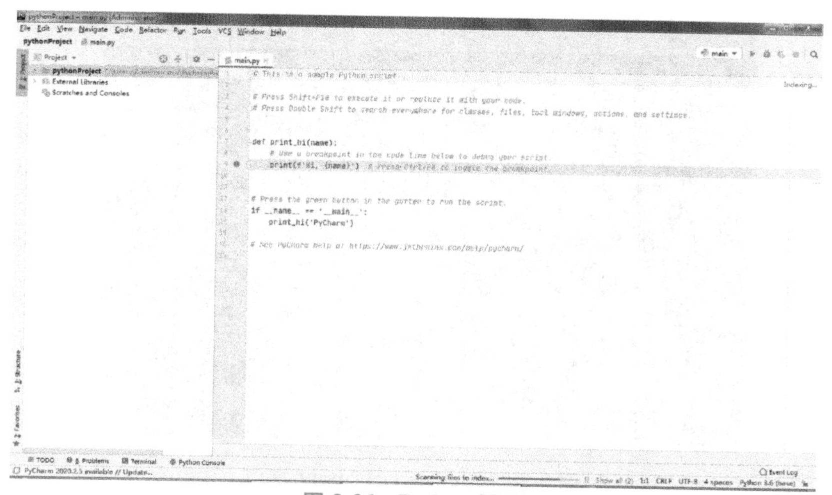

图 3-26　Python 界面

3.1.4 在 Prompt 中安装 OpenCV 库函数

OpenCV 是一个开源的计算机视觉库，1999 年由 Intel（英特尔）的 Gary Bradski 发起建立。Gary Bradski 在访学过程中注意到，在很多优秀大学的实验室中，都有非常完备的内部公开的计算机视觉接口。这些接口从一届学生传到另一届学生，对于刚入门的新人来说，使用这些接口比“重复造轮子”方便多了。这些接口可以让他们在之前的基础上更有效地开展工作。OpenCV 正是基于为计算机视觉提供通用接口这一目标而建立的。

由于要使用计算机视觉库，用户对处理器（CPU）的要求提升了，他们希望购买更快的处理器，这无疑会增加英特尔的产品销量和收入。这也许就解释了为什么 OpenCV 是由硬件厂商而非软件厂商开发的。当然，随着 OpenCV 项目的开源，目前已经得到了基金会的支持，很大一部分研究主力也转移到了 Intel 之外，越来越多的用户为 OpenCV 做出了贡献。

OpenCV 库由 C 和 C++语言编写，涵盖计算机视觉各个领域的 500 多个函数，可以在多种操作系统上运行。它旨在提供一个简洁而又高效的接口，从而帮助开发人员快速地构建视觉应用。

OpenCV 更像一个黑盒，让人们专注于视觉应用的开发，而不必过多关注基础图像处理的具体细节。就像 Photoshop 一样，可以方便地使用它进行图像处理，人们只需要专注于图像处理本身，而不需要掌握复杂的图像处理算法的具体实现细节。

这里介绍 OpenCV 的具体配置过程。在计算机桌面中单击开始按钮，选择“所有程序”，选择图 3-27 所示 Anaconda3（64-bit）下的 Anaconda Prompt，出现图 3-28 所示的界面。

在图 3-28 所示的窗口中输入 pip install-i https://pypi. tuna. tsinghua. edu. cn/simple opencv-python == 3. 4. 1. 15，OpenCV-Python 库函数配置界面如图 3-29 所示。

图 3-27 选择 Anaconda Prompt

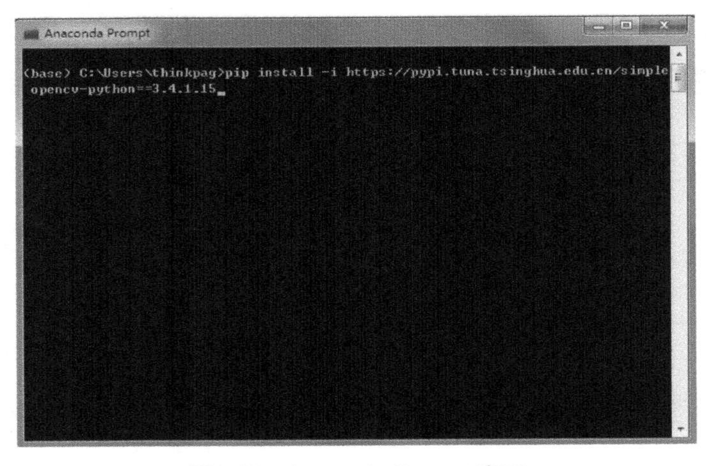

图 3-28 Anaconda Prompt 窗口

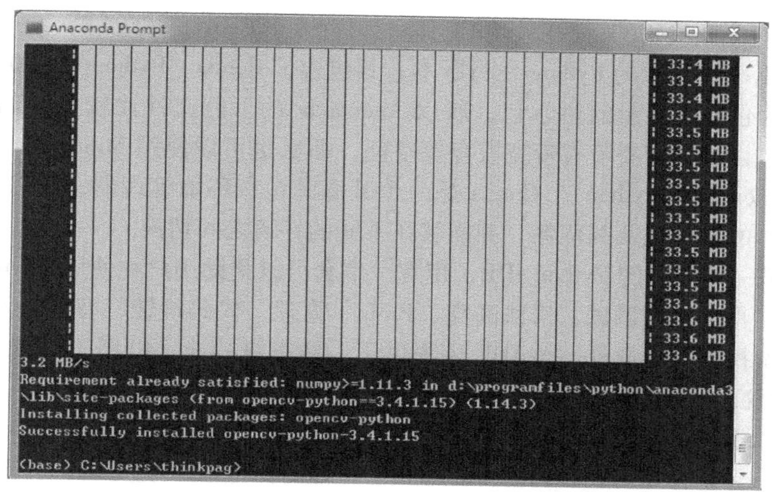

图 3-29　OpenCV-Python 库函数配置界面

出现安装成功提示后，再输入 pip install-i https://pypi. tuna. tsinghua. edu. cn/simple opencv-contrib-python == 3. 4. 1. 15，OpenCV-contrib-Python 库函数配置界面如图 3-30 所示。若安装失败，则重复尝试。

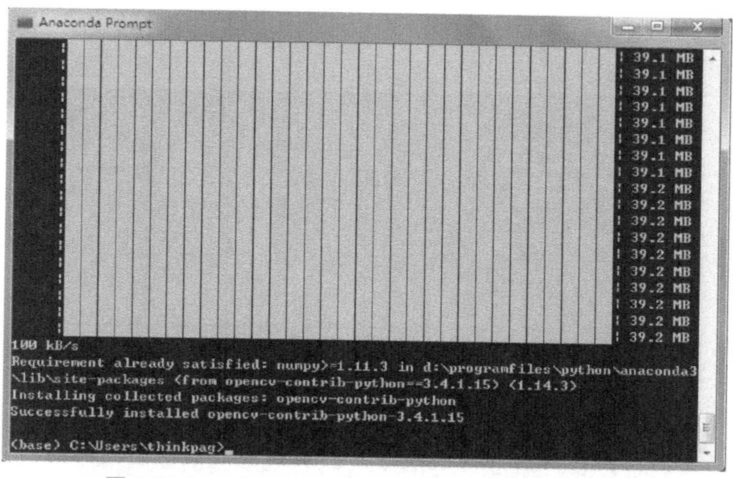

图 3-30　OpenCV-contrib-Python 库函数配置界面

3.2　Python 编译器

Python 作为深度学习和人工智能学习的热门语言，读者除了应学会其简单的语法之外，还需要对其进行运行和实现，这样才能发挥其功能及作用。Python 是一种跨平台的计算机程序语言，是一种高层次的结合了解释性、编译性、互动性和面向对象的脚本语言，最初被设计用于编写自动化脚本（shell），随着版本的不断更新和语言新功能的添加，被用于独立的、大型项目的开发。Python 是人们进行项目开发而使用的一门计算机语言，通俗来说就是编写代码。编写完代码之后，就需要运行，不然代码是“死”的，机器是无法识别的，这时就需要运行 Python 代码的运行环境和工具。

Anaconda 是一个开源的 Python 发行版本，其包含了 Conda、Python 等 180 多个科学包及其依赖项。因为包含了大量的科学包，所以 Anaconda 的下载文件比较大（约 531MB）。如果只需要某些包，或者需要节省带宽或存储空间，那么也可以使用 Miniconda 这个较小的发行版（仅包含 Conda 和 Python）。Conda 是一个开源的包、环境管理器，可以在同一个机器上安装不同版本的软件包及其依赖，并能够在不同的环境之间切换。

PyCharm 是一种常用的 Python IDE，带有一整套可以帮助用户在使用 Python 语言开发时提高其效率的工具，比如调试、语法高亮、Project 管理、代码跳转、智能提示、自动完成、单元测试、版本控制等。此外，该 IDE 还提供了一些高级功能，以用于支持 Django 框架下的专业 Web 开发，通过界面编写代码和运行操作更加简单。

可以使用以下四种方式来运行 Python 代码，前提是已经下载好了 Python 解释器，下载链接为 https://www.python.org/getit/。下载后，配置好其系统环境变量，解释器的作用是将 Python 代码解释成机器可以识别并执行的语言。

1. 在命令窗口中运行

按快捷键<Win+R>，输入“cmd”到命令窗口，在窗口内输入“python”，命令窗口运行界面如图 3-31 所示。

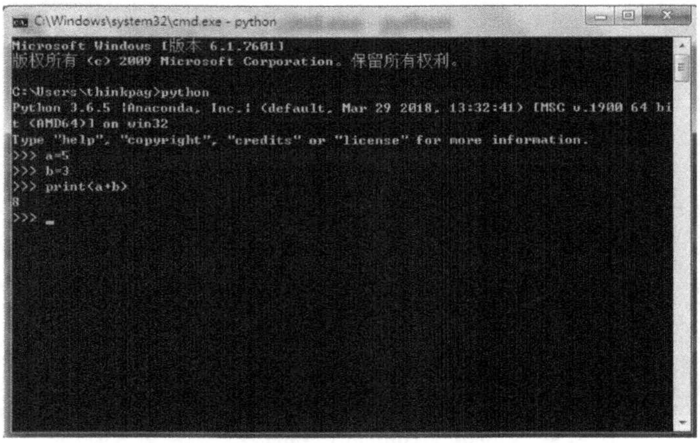

```
C:\Windows\system32\cmd.exe - python
Microsoft Windows [版本 6.1.7601]
版权所有 (c) 2009 Microsoft Corporation。保留所有权利。

C:\Users\thinkpay>python
Python 3.6.5 |Anaconda, Inc.| (default, Mar 29 2018, 13:32:41) [MSC v.1900 64 bit (AMD64)] on win32
Type "help", "copyright", "credits" or "license" for more information.
>>> a=5
>>> b=3
>>> print(a+b)
8
>>> _
```

图 3-31　命令窗口运行界面

2. 脚本方式运行

新建一个 A.txt 脚本文件，写完脚本之后把名称扩展名命名为 .py，到命令窗口找到相应的文件目录，然后执行代码 python A.py，就可以运行了，如图 3-32 所示。

3. 使用 Python 自带的 IDLE 编辑器

IDLE 是 Python 原生自带的开发环境，是迷你版的 IDE。与以上运行方式不同的是，它带有图形界面，有简单的编辑和调试功能，但是操作起来比较麻烦。使用方式按快捷键<Win+R>，输入 IDLE，如图 3-33 所示。

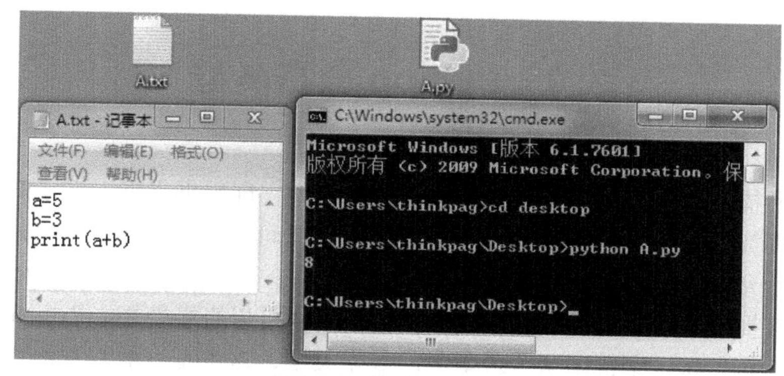

图 3-32 脚本运行界面

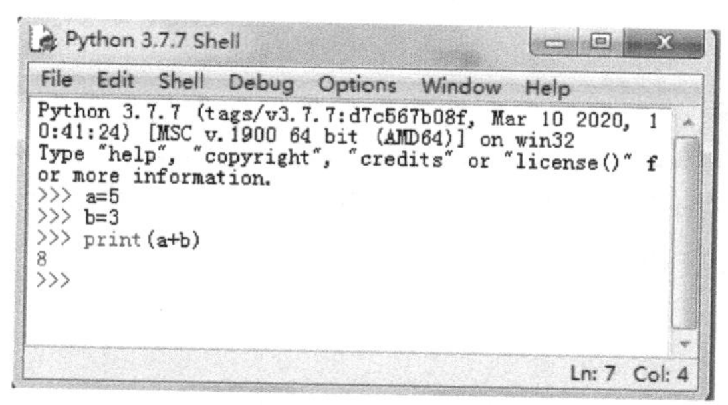

图 3-33 IDLE 编辑器运行界面

4. 使用第三方 Python 的 IDE 编辑器

第三方 Python 的 IDE 相对于 Python 自带的 IDLE 而言，功能更加全面，界面更加美观，操作起来更加容易。目前比较流行的有 PyCharm、Vscode、Jupyter 等，这里推荐广泛使用的 PyCharm，如图 3-34 所示。

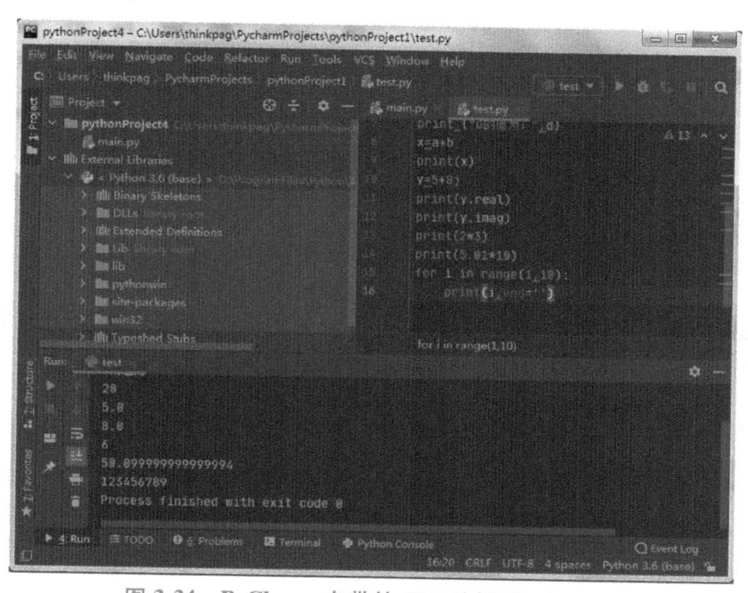

图 3-34 PyCharm 自带的 IDE 编辑器运行界面

3.3 Python 数据类型

根据数据所描述的信息，可将数据分为不同的类型，即数据类型。对于高级程序设计语言来说，其数据类型都明显或隐含地规定了程序执行期间一个变量或一个表达式的取值范围和在这些值上所允许的操作。

Python 语言提供了一些内置的数据类型，在程序中可以直接使用。Python 的数据类型通常包括数值型、布尔型、字符串型等最基本的数据类型，这也是一般编程语言都有的一些数据类型。此外，Python 还拥有列表、元组、字典和集合等特殊的复合数据类型，这是 Python 的特色。

3.3.1 数值类型

数值类型一般用来存储程序中的数值。Python 支持三种不同的数值类型，分别是整型（int）、浮点型（float）和复数型（complex）。

1. 整型

整型就是常说的整数，没有小数点，但是可以有正负号。在 Python 中，可以对整型数据进行加（+）、减（-）、乘（*）、除（/）和乘方（**）的操作，示例如下：

```
print(4+2)
print(8-5)
print(4*3)
print(8/2)
print(3**2)
```

运行结果为：

```
6
3
12
4.0
9
```

另外，Python 还支持运算次序，可以在同一个表达式中使用多种运算，并可以使用括号来修改运算次序，示例如下：

```
print((3+4)*3)
print(3+4*3)
```

运行结果为：

```
21
15
```

注意：在 Python 2.x 版本中有 int 型和 long 型之分。其中，int 表示的范围为 $-2^{31} \sim -(2^{31}+1)$，而 long 型则没有范围限制。在 Python 3.x 中，只有一种整数类型，范围没有限制。

2. 浮点型

Python 将带小数点的数字都称为浮点数。大多数编程语言都使用这个术语，它可以用来表示一个实数，通常分为十进制小数形式和指数形式。相信大家都了解 5.32 这种十进制小数。指数形式的浮点数用字母 e 或者（E）来表示以 10 为底的小数，e 之前为整数部分，之后为指数部分，而且两部分必须同时存在，示例如下：

```
print(72e-5)
print(5.6e3)
```

运行结果为：

```
0.00072
5600.0
```

对于浮点数来说，Python 3.x 提供了 17 位有效数字精度。

另外，应注意，上述例子的结果所包含的小数位数是不确定的，示例如下：

```
print(6.01 * 10)
```

运行结果为：

```
60.099999999999994
```

这种问题存在于所有的编程语言中，虽说 Python 会尽可能找到一种精确的表示方法，但是由于计算机内部表示数字的方式在一些情况下很难做到，然而这并不影响计算。

3. 复数型

在科学计算中经常会遇到复数型的数据，鉴于此，Python 提供了运算方便的复数类型。对于复数类型的数据，一般的形式是 $a+bj$，其中 a 为实部，b 为虚部，j 为虚数单位，示例如下：

```
x=4+5j
print(x)
```

运行结果为：

```
(4+5j)
```

在 Python 中，可以通过 .real 和 .imag 来查看复数的实部和虚部，其结果为浮点型，示例如下：

```
print(x.real)
print(x.imag)
```

运行结果为：

```
4
5
```

3.3.2 字符串类型

在 Python 中可以使用单引号、双引号、三引号来定义字符串，这为输入文本提供了很大便利，其基本操作如下：

```
str1="hello Python"
print(str1)
print(str1[1])              #输出字符串 str1 的第二个字符
str2="I'm 'XiaoMing"        #在双引号的字符串中可以使用单引号表示特殊意义的词
print(str2)
```

运行结果为：

```
Hello Python
e
I'm'XiaoMing
```

在 Python 中，使用单引号或者双引号表示的字符串必须在同一行表示，而三引号表示的字符串可以多行表示，这种情况用于注释，示例如下：

```
>>>str3="""hello
Python!"""
>>> print(str3)
```

运行结果为：

```
Hello Python!
```

在 Python 中不可以对已经定义的字符串进行修改，只能重新定义字符串。

3.3.3 布尔类型

布尔（bool）类型的数据用于描述逻辑运算的结果，只有真（True）和假（False）两种值。在 Python 中，一般在程序中表示条件，满足为 True，不满足为 False，示例如下：

```
a=100
print(a<99)
print(a>99)
```

运行结果为：

```
False
True
```

3.4　变量与常量

计算机中的变量类似于一个存储东西的盒子，在定义一个变量后，可以将程序中表达式所计算的值放入该盒子中，即将其保存到一个变量中。在程序运行过程中不能改变的数据对象称为常量。

在 Python 中使用变量要遵循一定的规则，否则程序会报错。基本的规则如下：

1）变量名只包含字母、数字和下画线。变量名可以以字母或下画线开头，但不能以数字开头。例如，可将变量命名为 singal_2，但不能将其命名为 2_singal。

2）变量名不包含空格，但可使用下画线来分隔其中的单词。例如，变量名 open_cl 可行，但变量名 open cl 会引发错误。

3）变量名应既简短又具有描述性，如 name、age、number 等。

4）不要将 Python 关键字和函数名用作变量名。例如，break、i、for 等关键字不能用作变量名。

3.5　运　算　符

在 Python 中，运算符用于在表达式中对一个或多个操作数进行计算并返回结果。一般可以将运算符分为两类，即算术运算符和逻辑运算符。

3.5.1　运算符简介

Python 中，正负号运算符“+”和“-”可接收一个操作数，将其称为一元运算符。而接收两个操作数的运算符，称为二元运算符，如“*”和“/”等。

如果计算过程中包含多个运算符，则其计算的顺序需要根据运算符的结合顺序和优先级而定。优先级高的先运算，同级的按照结合顺序从左到右依次计算，示例如下：

```
print(a>99)
print(10+2 * 3)
print((10+2) * 3)
```

运行结果为：

```
True
16
36
```

注意：赋值运算符为左右结合运算符，所以其计算顺序为从右向左计算。

3.5.2　运算符优先级

Python 语言定义了很多运算符，按照优先顺序排列后如表 3-1 所示。

表 3-1　Python 运算符优先级

<table>
<tr><th>运 算 符</th><th>描 述</th><th>运 算 符</th><th>描 述</th></tr>
<tr><td>or</td><td>布尔“或”</td><td>^</td><td>按位异或</td></tr>
<tr><td>and</td><td>布尔“与”</td><td>&</td><td>按位与</td></tr>
<tr><td>not</td><td>布尔“非”</td><td><<、>></td><td>移位</td></tr>
<tr><td>in、not in</td><td>成员测试</td><td>+、-</td><td>加法与减法</td></tr>
<tr><td>is、is not</td><td>同一性测试</td><td>*、/、%、//</td><td>乘法、除法、取余、整数除法</td></tr>
<tr><td><、<=、>、>=、!=、==</td><td>比较</td><td>~x</td><td>按位反转</td></tr>
<tr><td>|</td><td>按位或</td><td>**</td><td>指数/幂</td></tr>
</table>

3.6　选择与循环

在 Python 中，选择与循环都是比较重要的控制流语句。选择结构可以根据给定的条件是否满足来决定程序的执行路线，这种执行结构在求解实际问题时被大量使用。根据程序执行路线的不同，选择结构又可以分为单分支、双分支和多分支三种类型。要实现选择结构，就要解决条件表示问题和结构实现问题。循环结构也是类似的，需要有循环的条件和循环所执行的程序（即循环体）。

3.6.1　if 语句

最常见的控制流语句是 if 语句。if 语句的子句即 if 语句在条件成立时所要执行的程序，它将在语句的条件为 True 时执行。如果条件为 False，那么将跳过子句。

1. 单分支 if 结构

在 Python 中，if 语句可以实现单分支结构，其一般的格式为：

```
if 表达式(条件):
语句块(子句)
```

其执行过程如图 3-35 所示。

例如，判断一个人的名字是否为“xiaoming”：

```
if name == "xiaoming":
      print("he is xiaoming")
```

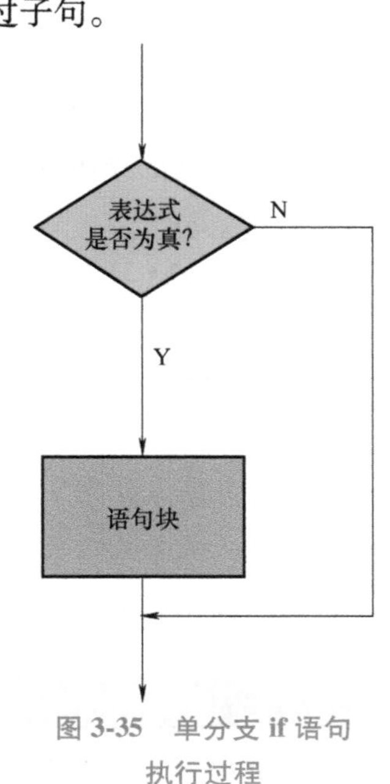

图 3-35　单分支 if 语句执行过程

2. 双分支 if 结构

在 Python 中，if 子句后面有时也可以跟 else 语句。只有 if 语句的条件为 False 时，else 子句才会执行。其一般格式为：

```
if 表达式(条件):
```

```
    语句块1(if 子句)
else:
    语句块2(else 子句)
```

其执行过程如图3-36所示。

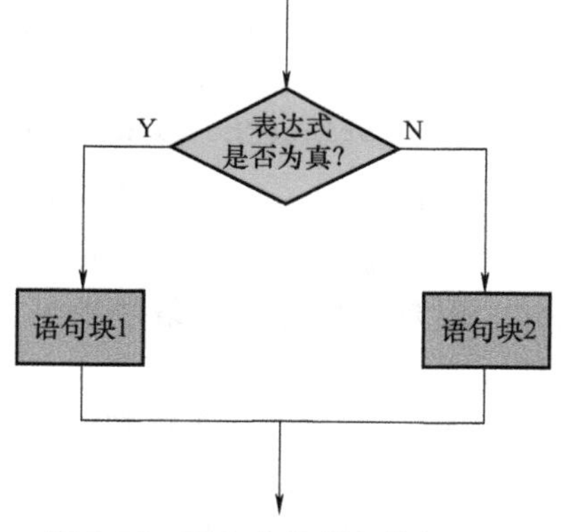

图3-36 双分支 if 语句执行过程

回到上面的例子，当名字不是“xiaoming”时，else关键字后面的缩进代码就会执行：

```
if name=="xiaoming":
    print("he is xiaoming")
else:
    print("he is not xiaoming")
```

3. if多分支结构

虽然只有if或else子句会被执行，但当希望有更多可能的子句中有一个被执行时，elif语句就派上用场了。elif语句的含义是“否则如果”，总是跟在if或另一条elif语句后面。它提供 了另一个条件，仅在前面的条件为False时才检查该条件。它的一般格式为：

```
if 表达式1(条件1):
   语句块1
elif 表达式2(条件2):
语句块2
…
elif 表达式m(条件m):
    语句块m
else:
    语句块n
```

其执行过程如图3-37所示。

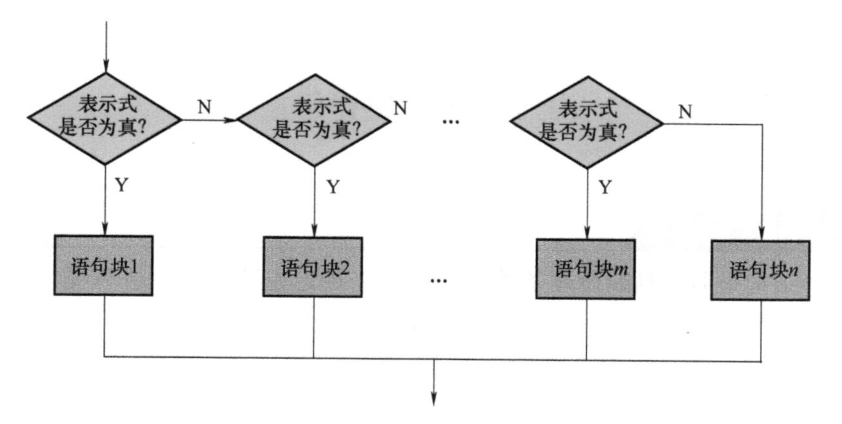

图3-37 多分支 if 语句执行过程

回到上面的例子，当判断名字是否为“xiaoming”之后，结果为False，若还想继续判断其他条件，则此时就可以使用elif语句。

```
if name=="xiaoming":
        print("he is xiaoming")
elif age>18:
        print("he is an adult")
```

当 name="xiaoming" 为 False 时，会跳过 if 的子句转而判断 elif 的条件；当 age>18 为 True 时，会输出“he is an adult”。当然，如果还有其他条件，则可以在后面继续增加 elif 语句，但是一旦有一个条件满足，程序就会自动跳过余下的代码。下面分析一个完整的实例。

例 3-1 学生成绩等级判定。

输入学生的成绩，90 分以上为优秀，80~90 分之间为良好，60~80 分为及格，60 分以下为不及格。程序代码如下：

```
score m float(input("请输入学生成绩:"))#input 为 Python 的内置函数
# if 多分支结构,判断输入的学生成绩属于哪一级

if score>90:
     print("优秀")
elif score>80:
       print("良好")
elif score>60:
       print("及格")
else:
     print("不及格")
```

程序的一次运行结果如下：

```
请输入学生成绩:90
良好
```

另外一次的运行结果如下：

```
请输入学生成绩:66
及格
```

3.6.2 while 循环

while 循环结构是通过判断循环条件是否成立来决定是否要继续进行循环的一种循环结构。它可以先判断循环的条件是否为 True，若为 True 则继续进行循环，若为 False 则退出循环。

1. while 语句基本格式

在 Python 中，while 语句的一般格式为：

```
while 表达式(循环条件):
语句块
```

在 Python 中，while 循环的执行过程如图 3-38 所示。

while 语句会先计算表达式的值，判定是否为 True。如果为 True，则重复执行循环体中的代码，直到结果为 False，退出循环。

注意： 在 Python 中，循环体的代码块必须用缩进对齐的方式组成语句块。

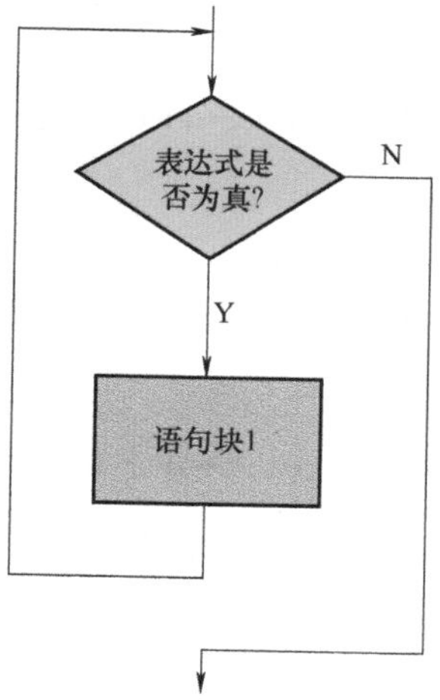

表达式是否为真?
N
Y
语句块1

图 3-38　while 循环的执行过程

例 3-2　利用 while 循环求 1~99 的数字和。

```
i=1
sum_all=0
while i<=100:                #当 i<=100 时,条件为 True,
                              执行循环体的语句块
sum_all+=i                   #对 i 进行累加
i+=1                         #i 每次循环都要加 1,这也是
                              循环退出的条件
print(sum_all)               #输出累加的结果
```

运行结果为：

```
4950
```

注意： 在使用 while 语句时，一般情况下要在循环体内定义循环退出的条件，否则会出现死循环。

例 3-3　死循环演示。

```
num1=10
num2=20
while n um1<num 2:
      print("死循环")
```

程序的运行结果如下：

```
死循环
死循环
死循环
死循环
死循环
死循环
死循环
死循环
死循环
死循环
死循环
```

可以看出，程序会持续输出“死循环”。

2. while 语句中的 else 语句

在 Python 中可以在 while 语句之后使用 else 语句。while 中运行的循环体正常循环结束

并退出循环后，会执行 else 语句的子句，但是当循环用 break 语句退出时，else 语句的子句则不会被执行。

例 3-4 while…else 语句实例演示。

```
i=1
while i<6:
   print(i,"<6")
   i+=1                      #循环计数作为循环判定条件
else:
   print(i,"不小于 6")
```

程序的运行结果如下：

```
1<6
2<6
3<6
4<6
5<6
6 不小于 6
```

当程序改为如下代码时：

```
i=1
while i<6:
      print(i,"<6")
      i+=1                      #循环计数作为循环判定条件
      if i==5:                  #当 i=5 时,循环结束
          break
else:
      print(i,"不小于 6")
```

程序的运行结果如下：

```
1<6
2<6
3<6
4<6
```

可以看出，当 i 为 5 时程序跳出循环，并不会执行 else 下面的语句块。

3.6.3 for 循环

当想要在程序中实现计数循环时，一般会采用 for 循环。在 Python 中，for 循环是一个通用的序列迭代器，可以遍历任何有序序列对象中的元素。

1. for 循环的格式

for 循环的一般格式为：

```
for 目标变量  in 序列对象:
    语句块
```

for 语句定义了目标变量和需要遍历的序列对象，接着用缩进对齐的语句块作为 for 循环的循环体，其具体执行过程如图 3-39 所示。

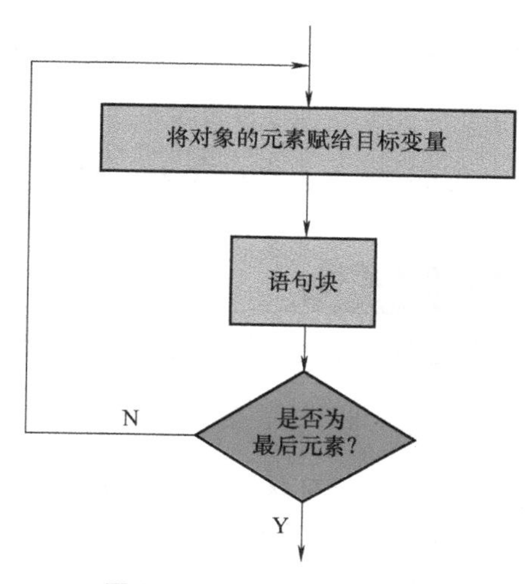

图 3-39 for 循环执行过程

for 循环首先将序列中的元素依次赋给目标变量，每赋值一次都要执行一次循环体的代码。当序列的每一个元素都被遍历之后，循环结束。

2. range 在 for 循环中的应用

for 循环经常和 range 联用。range 是 Python 3. x 内部定义的一个迭代器对象，可以帮助 for 语句定义迭代对象的范围。其基本格式为：

```
range(start,stop,[step])
```

range 的返回值从 start 开始，以 step 为步长，到 stop 结束，step 为可选参数，默认为 1。

例 3-5 for 循环与 range 的联用。

```
for i in range(1,10):
    print(i,end='  ')              #end=表示输出结果不换行
```

输出结果如下：

```
1 2 3 4 5 6 7 8 9
```

参数改为间隔输出：

```
for  i in range(1,10,2):
    print(i,end='  ')
```

输出结果如下：

```
1 3 5 7 9
```

例 3-6 利用 for 循环求 1~100 中所有可以被 4 整除的数的和。

```
sum_4=0
for  i  in range(1,101):              #for 循环,范围为 1~100
     if  i%4==0:                      #判定能否被 4 整除
           sum_4+=i
print("1~100 内能被 4 整除的数和为:",sum_4)
```

程序输出结果如下:

```
1~100 内能被 4 整除的数和为:1300
```

3.6.4 break 和 continue 语句

break 语句和 continue 语句都是循环控制语句，可以改变循环的执行路径。

1. break 语句

break 语句多用于 for、while 循环的循环体，作用是提前结束循环，即跳出循环体。当多个循环嵌套时，break 只是跳出最近的一层循环。

例 3-7 使用 break 语句终止循环。

```
i=1
while i<6:
     print("output number is",i)
     i=i+1                            #循环计算作为循环判定条件
     if  i==3:                        #i=3 时结束循环
         break
print("输出结束")
```

程序运行结果如下:

```
out number is one   1
out number is one   2
输出结果
```

例 3-8 判断所输入的任意一个正整数是否为素数。

素数是指除 1 和该数本身之外不能被其他任何数整除的正整数。如果要判断一个正整数 n 是否为素数，则判断其是否可以被 $2\sim\sqrt{n}$ 之间的任何一个正整数整除即可，如果不能整除即为素数。

```
import math
n=int(input("请输入一个正整数:"))
k=int(math.sqrt(n))                   #求出输入整数的平方根后取整
for i in range(2,k+2):
      if n % i==0:                    #判断是否被整除
           break
if i==k+1:
```

```
    print(n,"是素数")
else:
    print(n,"不是素数")
```

程序的一次运行结果如下：

```
请输入一个正整数:100
100 不是素数
```

程序的另一次运行结果如下：

```
请输入一个正整数:13
13 是素数
```

2. continue 语句

continue 语句类似于 break 语句，必须在 for 和 while 循环中使用。但是，与 break 语句不同的是，continue 语句仅仅跳出本次循环，返回到循环条件判断处，并且根据判断条件来确定是否继续执行循环。

例 3-9　使用 continue 语句结束循环。

```
i=0
while i<6:
    i=i+1
    if i==3:        #当 i=3 时,跳出本次循环
        continue
    print("out put number is",i)
print("输出结果")
```

程序运行结果如下：

```
output number is 1
oouput number is 2
output number is 4
output number is 5
output number is 6
输出结果
```

例 3-10　计算 0~100 之间不能被 3 整除的数的二次方和。

```
sum_all=0
for i in range(1,101):
    if 1%3==0:
        continue
    else:
        sum_all=sum_all+i**2
print("二次方和为:",sum_all)
```

程序运行结果如下：

```
二次方和为:225589
```

3.7 列表与元组

在数学里，序列也称为数列，是指按照一定顺序排列的一列数。而在程序设计中，序列是一种常用的数据存储方式，几乎每一种程序设计语言都提供了类似的数据结构，如 C 语言或 Java 中的数组等。在 Python 中，序列是最基本的数据结构，它是一块用于存放多个值的连续内存空间。Python 中内置了五个常用的序列结构，分别是列表、元组、集合、字典和字符串。在 Python 中，列表和元组这两种序列可以存储不同类型的元素。

对于列表和元组来说，它们的大部分操作是相同的，不同的是列表的值是可以改变的，而元组的值是不可变的。在 Python 中，这两种序列在处理数据时各有优缺点。元组适用于不希望数据被修改的情况，而列表则适用于希望数据被修改的情况。

3.7.1 序列索引

在 Python 中，序列结构主要有列表、元组、集合、字典和字符串。这些序列结构遵循序列索引。序列中的每一个元素都有一个编号，称为索引。索引是从 0 开始递增的，即下标为 0 表示第一个元素，下标为 1 表示第 2 个元素，以此类推。序列的正数索引如图 3-40 所示。

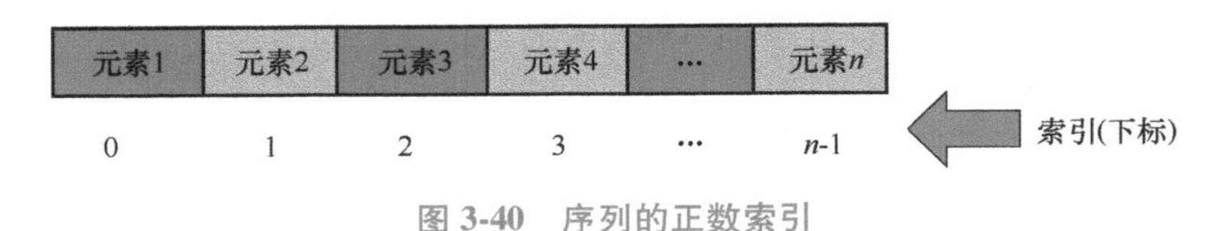

图 3-40　序列的正数索引

Python 的索引可以是负数。该索引从右向左计数，也就是从最后一个元素开始计数，即最后一个元素的索引值是-1，倒数第二个元素的索引值是-2，以此类推，如图 3-41 所示。

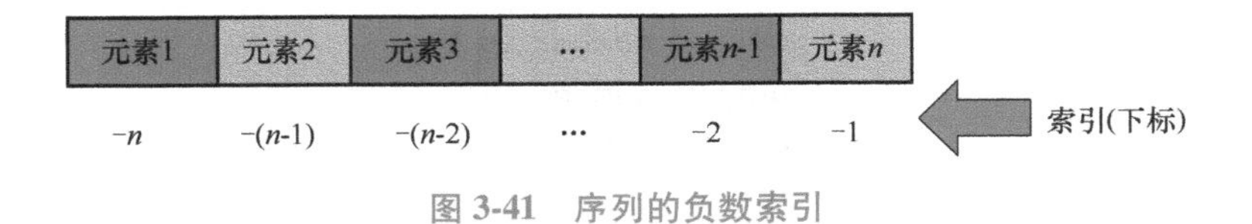

图 3-41　序列的负数索引

例如下面一段程序就能很好的展示索引的用法。

```
fusuoyin=["98","289","1780","3682"]
print(fusuoyin[2])
print(fusuoyin[-1])
```

执行结果：

```
1780
3682
```

3.7.2 序列切片

切片操作是访问序列中元素的另一种方法，它可以访问一定范围内的元素。通过切片操作可以生成一个新的序列。实现切片操作的语法格式如下：

```
qiepian[start:end:step]
```

参数说明：qiepian 表示序列的名称；start 表示切片的开始位置（包括该位置）。如果不指定，则默认为 0；end 表示切片的截止位置（不包括该位置）。如果不指定，则默认为序列的长度；step 表示切片的步长。如果省略，则默认为 1。当省略该步长时，最后一个冒号也可以省略。

序列切片的用法如下：

```
qiepian=["91","289","1780","3682","100","120","122","126","138","169","170"]
print(qiepian[1:6])           #获取第 2~6 个元素
print(qiepian[0:9:2]          #获取第 1、3、5、7 和 9 个元素
```

执行结果：

```
['289','1780','3682','100','120']
['91','1780','100','122','138']
```

3.7.3 创建

本小节主要介绍列表与元组的创建。

1. 列表的创建

列表的创建采用在方括号中用逗号分隔的定义方式，基本形式如下：

```
[x1,[x2,…,xn]]
```

列表也可以通过 list 对象来创建，基本形式如下：

```
list()                    #创建一个空列表
list(iterable)            #创建一个空列表,iterable 为列举对象元素
```

列表创建实例如下：

```
>>> [ ]                   #创建一个空列表
>>> [1,2,3]               #创建一个元素为 1,2,3 的列表
>>> list()                #使用 list 创建一个空列表
>>> list((1,2,3))         #使用 list 创建一个元素为 1,2,3 的列表
>>> list("a,b,c")         #使用 list 创建一个元素为 a,b,c 的列表
```

2. 元组的创建

元组的创建采用括号中逗号分隔的定义方式，其中，圆括号可以省略。基本形式如下：

```
(x1,[x2,…,xn])
```

或者为：

```
x1,[x2,…,xn]
```

注意：当元组中只有一个项目时，其后面的逗号不可以省略，否则 Python 解释器会把（x1）当作 x1。

元组也可以通过 tuple 对象来创建，基本形式如下：

```
tuple()                      #创建一个空元组
tuple(iterable)              #创建一个空元组,iterable 为列举对象元素
```

元组创建实例如下：

```
>>> ()                       #创建一个空元组
>>> (1,[2,3])                #创建一个元素为 1,2,3 的元组
>>>tuple()                   #使用 tuple 创建一个空元组
>>>tuple((1,2,3))            #使用 tuple 创建一个元素为 1,2,3 的元组
>>>tuple("a,b,c")            #使用 tuple 创建一个元素为 a,b,c 的元组
```

3.7.4 查询

列表和元组都支持查询（访问）其中的元素。在 Python 中，序列的每一个元素都被分配一个位置编号，称为索引（Index）。第一个元素的索引是 0，序列中的元素都可以通过索引进行访问。一般格式为：

```
序列名[索引]
```

列表与元组的正向索引查询示例如下：

```
list_1=[1,2,3]
print(list_1[1])
tuple_1=((1,2,3))
print(tuple_1[0])
```

运行结果为：

```
2
1
```

另外，Python 序列还支持反向索引（负数索引）。这种索引方式可以从最后一个元素开始计数，即倒数第一个元素的索引是-1。这种方法可以在不知道序列长度的情况下访问序列最后面的元素。

列表与元组的反向索引查询示例如下：

```
list_1=[1,2,3]
print(list_1[-1])
tuple_1=((1,2,3))
print(tuple_1[-2])
```

运行结果为：

```
3
2
```

3.7.5 修改

由于元组的不可变性，元组的数据不可以被改变，除非将其改为列表类型。对于列表来说，要修改其中某一个值，可以采用索引的方式，这种操作也称为赋值。例如：

```
list_1=[1,2,3]
list_1[1]=9
print(list_1)
```

运行结果为：

```
[1,9,3]
```

注意：在对列表进行赋值操作时，不能为一个没有索引的元素赋值。

下面介绍 Python 自带的两个函数 append 和 extend。append 函数的作用是在列表末尾添加一个元素，例如：

```
list_1=[1,2,3]
list_1.append(4)
print(list_1)
```

运行结果为：

```
[1,2,3,4]
```

在 Python 中，extend 函数用于将一个列表添加到另一个列表的尾部，例如：

```
list_1=[1,2,3]
list_1.extend('a,b,c')
print(list_1)
```

运行结果为：

```
[1,2,3,a,b,c]
```

由于元组的不可变性，因此不能改变元组的元素，但是可以将元组转换为列表进行修改，例如：

```
tuple_1=[1,2,3]
list_1=list(tuple_1)                #元组转列表
list_1[1]=8
tuple_1=tuple(list_1)               #列表转元组
print(tuple_1)
```

运行结果为：

```
[1,8,3]
```

列表作为一种可变对象，Python 中提供了很多方法对其进行操作，如表 3-2 所示。

表 3-2　列表对象的主要操作方法

方　法	解释说明	方　法	解释说明
s. append(x)	把对象 x 追加到列表 s 的尾部	s. pop([i])	返回并移除下标 i 位置的对象，省略 i 时为最后的对象
s. clear()	删除所有元素	s. remove(x)	移除列表中第一个出现的 x
s. copy()	复制列表	s. remove()	列表反转
s. extend(t)	把序列 t 附加到列表 s 的尾部	s. sort()	列表排序，默认为升序
s. insert(i,x)	在下标 i 的位置插入对象 x		

3.7.6　删除

元素的删除操作也只适用于列表，而不适用于元组。同样，将元组转换为列表就可以进行删除操作。从列表中删除元素很容易，可以使用 del、clear、remove 等操作，示例如下：

```
x=[1,2,3,'a']
del x[3]
print(x)
```

运行结果为：

```
[1,2,3]
```

del 不仅可以删除某个元素，还可以删除对象，示例如下：

```
x=[1,2,3,'a']
del x
print(x)                          #语句错误
```

上面的程序中，因为 x 对象会被删除，所以会提示：

```
NameError:  name 'x 'is not defined
```

clear 会删除列表中所有的元素。

```
x=[1,2,3,'a']
x.clear()
print(x)
```

运行结果为：

```
[]
```

remove(x) 操作会将列表中出现的第一个 x 删除。

```
x=[1,2,3,'a']
x.remove(2)
print(x)
```

运行结果为：

```
[1,3,'a']
```

列表的基本操作还有很多，此处不再一一列举，感兴趣的读者可以自行查阅相关资料。

3.8 NumPy 数组

在 Python 中，计算机访问列表中的项需要消耗的资源高。为了消除 Python 列表特性的这个限制，Python 程序员求助于 NumPy。NumPy 是 Python 编程语言的扩展，它增加了对大型多维数组和矩阵的支持，以及对这些数组进行操作的大型高级数学函数库的支持。在 NumPy 中，数组的类型为 ndarray（*n* 维数组），所有元素都必须具有相同的类型。

3.8.1 Numpy.array

在 OpenCV 中，很多 Python API 是基于 NumPy 的。

例 3-11 使用 NumPy 生成一个灰度图像（如图 3-42 所示），其中的像素均为随机数。

```
import cv2 as cv
import numpy as np
picturegray=np.random.randint(0,256,size=[256,256],dtype=np.uint8)
cv.imshow("picturegray",picturegray)
cv.waitKey()
cv.destroyAllWindows()
```

图 3-42 随机灰度图

例 3-12 使用 NumPy 生成一个彩色图像，其中的像素均为随机数。

```
import cv2 as cv
import numpy as np
picturecolor=np.random.randint(0,256,size=[256,256,3],dtype=np.uint8)
```

```
cv.imshow("picturecolor ",picturecolor)
cv.waitKey()
cv.destroyAllWindows()
```

3.8.2 创建 NumPy 数组

在使用 NumPy 之前，首先需要导入 NumPy 包：

```
import numpy as np  #np 是 NumPy 的别名
```

1. 使用 NumPy 中的函数构建数组

（1）使用 arange( ) 函数构建数组

```
import numpy as np
a1=np.arange(12)            #产生 0~11 的一维数组
print(a1)                   #[0 1 2 3 4 5 6 7 8 9 10 11]
print(a1.shape)             #(12,)shape 属性反映元素数量
```

（2）使用 zeros( ) 函数创建一个特定大小、全部填充为 0 的数组

```
import numpy as np
a2=np.zeros(9)              #产生全是 0 的一维数组
print(a2)                   #[0 0 0 0 0 0 0 0 0]
print(a2.shape)             #(9,)
```

2. 从 Python 列表中创建数组

```
import numpy as np

list1=[2,6,7,8,1]
b1=np.array(list1)
print(b1)                   #[2,6,7,8,1]
print(b1.shape)             #(5,)
```

3.8.3 NumPy 数组切片

在 Python 中，可以使用像 $m:n$ 这样的表达式来选择一系列元素，选择的是以 m 开头并以 $n-1$ 结尾的元素（注意，不包括第 n 个元素）。切片 $m:n$ 也可以更明确地写为 $m:n:1$，其中，数字 1 表示应该选择 m 和 n 之间的每个元素。要从 m 和 n 之间每两个元素选择一个，可使用 $m:n:2$；p 个元素，则使用 $m:n:p$。

一维数组，通过冒号分隔切片参数 start:stop:step 来进行切片操作。

```
import numpy as np
a=[1,2,3,4,5]
print(a)
```

输出结果如下：

```
[1,2,3,4,5]
```

（1）一个参数：a[i]

a[i] 中，i 为索引号，i 默认为 0，如 a[2]，将返回与该索引相**对应的单个元素：3**。

（2）两个参数：b=a[i:j]

b=a[i:j] 表示复制 a[i] 到 a[j-1]，以生成新的 list 对象。

i 默认为 0，即 a[:n] 代表列表中的第 1~*n* 项，相当于 a[0:n]。

j 默认为 len(alist)，即 a[m:] 代表列表中的第 *m*+1 项到最后一项，相当于 a[m:5]。

```
print(a[-1])                #取最后一个元素 5
print(a[:-1])               #除了最后一个全部取:[1,2,3,4]
print(a[1:])                #取第二个到最后一个元素:[2,3,4,5]
```

（3）三个参数：b=a[i:j:s]

三个参数时，i、j、s 为索引，通过冒号分隔切片参数 start:stop:step 来进行切片操作。对于数组 a=[1,2,3,4,5]，如：

```
print(a[::2])               #输出[1,3,5]
print(a[1::2])              #输出[2,4]
```

3.9　字　典

本节将介绍能够将相关信息关联起来的 Python 字典，主要针对如何访问和修改字典中的信息进行介绍。由于字典可存储的信息量几乎不受限制，因此下面会演示如何遍历字典中的数据。

通过字典能够更准确地为各种真实物体建模。例如，可以创建一个表示人的字典，想在其中存储多少信息就存储多少信息，如姓名、年龄、地址、职业和要描述的其他信息。

3.9.1　字典的创建

字典就是用大括号括起来的“关键字:值”对的集合体，每一个“关键字:值”对都被称为字典的一个元素。

创建字典的一般格式为：

```
字典名={关键字1:值1,关键字2:值2,…,关键字n:值n}
```

其中，关键字与值之间用“:”分隔，元素与元素之间用逗号分隔。字典中的关键字必须是唯一的，值可以不唯一。字典的元素是列表、元组和字典。

```
d1={'name':{'first':'Li','last':'Hua'},'age':18}
print(d1)
d2={'name':'LiHua','score':[80,65,99]}
print(d2)
```

运行结果为：

```
{'name':{'first':'Li','last':'Hua'},'age':18}
{'name':LiHua','score':[80,65,99]}
```

当“关键字:值”对都省略时，会创建一个空的字典，示例如下：

```
d4={}
d5={'name':'LiHua','age':18}
print(d4,d5)
```

运行结果为：

```
({},{'name':LiHua','age':18})
```

另外，在 Python 中还有一种创建字典的方法，即 dict 函数法。

```
d6=dict()                                   #使用 dict 创建一个空的字典
print(d6)
d7=dict((('LiHua',97),('LiMing',92)))       #使用 dict 和元组创建一个字典
print(d7)
d8=dict((['LiHua',97],['LiMing',92]))       #使用 dict 和列表创建一个字典
print(d8)
```

运行结果为：

```
{}
{'LiHua':97,'LiMing':92}
{['LiHua',97],['LiMing',92]}
```

3.9.2 字典的常规操作

Python 中定义了很多字典的操作方法，下面介绍几个比较重要的方法，更多的字典操作可以上网查询。

1. 访问

在 Python 中可以通过关键字进行访问，一般格式为：

```
字典[关键字]
```

例如：

```
dict_1={'name':'LiHua','score':95}
print(dict_1['score'])
```

运行结果为：

```
95
```

2. 更新

在 Python 中，更新字典的格式一般为：

```
字典名[关键字]=值
```

如果在字典中已经存在该关键字，则修改它；如果不存在，则向字典中添加一个这样的新元素。

```
dict_2={'name':'LiHua','score':95}
dict_2['score']=80
print(dict_2)
dict_2['agr']=19
print(dict_2)
```

运行结果为：

```
{'name':LiHua','score':80}
{'name':LiHua','score':80,'agr':19}
```

3. 删除

在 Python 中删除字典有很多种方法，这里介绍 del 和 clear 方法。del 方法的一般格式如下：

```
del 字典名[关键字]                    #删除关键字对应的元素
del 字典真名                          #删除整个字典
```

字典的删除示例如下：

```
dict_3={'name':'LiHua','score':95,'age':19}
del dict_3['score']
print(dict_3)
dict_3.clear()
print(dict_3)
```

运行结果为：

```
{"name':LiHua",'age':19}
{}
```

4. 其他操作方法

在 Python 中，字典实际上也是对象，因此，Python 定义了很多比较常用的字典操作方法，如表 3-3 所示。

表 3-3　字典常用方法

方　法	说　明	方　法	说　明
d. copy( )	字典复制，返回 d 的副本	d. popitem( )	删除字典的“关键字:值”对，并返回关键字和值构成的元组
d. clear( )	字典删除，清空字典	d. fromkeys( )	创建并返回一个新字典
d. pop(key)	从字典 d 中删除关键字 key 并返回删除的值	d. keys( )	返回一个包含字典所有关键字的列表

（续）

方　法	说　明	方　法	说　明
d. values( )	返回一个包含字典所有值的列表	len( )	计算字典中所有“关键字:值”对的数目
d. items( )	返回一个包含字典所有“关键字:值”对的列表		

3.9.3　字典的遍历

对字典进行遍历一般会使用 for 循环，但建议在访问之前使用 in 或 not in 判断字典的关键字是否存在。字典的遍历操作示例如下：

```
dict_4={'name':'LiHua','score':95,}
for key in dict_4.keys():
    print(key,dict_4[key])
for value in dict_4.values():
    print(value)
for item in dict_4.items():
    print(item)
```

程序运行结果为：

```
name LiHua
score 95
LiHua
95
('name','LiHua')
('score',95)
```

3.10　函　　数

本节将介绍如何编写函数。函数是带有名字的代码块，用于完成具体的任务。要执行函数定义的特定任务，可调用该函数。如果需要在程序中多次执行同一项任务，只需调用执行该任务的函数，让 Python 运行其中的代码即可。可以发现，通过使用函数，程序的编写、阅读、测试和修复都将更容易。此外，本节还将介绍向函数传递信息的方式。

3.10.1　函数的定义与调用

在 Python 中，函数是一种运算或处理过程，即将一个程序段的运算或处理过程放在一个自定义函数中完成。这种操作首先要定义一个函数，然后可以根据实际需要多次调用它，而不用再次编写，大大减少了工作量。

1. 函数的定义

下面来看一个编程语言中最经典的例子。

例 3-13 创建打招呼函数。

```
def greet():                        #定义一个 greet 函数
    print("Hello World")            #打印输出 Hello World
    print("Hello Python")           #打印输出 Hello Python
greet()                             #函数调用
```

程序运行结果为:

```
Hello World
Hello Python
```

在上面的函数中,关键字 def 告诉 Python 要定义一个函数。它向 Python 指定函数名,这里的函数名为 greet。该函数不需要任何信息就能完成其工作,因此括号是空的,但必不可少。最后,定义以冒号结束。紧跟在 def greet():后面的所有缩进构成了函数体。该函数只做一项工作:打印“HelloWorld”和“Hello Python”。

经过上面的实例分析可知,Python 函数定义的一般格式为:

```
def 函数名([形式参数]):
函数体
```

2. 函数的调用

有了函数的定义,在之后的编程中,只要用到该函数都可以直接调用它。调用函数的一般格式为:

```
函数名(实际参数表)
```

如果定义的函数有形式参数(形参),那么可以在调用函数时传入实际参数。当然,如果没有,则可以不传,只保留一个空括号。但需要注意的是,无论有没有参数的传递,函数名后的括号都不可以省略。

例 3-14 定义一个没有形参的函数,然后调用它。

```
def sayHello():                         #定义一个 sayHello()函数
    print("***************")           #打印分隔线
    print("Hello World")
    print("Hello Python")
    print("***************")
sayHello()                              #调用 sayHello()函数
```

程序运行结果为:

```
***************
Hello World
Hello Python
***************
```

例 3-15 已知三角形的三个边长为 a、b、c,求三角形的面积。

可根据海伦公式计算三角形的面积。

```
import math
def angle_area(a,b,c):                        #定义一个 angle_area()函数
    p=(a+b+c)/2
    s=math.sqrt(p*(p-a)*(p-b)*(p-c))          #利用海伦公式计算三角形面积
    return s
area_s=angle_area(3,4,5)                      #调用 angle_area()函数
print("三角形面积为:",area_s)
```

程序运行结果为:

```
三角形面积为:6.0
```

3.10.2 参数传递

在调用带有参数的函数时会有函数之间的数据传递。其中，形参是函数被定义时由用户定义的形式上的变量，实参是函数被调用时主调函数为被调函数提供的原始数据。

函数定义中可能包含多个形参，因此函数调用中也可能包含多个实参。向函数传递实参的方式很多。可使用位置实参，这要求实参的顺序与形参的顺序相同；也可使用关键字实参，其中每个实参都由变量名和值组成。

1. 位置实参

在调用函数时，Python 必须将函数调用中的每个实参都关联到函数定义中的一个形参。因此，最简单的关联方式是基于实参的顺序，这种关联方式称为位置实参。

例 3-16 位置实参演示。

```
def  person(name_n,sex_o):                    #定义一个 person()函数
     print("My name is",name_n)
     print("I am a ",sex_o)
person('LiHua','man')                         #调用函数
```

程序运行结果为:

```
My name is LiHua
I am a man
```

该函数的定义表明，它需要一个名字和一个性别参数。调用 person( ) 时，需要按顺序提供一个名字和性别。

可以根据需要调用该函数任意次。如果要描述一个人，则只需再次调用 person( ) 即可。

例 3-17 函数调用演示。

```
def  person(name_n,sex_o):                    #定义一个 person()函数
     print("My name is",name_n)               #输出名字
     print("I am a",sex_o)                    #输出性别
person('LiHua','man')                         #调用函数
```

```
person('xiaoming','man')
```

程序运行结果为：

```
My name is LiHua
I am a man
My name is xiaoming
I am a man
```

在函数中，可根据需要使用任意数量的位置实参，Python将按顺序将函数调用中的实参关联到函数定义中相应的形参。

2. 关键字参数

关键字参数是传递给函数的名称。由于直接在实参中将名称和值关联起来，因此向函数传递实参时不会混淆。使用关键字参数时无须考虑函数调用中的实参顺序，而且关键字参数还清楚地指出了函数调用中各个值的用途。

在Python中，关键字参数的形式为：

```
形参名=实参值
```

例3-18 关键字参数演示。

```
def  person(name_n,sex_o):                #定义一个person()函数
    print("My name is",name_n)
    print("I am a ",sex_o)
person(name_n='LiHua',sex_o='man')        #调用函数
```

程序运行结果为：

```
My name is LiHua
I am a man
```

3. 默认值参数

编写函数时，可以为每个形参指定默认值。当调用函数中为形参提供了实参时，Python将使用指定的实参值，否则将使用形参的默认值。因此，为形参指定默认值后，可在函数调用中省略相应的实参。

在Python中，默认值参数的形式为：

```
形参名=默认值
```

例3-19 默认值参数演示。

```
def  person(name_n,sex_o='man'):             #定义一个person()函数
    print("My name is",name_n)
    print("I am a ",sex_o)
person(name_n='LiHong',sex_o='woman')        #调用函数,修改第二个参数
person(name_n='LiHua')                       #采用默认参数
```

程序运行结果为：

```
My name is LiHong
I am a woman
My name is LiHua
I am a man
```

在调用带默认值参数的函数时，可以不对默认值参数赋值，也可以通过赋值来代替默认值参数的值。

注意：在使用默认值参数时，默认值参数必须出现在形参表的最右端，否则会出错。

3.11 面向对象的编程

面向对象的编程是最有效的软件编写方法之一。在面向对象的编程中，首先编写表示现实世界中事物和情景的类，并基于这些类来创建对象。在编写类时，往往要定义一大类对象都有的通用行为。基于类创建对象时，每个对象都自动具备这种通用行为，然后可根据需要赋予每个对象独特的个性。

根据类来创建对象称为实例化，实例化是面向对象编程中不可或缺的一部分。本节将会编写一些类并创建其实例。理解面向对象编程有助于我们像程序员那样看世界，还可以帮助我们真正理解自己编写的代码。了解类背后的概念可培养逻辑思维，让我们能够通过编写程序来解决遇到的问题。

3.11.1 类与对象

类是一种广义的数据，这种数据类型的元素既包含数据，也包含操作数据的函数。

1. 类的创建

在 Python 中，可以通过 class 关键字来创建类。类的格式一般如下：

```
class 类名:
        类体
```

类一般由类头和类体两部分组成。类头由关键字 class 开头，后面紧跟着类名；类体包括所有细节，向右缩进对齐。

下面来编写一个表示小狗的简单类 Dog。它表示的不是特定的小狗，而是任何小狗。对于小狗来说，它们都有名字和年龄。另外，大多数小狗还会蹲下和打滚。由于大多数小狗都具备上述两项信息和两种行为，我们的 Dog 类将包含它们。编写这个类后，将使用它来创建表示特定小狗的实例。

例 3-20 创建 Dog 类。

```
class Dog():
    def _init_(self,name,age):                    #初始化 Dog 类
        self.name=name
```

```
        self.age=age
    def sit(self):                              #定义类方法
        print(self.name.title()+" is now sitting.")
    def roll_over(self):                        #定义类方法
        print(self.name.title()+" rolled over!")
```

根据 Dog 类创建的每个实例都将存储名字和年龄，我们赋予每只小狗蹲下（sit()）和打滚（roll_over()）的能力。

类中的函数称为方法，之前或今后学习的方法都适用于它。_init_()是一个特殊的方法，每当根据 Dog 类创建新实例时，Python 都会自动运行该方法。

2. 类的使用（实例化）

我们可将类视为有关如何创建实例的说明。例如，Dog 类是一系列说明，让 Python 知道如何创建表示特定小狗的实例。下面根据 Dog 类创建一个实例。

根据例 3-20 创建的类，进行 Dog 类的实例化。

```
my_dog=Dog('wangcai',6)
print("My dog's name is "+my_dog.name.title())
print("My dog is "+str(my_dog.age)+" years old.")
```

程序运行结果为：

```
My dog's name is wangcai
My dog is 6 years old.
```

3. 属性和方法的访问

要访问实例的属性和方法，可使用句点表示法。例如，下面两句代码可以访问 Dog 类中定义的 name 和 age 属性。

```
my_dog.name
my_dog.age
```

根据 Dog 类创建实例后，可以使用句点表示法来调用 Dog 类中定义的任何方法。例如：

```
my_dog=Dog('wangcai',6)
my_dog.sit()
my_dog.roll_over()
```

上面的代码可以访问 Dog 类中定义的 sit() 和 roll_over() 方法。

3.11.2 继承与多态

继承和多态是类的特点，前面小节简单介绍了类的创建和使用，下面继续介绍类的继承与多态。

1. 继承

如果要编写的类是另一个现成类的特殊版本，则可使用继承的方法。一个类继承另一个类时，它将自动获得另一个类的所有属性和方法。原有的类称为父类，新创建的类称为子类。子类除了继承父类的属性和方法之外，同时也有自己的属性和方法。

在 Python 中定义继承的一般格式为：

```
class  子类名(父类名)
    类体
```

例 3-21 类的继承实例演示

以学校成员为例，定义一个父类 SchoolMember，然后定义子类 Teacher 和 Student 来继承 SchoolMember。

程序代码如下：

```
class SchoolMember(object):                        #定义一个父类
    member=0                                       #定义一个变量来记录成员的数值
    def __init__(self,name,age,sex):               #初始化父类的属性
        self.name=name
        self.age=age
        self.sex=sex
        self.enroll()
    def enroll(self):                              #定义一个父类的方法,用于注册成员
        '注册成员信息'
        print('just enrolled a new school member [%s]'%self.name)
        SchoolMember.member+=1
    def tell(self):                                #定义一个父类方法,用于输出新增成员的基本信息
        print('----%s----'%self.name)
        for k,v in self.__dict__.items():#使用字典保存信息
            print(k,v)
        print('----end----')                       #分隔信息
    def __del__(self):
        print('开除了[%s]'%self.name)  #删除成员
        SchoolMember.member-=1
class Teacher(SchoolMember):                       #定义一个子类,继承 SchoolMember 类
    '教师信息'
    def __init__(self,name,age,sex,salary,course):
        SchoolMember.__init__(self,name,age,sex)    #继承父类属性
        self.salary=salary
        self.course=course                         #定义子类自身的属性
    def teaching(self):                            #定义子类的方法
        print('Teacher [%s] is teaching [%s] '%(self.name,self.course))
class Student(SchoolMember):                       # 定义一个子类,继承 SchoolMember 类
    '学生信息'
    def __init__(self,name,age,sex,course,tuition):
        SchoolMember.__init__(self,name,age,sex)    #继承父类属性
        self.course=course                         #定义子类自身的属性
        self.tuition=tuition
        self.amount=0
```

```
        def pay_tution(self,amount):          #定义子类的方法
            print('student [%s] has just paied [%s]'%(self.name,amount))
            self.amount+=amount               #实例化对象
t1=Teacher('Mike',48,'M',8000,'python')
t1.tell()
s1=Student('Joe',18,'M','python',5000)
s1.tell()
s2=Student('LiHua',16,'M','python',5000)
print(SchoolMember.member)                    #输出此时父类中的成员数目
del s2                                        #删除对象
print(SchoolMember.member)                    #输出此时父类中的成员数目
```

程序运行结果为：

```
just enrolled a new school member [Mike]
----Mike----
name Mike
age 48
sex M
salary 8000
course python
----end----
just enrolled a new school member [Joe]
----Joe----
name Joe
age 18
sex M
course python
tuition 5000
amount 0
----end----
just enrolled a new school member [LiHua]
3
开除了[LiHua]
2
```

2. 多态

多态是指不同的对象收到同一种消息时产生不同的行为。在 Python 中，消息是指函数的调用，不同的行为是指执行不同的函数。

下面介绍多态的实例。

例 3-22 多态程序实例。

```
class Animal(object):               #定义一个父类 Animal
    def __init__(self,name):        #初始化父类属性
        self.name=name
```

```
    def talk(self):                    #定义父类方法、抽象方法,由具体情况而定
        pass
class Cat(Animal):                     #定义一个子类,继承父类 Animal
    def talk(self):                    #继承重构类方法
        print('%s:喵! 喵! 喵! '%self.name)
class Dog(Animal):                     #定义一个子类,继承父类 Animal
    def talk(self):                    #继承重构类方法
        print('%s:汪! 汪! 汪! '%self.name)
def func(obj):                         #一个接口,多种形态
    obj.talk()                         #实例化对象
c1=Cat('Tom')
d1=Dog('Wangcai')
func(c1)
func(d1)
```

程序运行结果为:

```
Tom:喵!喵!喵!
Wangcai:汪!汪!汪!
```

在上面的程序中，Animal 类和两个子类中都有 talk( ) 方法，虽然同名，但是在每个类中调用的函数是不一样的。当调用该方法时，所得结果取决于不同对象的同样信息所得的结果不同，这就是多态的体现。

3.12 Python 调用 MATLAB 程序

Python 中可调用 MATLAB 脚本或者 MATLAB 函数，本书采用 MATLAB R2017b、Windows 10 操作系统。

1. Python 调用 MATLAB 函数

首先要找到 MATLAB R2017b 中 python 文件所在的安装路径，如 D:\ProgramFiles\MATLAB\R2017b\extern\engines\python，打开这个文件夹，如图 3-43 所示的文件。

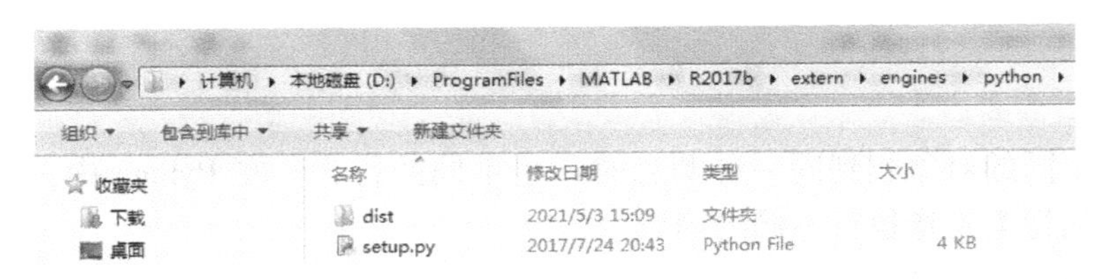

图 3-43 MATLAB 安装路径下的 python 文件

图 3-43 中的 setup.py 是 Python 调用 MATLAB 所需要的文件。MATLAB 提供了一套 Python 接口，即 MATLAB API for Python，需要用户自行安装，在命令行中输入下列命令，如图 3-44 所示。

cd:D:\ProgramFiles\MATLAB\R2017b\extern\engines\python
python setup. py install

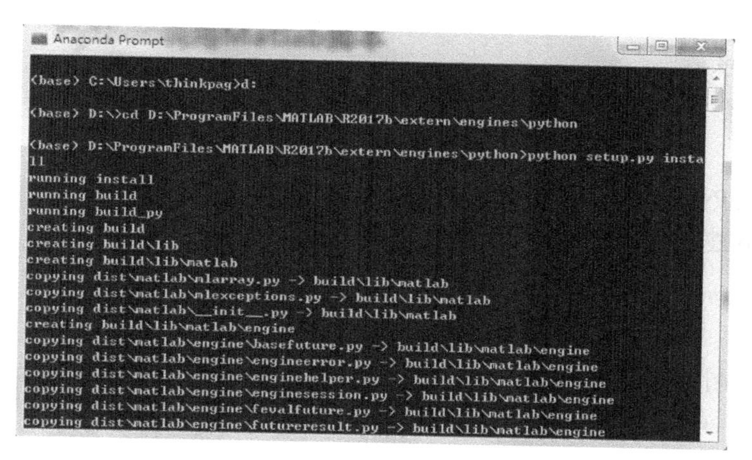

图 3-44　在命令窗口执行命令

路径 D:\ProgramFiles\MATLAB\R2017b\extern\engines\python 中的文件如图 3-45 所示。

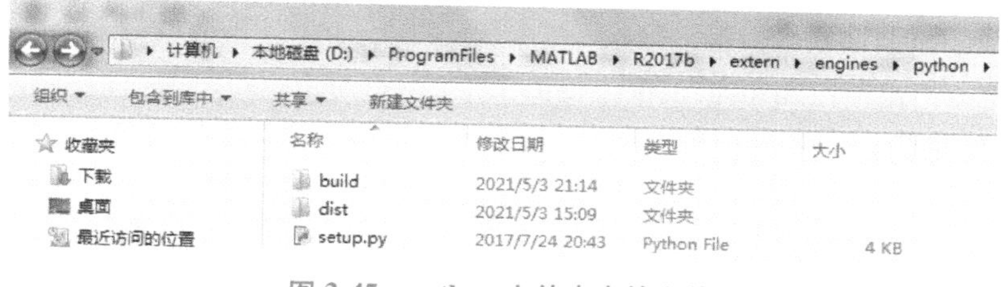

图 3-45　python 文件夹中的文件

打开 MATLAB 中的 build 目录，将目录中的 matlab 文件夹复制到 D:\ProgramFiles\Python\Anaconda3\Lib 文件夹下。在 Python 中加载 matlab. engine 和 matlab，如图 3-46 所示。

图 3-46　加载 MATLAB 模块

启动 MATLAB 引擎，如图 3-47 所示。

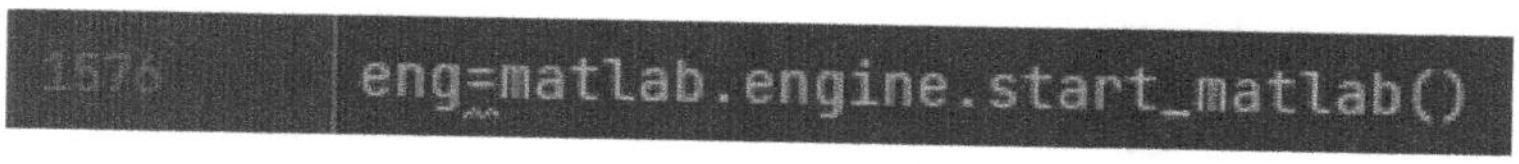

```
1576    eng=matlab.engine.start_matlab()
```

图 3-47　启动 MATLAB 引擎

例 3-23　在 Python 中调用 MATLAB 函数 sqrt( )。

```
import matlab. engine
import matlab
eng=matlab. engine. start_matlab()
```

```
a=matlab.double([1,4,9,16,25])
b=eng.sqrt(a)
print(b)
```

程序执行结果为：

```
[[1.0,2.0,3.0,4.0,5.0]]
```

例 3-24 在 Python 中调用 MATLAB 函数 sub( )。

在 MATLAB 建立名称为 sub.m 文件，代码如下：

```
function c=sub(a,b)
c=a-b
```

将 sub.m 复制到 Python 项目文件下。

Python 调用 sub( ) 函数，Python 端代码如下：

```
import matlab
import matlab.engine
import numpy as np
eng=matlab.engine.start_matlab()
c=eng.sub(6.0,1.0)
print(c)
```

程序执行结果为：

```
5
```

2. Python 调用 MATLAB 的 .m 文件

如果要调用 MATLAB 代码 add.m，则 MATLAB 端的代码如下：

```
a=1.0;
b=2.0;
c=a+b
```

将 add.m 复制到 Python 项目文件下。

Python 调用 add.m，Python 端的代码如下：

```
import matlab
import matlab.engine
import numpy as np
eng=matlab.engine.start_matlab()
C=eng.add(nargout=0)
print(C)
```

程序执行结果为：

```
3
```

思考与练习

3-1　简述 Python 和 PyCharm 安装的具体步骤。

3-2　Python 具有哪几类编译器？各有何特点？

3-3　使用 NumPy 生成一个灰度图像，其中的像素均为随机数。

3-4　使用 NumPy 生成一个彩色图像，其中的像素均为随机数。

3-5　编程实现使用 arange( ) 函数构建数组的程序。

3-6　简述 Python 中 Numpy 数组切片的特点及引用规则。

3-7　举例说明 Python 调用 MATLAB 程序的步骤。

第4章 机器视觉测量系统

机器视觉测量系统包含工业相机、光源照明系统与图像处理软件、图像采集系统、数据通信接口。除具备上述硬件系统后，工业相机成像后，需要进行摄像机标定，包括坐标系间的变换关系、工业相机成像模型。一个典型的工业机器视觉系统包括光源、镜头（定焦镜头、变倍镜头、远心镜头、显微镜头）、相机（包括 CCD 相机和 COMS 相机）、图像处理单元（或图像捕获卡）、图像处理软件、监视器、通信单元、输入/输出单元等。

4.1　工业相机

工业相机是视觉系统的关键部件，如图 4-1 所示，其性能直接影响识别精度和定位抓取的精度。选用工业相机要考虑工件托盘的特征、工件的轮廓特征以及光线等条件。工业相机又称工业摄像头、工业照相机等。根据所使用的的芯片类型，可分为工业 CCD 相机和工业 CMOS 相机。根据信号种类，可分为工业模拟相机和工业数字相机。其中，数字相机又有 GigE 千兆网、USB 2.0、USB 3.0、Camera Link、1394A 和 1394B 等多种接口。

图 4-1　工业相机

4.2　镜　　头

镜头相当于人眼的晶状体。如果没有晶状体，那么人眼看不到任何物体；如果没有镜头，摄像机所输出的图像就是白茫茫的一片，没有清晰的图像输出。

当人眼的睫状体无法按需要调整晶状体凸度时，将出现人们常说的近视（或远视）眼，眼前的景物就变得模糊不清。摄像机与镜头的配合也有类似现象，当图像变得不清楚时，可以调整摄像机的像方焦点，改变摄像机芯片与镜头基准面的距离（相当于调整人眼晶状体的凸度），可以将模糊的图像变得清晰。

由此可以知道，光学镜头的主要作用是将景物的光学图像聚焦在图像传感器的光敏阵列上。视觉系统处理的所有图像信息均通过镜头得到，镜头的质量直接影响视觉系统的整体性能，因而有必要对光学镜头的知识进行介绍。

镜头种类繁多，以适用于不同的应用场合，可以从不同角度对镜头进行分类，如表 4-1

和表 4-2 所示。

表 4-1　镜头分类 I

<table>
<tr><th>分类依据</th><th colspan="2">类　型</th><th>说　明</th></tr>
<tr><td rowspan="4">工作波长</td><td colspan="2">紫外镜头</td><td rowspan="4">同一光学系统对不同波长的光的折射率不同，这导致同一点发出的不同波长的光成像时不能汇聚成一点，从而产生色差。常用镜头的消色差设计只针对可见光范围，而应用于其他波段的镜头则需要进行专门的消色差设计</td></tr>
<tr><td colspan="2">可见光镜头</td></tr>
<tr><td colspan="2">近红外镜头</td></tr>
<tr><td colspan="2">红外镜头</td></tr>
<tr><td rowspan="6">变焦与否</td><td rowspan="4">定焦镜头（按焦距长短分）</td><td>鱼眼镜头</td><td rowspan="4">焦距长短划分不以焦距的绝对值为首要标准，而以像角的大小为主要区分依据，所以当靶面的大小不等时，其标准镜头的焦距大小也不同</td></tr>
<tr><td>短焦镜头</td></tr>
<tr><td>标准镜头</td></tr>
<tr><td>长焦镜头</td></tr>
<tr><td rowspan="2">变焦镜头</td><td>手动变焦</td><td rowspan="2">变焦镜头最长焦距值和最短焦距值之比称为变焦倍率</td></tr>
<tr><td>电动变焦</td></tr>
<tr><td rowspan="4">视场大小</td><td colspan="2">广角镜头</td><td>视角 90°以上，观察范围较大，短焦距提供宽角度视场，鱼眼镜头是一种焦距为 6~16mm 的短焦距超广角摄影镜头</td></tr>
<tr><td colspan="2">标准镜头</td><td>视角 50°左右，使用范围较广</td></tr>
<tr><td colspan="2">长焦（远摄）镜头</td><td>视角 20°以内，焦距几十或上百毫米，长焦距提供高倍放大</td></tr>
<tr><td colspan="2">变焦镜头</td><td>镜头焦距连续可变，焦距可以从广角变到长焦</td></tr>
<tr><td rowspan="3">工作距离</td><td colspan="2">望远镜头</td><td>物距很大</td></tr>
<tr><td colspan="2">普通摄影镜头</td><td>物距适中</td></tr>
<tr><td colspan="2">显微镜头</td><td>物距很小</td></tr>
<tr><td rowspan="4">接口类型</td><td colspan="2">C 型</td><td>镜头基准面至焦平面距离为 17. 526mm，C 型镜头与 CS 型摄像机配合使用时需在二者之间增加一个 5mm 的 C/CS 转接环</td></tr>
<tr><td colspan="2">CS 型</td><td>镜头基准面至焦平面距离为 12. 5mm</td></tr>
<tr><td colspan="2">F 型</td><td>F 接口镜头是尼康镜头的接口标准，又称尼康口，是通用型接口，一般适用于焦距大于 25mm 的镜头以及靶面大于 1in（1in=2. 54cm）的摄像机</td></tr>
<tr><td colspan="2">V 型</td><td>V 接口镜头是施耐德镜头主要使用的标准，一般也用于摄像机靶面较大或特殊用途的镜头</td></tr>
<tr><td rowspan="3">特殊用途镜头</td><td colspan="2">显微镜头</td><td>一般用于光学倍率大于 10：1 的系统，但由于目前 CCD 像元尺寸已经做到 3μm 以内，所以光学倍率大于 2：1 时也会选用显微镜头</td></tr>
<tr><td colspan="2">微距镜头</td><td>一般是指光学倍率为 1：4~2：1 范围内特殊设计的镜头。当图像质量要求不高时，一般可采用在镜头和摄像机之间增加近摄接圈的方式或在镜头前增加近拍镜的方式达到放大成像的效果</td></tr>
<tr><td colspan="2">远心镜头</td><td>主要为纠正传统镜头视差而特殊设计的镜头，可以在一定的物距范围内，使得拍摄到的图像的放大倍率不随物距的变化而变化</td></tr>
</table>

表 4-2　镜头分类 II

镜头类型		有效像场尺寸
电视摄像镜头	1/4in 摄像镜头	3. 2mm×2. 4mm（对角线 4mm）
	1/3in 摄像镜头	4. 8mm×3. 6mm（对角线 6mm）
	1/2in 摄像镜头	6. 4mm×4. 8mm（对角线 8mm）
	2/3in 摄像镜头	8. 8mm×6. 6mm（对角线 11mm）
	1in 摄像镜头	12. 8mm×9. 6mm（对角线 16mm）
电影摄影镜头	35mm 电影摄影镜头	21. 95mm×16mm（对角线 27. 16mm）
	16mm 电影摄影镜头	10. 05mm×7. 42mm（对角线 12. 49mm）
照相镜头	135 型摄影镜头	36mm×24mm
	127 型摄影镜头	40mm×40mm
	120 型摄影镜头	80mm×60mm
	中型摄影镜头	82mm×56mm
	大型摄影镜头	240mm×180mm

由于系统中所用摄像机的靶面尺寸有各种型号，所以在选择镜头时须注意镜头的有效像场应该大于或等于摄像机的靶面尺寸，否则成像的边角部分会模糊甚至没有影像。

下面介绍镜头的结构、相关参数及镜头选择方法，以便在实际应用中获取最优的系统性能。

4.2.1　镜头结构

镜头由多个透镜、可变（亮度）光圈和对焦环组成，有些镜头有固定调节系统。使用时通过观察显示图像的明亮程度及清晰度来调整可变光圈和焦点。

4.2.2　视场

视场（Field of Vision，FOV）是指系统能够观察到的物体的物理尺寸范围，也就是 CCD 芯片上所成图像最大时对应的物体大小，它与工作距离（Work Distance）d_w、焦距 f、CCD 芯片尺寸 s_c 有关，光学成像示意图如图 4-2 所示。在不使用近摄环的情况下，四个参数之间的关系可用以下比例表达式表示：

$$d_w:\mathrm{FOV}=f:s_c \tag{4-1}$$

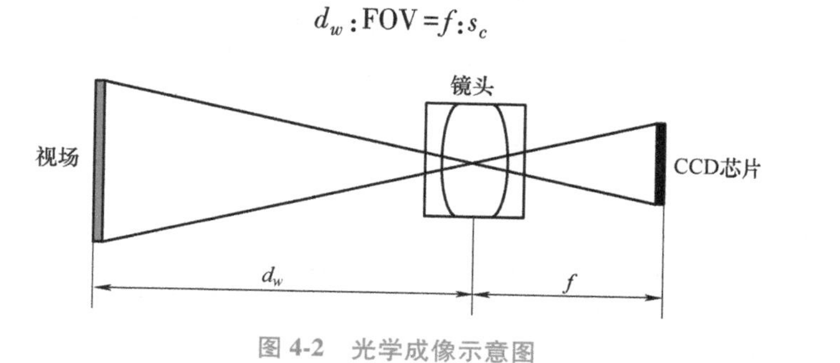

图 4-2　光学成像示意图

例如，视场纵向（或横向）长度 $\mathrm{FOV}_{(\text{V或H})}$ 等于：

$$FOV_{(V或H)} = \frac{d_w \times s_{c(V或H)}}{f} \tag{4-2}$$

假设焦距为 16mm，1/3in CCD 芯片的纵向尺寸为 3.6mm，如果工作距离为 200mm，则纵向视场等于 45mm，如图 4-3 所示。

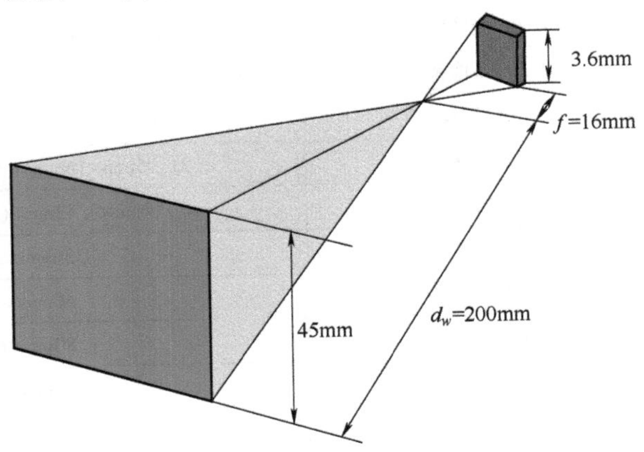

图 4-3 视场计算示意图

4.2.3 光学倍率和数值孔径

光学倍率（Magnification）是指成像大小与物体尺寸的比值，可以表示为：

$$M = \frac{s_{c(V或H)}}{FOV_{(V或H)}} = \frac{f}{d_w} = \frac{NA'}{NA} \tag{4-3}$$

式中，NA——物方数值孔径（Numerical Aperture）；

NA'——像方数值孔径。

图 4-4 所示为数值孔径示意图。物方孔径角和折射率分别为 u 和 n，像方孔径角和折射率分别为 u'和 n'，则物方和像方的数值孔径分别表示为：

$$\begin{cases} NA = n\sin u \\ NA' = n'\sin u' \end{cases} \tag{4-4}$$

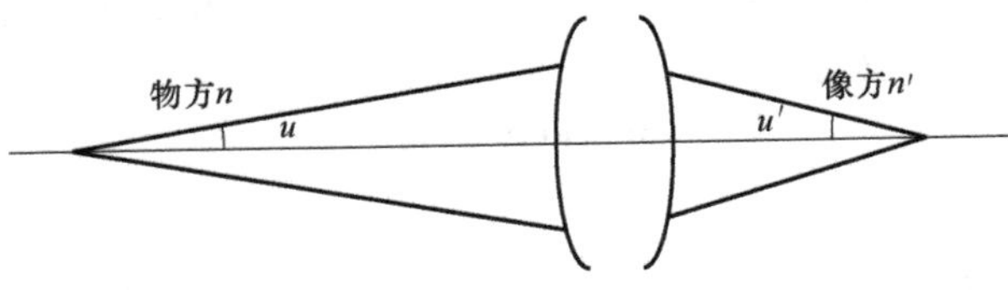

图 4-4 数值孔径示意图

4.2.4 景深

拍摄有限距离的景物时，可在像面上成清晰图像的物距范围称为景深（Depth of Field），如图 4-5 所示。景深可按理想光学系统的特性及透镜公式（4-5）计算。

$$\frac{1}{z'} - \frac{1}{z} = \frac{1}{f} \tag{4-5}$$

对于从透镜中心至图像平面的距离 z'，只有一个距离等于 z 的空间平面与之共轭，该平面称为对准平面。严格来讲，除对准平面上的点能成点像外，其他空间点在图像平面上只能为一个弥散斑。当弥散斑小于一定限度时，仍可认为是一个点，这是由成像装置的空间分辨率所决定的，于是小于成像装置分辨率的一定量的离焦可以忽略。

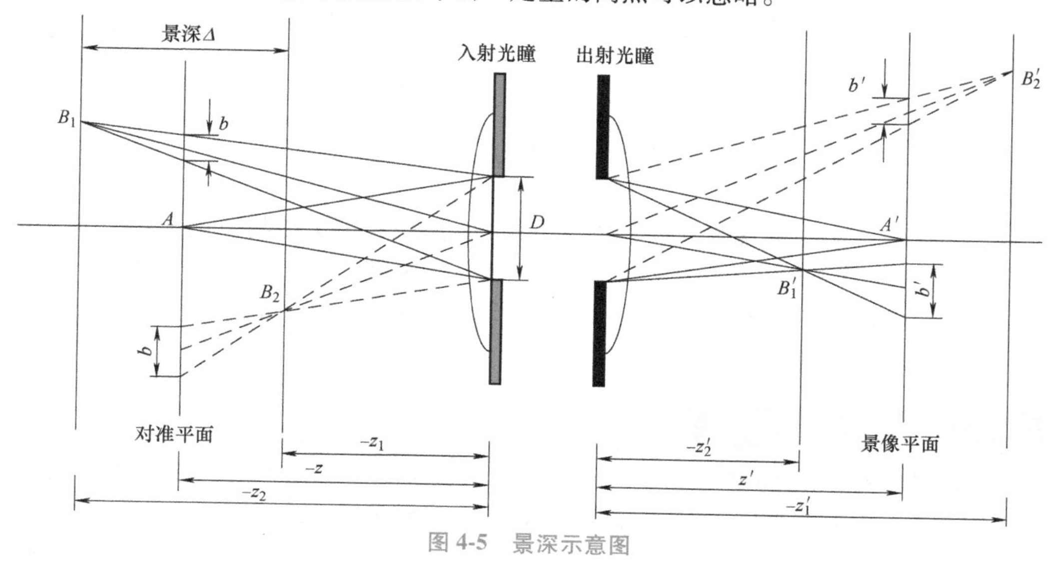

图 4-5　景深示意图

物点处于离焦位置时，成像在图像平面上的是一个圆形的弥散斑。如果弥散斑的直径小于成像装置的分辨率，则离焦量可以忽略。假设弥散斑直径为 b'，入射光瞳直径为 D，焦距为 f，透镜中心距图像平面的长度为 z'，如果图像平面向透镜方向移动到一个新的距离 z_1'，那么模糊程度为：

$$b'=\frac{D(z'-z_1')}{z'} \tag{4-6}$$

根据相似三角形，$b'/2$ 与（$z'-z_1'$）之比等于 $d/2$ 与 z'之比。由式（4-5）能分别解出对应于 z 和 z_1 情况下的 z'和 z_1'，并且将这些表达式代入式（4-6）可得到与物距相关的模糊量：

$$b'=\frac{Df(z-z_1)}{z(f+z_1)} \tag{4-7}$$

假设 b 等于可以接受的弥散斑的最大直径，由式（4-7）可以计算出能成清晰像的最近平面（即近景平面）的距离：

$$z_1=\frac{fz(D-b')}{df+b'z} \tag{4-8}$$

为了计算远景平面的距离 z_2，可使：

$$b'=\frac{D(z_2'-z')}{z'} \tag{4-9}$$

式中，z_2'——对应于最大模糊量情况下的图像平面远离透镜方向移动到的一个新的距离。

同理可以得到：

$$b'=\frac{Df(z_2-z)}{z(f+z_2)} \tag{4-10}$$

进一步求解式（4-10），得到远景平面距离：

$$z_2=\frac{fz(D+b')}{Df-b'z} \tag{4-11}$$

上面的公式给出了近景平面位置与焦距 f、入射光瞳直径 D、最大可接受的模糊量 b'、对准平面位置 z 之间的关系。$z=Df/b'$，称为超焦距（Hyperfocal Distance），此时，远景平面位置和景深为无穷远。

远景与近景平面位置之差表示为景深 Δ：

$$\Delta=\frac{2b'Dfz(f+z)}{D^2f^2-b'^2z^2} \tag{4-12}$$

由式（4-12）可知，景深与孔径光阑（光圈）、焦距、镜头与物体间距离有直接的关系。焦距越短，景深越大；镜头离物体的距离越远，景深越大；光圈越小，景深越大。光圈增大，通光量增加，景深减小，于是在光圈与景深之间需要有一个折中或平衡。而小光圈和良好的光线使聚焦更简单。

4.2.5 曝光量和光圈数

摄像机收集到的光景即曝光量（Exposure），依赖于到达像面上的光强（图像辐照度，Image Irradiance）与曝光持续时间（快门速度，Shutter Speed）的乘积：

$$E=I\times t \tag{4-13}$$

功率乘以时间的所得结果为能量，当图像辐照度的单位为 W/m^2 时，曝光量的单位为 J/m^2。

光圈数或称 F 数（F-number，$f\#$），它与焦距 f、入射光瞳直径 D 之间的关系为：

$$f\#=f/D \tag{4-14}$$

指定物镜以 F 数为单位，因为对于相同 F 数的不同物镜来说，图像强度（恒定快门速度下的曝光量）是一样的。换句话说，F 数表征单位入射光瞳直径下不同焦距透镜的接受光强的能力。

F 数是以$\sqrt{2}$为公比的等比级数，因为两倍入射光瞳面积（Aperture Area）等于入射光瞳直径增加$\sqrt{2}$倍：

$$2\times S\sim\sqrt{2}D\approx 1.4D \tag{4-15}$$

F 数的常用值为 1.4、2、2.8、4、5.6、8、11、16、22 等。每一级 F 数的变化都改变 1.4 倍入射光瞳直径，提高 2 倍到达像面的光强。最小 F 数是衡量镜头质量好坏的重要参数之一。例如，电影摄影机用的镜头，最小 F 数可达 0.85。F 数越小，表示它越可以在光线较暗的情况下曝光或用较短的时间曝光，从而进行高速摄影。

摄影光学系统采用调节光圈大小的方法来调节 F 数。光圈越小，F 数越大，景深也越大，但由于像面的照度变小，因此需要相应地增加曝光时间，这样才能使感光底片得到相同的曝光量。定量关系是：曝光时间与 F 数的平方成正比。

4.2.6 分辨率

从波动光学的角度看，当光通过光学系统中的光阑等限制光波传播的光学元件时会发生衍射，因而物点的像并不是一个几何点，而是以像点为中心的一定大小的斑，称为爱里斑（Airy Disk）。如果两个物点相距很远，则它们各自形成的爱里斑就比较远，它们的像就容易区分开；如果两个物点相距很近，则对应的爱里斑重叠太多，就不能清楚地分辨出两个物点的像，所以光的衍射限制了光学成像系统的分辨能力。

瑞利（Raylcigh）判据：当一个爱里斑的边缘正好与另一个爱里斑的中心重合时，这两个爱里斑刚好能被区分开，示意图如图 4-6 所示。瑞利判据也是一条经验判据，它是根据正常人眼的分辨能力提出的，正常人眼可以分辨出光强差 20%的区别。当一个爱里斑边缘与另一个爱里斑中心重叠时，两个爱里斑中心的光强是两中心连线中点处光强的 1.2（1.0/0.7351.2）倍，刚好被人眼区分开。用光学术语来说，瑞利判据定义了像中的圆形分辨单元，因为两个点光源可以被分辨的条件是它们不落在同一个分辨单元里。

根据以上描述，瑞利距离 σ 可以表示为：

$$\sigma = 1.22\frac{\lambda f}{D} \approx 1.22\lambda f\# \tag{4-16}$$

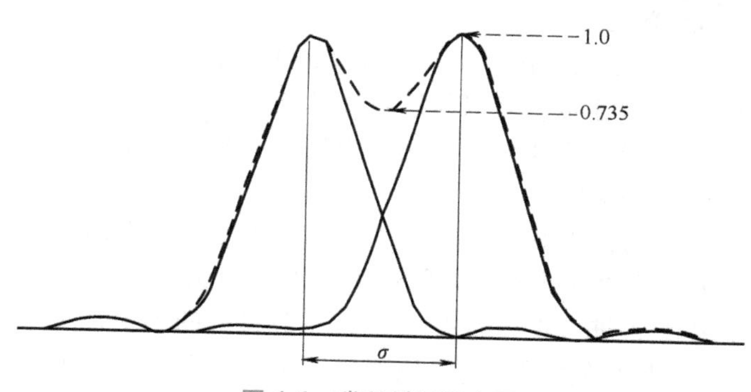

图 4-6 瑞利判据示意图

当衍射斑中心距离大于或等于 σ 时可以分辨，小于 σ 时不能分辨。

如果使用最小分辨角来描述，则瑞利判据可以表示为 $\theta_0 = 1.22\lambda/D$。也就是说，两个爱里斑中心对圆孔中心的张角，正好等于爱里斑半径对圆孔中心的张角。

光学系统的分辨率定义为 σ 的倒数，即：

$$\frac{1}{\sigma} = \frac{D}{1.22\lambda f} \tag{4-17}$$

式（4-17）表明，增大透镜的直径或减小入射光的波长都可以提高系统的光学分辨率。在天文望远镜中，为了提高分辨率和增加光通量，总是使用直径很大的透镜作为物镜。例如，加那列望远镜通光孔径达 10.4m。而在显微镜中，为了提高分辨率，可用紫外光照射，在电子显微镜（Electron Micorscope）中，电子物质波的波长很短（0.001~0.1nm），因此电子显微镜的分辨率可比一般的光学显微镜提高数千倍。

式（4-17）决定了视场中心的分辨率，视场边缘由于成像光束的孔径角比轴上点小，因此分辨率有所降低。实际的成像物镜总有一定的剩余像差，其分辨率要比理想分辨率低得多，而视场边缘受轴外像差和光束渐晕的影响，要低得更多。

有人认为瑞利判据过于宽松，于是又提出另外两个判据，即道斯（Dawes）判据和斯派罗（Sparrow）判据。根据道斯判据，人眼刚好能分辨两个衍射斑的最小中心距为：

$$\sigma = 1.02\lambda f/D \tag{4-18}$$

根据斯派罗判据，两衍射斑之间的最小中心距为：

$$\sigma = 0.947\lambda f/D \tag{4-19}$$

通过单独分析单个透镜分辨率以及光电成像器件和图像采样等，将它们综合起来以确定整个数字成像系统的像素间距。无论物体中包含多高的频率，超过成像系统 MTF 的截止频率的那些信息都不能提供给数字化设备。而这个频率也不会超出初始成像透镜或反射镜的光学传递函数（OTF）的截止频率 $f_c = \dfrac{D}{\lambda f}$。这样，如果令折叠频率（采样频率的一半）等于 OTF 的截止频率，就可以避免混叠。恰当地进行插值，就能根据采样点无误差地重构图像。令折叠频率等于图像中出现的最高频率，称为按 Nyquist 标准采样。按此准则，像素间距对摄像机而言为 $\lambda f\#/2$。如果按照瑞利距离，像素间距应为 $0.61\lambda f\#$，该数值比 Nyquist 标准给出的大 22%。

4.2.7 镜头选择

光学镜头是视觉测量系统的关键设备，在选择镜头时需要考虑多方面的因素。

1）镜头的成像尺寸应大于或等于摄像机芯片尺寸。

2）考虑环境照度的变化。对于照度变化不明显的环境，选择手动光圈镜头；如果照度变化较大，则选用自动光圈镜头。

3）选用合适的镜头焦距。焦距越大，工作距离越远，水平视角越小，视场越窄。确定焦距的步骤为：先明确系统的分辨率，结合 CCD 芯片尺寸确定光学倍率 M；再结合空间结构确定大概的工作距离 d_w，进一步按照式（4-3）估算镜头的焦距 f。

4）成像过程中需要改变放大倍率，采用变焦镜头，否则采用定焦镜头，并根据被测目标的状态优先选用定焦镜头。

5）接口类型互相匹配。CS 型镜头与 C 型摄像机无法配合使用；C 型镜头与 CS 型摄像机配合使用时需在二者之间增加 C/CS 转接环。

6）特殊要求优先考虑。结合实际应用特点，可能会有特殊要求，例如，是否有测量功能，是否需要使用远心镜头，成像的景深是否很大等。视觉测量中，常选用物方远心镜头，其景深大、焦距固定、畸变小，可获得比较高的测量精度。

例 4-1 为硬币成像系统选配镜头，约束条件有：CCD 靶面尺寸为 2/3in，像素尺寸为 4.65μm，C 型接口，工作距离大于 200mm，系统分辨率为 0.05mm，白色 LED 光源。

基本分析过程如下：

1）与白光 LED 光源配合使用，镜头应该是可见光波段。没有变焦要求，选择定焦镜头。

2）用于工业检测，具有测量功能，要求所选镜头的畸变要小。

3）焦距计算。成像系统的光学倍率：

$$M = 4.65 \times 10^{-3} / 0.05 = 0.093$$

焦距：

$$f' = d_w \times M = 200\text{mm} \times 0.093 = 18.6\text{mm}$$

工作距离要求大于 200mm，则选择的镜头焦距应该大于 18.6mm。

4）选择镜头的像面应该不小于 CCD 靶面尺寸，即至少为 2/3in。

5）镜头接口要求 C 型接口，能配合 CCD 相机使用。光圈暂无要求。

从以上分析计算可以初步得出这个镜头的大概要求：焦距大于 18.6mm，定焦，可见光波段，C 型接口，至少能配合 2/3inCCD 使用，而且成像畸变要小。

4.3 光　　源

光源照明系统是影响机器视觉系统检测质量的重要因素，其直接影响输入数据的质量和应用效果。光源照明系统并不是简单的照亮物体，需要具有以下特点或要求：

1）尽可能突出物体的特征。

2）增强目标区域与背景区域的对比度，能够有效地分割图像。

3）光谱要求：光源光谱功率分布的峰值波长应与光电成像器件的灵敏波长一致。

4）强度要求：光强会影响摄像机的曝光，光线不足时对比度变低，需要加大放大倍数，这样噪声也会相应放大，可能使镜头的光圈加大，于是景深将减小。反过来，光强过高会浪费能量，并产生热量。

5）均匀性要求：在所有的机器视觉应用中都会要求均匀的光照，因为光源会随着距离的增加和照射角度的偏离，照射强度逐渐减小，所以在对大面积物体照射时会带来较大的问题，有时只能使视场的中心位置保持均匀。

6）成像质量要求：物体位置变化不影响成像质量，测量过程中，在一定范围内移动物体时，照明效果不受影响。

4.3.1 光源的基本性能参数

1. 辐射效率和发光效率

在给定的波长范围内，某一光源所发出的辐射通量 Φ_e 与产生该辐射通量所需要的功率 P 之比，称为该光源的辐射效率，表示为：

$$\eta_e=\frac{\Phi_e}{P}=\frac{\int_{\lambda_1}^{\lambda_2}\Phi_e(\lambda)\,\mathrm{d}\lambda}{P} \tag{4-20}$$

式中，λ_1，λ_2——测量系统的光谱范围。实际应用中，采用辐射效率高的光源以节省能源。

根据式（4-20），在可见光范围内，某一光源的发光效率 η_v 为光通量 Φ_v 与功率 P 之比，如式（4-21）所示。

$$\eta_v=\frac{\Phi_v}{P}=\frac{\int_{\lambda_1}^{\lambda_2}\Phi_e(\lambda)V(\lambda)\,\mathrm{d}\lambda}{P} \tag{4-21}$$

在照明领域或广度测量领域，通常采用发光效率 η_v 较高的光源。

2. 光谱功率分布

光源输出的功率与光谱有关，即与光的波长 λ 有关，称为光谱的功率分布。四种典型光源的光谱功率分布如图 4-7 所示。图 4-7a 为线状光谱，如低压汞灯光谱的功率分布；图 4-7b 为带状光谱，如高压汞灯光谱；图 4-7c 为连续光谱，如白炽灯、卤素灯光谱；图 4-7d 为复合光谱，它由连续光谱与线状光谱、带状光谱组合而成，如荧光灯光谱。

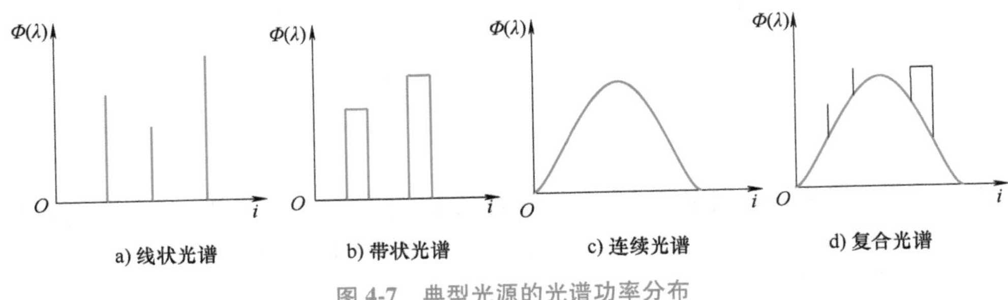

图 4-7　典型光源的光谱功率分布

3. 光源的颜色

一般用眼睛直接观察光源时所看到的颜色称为光源的色表，如高压钠灯的色表呈黄色、荧光灯的色表呈白色等。当用这种光源照射物体时，物体呈现的颜色（即物体反射光在人眼内产生的颜色感觉）与该物体在完全辐射体照射下所呈现的颜色的一致性，称为该光源的显色性。

4.3.2　常用可见光源

任何发出光辐射的物体都可以称为光辐射源。这里所指的光辐射包括紫外光、可见光、红外光的辐射。通常把能够发出可见光的物体称为光源，而把能够发出非可见光的物体称为辐射源。按照光辐射来源的不同，通常将光源分成两大类：自然光源和人工光源。自然光源主要包括太阳、恒星等，这些光源对地面的辐射通常不稳定且无法控制，在视觉测量中很少使用，并且作为杂散光予以消除或抑制，因而视觉测量系统中大量使用人工光源。按照工作原理不同，人工光源大致分为热辐射光源、气体放电光源、发光二极管和激光光源。

4.4　图像采集卡

计算机通过图像采集卡（Image Capture Card）接收来自图像传感器的模拟信号，对其进行采样、量化成数字信号，然后压缩编码成数字视频序列。一般，图像采集卡采用帧内压缩的算法把数字化的视频存储成 AVI 文件，高档的图像采集卡直接把采集到的数字视频数据实时压缩成 MPEG-1 格式的文件，图像采集卡如图 4-8 所示。

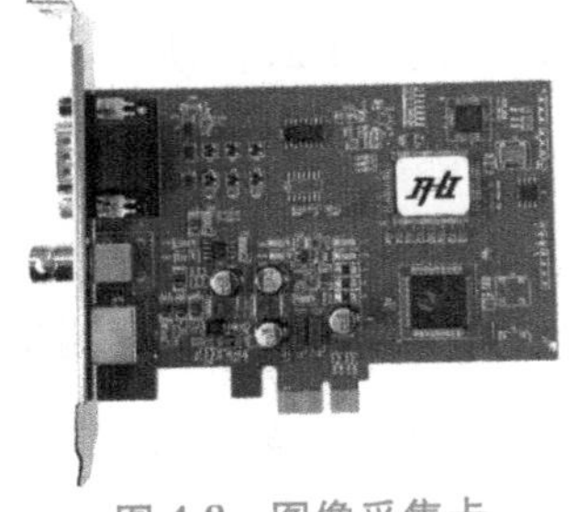

图 4-8　图像采集卡

1. 图像采集卡分类

图像采集卡可分为模拟图像采集卡与数字图像采集卡、彩色图像采集卡与黑白图像采集卡、面扫描图像采集卡和线扫描图像采集卡。

彩色图像采集卡也可以采集同灰度级的黑白图像。面扫描图像采集卡一般不支持线扫描摄像机，而线扫描图像采集卡一般支持面扫描相机。

2. 图像采集卡的技术参数

1）图像传输格式。图像采集卡需要支持系统中摄像机所采用的输出信号格式。大多数摄像机采用RS422或EIA（LVDS）作为输出信号格式。在数字摄像机中广泛应用IEEE 1394、USB 2.0、USB 3.0、GigE、5GigE和Camera Link几种图像传输形式。

2）图像格式（像素格式）。

① 黑白图像。通常情况下，图像灰度等级可分为256级，即以8位表示。在对图像灰度有更高的要求时，可用10位、12位等来表示。

② 彩色图像。彩色图像可由RGB（YUV）三种色彩组合而成，根据其亮度级别的不同有8-8-8、10-10-10等格式。

3）传输通道数。当摄像机以较高速率拍摄高分辨率的图像时，会产生很高的输出速率，一般需要多路信号同时输出。因此，图像采集卡应能支持多路输入。一般情况下，图像采集卡有1路、2路、4路、8路输入等。

4）分辨率。采集卡能支持的最大点阵反映了其分辨率的性能。一般采集卡可支持768×576点阵，而性能优异的采集卡支持的最大点阵可达64K×64K。除此之外，单行最大点数和单帧最大行数也可反映采集卡的分辨率性能。

5）采样频率。采样频率反映了采集卡处理图像的速度和能力。在进行高速图像采集时，需要注意采集卡的采样频率是否满足要求。目前，高档采集卡的采样频率可达65MHz。

6）传输速率。主流图像采集卡与计算机主板间都采用PCI接口，其理论传输速度为132Mbit/s。PCI-E、PCI-X是更高速的总线接口。

7）帧和场。标准模拟视频信号是隔行信号，一帧分两场，偶数场包含所有偶数行，奇数场包含所有奇数行。采集和传输过程使用的是场而不是帧，一帧图像的两场之间有时间差。

4.5 数据通信接口

在摄像机中广泛应用IEEE 1394、USB 2.0、USB 3.0、GigE和Camera Link等类型的接口。

1. PCI总线和PC104总线

外设部件互连标准（Peripheral Component Interconnect，PCI）总线是计算机的一种标准总线，是目前PC中使用最为广泛的总线。PCI总线的地址总线与数据总线是分时复用的。这样做，一方面可以节省接插件的引脚数，另一方面便于实现突发数据传输。

2. Camera Link通信接口

Camera Link标准规范了数字摄像机和图像采集卡之间的接口，采用了统一的物理接插件和线缆定义。只要是符合 Camera Link 标准的摄像机和图像卡就可以物理上互连。Camera Link 标准中包含 Base、Medium、Full 这 3 个规范，但都使用统一的线缆和接插件。Camera Link Base 使用 4 个数据通道，Medium 使用 8 个数据通道，Full 使用 12 个数据通道。Camera Link 标准支持的最高数据传输率可达 680Mbit/s。Camera Link 标准中还提供了一个双向的串行通信连接。图像卡和摄像机可以通过它进行通信，用户可以通过从图像卡发送相应的控制指令来完成摄像机的硬件参数设置和更改，方便用户以直接编程的方式控制摄像机。自从 Camera Link 标准推出之日起，各个图像卡生产商积极支持该标准。因此，不具备 Camera Link 接口的硬件已经逐渐退出了市场。如果用户需要开发一个新的高性能机器视觉系统，无论是选择摄像机或图像卡，都应该优先考虑采用具备 Camera Link 接口的产品。

3. IEEE 1394 通信接口

IEEE 1394 是一种与平台无关的串行通信协议，标准速度分为 100Mbit/s、200Mbit/s 和 400Mbit/s，是 IEEE（电气电子工程师学会）于 1995 年正式制定的总线标准。目前，IEEE 1394 商业联盟正在对它进行改进，争取未来将速度提升至 800Mbit/s、1Gbit/s 和 1.6Gbit/s 这三个档次。相比于 BIA 接口和 USB 接口，IEEE 1394 的速度要高得多，所以，IEEE 1394 也称为高速串行总线。

从技术上看，IEEE 1394 具有很多优点。首先，它是一种纯数字接口，在设备之间进行信息传输的过程中，数字信号不用转换成模拟信号，从而不会带来信号损失。其次，速度很快，1Gbit/s 的数据传输速度可以非常好地传输高品质的多媒体数据，而且设备易于扩展。在一条总线中，100Mbit/s、200Mbit/s 和 400Mbit/s 的设备可以共存。另外，产品支持热插拔，易于使用，用户可以在开机状态下自由增减 IEEE 1394 接口的设备，整个总线的通信不会受到干扰。

4. USB 接口

USB 是通用串行总线（Universal Serial Bus）的缩写，USB 2.0 的通信速率由 USB 1.1 的 12Mbit/s 提高到 480Mbit/s，初步具备了全速传输数字视频信号的能力，目前已经在各类外部设备中广泛采用，市场上也出现了大量采用 USB 2.0 接口的摄像机。USB 接口具有接口简单、支持热插拔以及连接多个设备的特点。USB 物理接口的抗干扰能力较差，体系结构中存在复杂的主从关系，没有同步实时特性。针对上述问题，USB 3.0 的设计在 USB 2.0 的基础上增加了两组数据总线。为了保证向下兼容，USB 3.0 保留了 USB 2.0 的一组传输总线。在传输协议方面，USB 3.0 除了支持传统的 BOT 协议外，新增了 USB Attached SCSI Protocol（UASP），可以发挥出 5Gbit/s 的高速带宽优势。USB 3.0 同样受到传输距离的限制，目前各大商家正在积极推出具有 USB 3.0 的工业相机。

5. 串行接口

串行接口（Serial Port）又称“串口”，主要用于串行式逐位数据的传输。常见的有一般计算机应用的 RS232（使用 25 针或 9 针连接器）和工控机应用的半双工 RS485 与全双工 RS422。有些模拟摄像机提供串行接口，用来修改内部参数及对镜头进行变焦、调节光圈等操作，弥补了模拟摄像机不可远程自动控制的缺点。而对于数字摄像机，这些操作直接通过采集信道上的控制命令来完成。

6. GigE 千兆网接口

具有 GigE 接口的相机是近几年市场应用的重点，其传输距离远，可达 100m，可多台设备同时使用，CPU 占用率小。

思考与练习

4-1　假设焦距为 16mm，1/3inCCD 芯片的纵向尺寸为 3. 6mm，如果工作距离为 200mm，请计算纵向视场大小。

4-2　景深与哪些因素有关？

4-3　根据瑞利判据，举例说明提高光学系统分辨率的措施。

4-4　简述镜头选择需要考虑哪些因素。

4-5　简述机器视觉成像对光源的要求有哪些。

4-6　简述数据通信具有哪些接口。各有何特点？

第5章 视觉图像基础

机器视觉技术得到广泛的应用，其原理是摄像头获取被检测物体的图像信息，通过图像处理算法对获取图像进行分析处理，实现对物体的感知，根据摄像头的位置，完成定位。在机器视觉领域，一般根据摄像头的数量来对系统进行分类，使用较多的有单目、双目和多目视觉系统。

生产领域应用机器视觉技术的主要目的是进行测量、检测和驱动控制。基于视觉的机器人抓取系统的关键是对工件的定位，以及对机器人位姿的调整。在工件生产的设备中，利用机器视觉，将视觉系统作为引导系统，进而完成一些生产工艺的自动化操作，比如将视觉系统应用在点胶机中，完成对点胶位置的定位。在采摘机器人中，利用视觉系统对果树上的果子进行准确定位，实现对机械手的引导，完成对水果的采摘。

工件的检测在自动化生产线上是非常重要的环节，可以检测工件合格与否、识别工件或零件的种类，还可将机器视觉应用在工件检测上。组成机器人检测系统是应用在生产线上最常见的检测系统。如在生产线上对薄片零件的检测，即在生产线上对小零件垫片的内外直径进行尺寸测量。又如利用视觉系统的优点设计了轴类零件尺寸的测量。同时利用机器视觉检测系统，还可以将视觉检测系统用在生产设备中，实现在线对工件或者设备进行检测，能够有效保证加工过程中的产品生产质量和生产效率。

5.1 视觉图像的产生

5.1.1 人眼中图像的形成

在普通照相机中，镜头的焦距是固定的。不同距离的聚焦是通过改变镜头和成像平面之间的距离来实现的，胶片放在成像平面上。在人眼中，情况与此相反，晶状体和成像区域（视网膜）之间的距离是固定的，正确聚焦的焦距是通过改变晶状体的形状得到的。在远离或接近目标时，睫状体中的纤维通过分别压扁或加厚晶状体来实现聚焦。晶状体中心和沿视轴的视网膜之间的距离约为17mm。焦距的范围为14~17mm。眼睛放松并注视的距离大于3m时，焦距约为17mm。

5.1.2 成像模型

图像是由照射源和形成图像的场景元素对光能的反射或吸收相结合而产生的。照射可以由电磁波引起，如各种可见光、雷达、红外线或X射线源，也可以是非传统光源，如超声波。根据光源性质，照射能量可以通过物体反射或物体投射而成像。一般，图像的主要度量特征是光强度和色彩。对于灰度图像（也称光强图像），可以用二维函数$f(x,y)$来表示图像，在空间坐标(x,y)处，f的值是一个标量，其物理意义由图像源决定，其值与物理源（如电磁波）辐射的能量成正比。因此，$f(x,y)$一定是非负且有界的，即：

$$0 \leqslant f(x,y) < \infty \tag{5-1}$$

函数$f(x,y)$可由照射-反射模型来描述，如式（5-2）所示。

$$f(x,y)=i(x,y)r(x,y) \tag{5-2}$$

式中，(x,y)——图像的空间坐标；

$f(x,y)$——图像在空间坐标 (x,y) 处的亮度，由两部分构成，分别为入射分量（也称照度分量）$i(x,y)$ 和反射分量 $r(x,y)$，且 $0 \leqslant i(x,y) < \infty$，$0 \leqslant r(x,y) \leqslant 1$，入射分量 $i(x,y)$ 表示入射到被观察场景的光源照射量，反射分量 $r(x,y)$ 表示被观察场景中物体反射的照射量。

入射分量反映了图像的外部因素或环境因素，反射分量由物体的内在特性（如材料、表面性质）所确定。

5.2 图像的表示和可视化

根据图像记录方式的不同，图像分为模拟图像和数字图像。模拟图像是直接从输入系统获得、未经采样与量化的图像。数字图像是将模拟图像经采样和量化后，能够被计算机处理的图像。本书后续章节以采样和量化后的数字图像为例。

5.2.1 数字图像的表示

经过采样和量化之后，图像 $\boldsymbol{I}$ 已经成为空间位置和响应值均离散的数字图像。图像上的每个位置 (x,y) 以及其对应的量化响应值称为一个像素，如图 5-1 所示。

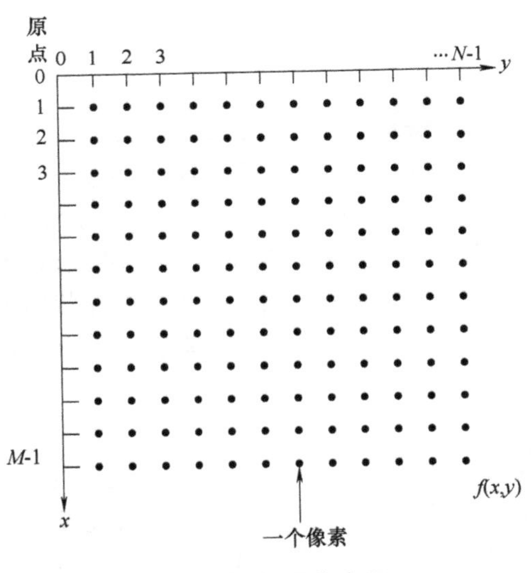

图 5-1 数字图像表示

通过采样和量化，原本连续的图像 $\boldsymbol{I}=f(x,y)$ 转换为一个二维阵列 $f(x,y)$，该阵列具有 M 行 N 列，其中 (x,y) 是离散坐标。

$$\boldsymbol{I}=f(x,y)=\begin{pmatrix} f(0,0) & f(0,1) & \cdots & f(0,N-1) \\ f(1,0) & f(1,1) & \cdots & f(1,N-1) \\ \vdots & \vdots & & \vdots \\ f(M-1,0) & f(M-1,1) & \cdots & f(M-1,N-1) \end{pmatrix} \tag{5-3}$$

为了表述方便，一般地，直接用二维矩阵 $\boldsymbol{A}$ 表示量化后的图像，如式（5-4）所示。

$$
\boldsymbol{A}=\begin{pmatrix} A(0,0) & A(0,1) & \cdots & A(0,N-1) \\ A(1,0) & A(1,1) & \cdots & A(1,N-1) \\ \vdots & \vdots & & \vdots \\ A(M-1,0) & A(M-1,1) & \cdots & A(M-1,N-1) \end{pmatrix} \tag{5-4}
$$

二维矩阵是表示数字图像的重要数学形式，一幅 $M \times N$ 的图像可以表示为矩阵，矩阵中的每个元素称为图像的像素。每个像素都有它自己的空间位置和值，值是这一位置像素的颜色或者强度。与图像表示相关的重要指标是图像分辨率。图像分辨率是指组成一幅图像的像素密度。对于同样大小的一幅图，组成该图的图像像素数目越多，说明图像的分辨率越高，看起来越逼真。相反，像素越少，图像越粗糙。图像分辨率包括空间分辨率和灰度级（响应幅度）分辨率。空间分辨率是图像中可辨别的最小空间细节，取样值数是决定图像空间分辨率的主要参数。灰度级分辨率是指在灰度级别中可分辨的最小变化。灰度级数通常是 2 的整数次幂。通常把大小为 $M \times N$、灰度为 L 级的数字图像称为空间分辨率为 $M \times N$ 像素、灰度级分辨率为 L 级的数字图像。

按照图像矩阵包含元素的不同，大致可以分为二值图像、灰度图像、彩色图像 3 类。二值图像也称单色图像或 1 位图像，即颜色深度为 1 的图像。颜色深度为 1 表示每个像素点仅占 1 位，一般用 0 表示黑，用 1 表示白。典型的二值图像及其矩阵表示如图 5-2 所示。

0	1	0	1	0
1	0	1	0	1
0	1	0	1	0
1	0	1	0	1
0	1	0	1	0

图 5-2　典型的二值图像及其矩阵表示

灰度图像是包含灰度级（亮度）的图像，每个像素由 8 位组成，其值的范围为 0~255，表示 256 种不同的灰度级，用数值区间［0,255］来表示，其中数值“255”表示纯白色，数值“0”表示纯黑色，其余的数值表示从纯白色到纯黑色之间的不同级别的灰度。与二值图像相比，灰度图像可以呈现出图像的更多细节信息。

彩色图像与二值图像和灰度图像相比，可以表示出更多的图像信息。每个像素也会呈现 0~255 共 256 个灰度级。与灰度图像不同的是，彩色图像的每个像素由 3 个 8 位灰度值组成，分别对应红、绿、蓝 3 个颜色通道。

图像在计算机内以文件的形式进行存储。图像文件内除图像数据本身外，一般还有对图像的描述信息，以方便读取、显示图像。文件内的图像表示一般分为矢量表示和栅格表示两类。矢量表示中，图像用一系列线段或线段的组合体表示。矢量文件类似程序文件，里面有一系列命令和数据，执行这些命令可根据数据画出图案。常用的工程绘图软件如 AutoCAD、Visio 等都属于矢量图应用。栅格图像又称为位图图像或像素图像，使用矩阵或离散的像素点表示。栅格图像进行放大后会出现方块效应。常见的图像格式 BMP 是栅格图像的典型代表。

5.2.2 图像的格式

图像数据文件的格式很多，不同的系统平台和软件常使用不同的图像文件格式。常用的图像数据文件格式有 BMP 图像格式、JPEG 图像格式、GIF 图像格式和 PNG 图像格式等。

1. BMP 图像格式

该格式是微软公司为 Windows 环境设计的一种图像标准，全称是 Microsoft 设备独立位图（Device Independent Bitmap，DIB），也称位图（Bitmap），现已成为较流行的常用图像格式。位图文件由 3 部分组成：位图头部分、位图信息部分、位图数据部分。位图头部分定义了位图文件的类型、位图文件占用的存储大小、位图文件的数据起始位置等基础信息，用于位图文件的解析。位图信息部分定义了图像的水平宽度、垂直高度、水平分辨率、垂直分辨率、位图颜色表等信息，主要用于图像显示阶段。位图数据部分按照从上到下、从左到右的方式对图像中的像素进行记录，保持图像中每个位置的像素值。

2. JPEG 图像格式

联合图像专家组（Joint Photographic Experts Group，JPEG）图像格式是由国际标准化组织（ISO）旗下的联合专家小组提出的。该标准主要针对静止灰度图像或彩色图像进行压缩，属于有损压缩编码方式。其对数字化照片和表达自然景观的色彩丰富的图片具有非常好的处理效果，已经是图像存储和传输的主流标准。目前大部分数字成像设备都支持这种格式。由于该标准针对的图像为压缩图像，所以在进行图像显示和处理中一般要经过压缩和解压过程。

3. GIF 图像格式

图像交换格式（Graphics Interchange Format，GIF）是 CompuServe 公司开发的文件存储格式，是另外一种压缩图像标准，其主要目的是方便网络传输。GIF 格式图像中的像素用 8 位表示，所以最多只能存储 256 色，在灰度图像的呈现中表现效果较好。由于 GIF 文件中的图像数据均为压缩过的数据，且 GIF 文件可以同时存储多张图像，所以该格式常被用于动态图片的存储。

5.2.3 图像的基本属性

图像的基本属性包括图像像素数量、图像分辨率、图像大小、图像颜色、图像深度、图像色调、图像饱和度、图像亮度、图像对比度、图像层次等。

1. 图像像素数量

图像像素数量是指在位图图像的水平和垂直方向上包含的像素数量。单纯增加像素数量并不能提升图像的显示效果，图像的显示效果由像素数量和显示器的分辨率共同决定。

2. 图像分辨率

图像分辨率是指图像在单位打印长度上分布的像素的数量，主要用以表征数字图像信息的密度，它决定了图像的清晰程度。在单位大小的面积上，图像的分辨率越高，包含的像素点数量越多，像素点越密集，数字图像的清晰度也就越高。

3. 图像大小

图像大小决定了存储图像文件所需的存储空间，一般以字节（B）进行衡量，计算公式为字节数=(位图高×位图宽×图像深度)/8。从计算公式可以看出，图像文件的存储大小与像素数目直接相关。

4. 图像颜色

图像颜色是指数字图像中具有的最多数量的可能颜色种类。改变红、绿、蓝三原色的比例，可以非常容易地混合成任意一种颜色。

5. 图像深度

图像深度又称为图像的位深，是指图像中的每个像素点所占的位数。图像的每个像素对应的数据通常可以用1位或多位字节表示，数据深度越深，所需位数越多，对应的颜色表示也就越丰富。

6. 图像色调

图像色调指各种图像颜色对应原色的明暗程度（如RGB格式的数字图像的原色包括红、绿、蓝3种），日常所说的色调调整也就是对原色的明暗程度的调节。色调的范围为0~255，总共包括256种色调，如最简单的灰度图像将色调划分为从白色到黑色的256个色调。RGB图像中则需要对红、绿、蓝3种颜色的明暗程度进行表征。例如，将红色调加深，图像就趋向于深红；将绿色调加深，图像就趋向于深绿。

7. 图像饱和度

图像饱和度表明了图像中颜色的纯度。自然景物照片的饱和度取决于物体反射或投射的特性。在数字图像处理中，一般用纯色中混入白光的比例衡量饱和度，纯色中混入的白光越多，饱和度越低，反之饱和度越高。

8. 图像亮度

图像亮度是指数字图像中包含色彩的明暗程度，是人眼对物体本身明暗程度的感觉，取值范围一般为0%~100%。

9. 图像对比度

图像对比度指的是图像中不同颜色的对比或者明暗程度的对比。对比度越大，颜色之间的亮度差异越大或者黑白差异越大。例如，增加一幅灰度图像的对比度，会使得图像的黑白差异更加鲜明，图像显得更锐利。当对比度增加到极限时，灰度图像就会变成黑白两色图像。

10. 图像层次

在计算机设计系统中，为更加便捷有效地处理图像素材，通常将它们置于不同的层中，而图像可看作由若干层图像叠加而成。利用图像处理软件，可对每层进行单独处理，而不影响其他层的图像内容。新建一个图像文件时，系统会自动为其建立一个背景层，该层相当于一块画布，可在上面做一些图像处理工作。若一个图像有多个图层，则每个图层均具有相同的像素、通道数及格式。

5.2.4 图像的分类

图像有许多种分类方法。按照图像的动态特性，可以分为静止图像和运动图像；按照图像的维数，可分为二维图像、三维图像和多维图像；按照辐射波长的不同，又可分为X射线图像、紫外线图像、可见光图像、红外线图像、微波图像等。

1. 按图像的强度或颜色等级划分

按图像的强度或颜色等级划分，图像可分为二值图像、灰度图像、索引图像和RGB图像，如图5-3所示。

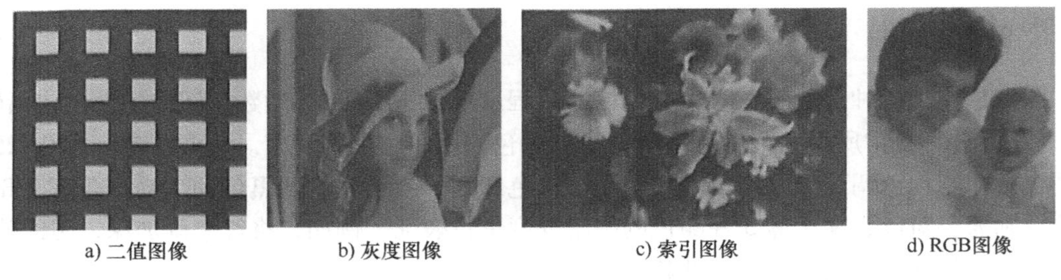

a) 二值图像　b) 灰度图像　c) 索引图像　d) RGB图像

图5-3　图像分类1

（1）二值图像

只有黑白两种颜色的图像称为二值图像（Binary Image），也称黑白图像。每个像素的灰度值用0或1表示，用1位存储，一幅640×480像素的黑白图像所占据的存储空间为37.5KB。

（2）灰度图像

灰度图像（Gray Image）是指每个像素的信息由一个量化的灰度级来描述的图像，它只有亮度信息，没有颜色信息。由于人眼对灰度的分辨能力一般不超过26级，所以一个像素用一个8位二进制数表示其灰度值对人眼来说已经足够了。对于8位灰度图像，最大的灰度值为255，表示白色，黑色的灰度值为0。并将由黑到白之间的明暗度均匀划分为256个等级，每个等级由一个相应的灰度值定义，这样就定义了一个具有256个等级的灰度表。一幅640×480像素的8位灰度图像所占据的存储空间为300KB。

（3）索引图像

索引图像（Indexed Images）的颜色是预先定义的索引颜色。索引颜色的图像最多只能显示256种颜色。

（4）RGB 图像

RGB 图像也称真彩色图像。在 RGB 图像中，每一个像素都由红、绿和蓝（Red，Green，Blue）3 个基色分量组成。原始 RGB 图像及其 R、G、B 分量如图 5-4 所示，每个分量占一个字节（8 位，表示 0~255 之间的不同的亮度值），这 3 个字节组合可以产生 $2^8 \times 2^8 \times 2^8 = 16777216$ 种不同的颜色。红、绿和蓝 3 个基色分量直接决定显示设备的基色强度，这样产生的彩色称为真彩色。真彩色能真实反映自然界物体的本来颜色。

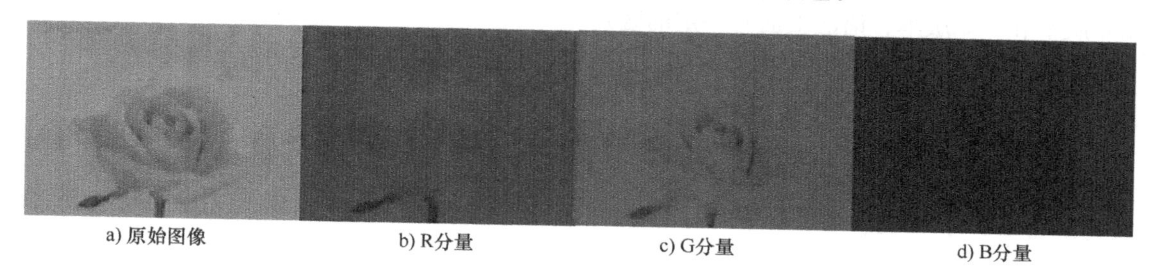

a) 原始图像　b) R分量　c) G分量　d) B分量

图 5-4　原始 RGB 图像及其 R、G、B 分量

2. 按成像传感器类别划分

按成像传感器类别划分，图像可分为可视图像（Visible Image）、红外图像（Infrared Image）、雷达图像（Radar Image）、超声图像（Ultrasonic Image）、X 射线、核磁共振图像（Magnetic Resonance Image，MRI），如图 5-5 所示。

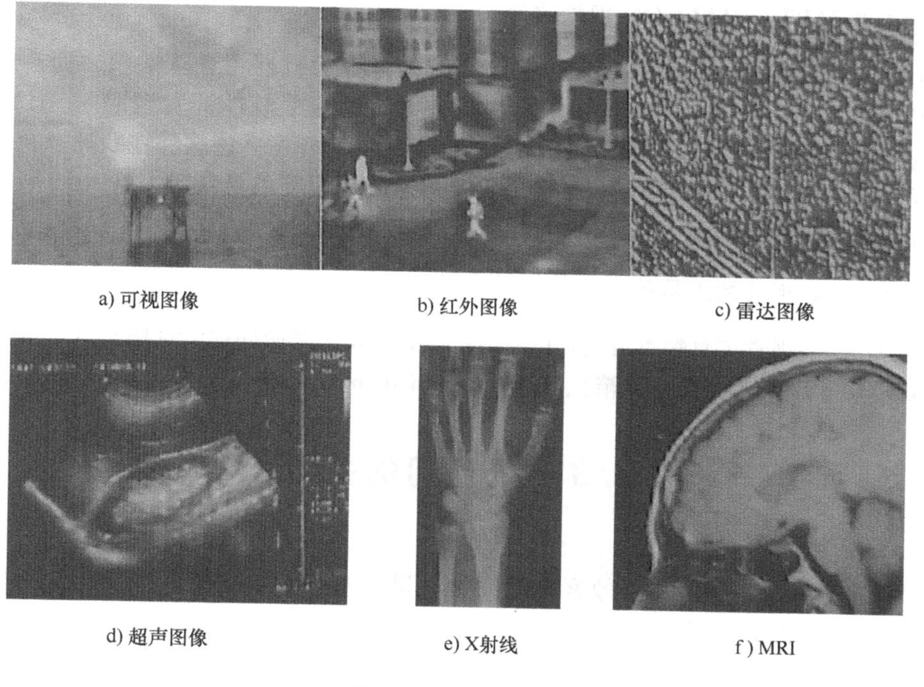

a) 可视图像　b) 红外图像　c) 雷达图像

d) 超声图像　e) X射线　f) MRI

图 5-5　图像分类 2

5.2.5 常用机器视觉软件

1. 开源的 OpenCV

OpenCV 最大的优点是开源，是开源的计算机视觉和机器学习库，提供了 C++、C、Python、Java 接口，并支持 Windows、Linux、Android、Mac OS 平台，可以进行二次开发，目前有 2.0 版本和 3.2 版本，语法上面有一定的区别。

2. VisionPro 系统

康耐视公司（Cognex）推出的 VisionPro 系统可使制造商、系统集成商、工程师快速开发和配置出强大的机器视觉应用系统。目前的最新版本取消了软件授权的形式，硬件授权价格范围为 1.5 万~3 万。

3. LabVIEW 软件

美国 NI 公司的应用软件 LabVIEW 在机器视觉软件编程速度方面是最快的。LabVIEW 是基于程序代码的一种图形化编程语言。其提供了大量的图像预处理、图像分割、图像理解函数库和开发工具，用户只要在流程图中用图标连接器将所需要的子 LabVIEW 开发程序（Virtual Instruments，VI）连接起来就可以完成目标任务。任何一个 VI 都由 3 部分组成：可交互的用户界面、流程图和图标连接器。LabVIEW 编程简单，而且对工件的正确识别率很高，目前在尺寸测量方面的应用比较广泛，如一键式测量仪等产品。

4. 德国的 MVTec HALCON 视觉软件

HALCON 是德国 MVtec 公司开发的一套完善的标准的机器视觉算法包，拥有应用广泛的机器视觉集成开发环境。它节约了产品设计成本，缩短了软件开发周期——HALCON 灵活的架构便于机器视觉、医学图像和图像分析应用的快速开发。该软件在欧洲以及日本的工业界已经是公认的具有最佳效能的 Machine Vision 软件。目前的最新版本是 2013 版本，在视觉应用方面使用得比较广泛。

5. MATLAB 相关的工具箱

MATLAB 中的视觉工具箱有 Image Processing Toolbox（图像处理工具箱）、Computer Vision System Toolbox（计算机视觉工具箱）、Image Acquisition Toolbox（图像采集工具箱）。

5.3 像素间的关系

像素间的关系主要对像素与像素之间的关联进行描述，基本关系包括像素间的邻域关系、连通性、像素之间的距离。

1. 邻域关系

邻域关系用于描述相邻像素之间的关系，包括 4 邻域、8 邻域、D 邻域等类型。其中，

像素位置 (x,y) 的4邻域是 $(x-1,y)$、$(x+1,y)$、$(x,y-1)$、$(x,y+1)$，分别对应像素位置 (x,y) 的上、下、左、右4个像素。一般用符号 $N_4(x,y)$ 表示像素位置 (x,y) 的4邻域。如图5-6a所示，深色部分表示像素 (x,y)，浅色部分表示其4邻域，也可以称为边邻域。

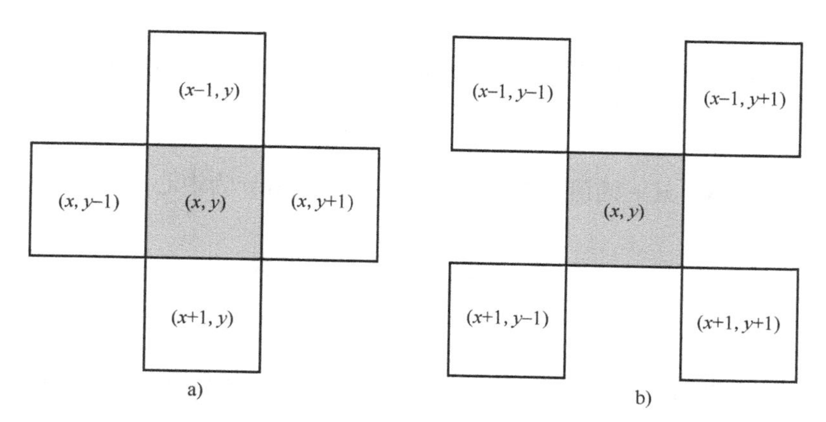

图5-6 像素邻域关系

像素的D邻域又可以称为像素的对角邻域。像素位置 (x,y) 的D邻域为 $(x-1,y-1)$、$(x-1,y+1)$、$(x+1,y-1)$、$(x+1,y+1)$。一般使用符号 $N_D(x,y)$ 表示位置 (x,y) 的D邻域，如图5-6b所示，深色部分表示像素 (x,y)，浅色部分表示其D邻域。8邻域为4邻域和D邻域的合集，常用 $N_8(x,y)$ 表示。

2. 连通性

连通性是描述区域和边界的重要概念。两个像素连通的必要条件是两个像素的位置满足相邻关系且两个像素的灰度值满足特定的相似性准则。像素间的连通性可分为4连通、8连通和m连通。如果像素q在像素p的4邻域内，则像素p和像素q是4连通的。如果像素q在像素p的8邻域内，则像素p和像素q是8连通的。m连通又称为混合连通，像素p与像素q的m连通需要满足以下两个条件：①像素p和像素q具有相同的像素响应值 V；②像素q在像素p的4邻域内。若像素q在像素p的D邻域内，则要求像素p和像素q的4邻域的交集为空（没有响应值为 V 的元素）。

3. 像素之间的距离

对于像素p、q和z，坐标分别为 (x,y)、(s,t) 和 (u,v)，如果函数 D 满足以下距离三要素：

1）非负性，$D[p(x,y),q(s,t)]\geqslant 0$，当且仅当 $p(x,y)=q(s,t)$ 时，$D[p(x,y),q(s,t)]=0$。

2）对称性，$D[p(x,y),q(s,t)]=D[q(s,t),p(x,y)]$。

3）三角不等式，$D[p(x,y),z(u,v)]\leqslant D[p(x,y),q(s,t)]+D[q(s,t),p(x,y)]$。

则称函数 D 为有效距离函数或度量。常用的像素间距离度量包括欧式距离、D_4 距离（城市距离）及 D_8 距离（棋盘距离）。

像素 p 与像素 q 的欧式距离定义如下：

$$D_e=\sqrt{(x-s)^2+(y-t)^2} \tag{5-5}$$

与像素 p 的欧式距离小于某一阈值 r 的像素形成一个以像素 p 为中心的圆。

像素 p 与像素 q 的 D_4 距离定义如下：

$$D_4=|x-s|+|y-t| \tag{5-6}$$

与像素 p 的 D_4 距离小于某一阈值 r 的像素形成一个以像素 p 为中心的菱形。

像素 p 与像素 q 的 D_8 距离定义如下：

$$D_8=\max(|x-s|,|y-t|) \tag{5-7}$$

与像素 p 的 D_8 距离小于某一阈值 r 的像素形成一个以像素 p 为中心的正方形。

5.4 图像品质评价

在图像采集、传输或处理的过程中可能使图像退化，图像品质的度量可以用来估计退化的程度。一般对图像品质的要求取决于具体的应用目标。评价图像品质时，除了对系统进行客观的数值测试外，还应考虑人的视觉心理等主观因素。

1. 主观评价

观察者的主观评价是最常用也是最直接的图像质量评价方法，通常可分成绝对评价和相对评价两类。

绝对评价是指由观察者根据事先规定的评价尺度或自己的经验对图像做出判断和评价。必要时可提供一组标准图像作为参照系，帮助观察者对图像质量做出合适的评价。表 5-1 所示为国际上通用的 5 级质量尺度和妨碍尺度。一般人员常用质量尺度，专业人员常用妨碍尺度。

表 5-1 图像质量主观评价

质量分数	妨碍尺度	质量尺度
5	丝毫看不出图像质量变坏	很好
4	可看出图像质量变坏，但不妨碍观看	好
3	明显地看出图像质量变坏	一般
2	图像质量对观看有妨碍	差
1	图像质量对观看有严重妨碍	很差

相对评价是指由观察者对一组图像按质量高低进行分类，并给出质量分数。

为了保证图像质量主观评价的准确性，可用一定数量观察者的质量分数平均值作为最终的主观评价结果，其平均分数定义为：

$$\bar{c}=\frac{\sum_{i=1}^{N}c_iK_i}{\sum_{i=1}^{N}K_i} \tag{5-8}$$

式中，c_i——属于第 i 类图像的质量分数；

K_i——判断该图像属于第 i 类图像的人数。

观察者中应包括一般人员和专业人员两类，人数应多于 20 人，这样得出的主观评价结果才具有统计意义。

很显然，主观评价有几方面显著的不足之处：

1）观察者一般需要一个群体，并且经过培训以准确判定主观评测分，人力和物力投入大，评价时间较长。

2）图像内容与情节千变万化，观察者个体差异大，容易发生主观上的偏差。

3）主观评价无法进行实时监测。

4）仅仅只有平均分，如果评测分数低，则无法确切定位问题出在哪里。

2. 客观评价

客观评价是用数学方法计算得到的，通常采用图像逼真度和可懂度来评价。所谓“图像逼真度”，是指重建图像与原始图像之间的偏差程度；所谓“图像可懂度”，是指人或机器能从图像中抽取有关信息的程度。下面主要讨论图像逼真度。

国际上成立了 ITU-R 视频质量专家组（Video Quality Experts Group，VQEG）来专门研究和规范图像质量客观评价的方法和标准。VQEG 规定了两个简单的技术参数，即峰值信噪比（Peak Signal Noise Ratio，PSNR）和均方差（Mean Square Error，MSE），用于度量图像逼真度。

对于灰度图像，PSNR 的计算公式为：

$$\mathrm{PSNR}=10\lg\frac{f_{\max}^{2}}{\frac{1}{MN}\sum_{i=1}^{N}\sum_{i=1}^{M}[f(x,y)-f'(x,y)]^{2}} \tag{5-9}$$

式中，$f(x,y)$——原始图像；

$f'(x,y)$——重建图像；

MN——图像尺寸；

$f_{\max}$——$f(x,y)$ 中的最大值，通常为 255。

MSE 计算公式为：

$$\mathrm{MSE}=\frac{1}{MN}\sum_{i=1}^{N}\sum_{i=1}^{M}[f(x,y)-f'(x,y)]^{2} \tag{5-10}$$

对于彩色图像，其逼真度的测量和计算要复杂得多，这不仅是由于图像维数的增加，而且还要满足许多视觉现象，因此，还没有普遍适用的计算方法。

5.5 图像处理

图像处理是指把用图像采集设备得到的景物和照片等进行加工后输出另外图像的一种操作。

模拟图像处理包括光学处理和电子学处理。光学处理采用光学器件实现，如透镜和棱镜。其中，由两个透镜组成的光学傅里叶变换系统能有效地对模拟图像进行频域变换。模拟图像的电子学处理系统则是利用电子器件（如增益电路、衰减电路、滤波电路等）对模拟图像实行放大、缩小、去噪等处理。模拟图像处理的速度快，结构简单，但处理精度不高，处理手段较少。

数字图像处理是指对数字图像经过修改、改进或变换，输出另一幅数字图像的过程。图像处理的最一般形式如图 5-7 所示。

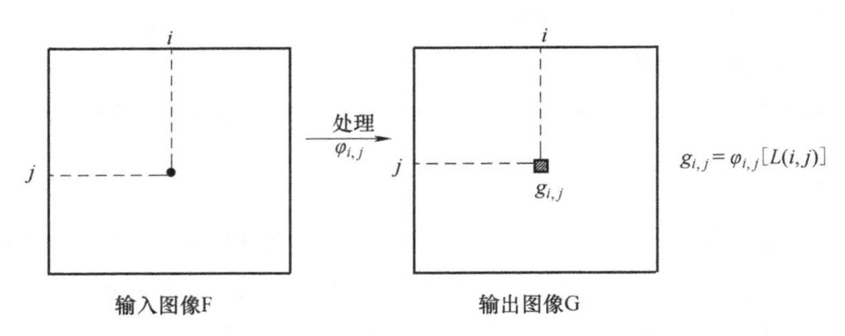

图 5-7 图像处理的一般形式（图像→图像）

这种形式对输入图像 $F=\{f_{i,j}\}$ 进行某些处理 $\varphi_{i,j}$，从而求出输出图像 $G=\{g_{i,j}\}$ 的各像素值，即：

$$g_{i,j}=\varphi_{i,j}[L(i,j)] \tag{5-11}$$

式（5-11）中，$L(i,j)$ 表示求 $g_{i,j}$所必需的图像的集合，是 F 和 G 的部分集合，可以认为它是输入图像中的像素和输出图像中已得出结果的像素，多数情况是（i,j）附近的像素群，但也可以包含较远的像素。

为了计算输出图像中的单个像素值 $g_{i,j}$，如何设定 $L(i,j)$，是构成处理算法类型的重要因素。根据 $L(i,j)$ 设定方法的不同，可分为点处理、邻域处理（局部处理）和全局处理。

5.5.1 点处理

设 $L(i,j)=f_{i,j}$时的方法称为点处理，即对输入像素 $f_{i,j}$值进行某种处理，$g_{i,j}=\varphi_P(f_{i,j})$，得到输出像素值 $g_{i,j}$的值的方法。

点处理代表性的方法有：

1）灰度变换：为了改变灰度值分布范围和分布特性的变换（对比度变换、直方图修正等）。

2）阈值处理：把灰度图像变换成二值图像。

5.5.2 邻域处理

如果只考虑 $L(i,j)$ 的像素（i,j）附近极小范围 $N(i,j)$ 中包含的像素，则 $N(i,j)$ 称为像素（i,j）的邻域（Neighborhood）。最常用的邻域包括 4 邻域（4-Neighbors）和 8 邻域（8-Neighbors），如图 5-8 和图 5-9 所示。4 邻域的半径等于 1，8 邻域的半径等于$\sqrt{2}$。

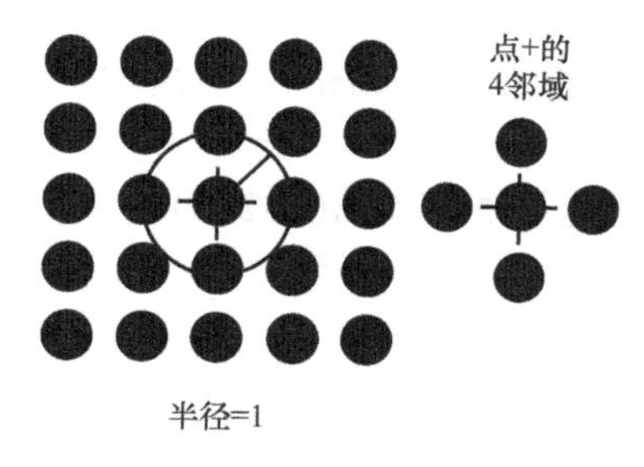

图 5-8　4 邻域

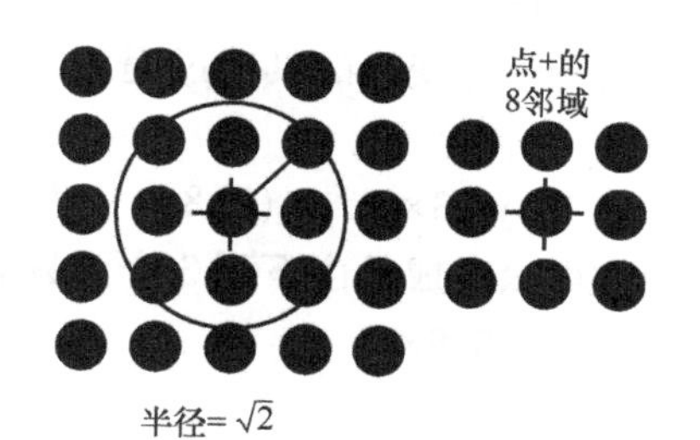

图 5-9　8 邻域

邻域处理中具有代表性的有 3×3 像素邻域、5×5 像素邻域、4 邻域和 8 邻域等处理方式。邻域越大，其计算量也越大。为了计算输出像素 $g_{i,j}$的值，对 $N(i,j)$ 中包含的像素值进行某种处理，$g_{i,j}=\varphi_N[N(i,j)]$，这种处理称为邻域处理。它是图像处理中最基本的也是非常有用的运算方法。作为邻域 $[N(i,j)]$，不仅能包含输入图像中的像素，还能包含输出图像中已获得处理结果的像素。

空间滤波是典型的邻域处理的例子。邻域处理一般通过设定计算模板进行卷积运算而实现。

5.5.3　全局处理

作为 $L(i,j)$，采用输入图像中的某一较大的范围 $A(f_{i,j})$ 时的处理称为全局处理（Global Operation）。即为了得到输出像素值 $g_{i,j}$，对 $A(f_{i,j})$ 中的输入像素群施加处理，$g_{i,j}=\varphi_G[A(f_{i,j})]$。

有时也采用输入图像的全体作为 $L(i,j)$，即采用输入图像中的所有像素值来决定一个输出像素值。

5.6　图像的频域变换

图像处理一般分为空间域处理和频域处理。

空间域处理是直接对图像内的像素进行处理。空间域处理主要划分为灰度变换和空间滤波两种形式。灰度变换是对图像内的单个像素进行处理，比如调节对比度和处理阈值等。空间滤波涉及图像质量的改变，如图像平滑处理。空间域处理的计算简单方便，运算速度快。

频域处理是先将图像变换到频域，然后在频域对图像进行处理，最后再通过反变换将图像从频域变换到空间域。傅里叶变换是应用最广泛的一种频域变换，它能够将图像从空间域变换到频域，而逆傅里叶变换能够将频域信息变换到空间域内。傅里叶变换在图像处理领域有着非常重要的作用。

本节从理论基础、基本实现、具体应用等角度对傅里叶变换进行简单的介绍。

5.6.1　理论基础

法国数学家傅里叶指出，任何周期函数都可以表示为不同频率的正弦函数和的形式。在今天看来，这个理论是理所当然的，但是这个理论在当时难以理解，遭受了很大的质疑。

下面介绍傅里叶变换的具体过程。例如，周期函数的曲线如图 5-10a 所示。该周期函数可以表示为：

$$y=3\times n_p.\sin(0.8\times x)+7\times n_p.\sin(0.5\times x)+2\times n_p.\sin(0.2\times x)$$

因此，该函数可以看成是由下列 3 个函数的和构成的：

$y_1=3\times n_p.\sin(0.8\times x)$

$y_2=7\times n_p.\sin(0.5\times x)$

$y_3=2\times n_p.\sin(0.2\times x)$

上述 3 个函数对应的函数曲线分别如图 5-10b、c、d 所示。

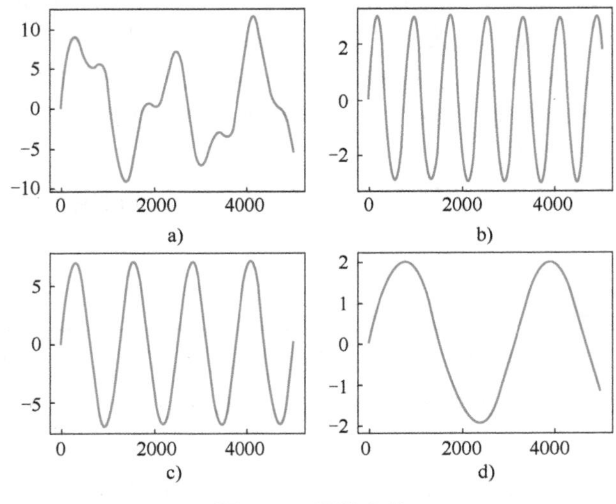

图 5-10　函数曲线

如果从频域的角度考虑，上述 3 个正弦函数可以分别表示为图 5-11 中的 3 根柱子，图中横坐标表示频率，纵坐标表示振幅。

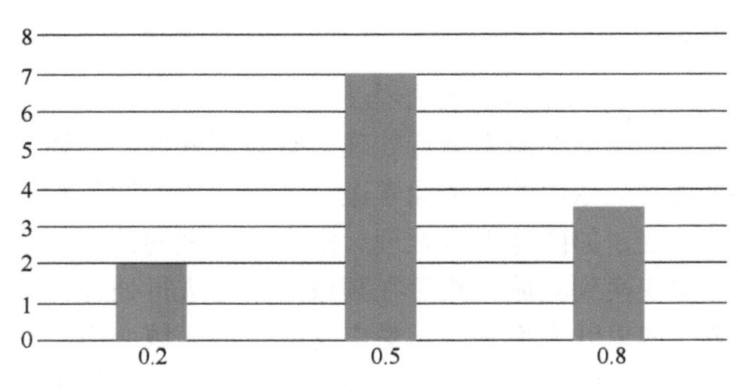

图 5-11　函数的频域图

通过以上分析可知，图 5-10a 的函数曲线可以表示为图 5-11 所示的频域图。

根据图 5-10a 的时域函数图形构造出图 5-11 所示的频域图形的过程，就是傅里叶变换。傅里叶变换就是从频域的角度完整地表述时域信息。

在图像处理过程中，傅里叶变换就是将图像分解为正弦分量和余弦分量两部分，即将图像从空间域转换到频域。数字图像经过傅里叶变换后，得到的频域值是复数。因此，显示傅里叶变换的结果需要使用实数图像（Real Image）加虚数图像（Complex Image）的形式，或者幅度图像（Magnitude Image）加相位图像（Phase Image）的形式。因为幅度图像包含了原图像中人们所需要的大部分信息，所以在图像处理过程中通常仅使用幅度图像。当然，如果希望先在频域内对图像进行处理，再通过逆傅里叶变换得到修改后的空间域图像，就必须同时保留幅度图像和相位图像。

对图像进行傅里叶变换后，我们会得到图像中的低频信息和高频信息。低频信息对应图像内变化缓慢的灰度分量。高频信息对应图像内变化越来越快的灰度分量，是由灰度的尖锐过渡造成的。例如，在一幅大草原的图像中有一头狮子，低频信息就对应着广袤的颜色趋于一致的草原等细节信息，而高频信息则对应着狮子的轮廓等各种边缘及噪声信息。

傅里叶变换是为了将图像从空间域转换到频域，并在频域内实现对图像内特定对象的处理，然后对经过处理的频域图像进行逆傅里叶变换得到空间域图像。傅里叶变换在图像处理领域发挥着非常关键的作用，可以实现图像增强、图像去噪、边缘检测、特征提取、图像压缩和加密等。

5.6.2 傅里叶级数

法国数学家傅里叶发现任何周期函数只要满足 Dirichlet 条件都可以用正弦函数和余弦函数构成无穷级数，即以不同频率的正弦和余弦函数的加权和来表示，后世称为傅里叶级数。

对于有限定义域的非周期函数，可以对其进行周期延拓，从而使其在整个扩展定义域上为周期函数，从而也可以展开为傅里叶级数。

1. 三角形式的傅里叶级数

周期为 T 的函数 $f(x)$ 的三角形式傅里叶级数展开为：

$$f(x)=\frac{a_0}{2}+\sum_{n=1}^{+\infty}(a_n\cos n\omega_1 x+b_n\sin n\omega_1 x) \tag{5-12}$$

其中，基波频率 $\omega_1=2\pi/T=2\pi u$，$u=1/T$ 是函数 $f(x)$ 频率，a_n 和 b_n 称为傅里叶系数。图 5-12 形象地描述了这种频率分解，左侧的周期函数 $f(x)$ 可以由右侧函数的加权和来表示，即由不同频率的正弦函数和余弦函数以不同的系数组合而成。

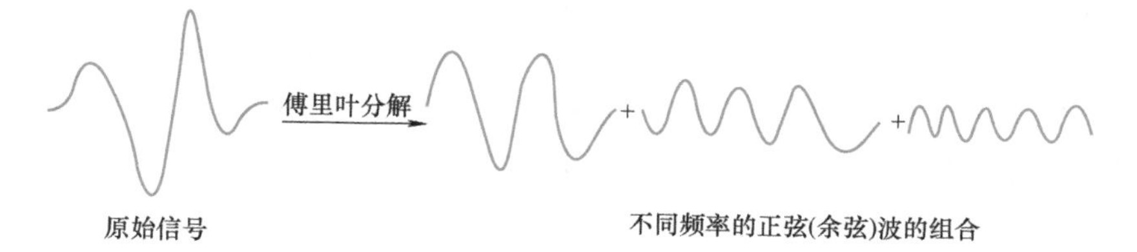

图 5-12 函数 $f(x)$ 的傅里叶分解

从数学上已经证明，傅里叶级数的前 N 项和是原函数 $f(x)$ 在给定能量下的最佳逼近：

$$\lim_{x\to\infty}\int_0^{\tau}\left|f(x)-\left[\frac{a_0}{2}+\sum_{n=1}^{x}(a_n\cos mogx+b_n\sin n\omega_1 x)\right]\right|^2 dx=0 \tag{5-13}$$

图 5-13 所示为一个方波信号采用不同 N 值傅里叶级数之和的逼近情况（注意间断点处的起伏）。随着 N 的增大，逼近效果越来越好，但同时也注意到，在 $f(x)$ 的不可导点上，如果只取式（5-12）右边的无穷级数中的有限项之和作为 $\hat{f}(x)$，那么 $\hat{f}(x)$ 在这些点上会有起伏，这就是著名的吉布斯现象。

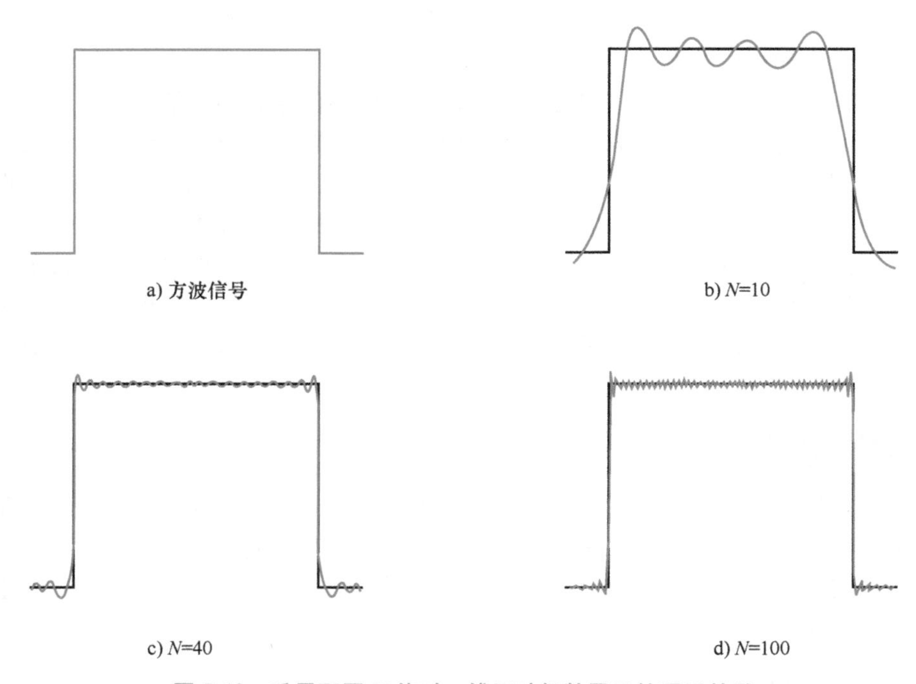

图 5-13 采用不同 N 值时，傅里叶级数展开的逼近效果

2. 复指数形式的傅里叶级数

除上面介绍的三角形式外，傅里叶级数还有其他两种常用的表示形式，即余弦形式和复指数形式。借助欧拉公式 $e^{j\omega}=\cos\omega+j\sin\omega$，上述三种形式可以很方便地进行等价转换，本质上它们都是一样的。

复指数形式的傅里叶级数，因其具有简洁的形式（只需一个统一的表达式计算傅里叶系数），在进行信号和系统分析时通常更易于使用；而余弦形式的傅里叶级数可使周期信号的幅度谱和相位谱意义更加直观，函数的余弦傅里叶级数展开可以解释为 $f(x)$ 可以由不同频率和相位的余弦波以不同系数组合在一起来表示，而在三角形式中，相位是隐藏在系数 a_n 和 b_n 中的。下面主要介绍复指数形式的傅里叶级数，在后面的傅里叶变换中要用到的正是这种形式。

复指数形式的傅里叶级数表示为：

$$f(x)=\sum_{n=-\infty}^{\infty}c_n e^{j2n\pi ux} \tag{5-14}$$

其中，

$$c_n=\frac{1}{T}\int_{-T/2}^{T/2}f(x)e^{-j2n\pi ux}dx \quad (n=0,\pm1,\pm2,\cdots) \tag{5-15}$$

5.6.3 傅里叶变换

1. 一维连续傅里叶变换

一维连续傅里叶变换以及逆变换形式分别表示为：

$$F(u)=\int_{-\infty}^{\infty}f(x)\mathrm{e}^{-\mathrm{j}2\pi ux}\mathrm{d}x \tag{5-16a}$$

$$f(u)=\int_{-\infty}^{\infty}F(u)\mathrm{e}^{\mathrm{j}2\pi ux}\mathrm{d}x \tag{5-16b}$$

式（5-16a）和式（5-16b）为傅里叶变换对，记为$f(x)\Leftrightarrow F(u)$。

观察式（5-16a、b）对比复指数形式的傅里叶级数展开式（5-14），傅里叶变换的结果$F(u)$实际上相当于傅里叶级数展开中的傅里叶系数，而逆变换式（5-16b）则体现出不同频率复指数函数的加权和的形式，相当于复指数形式的傅里叶级数展开式，只不过这里的频率u转变为连续化，所以加权和采用了积分形式。这是因为随着式（5-15）中积分上下限的T向整个实数定义域扩展，即$T\to\infty$，频率u则趋近于$\mathrm{d}u$（因为$u=1/T$），导致原来离散变化的u的连续化。

2. 一维离散傅里叶变换

一维离散傅里叶变换（Discrete Fourier Transform，DFT）以及逆变换（Inverse Discrete Fourier Transform，IDFT）分别表示为：

$$F(u)=\frac{1}{M}\sum_{x=0}^{M-1}f(x)\mathrm{e}^{-\mathrm{j}2\pi ux/M},\quad u=0,1,2,\cdots,M-1 \tag{5-17a}$$

$$f(x)=\sum_{u=0}^{M-1}F(u)\mathrm{e}^{\mathrm{j}2\pi ux/M},\quad x=0,1,2,\cdots,M-1 \tag{5-17b}$$

不像连续的情形，离散变换的傅里叶变换和逆变换总是存在的。

3. 二维连续傅里叶变换

将傅里叶变换以及逆变换推广至二维。对于二维连续函数，其傅里叶变换和逆变换分别表示为：

$$F(u,v)=\int_{-\infty}^{\infty}\int_{-\infty}^{\infty}f(x,y)\mathrm{e}^{-\mathrm{j}2\pi(ux+vy)}\mathrm{d}x\mathrm{d}y \tag{5-18a}$$

$$f(x,y)=\int_{-\infty}^{\infty}\int_{-\infty}^{\infty}F(u,v)\mathrm{e}^{\mathrm{j}2\pi(ux+vy)}\mathrm{d}u\mathrm{d}v \tag{5-18b}$$

4. 二维离散傅里叶变换

数字图像对应二维离散函数的傅里叶变换，给出一个$M\times N$的图像$f(x,y)$的二维离散傅里叶变换公式：

$$F(u,v)=\frac{1}{MN}\sum_{x=0}^{M-1}\sum_{y=0}^{N-1}f(x,y)\mathrm{e}^{-\mathrm{j}2\pi\left(\frac{ux}{M}+\frac{vy}{N}\right)} \tag{5-19a}$$

式中，u 和 v 称为频域变量，分别与 x 和 y 的范围相同，$u=0,1,2,\cdots,M-1$，$v=0,1,2,\cdots,N-1$。

$F(u,v)$ 的逆离散傅里叶变换表示为：

$$f(x,y)=\sum_{u=0}^{M-1}\sum_{v=0}^{N-1}F(u,v)\mathrm{e}^{\mathrm{j}2\pi\left(\frac{ux}{M}+\frac{vy}{N}\right)} \tag{5-19b}$$

5.6.4 幅度谱、相位谱和功率谱

可视化地分析图像傅里叶变换的主要方法就是计算其频谱，并把它显示为一幅图像。使用 $\mathrm{Re}(u,v)$ 和 $\mathrm{Im}(u,v)$ 分别表示 $F(u,v)$ 的实部和虚部，即 $F(u,v)=\mathrm{Re}(u,v)+\mathrm{j}\mathrm{Im}(u,v)$，则幅度谱和相位谱分别表示为：

$$|F(u,v)|=[\mathrm{Re}^2(u,v)+\mathrm{Im}^2(u,v)]^{1/2} \tag{5-20}$$

$$\varphi(u,v)=\arctan^{-1}\left[\frac{\mathrm{Im}(u,v)}{\mathrm{Re}(u,v)}\right] \tag{5-21}$$

通过幅度谱和相位谱可以还原 $F(u,v)$，即得到 $F(u,v)$ 的复指数形式的表达式：

$$F(u,v)=|F(u,v)|\mathrm{e}^{-\mathrm{j}\varphi(u,v)} \tag{5-22}$$

定义幅度谱的平方为功率谱（谱密度），即：

$$P(u,v)=|F(u,v)|^2=\mathrm{Re}^2(u,v)+\mathrm{Im}^2(u,v) \tag{5-23}$$

因为对于和空间域相同大小的频域下的每一点 (u,v)，均可以计算出一个对应的 $|F(u,v)|$ 和 $\varphi(u,v)$，所以可以像显示一幅图像那样显示幅度谱和相位谱。图 5-14b 和 c 分别给出了图 5-14a 所示图像的幅度谱和相位谱。

a) 原图像

b) 幅度谱

c) 相位谱

图 5-14　原图像及其幅度谱和相位谱（幅度谱和相位谱都将原点移到了中心位置）

幅度谱也称频率谱，是图像增强中关心的主要对象，频域下每一点 (u,v) 的幅度都可用 $|F(u,v)|$ 来表示该频率的正弦（余弦）平面波在叠加中所占的比例。幅度谱直接反映频率信息，是频域滤波的一个主要依据。相位谱表面上看并不那么直观，但它隐含着实部与虚部之间的某种比例关系，因此与图像结构息息相关。

图 5-15a 和 b 分别是一幅 dog 和 sunflower 图片。这里我们交换两幅图像的相位谱，即用 dog 的幅度谱加上 sunflower 的相位谱，而用 sunflower 的幅度谱加上 dog 的相位谱，然后根据式（5-22）利用幅度谱和相位谱还原傅里叶变换 $F(u,v)$，再经傅里叶逆变换得到交换相位谱后的图像，结果显示如图 5-15c 和 d 所示。

通过该示例可以发现，经交换相位谱和傅里叶逆变换之后得到的图像内容，与其相位谱

对应的图像一致，这验证了上面关于相位谱决定图像结构的论断。而图像整体灰度分布特性，如明暗、灰度变化趋势等，则在较大程度上取决于对应的幅度谱，因为幅度谱反映了图像整体上各个方向的频率分量的相对强度。

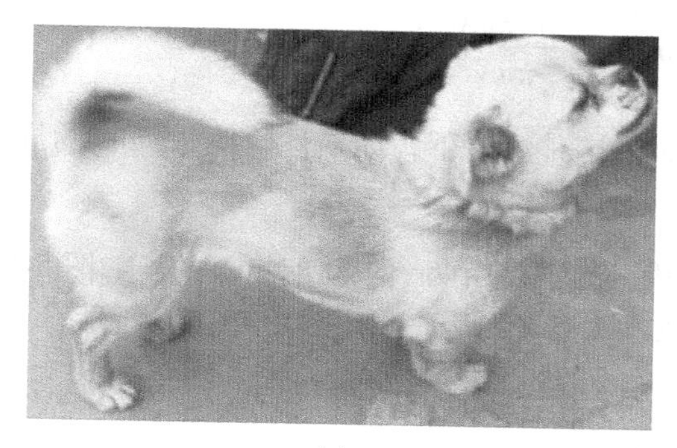

a) dog

b) sunflower

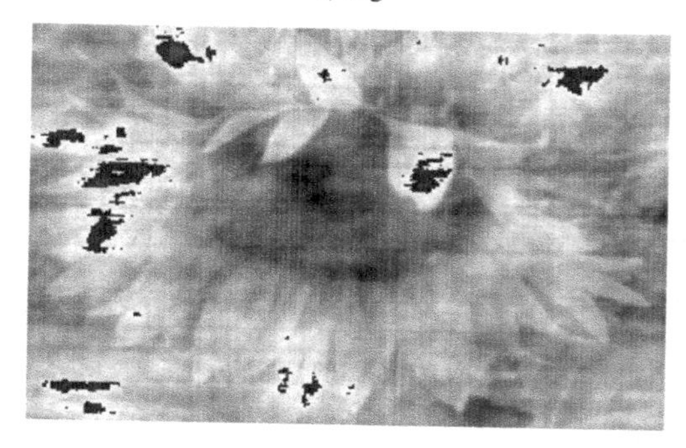

c) dog幅度谱+sunflower相位谱并经IDFT后的图像

d) sunflower幅度谱+dog相位谱并经IDFT后的图像

图 5-15　图像幅度谱与相位谱互换

5.6.5　二维 DFT 的性质

1. 周期性和共扼对称性（Periodicity and Conjugate Symmetry）

如果 $f(x,y)$ 为实数，则其傅里叶变换关于原点共轭对称，表示为：

$$F(u,v)=F^*(-u,-v) \tag{5-24}$$

这暗示了幅度谱同样也关于原点对称：

$$|F(u,v)|=|F(-u,-v)| \tag{5-25}$$

根据 $F(u,v)$ 的计算公式可以得到：

$$F(u,v)=F(u+M,v)=F(u,v+N)=F(u+M,v+N) \tag{5-26}$$

上式显示，DFT 在 u 和 v 方向上是无限周期信号，周期分别为 M 和 N。这种周期性同样也体现在 IDFT 中：

$$f(x,y)=f(x+M)=f(x,y+N)=f(x+M,y+N) \tag{5-27}$$

也就是说，通过逆傅里叶变换得到的一幅图像也是无限周期性的。

这仅仅是 DFT 与 IDFT 的一个数学性质，但它同时也说明，DFT 只需一个周期（$M\times N$）内的数据就可以将 $F(u,v)$ 完全确定，在空间域同样成立。

当考虑 DFT 数据怎样与变换的周期相联系的时候，这种周期性就非常重要了。首先来看一维的情况，设矩形函数为 $f(x)=\begin{cases}A, & 0\leqslant x\leqslant X\\0, & 其他\end{cases}$，它的傅里叶变换为：

$$F(u)=\int_{-\infty}^{\infty}f(x)\mathrm{e}^{-\mathrm{j}2\pi ux}\mathrm{d}x=AX\frac{\sin\pi uX}{\pi uX}\mathrm{e}^{-\mathrm{j}\pi ux}$$

幅度谱为 $|F(u)|=AX\left|\frac{\sin\pi uX}{\pi uX}\right|$，显示于图 5-16a。这种情况下，周期性说明 $F(u)$ 的周期为 M，对称性说明频谱幅值以原点为中心。

DFT 的取值区间为 $[0,M-1]$。在这个区间内，频谱是由两个半周期组成的，如图 5-16a 所示；要显示一个完整的周期，必须将变换的原点移至 $u=M/2$，结果如图 5-16b 所示。

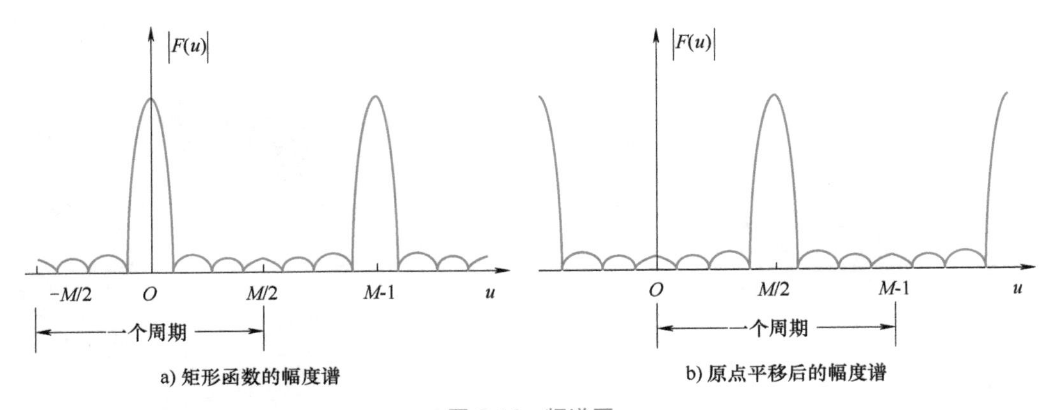

图 5-16　频谱图

根据定义，有：

$$F\left(u+\frac{M}{2}\right)=\sum_{x=0}^{M-1}f(x)\mathrm{e}^{-\mathrm{j}\frac{2\pi}{M}x\left(u+\frac{M}{2}\right)}=\sum_{x=0}^{M-1}(-1)^{x}\mathrm{e}^{-\mathrm{j}\frac{2\pi}{M}xu} \tag{5-28}$$

在进行 DFT 之前，用 $(-1)^x$ 乘以输入信号 $f(x)$，可以在一个周期的变换中（$u=0,1,2,\cdots,M-1$）求得一个完整的频谱。

推广到二维情况，在进行 DFT 之前用 $(-1)^{(x+y)}$ 乘以输入的图像函数，则有：

$$\mathrm{DFT}[f(x,y)(-1)^{(x+y)}]=F\left(u-\frac{M}{2},v-\frac{N}{2}\right) \tag{5-29}$$

这样，DFT 的原点，即 $F(0,0)$，被设置在 $u=\frac{M}{2}$，$v=\frac{N}{2}$上。

2. 平均值（Mean Value）

一幅数字图像的平均灰度可以用下式表示：

$$\bar{f}=\frac{1}{MN}\sum_{x=0}^{M-1}\sum_{y=0}^{N-1}f(x,y) \tag{5-30}$$

将 $u=0$，$v=0$ 代入二维 DFT 公式（5-19a），可以得到：

$$F(0,0)=\frac{1}{MN}\sum_{x=0}^{M-1}\sum_{y=0}^{N-1}f(x,y) \tag{5-31}$$

故有：

$$\bar{f}=F(0,0) \tag{5-32}$$

显然，$F(0,0)$ 对应于图像 $f(x,y)$ 的平均灰度，有时也称为频谱的直流分量（DC）。

3. 分离性（Divisibility）

式（5-19a）可以写成如下的分离形式：

$$F(u,v)=\frac{1}{M}\sum_{x=0}^{M-1}\mathrm{e}^{-\mathrm{j}2\pi ux/M}\left(\frac{1}{N}\sum_{y=0}^{N-1}\mathrm{e}^{-\mathrm{j}2\pi uy/N}\right)=\frac{1}{M}\sum_{x=0}^{M-1}F(x,v)\,\mathrm{e}^{-\mathrm{j}2\pi ux/M} \tag{5-33}$$

这里，$F(x,v)=\frac{1}{N}\sum_{y=0}^{N-1}f(x,y)\,\mathrm{e}^{-\mathrm{j}2\pi uy/N}$。

由上述分离形式可知，二维 DFT 可以运用两次一维 DFT 来实现。通过先沿输入图像的行计算一维变换，然后沿中间结果的每一列，使用计算一维变换的方法来求二维变换。颠倒次序后（先列后行）结论同样成立。

4. 位移性（Translation）

如果 $f(x,y)\Leftrightarrow F(u,v)$，则：

$$f(x-x_0,y-y_0)\Leftrightarrow F(u,v)\,\mathrm{e}^{-\mathrm{j}2\pi\left(\frac{ux_0}{M}+\frac{vy_0}{N}\right)} \tag{5-34a}$$

$$f(x,y)\,\mathrm{e}^{\mathrm{j}2\pi\left(\frac{ux_0}{M}+\frac{vy_0}{N}\right)}\Leftrightarrow F(u-u_0,v-v_0) \tag{5-34b}$$

上述两个式子说明，空间域图像 $f(x,y)$ 产生位移时，频谱的幅值不发生变化，仅有相位发生变化，即时域中的时移表现为频域中的相移：频域中的位移（u_0,v_0）对应于空域函数 $f(x,y)$，被另一指数 $\mathrm{e}^{\mathrm{j}2\pi\left(\frac{ux_0}{M}+\frac{vy_0}{N}\right)}$ 所调制。

当 $u_0=M/2$，$v_0=N/2$ 时，$\mathrm{e}^{\mathrm{j}2\pi\left(\frac{ux_0}{M}+\frac{vy_0}{N}\right)}=\mathrm{e}^{\mathrm{j}\pi(x+y)}=(-1)^{x+y}$，即：

$$f(x+y)(-1)^{x+y}\Leftrightarrow F\left(u-\frac{M}{2},v-\frac{N}{2}\right) \tag{5-35}$$

这与式（5-29）的表达形式完全相同。

5. 旋转性（Rotation）

如果 $f(r,\theta)\Leftrightarrow F(w,\varphi)$，则：

$$f(r.\,\theta+\theta_0)\Leftrightarrow F(w,\varphi+\theta_0) \tag{5-36}$$

其中，$f(r,\theta)$ 和 $F(w,\varphi)$ 分别为 $f(x,y)$ 和 $F(u,v)$ 的极坐标形式。旋转性表明，空间域图像旋转某一角度，对应的频谱旋转相同的角度。

6. 线性（Linear）

如果 $f_1(x,y_1)\Leftrightarrow F_1(u,v_1)$ 及 $f_2(x,y_1)\Leftrightarrow F_2(u,u)$，则：

$$af_1(x,y)+bf_2(x,y)\Leftrightarrow aF_1(u,v)+bF_2(u,v) \tag{5-37}$$

上式说明，两个（或多个）函数的加权和的傅里叶变换就是各自傅里叶变换的加权和。

7. 尺度变换（Scaling）

如果$f(x,y)\Leftrightarrow F(u,v)$，则：

$$f(ax,by)\Leftrightarrow\frac{1}{|ab|}F(u/a,v/b) \tag{5-38}$$

式（5-38）说明，在空间比例尺度的展宽，对应于在频域比例尺度的压缩，其幅值也减少为原来的$1/|ab|$。

8. 卷积定理（Convolution Theorem）

如果$f(x,y)\Leftrightarrow F(u,v)$ 及$g(x,y)\Leftrightarrow G(u,v)$，则：

$$\sum_m\sum_n f(m,n)g(x-m,y-n)\Leftrightarrow F(u,v)G(u,v) \tag{5-39}$$

上式说明，两个函数卷积的傅里叶变换等于两个函数各自傅里叶变换的乘积，即空域中两个函数的卷积完全等效于一个更简单的运算，也就是说它们各自的傅里叶变换相乘后做逆傅里叶变换。

进一步地，相关定理表示为：

$$\sum_m\sum_n f(m,n)g^*(m-x,n-x)\Leftrightarrow F(u,v)G^*(u,v) \tag{5-40}$$

于是自相关定理表示为：

$$\sum_m\sum_n f(m,n)f^*(m-x,n-x)\Leftrightarrow|F(u,v)|^2 \tag{5-41}$$

相关定理可以看成卷积定理的特例，即将函数$f(x,y)$ 与$g^*(-x,-y)$ 做卷积。

5.6.6 OpenCV 实现图像傅里叶变换

OpenCV 提供了函数 cv2. dft( ) 和 cv2. idft( ) 来实现傅里叶变换和逆傅里叶变换，下面分别展开介绍。

1）用 OpenCV 函数对图像进行傅里叶变换，并展示其频谱信息。编写代码如下：

```
import numpy as np
import cv2
import matplotlib.pyplot as plt
img=cv2.imread('image\\lena.bmp',0)
dft=cv2.dft(np.float32(img),flags=cv2.DFT_COMPLEX_OUTPUT)
dftShift=np.fft.fftshift(dft)
result=20*np.log(cv2.magnitude(dftShift[:,:,0],dftShift[:,:,1]))
plt.subplot(121),plt.imshow(img,cmap='gray')
plt.title('original'),plt.axis('off')
plt.subplot(122),plt.imshow(result,cmap='gray')
plt.title('result'),plt.axis('off')
plt.show()
```

运行上述代码后，得到图 5-17 所示的结果。其中，图 5-17a 是原始图像，图 5-17b 是频谱图像，是使用函数 np. fft. fftshift( ) 将零频率分量移至频谱图像中心位置的结果。

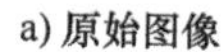
a) 原始图像

b) 傅里叶变换后的频谱图像

图 5-17　原图像与傅里叶变换后的频谱图像

2）用 OpenCV 函数对图像进行傅里叶变换、逆傅里叶变换，并展示原始图像及经过逆傅里叶变换后得到的图像。编写代码如下：

```
import numpy as np
import cv2
import matplotlib.pyplot as plt
img=cv2.imread('image\\lena.bmp',0)
dft=cv2.dft(np.float32(img),flags=cv2.DFT_COMPLEX_OUTPUT)
dftShift=np.fft.fftshift(dft)
ishift=np.fft.ifftshift(dftShift)
iImg=cv2.idft(ishift)
iImg=cv2.magnitude(iImg[:,:,0],iImg[:,:,1])
plt.subplot(121),plt.imshow(img,cmap='gray')
plt.title('original'),plt.axis('off')
plt.subplot(122),plt.imshow(iImg,cmap='gray')
plt.title('inverse'),plt.axis('off')
plt.show()
```

运行上述代码后，得到图 5-18 所示的结果。其中，图 5-18a 是原始图像，图 5-18b 是对原始图像进行逆傅里叶变换后得到的图像。

a) 原始图像

b) 逆傅里叶变换后得到的图像

图 5-18　原始图像与逆傅里叶变换示例

思考与练习

5-1　何为图像数字化？

5-2　物体表面上某一区域的灰度与哪些因素或分量有关？是什么关系？

5-3　扫描仪的光学分辨率是 600×1200，一个具有 5000 个感光单元的 CCD 器件用于 A4 幅面扫描仪，A4 幅面的纸张宽度是 8.3in，该扫描仪的 dpi 是多少？

5-4　如果一幅灰度图像的灰度级为 2^8，请计算一幅 100 万像素的数字图像有多少 bit 的数据量？

5-5　简述灰度直方图的概念、性质。

5-6　给出一幅 4bit、8×8 像素的图像 $\boldsymbol{A}$，制作出各灰度级出现的频数与灰度级的对应关系图（直方图）。

$$\boldsymbol{A}=\begin{pmatrix} 11 & 14 & 4 & 15 & 1 & 15 & 15 & 15 \\ 12 & 12 & 9 & 14 & 4 & 15 & 12 & 13 \\ 0 & 2 & 6 & 15 & 3 & 7 & 1 & 13 \\ 4 & 2 & 8 & 2 & 5 & 3 & 3 & 15 \\ 5 & 3 & 3 & 15 & 4 & 2 & 6 & 1 \\ 11 & 15 & 4 & 14 & 7 & 15 & 13 & 15 \\ 12 & 13 & 6 & 15 & 3 & 14 & 12 & 14 \\ 4 & 2 & 6 & 4 & 1 & 7 & 3 & 5 \end{pmatrix}$$

5-7　计算图像 $\boldsymbol{A}$ 和 $\boldsymbol{B}$ 的联合直方图。

$\boldsymbol{A}=$

1	2	2	4	3
1	2	4	5	0
5	0	1	4	2
4	2	4	3	5
4	5	4	1	0

$\boldsymbol{B}=$

5	1	2	0	2
2	5	3	4	0
1	3	4	2	5
1	2	2	5	3
1	2	5	4	3

5-8　为什么彩色在机器视觉中用得不是很普遍？你是否认为彩色机器视觉的应用在不断增加？如果是这样，请问它的主要应用是什么？

5-9　采集一幅 RGB 图像，编写程序将其转换为 HSI 彩色模型。在不同分量上施加不同程度的噪声，然后转换到 RGB 彩色模型来显示。

5-10　编写实现对图 5-15a 所示图像进行 DFT 变换的幅度谱和相位谱的程序。

5-11　编写实现交换图 5-15a、b 的幅度谱和相位谱，并对其进行 IDFT 变换的程序。

5-12　图像的频谱可以反映出图像哪些特征？

5-13　交换两幅图像的相位谱，并进行逆傅里叶变换，通过实验验证相位谱决定图像结构的论断。

第6章 基于OpenCV和Python的图像预处理

前面几章已经详细介绍了 Python 及 OpenCV 编程基础、视觉测量基础、视觉图像基础及图像傅里叶变换。为了更深入地提取图像特征，本章将详细介绍图像增强的灰度变换、直方图变换及色彩增强，同时对比线性滤波器和非线性滤波器滤波效果，并介绍图像腐蚀与膨胀及最新的特征提取方法等内容。

6.1 图像增强

图像增强包含基于灰度变换的增强、基于直方图变换的增强和基于颜色的彩色增强，其中灰度变换包含线性灰度变换和对数变换；基于直方图变换以概率论为基础，常用的方法有直方图均衡化和直方图规定化；彩色增强包含假彩色增强、伪彩色增强和彩色变换增强。

6.1.1 灰度变换

直接灰度变换属于空间域处理方法中的点运算操作。点运算与相邻的像素之间无运算关系，而是输入图像与输出图像之间的映射关系。输出图像上，每个像素的灰度值仅由相应输入像素的灰度值决定，而与像素点所在的位置无关。直接灰度变换包括线性和非线性灰度变换，而非线性灰度变换主要包括对数变换和幂次变换。

1. 线性灰度变换

当图像成像时，由于曝光不足或过度、成像设备的非线性以及图像记录设备动态范围不够等因素，会产生对比度不足的弊病，从而造成图像中的细节分辨不清。这种情况下，可以使用线性灰度变换技术，通过进行逐段线性变换拉伸感兴趣的灰度级、压缩不感兴趣的灰度级，以达到增强图像对比度、提高灰度动态范围的目的。

（1）线性点运算

线性点运算的灰度变换函数可以采用如下线性方程描述：

$$z=as+b \tag{6-1}$$

1）如果 $a>1$，则输出图像的对比度增大（灰度级扩展），如图 6-1 所示。

a) 变换前图像

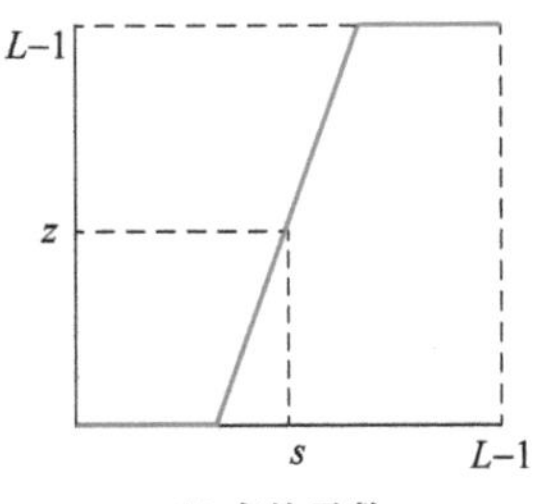

b) 变换函数

c) 变换后图像

图 6-1 对比度增大

2）如果 $0<a<1$，则输出图像的对比度减小（灰度级压缩），如图 6-2 所示。

3）如果 $a<0$，则暗区域将变亮，亮区域将变暗。当 $a=-1$ 时，称为反色变换（Negative Transformation），就是将图像灰度反转，产生等同照片反色的效果，适合增强埋藏在黑暗区

域中的白色或灰色细节，反色变换的处理结果如图 6-3 所示。

a) 变换前图像

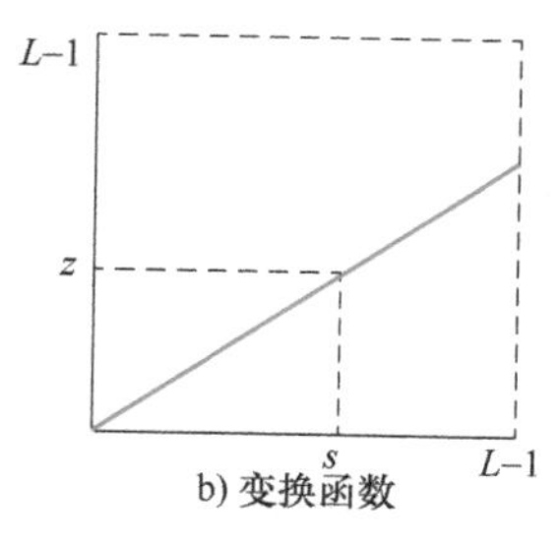

b) 变换函数

c) 变换后图像

图 6-2 对比度减小

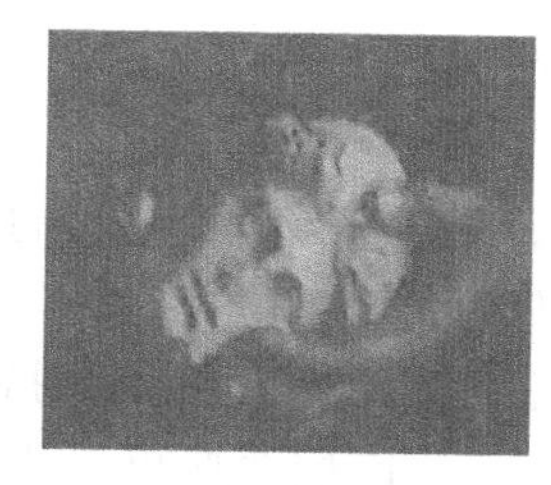

a) 变换前图像

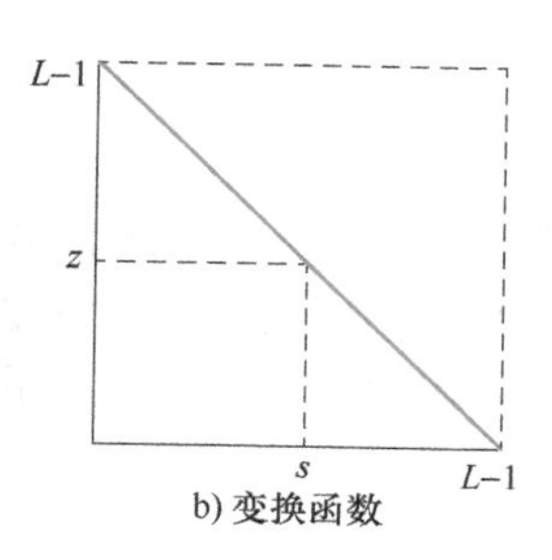

b) 变换函数

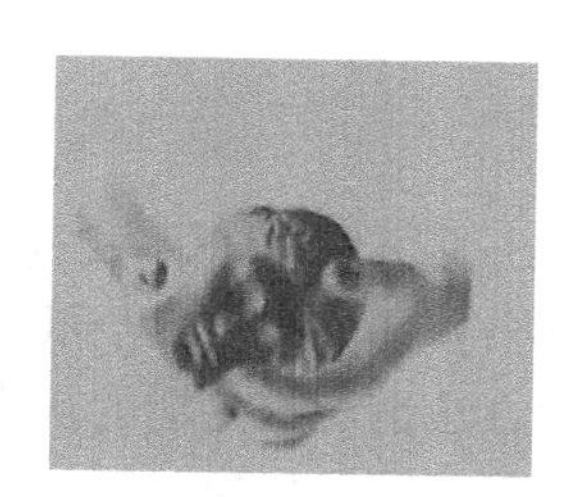

c) 变换后图像

图 6-3 反色变换

假设对灰度级范围 $[0,L-1]$ 的图像进行反色变换到 $[L-1,0]$，变换函数为：

$$z=L-1-s \tag{6-2}$$

（2）分段线性点运算

分段线性点运算可以将图像中感兴趣的灰度范围线性扩展，相对抑制不感兴趣的灰度范围。典型的增强对比度的变换函数是三段线性变换，其数学表达式如下：

$$z=\begin{cases}\dfrac{z_1}{s_1}s, & 0\leqslant s\leqslant s_1\\ \dfrac{z_2-z_1}{s_2-s_1}(s-s_1)+z_1, & s_1\leqslant s\leqslant s_2\\ \dfrac{L-1-z_2}{L-1-s_2}(s-s_2)+z_2, & s_2<s\leqslant L-1\end{cases} \tag{6-3}$$

例如，图 6-4 所示为分段线性变换，$s_1>z_1$，$s_2<z_2$。由图中变换曲线可以看出，原图像中的灰度值在 $0\sim s_1$ 和 $s_2\sim L-1$ 的动态范围减小了；而灰度值在 $s_1\sim s_2$ 的动态范围增加了，从而增加了中间范围内的对比度。

由此可见，通过调整 s_1、z_1、s_2、z_2 可以控制分段直线的斜率，可对任一灰度区间进行扩展或压缩，从而得到不同的效果。

另一种分段线性点运算称为灰度切片（Gray-level Slicing），其目的是用来突显一幅图像中的特定灰度范围，也称灰度窗口变换。常用的方法有两种：

一种是对感兴趣的灰度级以较大的灰度 z_2 来显示，而对另外的灰度级则以较小的灰度 z_1 来显示。这种灰度变换的表达式为：

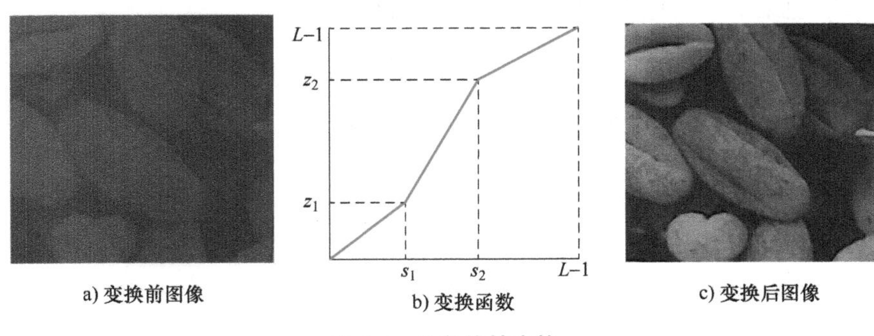

a) 变换前图像　　b) 变换函数　　c) 变换后图像

图 6-4　分段线性变换

$$z=\begin{cases}z_2, & s_1\leqslant s\leqslant s_2\\ z_1, & \text{其他}\end{cases} \tag{6-4}$$

如图 6-5a 所示，给出了式（6-4）所述的灰度变换曲线，它可将 s_1 和 s_2 间的灰度值突出，而将其余灰度值变为某个低灰度值，实际是窗口二值化处理。

第二种方法是对感兴趣的灰度级以较大的灰度值来显示，而其他灰度级则保持不变，即保留背景的灰度窗口变换，第二种变换常应用于“蓝幕”技术。这种变换可以用下面的表达式来描述，其变换曲线如图 6-5b 所示。

$$z=\begin{cases}z_2, & s_1\leqslant s\leqslant s_2\\ s, & \text{其他}\end{cases} \tag{6-5}$$

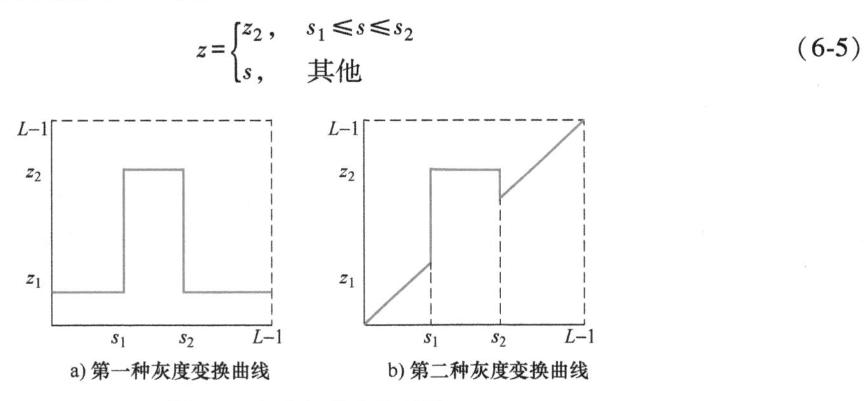

a) 第一种灰度变换曲线　　b) 第二种灰度变换曲线

图 6-5　灰度切片变换曲线

2. 对数变换

在某些情况下，例如，在显示傅里叶频谱时，其动态范围远远超出显示设备的显示能力，此时仅有图像中最亮的部分可在显示设备上显示，而频谱中的低值部分将显示为黑色，所显示的图像相对于原图像存在失真。解决此问题的有效方法是对原图像进行对数变换，使图像低灰度级区域扩展、高灰度级区域压缩。

对数变换数学表达式为：

$$z=c\log(1+s) \tag{6-6}$$

式中，c——尺度比例常数，取值可以结合原图像的动态范围以及显示设备的显示能力来确定；$s\geqslant 0$。

傅里叶频谱的对数变换如图 6-6 所示。相比之下，变换后图像中细节部分的可见程度是很显然的。这说明，对数变换可以使窄带低灰度输入图像值映射为宽带输出值，利用这种变换可以扩展被压缩的高值图像中的暗像素。

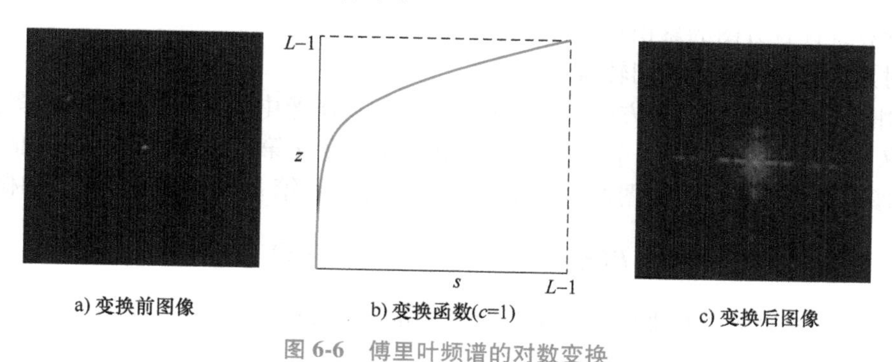

a) 变换前图像　　b) 变换函数(c=1)　　c) 变换后图像

图 6-6　傅里叶频谱的对数变换

6.1.2　直方图变换

直方图从图像内部灰度级的角度对图像进行表示，体现图像中的各灰度值在整个图像中出现的概率。灰度偏暗或偏亮的图像，其直方图分布集中在灰度级较低（或较高）的一侧。动态范围偏小（低对比度）的图像，其直方图分布范围较窄；而动态范围正常的图像，其直方图分布覆盖很宽的灰度级范围。因此，可以通过改变灰度直方图的形状来达到增强图像对比度的效果。这种方法以概率论为基础，常用的方法有直方图均衡化和直方图规定化。

1. 直方图均衡化

直方图均衡化是指将原图像的直方图通过变换函数修正为均匀的直方图，然后按均衡直方图修正原图像。例如，将一幅灰度分布如图 6-7a 所示图像的直方图变换为图 6-7b 所示的形式，并以具有均衡特性的直方图（图 6-7b）去映射修正图像灰度分布，则修正后的图像将比原图像协调。这一过程即为直方图均衡化（Histogram Equalization）。

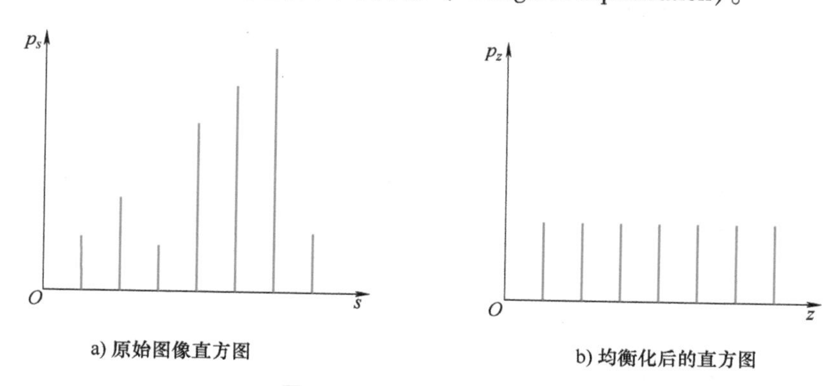

a) 原始图像直方图　　b) 均衡化后的直方图

图 6-7　图像直方图均衡化

直方图均衡化处理后，图像的直方图是“平坦”的，即各灰度级具有近似相同的出现频数，由于灰度级具有均匀的概率分布，因此图像看起来就更清晰了。图 6-7 反映了直方图均衡化的主要目的是将原始图像的灰度级均匀地映射到整个灰度级范围内，得到一个灰度级分布均匀的图像。这种均衡化，既实现了灰度值统计上的概率均衡，也实现了人类视觉系统（Human Visual System，HVS）上的视觉均衡。直方图均衡化的算法主要包括3个步骤：

1）计算图像的统计直方图。

2）计算统计直方图的累积直方图。

3）对累积直方图进行区间转换。

下面用数学表达式描述直方图均衡化的过程。假设图像中像素的总数是 N，图像的灰度级是 L，灰度级空间是 $[0,L-1]$，用 n_k 表示第 k 级灰度（第 k 个灰度级，像素值为 k）在图像内的像素点个数，那么该图像中灰度级为 r_k 的像素（第 k 个灰度级）出现的概率为：

$$P(r_k)=\frac{n_k}{N} \quad (k=0,1,\cdots,L-1) \tag{6-7}$$

根据灰度级概率，对其进行均衡化处理的计算公式为：

$$s_k=T(r_k)=(L-1)\sum_{j=0}^{k}P_r(r_j)=(L-1)\sum_{j=0}^{k}\frac{n_j}{N} \quad (k=0,1,\cdots,L-1) \tag{6-8}$$

式中，$\sum_{j=0}^{k}P_r(r_j)$——累积概率，将该值与灰度级的最大值 $L-1$ 相乘，即得到均衡化后的新灰度级（像素值）。当计算结果不是整数时，选择距离最近的灰度级作为当前灰度级。

OpenCV 中提供了 cv2. equalHist( ) 函数，用于实现图像的直方图均衡化，其一般格式为：

```
dst=cv2.equalHist(src)
```

其中，dst 表示直方图均衡化后的图像；src 表示输入的待处理图像。

例 6-1 使用 cv2. equalHist( ) 函数实现图像直方图均衡化。

```
import cv2 as cv
import matplotlib.pyplot as plt
image=cv.imread("D:\Python\pic\smalldog52.jpg",cv.IMREAD_GRAYSCALE)
cv.imshow("image",image)
equ=cv.equalizeHist(image)                 #直方图均衡化处理
cv.imshow("equcartree",equ)                #显示均衡化后的图像
plt.figure("原始图像直方图")                #构建窗口
plt.hist(image.ravel(),256)                #显示原始图像的直方图
plt.figure("均衡化图像直方图")              #构建窗口
plt.hist(equ.ravel(),256)                  #显示均衡化后的图像直方图
plt.show()                                 #显示直方图
cv.waitKey()
cv.destroyAllWindows()
```

程序运行结果如图 6-8 所示。

在图 6-8 中，图 6-8a 是待处理的原始图像，图 6-8b 是均衡化后的图像，图 6-8c 是原始图像的直方图，可以看出其像素值的灰度级主要分布在 0~250 之间，图 6-8d 是均衡化后的图像直方图。可以看出，利用 OpenCV 中的 cv2. equalHist( ) 函数实现图像直方图均衡化，达到了图像像素均匀分布的效果。

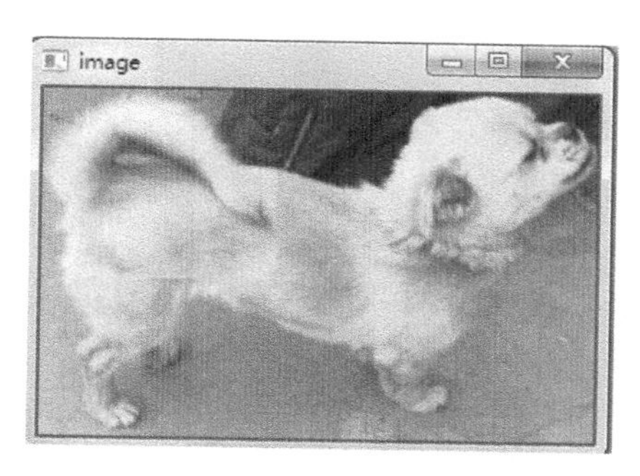

a) 原始图像

b) 均衡化后的图像

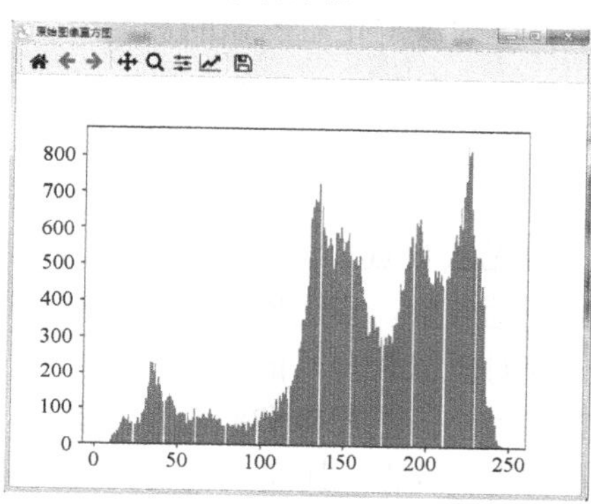

c) 原始图像直方图

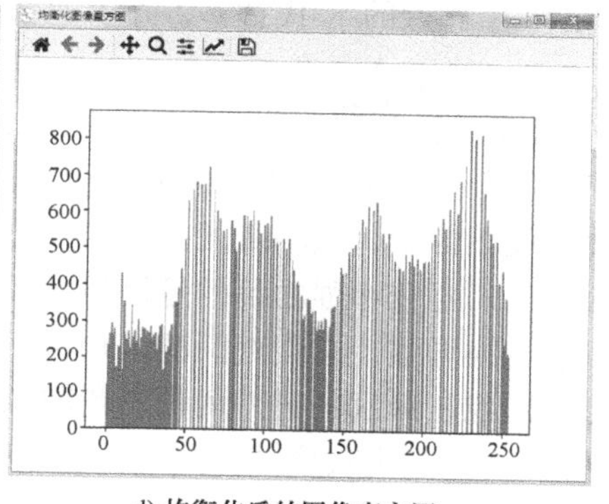

d) 均衡化后的图像直方图

图 6-8　均衡化图像和均衡化直方图

2. 直方图规定化

直方图均衡化的优点是能自动增强整个图像的对比度，但它的具体增强效果不易控制，处理的结果总是全局均衡化的直方图。另外，均衡化处理后的图像虽然增强了图像的对比度，但它并不一定适合人的视觉。实际中，当要求突出图像中人们感兴趣的灰度范围时，可以变换直方图，使之成为所要求的形状，从而有选择地增强某个灰度值范围内的对比度，这种方法称为直方图规定化或直方图匹配。一般来说，正确选择规定化的函数可获得比直方图均衡化更好的效果。

令 $p(s)$ 为原始图像的灰度密度函数，令 $p(u)$ 为期望的图像灰度密度函数，如图 6-9 所示。对 $p(s)$ 及 $p(u)$ 做直方图均衡变换，实现 $p(s)$ 与 $p(u)$ 变换。

直方图规定化主要有 3 个步骤（这里只考虑 $L_s \leqslant L_u$ 的情况，L_s 和 L_u 分别为原始图像和规定图像中的灰度级数）：

1）对原始图像进行直方图均衡化处理：

$$z_k = T(s_k) = \sum_{j=0}^{k} p_s(s_j) \quad k=0,1,\cdots,L_s-1 \tag{6-9}$$

2）对希望的直方图（规定化函数）用同样的方法进行直方图均衡化处理：

$$v_l = T_u(u_l) = \sum_{i=0}^{l} p_u(u_i) \quad l=0,1,\cdots,L_u-1 \tag{6-10}$$

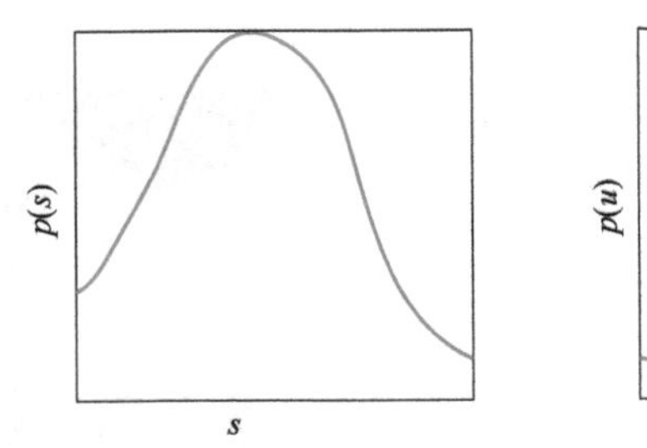

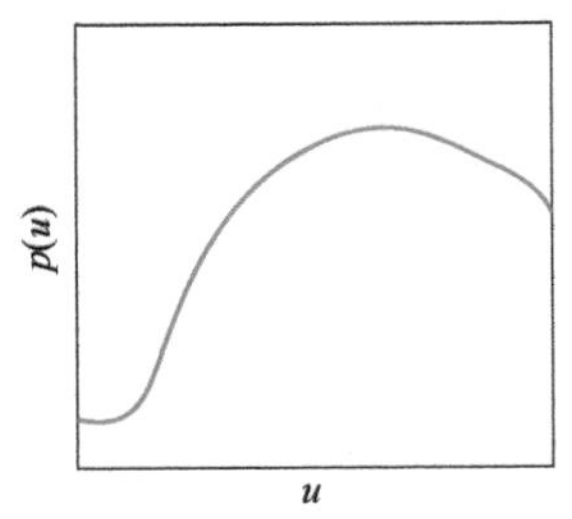

图 6-9　原图像直方图和规定直方图

3）使用与 v_l 靠近的 z_k 代替 v_l，并求逆变换，得到规定化后图像的灰度级。

6.1.3　色彩增强

人眼只能区分大约 16 种不同的灰度级，而对于不同亮度和色调的色彩，则可分辨上千种。因而在灰度图像中，微小灰度差别的细节人眼无法察觉，但若给它们赋予不同的颜色，就有可能分辨出。彩色增强的目的是增强图像的视觉效果。彩色增强包括假彩色增强、伪彩色增强和彩色变换增强，它们之间的区别在于处理对象或处理目的不同。

与真彩色图像相区别的另外两种彩色图像分别为伪彩色图像和假彩色图像。

1）伪彩色图像是由灰度图像经过伪彩色处理后得到的，其像素值是所谓的索引值，是按照灰度值进行彩色指定的结果，其色彩并不一定忠实于外界景物的真实色彩。

在显示或记录时，根据黑白图像各像素灰度的大小，按一定的规则赋予它们不同的颜色，于是就将黑白图像变换成彩色图像，这种处理方法称为伪彩色增强。

2）假彩色图像是自然图像经过假彩色处理后形成的彩色图像。假彩色处理与伪彩色处理一样，也通过彩色映射增强图像效果，但其处理的原始图像不是灰度图像，而是一幅真实的自然彩色图像，或是遥感多光谱图像。

1. 假彩色增强

（1）假彩色增强的目的

假彩色增强处理的对象是三基色描绘的自然图像或同一景物的多光谱图像。假彩色增强的主要目的包括 3 方面内容。

1）把景物映射成奇怪的彩色，会比原来的自然彩色更引人注目，会给人留下深刻的印象。

2）适应人眼对颜色的灵敏度，提高鉴别能力。例如，人眼对绿色亮度的响应最灵敏，可把原来使用其他颜色显示的细节映射成绿色，这样容易鉴别。人眼对蓝色的强弱对比灵敏度最大，可把细节丰富的物体映射成深浅与亮度不一的蓝色。

3）将多光谱图像处理成假彩色图像，不仅看起来自然、逼真，更主要的是可通过与其他波段图像配合从中获得更多的信息，便于区分地形、地物及矿产。

（2）对自然图像的假彩色处理的两种方法

1）将关注的目标物映射为与原色不同的彩色。例如，绿色草原置成红色，蓝色海洋置成绿色等。这样做的目的是使目标物置于奇特的环境中以引起观察者的注意。

2）根据人眼的色觉灵敏度重新分配图像成分的颜色。人眼对可见光中的绿色波长比较敏感，于是可将原来非绿色描述的图像细节或目标物经假彩色处理变成绿色，以达到提高目标分辨率的目的。自然图像的假彩色映射可定义为：

$$\begin{pmatrix} R_g \\ G_g \\ B_g \end{pmatrix} = \begin{pmatrix} T_{11} & T_{12} & T_{13} \\ T_{21} & T_{22} & T_{23} \\ T_{31} & T_{32} & T_{33} \end{pmatrix} \begin{pmatrix} R_f \\ G_f \\ B_f \end{pmatrix} \tag{6-11}$$

式中，R_f、G_f、B_f——原基色分量；

R_g、G_g、B_g——假彩色三基色分量；

$T_{ij}(i,j=1,2,3)$——转移函数。

例如：

$$\begin{pmatrix} R_g \\ G_g \\ B_g \end{pmatrix} = \begin{pmatrix} 0 & 0 & 1 \\ 1 & 0 & 0 \\ 0 & 1 & 0 \end{pmatrix} \begin{pmatrix} R_f \\ G_f \\ B_f \end{pmatrix} \tag{6-12}$$

三基色与具有 n 个波段的多光谱图像 f_i 之间的关系为：

$$\begin{cases} R_g = T_R\{f_i, i=1,2,\cdots,n\} \\ G_g = T_G\{f_i, i=1,2,\cdots,n\} \\ B_g = T_B\{f_i, i=1,2,\cdots,n\} \end{cases} \tag{6-13}$$

式中，　f——第 i 波段图像；

$T_R\{\}$、$T_G\{\}$、$T_B\{\}$——通用的函数运算。

2. 伪彩色增强

伪彩色增强（Pseudo Color Enhancement）就是将单一波段或灰度图像变换为彩色图像，从而把人眼不能区分的微小的灰度差别显示为明显的色彩差异，更便于识别和提取有用信息。伪彩色增强适用于航拍和遥感图片、云图等方面，也可以用于医学图像的判读。

伪彩色增强可以在空间域或频域中实现，主要包括灰度分层法、空间域灰度级彩色变换和频域伪彩色增强。

（1）灰度分层法　灰度分层法也称密度分割，是伪彩色增强中最简单的一种方法，它可对图像灰度范围进行分割，使一定灰度间隔对应于某一种颜色，从而有利于图像的增强和分类。也就是把灰度图像的灰度级从 0（黑）到 M（黑）分成 M 个区间 L_k，$k=1,2,\cdots,M$。给每个区间 L_k 指定一种彩色 C_k，这样便可以把一幅灰度图像变成一幅伪彩色图像，灰度分层法示意图如图 6-10 所示。

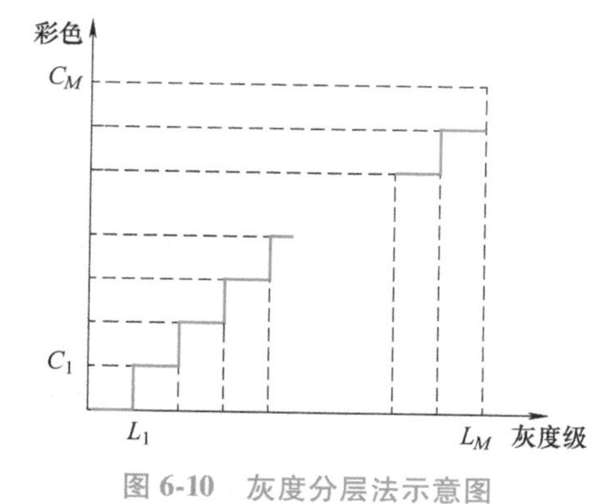

图 6-10　灰度分层法示意图

灰度分层法的缺点是变换出的彩色数目有限，伪彩色生硬且不够柔和，量化噪声大。增强效果与分割层数成正比，层次越多，细节越丰富，彩色越柔和。增强处理结果如图 6-11b 所示。

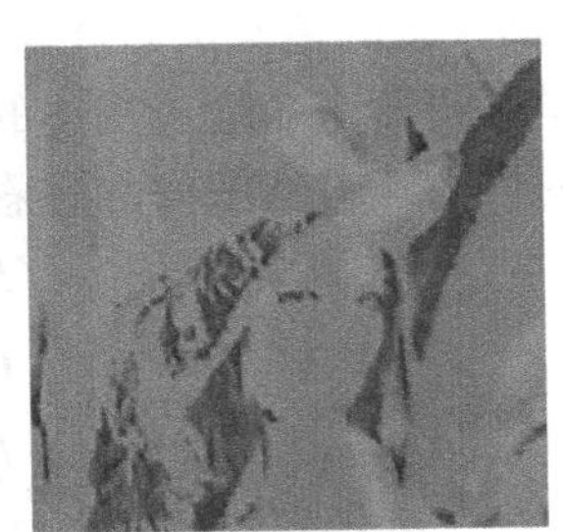

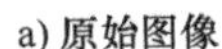

a) 原始图像　　b) 灰度分层法增强　　c) 空间域灰度级彩色变换增强

图 6-11　伪彩色增强示例

（2）空间域灰度级彩色变换　空间域灰度级彩色变换是一种更为常用的、比灰度分层法更为有效的伪彩色增强方法。它根据色度学的原理，将原图像$f(x,y)$的灰度分段经过红、绿、蓝 3 种不同变换，变成三基色分量，然后用它们分别去控制彩色显示器的红、绿、蓝电子枪，这样就可得到一幅由 3 个变换函数调制的与$f(x,y)$幅度相对应的彩色图像。彩色的含量由变换函数的形状而定。

典型的变换函数如图 6-12 所示，其中前 3 个图分别表示红色、绿色、蓝色 3 种变换函数，而最后一幅图是把 3 种变换函数显示在同一坐标系中以清楚地看出相互间的关系，横坐标表示原图像灰度$f(x,y)$。由最后一幅图可见，只有在灰度为零时呈蓝色，灰度为$L/2$时呈绿色，灰度为L时呈红色，而在其他灰度时呈其他彩色。这种技术可以将灰度图像变换为具有多种颜色渐变的连续彩色图像，增强结果如图 6-11c 所示。

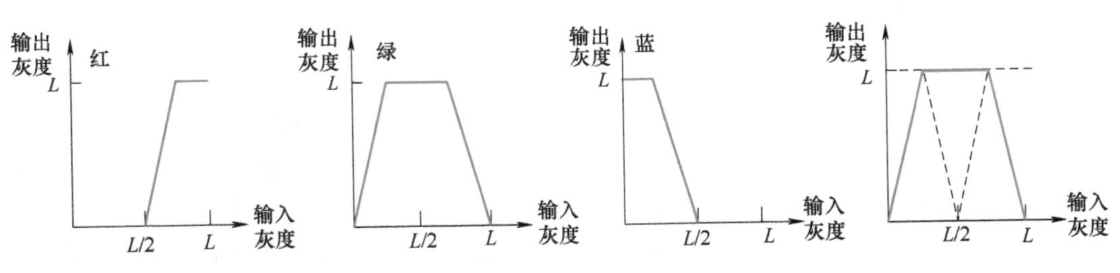

图 6-12　灰度级彩色变换函数

实际应用中，变换函数常用取绝对值的正弦，其特点是在峰值处比较平缓，而在低谷处比较尖锐。通过改变每个正弦波的相位和频率就可以改变相应灰度值所对应的彩色。

（3）频域伪彩色增强　频域伪彩色增强的处理步骤如图 6-13 所示。首先将输入的灰度图像经傅里叶变换到频域，在频域内用 3 个不同传递特性的滤波器分离成 3 个独立分量，然后对它们进行傅里叶逆变换，便得到 3 幅代表不同频率分量的单色图像，接着对这 3 幅图像做进一步的处理，如直方图均衡化，最后将它们作为三基色分量分别加到彩色显示器的红、绿、蓝显示通道，从而得到一幅彩色图像。

伪彩色增强不改变像素的几何位置，而仅仅改变其显示的颜色，它是一种很实用的图像增强技术，主要用于提高人眼对图像的分辨能力。这种处理可以用计算机来完成，也可以用专用硬件设备来实现。伪彩色增强技术已经被广泛应用于遥感和医学图像处理，如云图判读、X 光片、超声图片增强等。

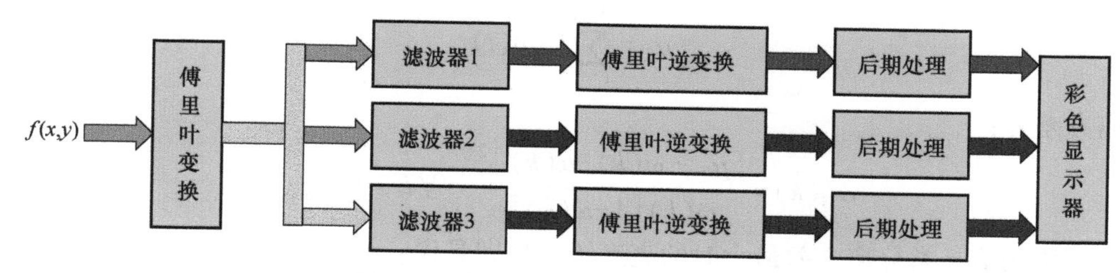

图 6-13　频域伪彩色增强的处理步骤

6.2　阈值处理及图像滤波

图像阈值处理是指剔除图像内像素高于一定值或低于一定值的像素点。常用的阈值处理方法有全局阈值处理、自适应阈值处理和 Otsu 处理。

实际中，任何一幅图像都或多或少地包含噪声，过滤掉图像内部的噪声称为图像滤波。常用的图像滤波方法有：高斯滤波、均值滤波、中值滤波、方框滤波、双边滤波、2D 卷积滤波。

6.2.1　Otsu 阈值处理

在使用函数 cv2. threshold( ) 进行阈值处理时需要自定义一个阈值。这个阈值对于色彩均衡的图像较容易选择，但是对于色彩不均衡的图像，阈值的选择会变得很复杂。使用 Otsu 方法可以方便地选择出图像处理的最佳阈值，它会遍历当前图像的所有阈值，选取最佳阈值。

Otsu 方法是最受欢迎的最优阈值处理方法之一。Otsu 把图像分割成目标和背景，所选取的分割阈值应使目标区域的平均灰度、背景区域的平均灰度与整幅图像的平均灰度之间的差异最大，这种差异用区域的方差来表示。Otsu 的基本原理是利用正规化直方图，其中每个亮度级 l 的概率值为该亮度级 l 的点数除以图像总点数。因此，亮度级的概率分布为：

$$p(l)=\frac{N(l)}{N} \tag{6-14}$$

式中，$p(l)$——亮度级的概率；

$N(l)$——亮度级为 l 的点数；

N——亮度级的总点数。

由式（6-14）可以计算第 k 个亮度级的零阶和一阶累积矩，分别如式（6-15）和式（6-16）所示。

$$\omega(k)=\sum_{l=1}^{k}p(l) \tag{6-15}$$

$$\mu(k)=\sum_{l=1}^{k}l\cdot p(l) \tag{6-16}$$

图像的总平均值为：

$$\mu_T = \sum_{l=1}^{N_{max}} l \cdot p(l) \tag{6-17}$$

类分离方差为：

$$\sigma_B^2(k) = \frac{[\mu_T \cdot \omega(k) - \mu(k)]^2}{\omega(k)[1-\omega(k)]} \quad \forall k \in 1, N_{max} \tag{6-18}$$

因此，最优阈值是类分离方差最大时的亮度级，也即是说，最优阈值 T_{opt} 的方差满足：

$$\sigma_B^2(T_{opt}) = \max_{1 \leqslant k < N_{max}} [\sigma_B^2(k)] \tag{6-19}$$

在 OpenCV 中，实现 Otsu 处理的函数是 cv2. threshold( )，只不过参数 type 多传递一个参数“cv2. THRESH_OTSU”。需要注意的是，在使用 Otsu 方法时，需要把阈值设为 0。此时的函数 v2. threshold( ) 会自动寻找最优阈值，并将该阈值返回。该函数的语法格式是：

```
t,Otsu=cv2.threshold(src,0,255,cv2.THRESH_BINARY+cv2.THRESH_OTSU)
```

其中，src 表示原始图像，即需要处理的图像。

例 6-1 对一幅图像分别使用二值化阈值函数 cv2. threshold ( )、自适应阈值函数 cv2. adaptiveThreshold( ) 和 Otsu 阈值进行处理，显示处理的结果。

代码如下：

```
import cv2
img1=cv2.imread("D:Python\pic\yuantu1.jpg",0)
cv2.imshow("original",img1)
t1,thd=cv2.threshold(img1,127,255,cv2.THRESH_BINARY)
t2,Otsu=cv2.threshold(img1,0,255,cv2.THRESH_BINARY+cv2.THRESH_OTSU)
cv2.imshow("thd",thd)
cv2.imshow("Otsu",Otsu)
cv2.waitKey()
cv2.destroyAllWindows()
```

彩图二维码

程序运行结果如图 6-14 所示。

a) 原始图像

图 6-14　原图像及调整后的各图像

b) 原始图像调整为单通道灰度图像

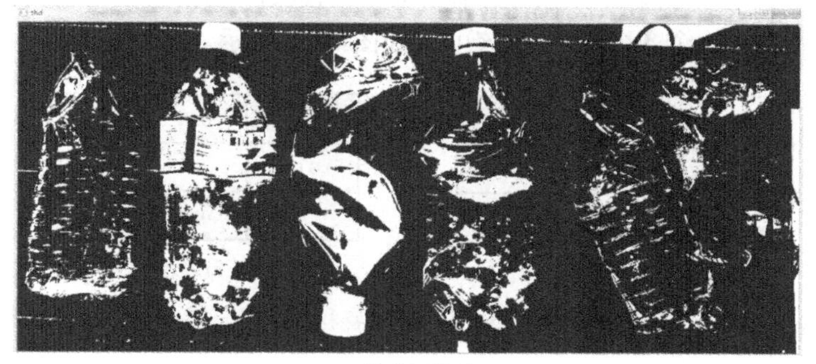

c) 二值化阈值处理

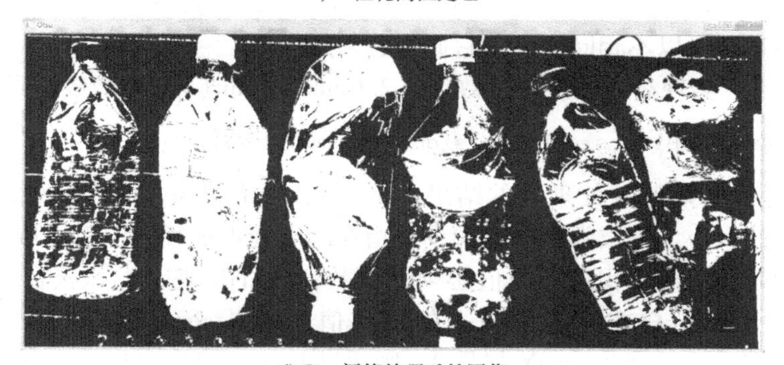

d) Otsu阈值处理后的图像

图 6-14　原图像及调整后的各图像（续）

图 6-14a 是原始图像，图 6-14b 是将原始图像进行灰度处理后的结果，图 6-14c 是二值化阈值处理结果，从图中可以看出，这种阈值处理会丢失大量的信息；图 6-14d 是 Otsu 阈值采用 cv2. THRESH_BINARY+cv2. THRESH_OTSU 类型，通过最优阈值，得到了较好的处理结果。

6.2.2　高斯滤波

假设构造宽（列数）为 W、高（行数）为 H 的高斯卷积算子 $\mathbf{gaussKernel}_{H\times W}$，其中 W 和 H 均为奇数，锚点的位置为$\left(\frac{H-1}{2},\frac{W-1}{2}\right)$，构造高斯卷积核的步骤如下：

1）计算高斯矩阵。

$$\mathbf{gaussMatrix}_{H\times W}=[\text{gauss}(r,c,\sigma)]_{0\leqslant r\leqslant H-1,0\leqslant c\leqslant W-1,r,c\in N}$$

其中，$\text{gauss}(r,c,\sigma)=\dfrac{1}{2\pi\sigma^2}e^{-\frac{\left(r-\frac{H-1}{2}\right)^2+\left(c-\frac{W-1}{2}\right)^2}{2\sigma^2}}$，$r$ 和 c 代表位置索引，$0\leqslant c\leqslant W-1$，$0\leqslant r\leqslant H-1$，且 r 和 c 均为整数。

2）计算高斯矩阵的和 $\text{sum}(\mathbf{gaussMatrix}_{H\times W})$。

3）高斯矩阵 $\mathbf{gaussMatrix}_{H\times W}$ 除以高斯矩阵的和 $\text{sum}(\mathbf{gaussMatrix}_{H\times W})$，即归一化，得到高斯卷积算子。

$$\mathbf{gaussKernel}_{H\times W}=\mathbf{gaussMatrix}_{H\times W}/\text{sum}(\mathbf{gaussMatrix}_{H\times W})$$

在高斯滤波中，卷积核中的值按照距离中心点的远近分别赋予不同的权重，卷积核中的值不再都是 1。例如，一个 3×3 的卷积核可能如图 6-15 所示。

1	3	1
3	2	7
1	3	1

a) 卷积核

0.01	0.03	0.1
0.03	0.4	0.2
0.1	0.03	0.1

b) 卷积核

图 6-15　高斯卷积核

针对图 6-15b，如果采用小数定义权重，则其各个权重的累加值要等于 1。在高斯滤波中，核的宽度和高度可以不相同，但是它们都必须是奇数。

在 OpenCV 中，实现高斯滤波的函数是 cv2. GaussianBlur( )，该函数的语法格式是：

```
dst=cv2.GaussianBlur(src,ksize,sigmaX,sigmaY,borderType)
```

其中，dst 表示返回高斯滤波处理后的结果；src 表示原始图像，即需要处理的图像；ksize 表示滤波卷积核的大小。滤波卷积核的大小是指在滤波处理过程中，其邻域图像的高度和宽度。需要注意的是，滤波卷积核的数值必须是奇数；sigmaX 表示卷积核在水平方向上的权重值；sigmaY 表示卷积核在垂直方向上的权重值，如果 sigmaY 被设置为 0，则只采用 sigmaX 的值；如果 sigmaX 和 sigmaY 都是 0，则通过 ksize. width 和 ksize. height 计算得到：

$$\text{sigmaX}=0.3\times[(\text{ksize.width}-1)\times 0.5-1]+0.8$$

$$\text{sigmaY}=0.3\times[(\text{ksize.height}-1)\times 0.5-1]+0.8$$

borderType 表示以何种方式处理边界值。一般情况下不需要考虑该值，直接采用默认值即可。

例 6-2　对图像进行高斯滤波，显示滤波的结果。

代码如下：

```
import cv2
img1=cv2.imread("D:Python\pic\dog5.jpg")
cv2.imshow("original",img1)
r=cv2.GaussianBlur(img1,(5,5),0,0)
cv2.imshow("Gauss",r)
cv2.waitKey()
```

```
cv2.destroyAllWindows()
```

程序运行结果如图6-16所示。

a) 原始图像

b) 高斯滤波后的图像

图6-16　原始图像及高斯滤波后的图像

彩图二维码

6.2.3　均值滤波

均值滤波是用当前像素点周围 $N\times N$ 个像素值的均值来代替当前像素值。使用该方法遍历处理图像内的每一个像素点，即可完成整幅图像的均值滤波。假设构造宽（列数）为 W、高（行数）为 H 的均值卷积算子 $\mathbf{meanKernel}_{H\times W}$，令所有元素均为$\frac{1}{W\times H}$即可，则构造的均值卷积核为 $\mathbf{meanKernel}_{H\times W}=\frac{1}{H\times W}[1]_{H\times W}$，其中 W 和 H 均为奇数，锚点的位置为$\left(\frac{H-1}{2},\frac{W-1}{2}\right)$。均值卷积核是可分离卷积核，即：

$$\begin{aligned}\mathbf{meanKernel}_{H\times W}&=\mathbf{meanKernel}_{1\times W} * \mathbf{meanKernel}_{H\times 1}\\&=\mathbf{meanKernel}_{H\times 1} * \mathbf{meanKernel}_{1\times W}\end{aligned}$$

一般来说，选取行列数相等的卷积核进行均值滤波。在均值滤波中，卷积核中的权重是相等的。选取的卷积核越大，参与运算的像素点数量就越多，图像的失真情况就越严重。

在OpenCV中，实现均值滤波的函数是cv2.blur()，该函数的语法格式是：

```
dst=cv2.blur(src,ksize,anchor,borderType)
```

其中，dst表示返回均值滤波处理后的结果；src表示原始图像，即需要处理的图像；ksize表示滤波卷积核的大小，滤波卷积核的大小是指在滤波处理过程中，其邻域图像的高度和宽度；anchor表示图像处理的锚点，默认值为（-1,-1），表示当前计算均值的点位于卷积核的中心点位置；borderType表示以何种方式处理边界值。一般情况下，不需要考虑该值，直接采用默认值即可。

一般情况下，使用均值滤波函数，锚点anchor和边界样式borderType采用默认值时，函数cv2.blur()的一般形式为：

```
dst=cv2.blur(src,ksize)
```

对于该函数，采用默认值即可。

例 6-3 使用函数 cv2. blur( ) 对图像进行均值滤波，并显示原始图像和滤波的图像。代码如下：

```
import cv2
img1=cv2.imread("D:Python\pic\dog5.jpg")
cv2.imshow("original",img1)
r5=cv2.blur(img1,(5,5))
r30=cv2.blur(img1,(30,30))
r50=cv2.blur(img1,(50,50))
cv2.imshow("mean5",r5)
cv2.imshow("mean30",r30)
cv2.imshow("mean50",r50)
cv2.waitKey()
cv2.destroyAllWindows()
```

程序运行结果如图 6-17 所示。图 6-17a 是原始图像，图 6-17b 是在卷积核大小为 5×5 时的滤波图像，图 6-17c 是在卷积核大小为 30×30 时的滤波图像，图 6-17d 是在卷积核大小为 50×50 时的滤波图像。因此，随着卷积核的增大，图像的失真情况越来越严重。

彩图二维码

a) 原始图像

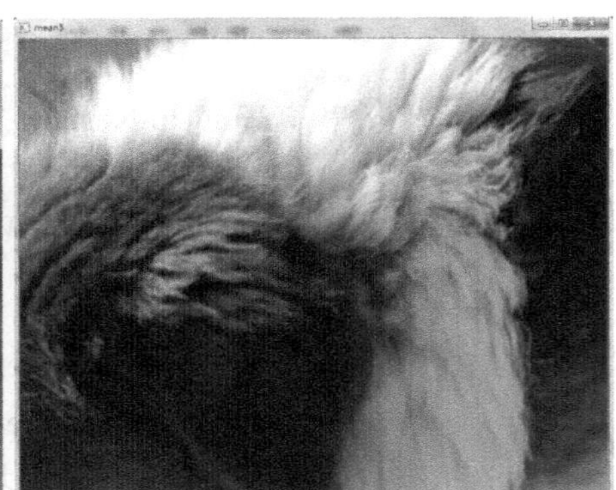

b) 均值滤波后的图像(ksize=5)

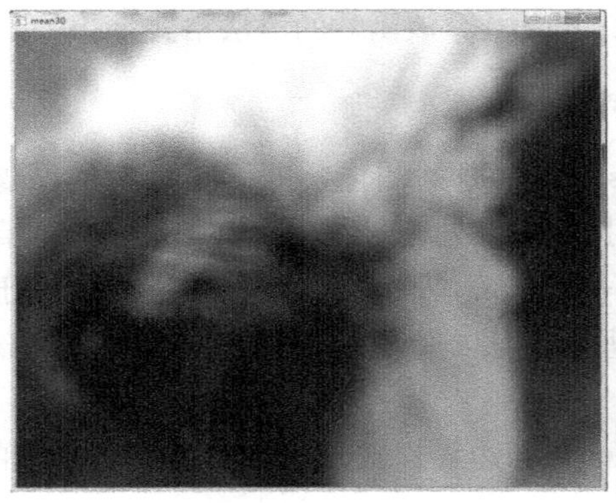

c) 均值滤波后的图像(ksize=30)

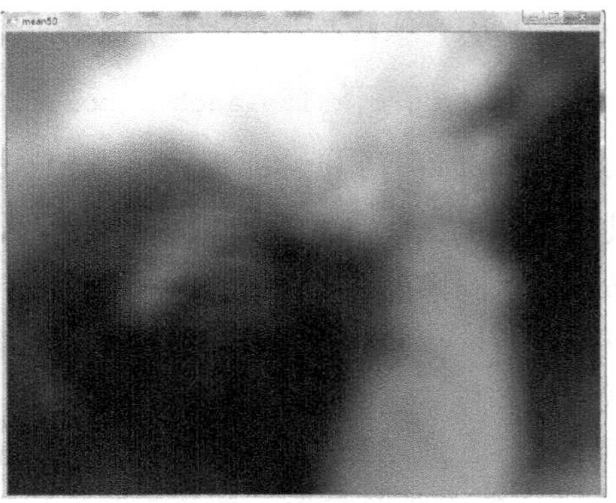

d) 均值滤波后的图像(ksize=50)

图 6-17　均值滤波图像

6.2.4　中值滤波

中值滤波不同于前面小节介绍的滤波方法，不再采用加权求均值的方式计算滤波的结果。它用中心点领域内所有像素值（一共有奇数个像素点）的中间值代替当前像素点的像素值，即对邻域中的像素点按照灰度值进行排序，然后选择该组的中值作为输出的灰度值。

假设输入图像为 I，高（行数）为 R，宽（列数）为 C，对图像的任意位置 (r,c)，$0\leqslant r<R$，$0\leqslant c<C$，取以 (r,c) 为中心、宽为 W、高为 H 的邻域。其中，W 和 H 均为奇数，对邻域中的像素点灰度值进行排序，然后取中值，作为输出图像 O 的 (r,c) 位置处的灰度值。

在 OpenCV 中，实现中值滤波的函数是 cv2. medianBlur( )。该函数的语法格式是：

```
dst=cv2.medianBlur(src,ksize)
```

其中，dst 表示返回中值滤波处理后的结果；src 表示原始图像，即需要处理的图像；ksize 表示滤波卷积核的大小，滤波卷积核的大小是指在滤波处理过程中，其邻域图像的高度和宽度。滤波卷积核的大小必须是大于 1 的奇数，如 3、5、7 等。

例 6-4　使用函数 cv2. medianBlur( ) 对图像进行中值滤波，并显示原始图像和滤波的图像。

代码如下：

```
import cv2
img1=cv2.imread("D:Python\pic\dog5.jpg")
cv2.imshow("original",img1)
r15=cv2.medianBlur(img1,15)
cv2.imshow("median15",r15)
cv2.waitKey()
cv2.destroyAllWindows()
```

彩图二维码

原始图像及中值滤波后的图像如图 6-18 所示。图 6-18a 是原始图像，图 6-18b 是在卷积核大小为 15 时的滤波图像。

a) 原始图像

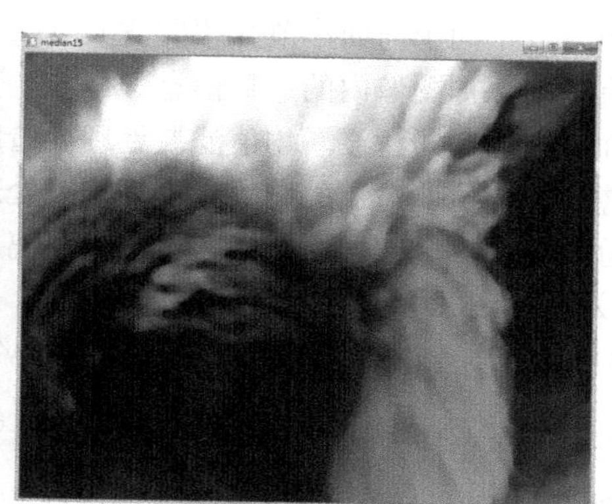

b) 中值滤波后的图像(ksize=15)

图 6-18　原始图像及中值滤波后的图像

中值滤波最重要的特点是去除椒盐噪声。椒盐噪声是指在图像传输系统中，由于解码误差等原因，导致图像中出现孤立的白点或者黑点。可以通过以下代码对图像实现中值滤波。

```
#图像添加椒盐噪声
import numpy as np
import cv2 as cv
from numpy import shape
import random
def salt(image,number):
      #图像的高、宽
      rows,cols=image.shape
      #加入椒盐噪声后的图像
      saltImage=np.copy(image)
      for i in range(number):
            randR=random.randint(0,rows-1)
            randC=random.randint(0,cols-1)
            saltImage[randR][randC]=255
                return saltImage
#读取待处理图像
img=cv.imread("D:\Python\pic\smalldog52.jpg",0)
PepperSaltimg=salt(img,1)
#在文件夹中写入名为PepperSaltsmalldog52.jpg的加噪后的图像
cv.imwrite("D:\Python\pic\PepperSaltsmalldog52.jpg",PepperSaltimg)
#显示原图和加噪后的图像
cv.imshow("img",img)
cv.imshow("PepperSaltsmalldog52",PepperSaltimg)
cv.waitKey(0)
cv.destroyAllWindows()
```

6.2.5 双边滤波

双边滤波不同于前面小节介绍的滤波方法，它综合考虑了空间信息和色彩信息，在滤波过程中有效地保护图像内的边缘信息。

上面介绍的高斯滤波、均值滤波处理会造成边缘信息模糊。边界模糊是滤波处理过程中对邻域像素取均值所造成的结果，因为滤波处理过程只考虑了空间信息，造成了边界信息模糊和部分信息丢失。双边滤波综合考虑了距离和色彩的权重结果，既能够有效地去除噪声，又能够较好地保护边缘信息。

在 OpenCV 中，实现双边滤波的函数是 cv2.bilateralFilter()，该函数的语法格式是：

```
dst=cv2.bilateralFilter(src,d,sigmaColor,sigmaSpace,borderType)
```

其中，dst 表示返回双边滤波处理后的结果；src 表示原始图像，即需要处理的图像；d 表示在滤波时选取的空间距离参数（以当前像素点为中心点的直径）。在实际应用中，一般取其为 5，对于较大噪声的离线滤波，一般取其值为 9；sigmaColor 表示双边滤波时选取的色差范围。如果该值为 0，则滤波失去意义。该值为 255 时，指定直径内的所有点都能够参与运算；sigmaSpace 表示坐标空间中的 sigma 值。它的值越大，表示越多的点参与滤波；borderType 表示以何种方式处理边界。一般情况下，不需要考虑该值，直接采用默认值即可。

例 6-5　使用函数 cv2.bilateralFilter( ) 对图像进行双边滤波，并显示原始图像和滤波的图像。

代码如下：

```
import cv2
img1=cv2.imread("D:Python\pic\dog5.jpg")
cv2.imshow("original",img1)
r=cv2.bilateralFilter(img1,55,100,100)
cv2.imshow("bilateralFilter",r)
cv2.waitKey()
cv2.destroyAllWindows()
```

彩图二维码

原始图像及双边滤波后的图像如图 6-19 所示。图 6-19a 是原始图像，图 6-19b 是在距离参数 $d=55$ 时的滤波图像。

a) 原始图像

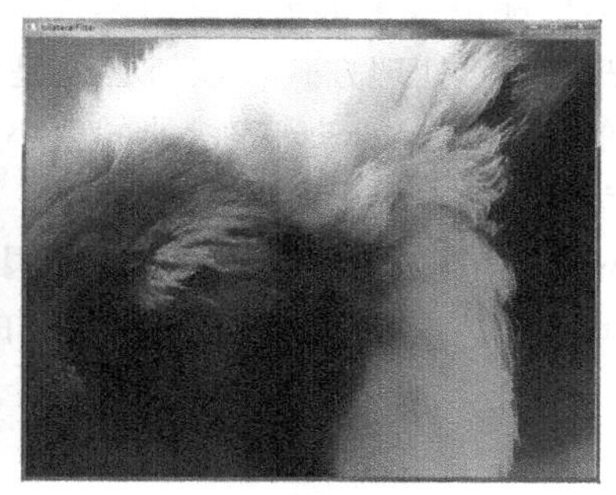

b) 双边滤波后的图像

图 6-19　原始图像及双边滤波后的图像

6.2.6　自适应阈值处理

对于色彩均衡的图像，直接使用一个阈值就能完成对图像的阈值化处理。但是，有时图像的色彩是不均衡的。如果只使用一个阈值，就无法得到清晰的阈值分割图像。通过使用变化的阈值完成对图像的阈值处理，称为自适应阈值处理。自适应阈值处理的方法是通过计算每个像素点周围临近区域的加权平均值获得阈值，并使用该阈值对当前像素点进行处理。与普通阈值处理方法相比，自适应阈值处理能够更好地处理明暗差异较大的图像。

在自适应阈值处理中，平滑算子（卷积核）的尺寸决定了分割出来的物体尺寸。如果卷积核的尺寸太小，那么估计出的局部阈值将不理想。卷积核的宽度必须大于被识别物体的宽度，卷积核的尺寸越大，滤波后的结果越能更好地作为每个像素的阈值的参考，但也不能无限大。

假设输入图像为 I，高为 H，宽为 W，卷积核的尺寸记为 $H \times W$，其中 H 和 W 均为奇数。$I(r,c)$ 代表 I 第 r 行第 c 列的灰度值，$0 \leqslant r < H$，$0 \leqslant c < W$，自适应阈值处理后的输出图像为 O，$O(r,c)$ 代表 O 的第 r 行第 c 列的灰度值。自适应阈值算法的步骤如下：

1）对图像 I 进行平滑处理，平滑结果记为 $f_{smooth}(I)$，其中 f_{smooth} 可以是均值平滑、高斯平滑和中值平滑。

2）自适应阈值矩阵 $\mathbf{AThresh}=(1-\text{ratio})\times f_{smooth}(I)$，一般令 ratio=0.15。

3）利用局部阈值分割规则：

$$O(r,c)=\begin{cases}255, & I(r,c)>\mathbf{AThresh}(r,c)\\0, & I(r,c)\leqslant\mathbf{AThresh}(r,c)\end{cases} \text{或} \ O(r,c)=\begin{cases}0, & I(r,c)>\mathbf{AThresh}(r,c)\\255, & I(r,c)\leqslant\mathbf{AThresh}(r,c)\end{cases}$$

进行阈值分割。

在 OpenCV 中，实现自适应阈值处理的函数是 cv2. adaptiveThreshold( )，该函数的语法格式是：

```
dst = cv2.adaptiveThreshold ( src, maxValue, adaptiveMethod, thresholdType,
blockSize,C)
```

其中，dst 表示返回自适应阈值处理后的结果；src 表示原始图像，即需要处理的图像；maxValue 表示最大值；adaptiveMethold 代表自适应方法，包含 cv2. ADAPTIVE_THRESH_MEAN_C 和 cv2. ADAPTIVE_THRESH_GAUSSIAN_C 两种不同的方法，两种方法都逐个像素计算自适应阈值，自适应阈值等于每个像素由参数 blockSize 所指定的邻域加权平均值减去常量 C；thresholdType 表示阈值处理方式，该值必须是 cv2. THRESH_BINARY 或者 cv2. THRESH_BINARY_INV 中的一个；blockSize 表示块的大小，也就是一个像素在计算其阈值时所使用的邻域尺寸，一般为 3、5、7 等；C 表示常量。

例 6-6 对一幅图像分别使用二值化阈值函数 cv2. threshold( ) 和自适应阈值函数 cv2. adaptiveThreshold( ) 进行处理，显示处理的结果。

代码如下：

```
import cv2
img1=cv2.imread("D:Python\pic\yuantu1.jpg",0)
cv2.imshow("original",img1)
t1,thd=cv2.threshold(img1,127,255,cv2.THRESH_BINARY)
athMEAN=cv2.adaptiveThreshold(img1,255,cv2.ADAPTIVE_THRESH_MEAN_C,cv2.THRESH_
BINARY,5,3)
athGAUSS = cv2.adaptiveThreshold ( img1, 255, cv2.ADAPTIVE _ THRESH _ GAUSSIAN _ C,
cv2.THRESH_BINARY,5,3)
cv2.imshow("thd",thd)
cv2.imshow("athMEAN",athMEAN)
cv2.imshow("athGAUSS",athGAUSS)
cv2.waitKey()
cv2.destroyAllWindows()
```

原始图像及程序运行结果图像如图 6-20 所示。

图 6-20a 是原始图像；图 6-20b 是将原始图像进行灰度处理后的结果；图 6-20c 是二值化阈值处理结果，从图中可以看出，这种阈值处理会丢失大量的信息；图 6-20d 是自适应阈值采用 cv2. ADAPTIVE_THRESH_MEAN_C 处理后的图像，图 6-20e 是自适应阈值采用 cv2. ADAPTIVE_THRESH_GAUSSIAN_C 处理后的图像。图 6-20d 和图 6-20e 中，阈值处理保留了更多的细节信息。

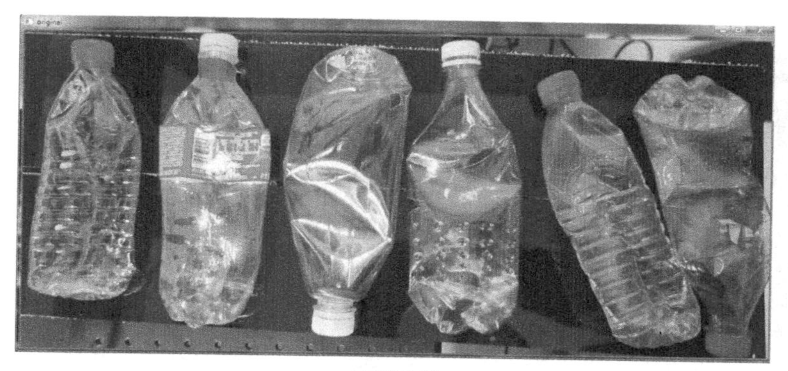

a) 原始图像

彩图二维码

b) 原始图像调整为单通道灰度图像

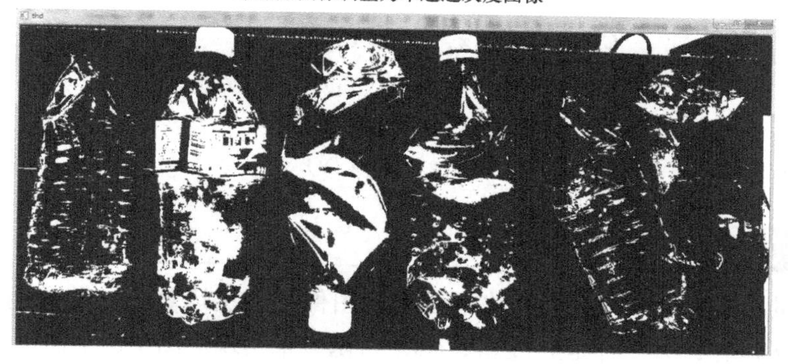

c) 二值化阈值处理后的图像

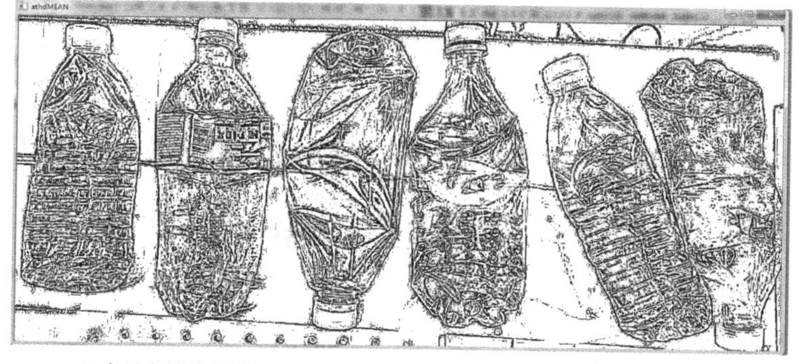

d) 自适应阈值采用cv2.ADAPTIVE_ THRESH_ MEAN_ C处理后的图像

图 6-20　原始图像及程序运行结果图像

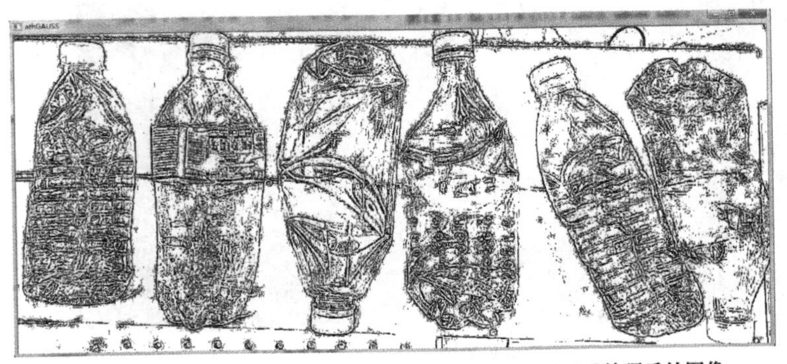

e）自适应阈值采用cv2.ADAPTIVE_THRESH_GAUSSIAN_C处理后的图像

图 6-20　原始图像及程序运行结果图像（续）

6.3　图像的代数运算

图像的代数运算是指两幅或多幅输入图像之间进行点对点的加、减、乘、除运算以得到输出图像的过程。如果输入图像为 $A(x,y)$ 和 $B(x,y)$，输出图像为 $C(x,y)$，则有如下 4 种形式：

$$\begin{aligned} C(x,y)&=A(x,y)+B(x,y) \\ C(x,y)&=A(x,y)-B(x,y) \\ C(x,y)&=A(x,y)\times B(x,y) \\ C(x,y)&=A(x,y)\div B(x,y) \end{aligned} \tag{6-20}$$

6.3.1　图像相加

在面向 Python 的 OpenCV 中有两种方法可以实现图像的加法运算：一种是通过运算符“+”对图像进行加法运算；另一种是通过 cv2. add( ) 函数来实现对图像的加法运算。

计算机一般使用 8 个比特来表示灰度图像，所以像素值的范围是 0~255。当像素值的和超过 255 时，这两种加法方式的处理方法是不一样的。

1. 运算符“+”

在使用运算符“+”对两个图像的像素进行加法运算时，具体规则如式（6-21）所示。

$$a+b=\begin{cases} a+b, & a+b\leqslant 255 \\ \mathrm{mod}(a+b,256), & a+b>255 \end{cases} \tag{6-21}$$

式中，　a、b——两幅图像的像素值；

$\mathrm{mod}(a+b,256)$——$a+b$ 的和除以 256 取余。

例 6-7　对两幅图像利用“+”进行加法运算，显示“+”的结果。

代码如下：

```
import cv2 as cv
img1=cv.imread("D:\Python\pic\smalldog52.jpg")
img2=cv.imread("D:\Python\pic\smalldog52.jpg")
img=img1+img2
cv.imshow("img1",img1)
cv.imshow("img",img)
cv.waitKey()
cv.destroyAllWindows()
```

原始图像及相加之后的图像如图 6-21 所示。

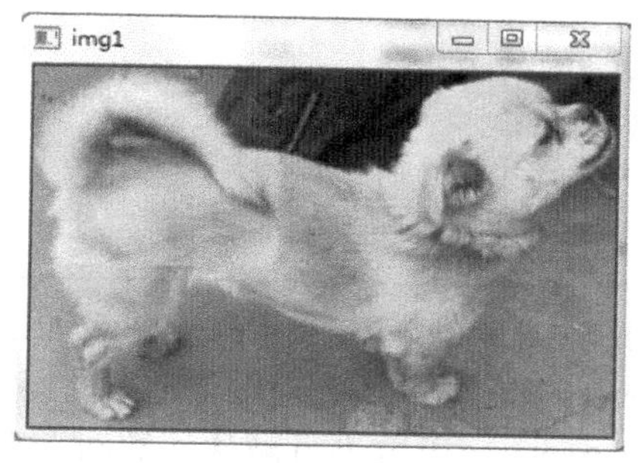

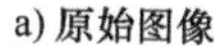

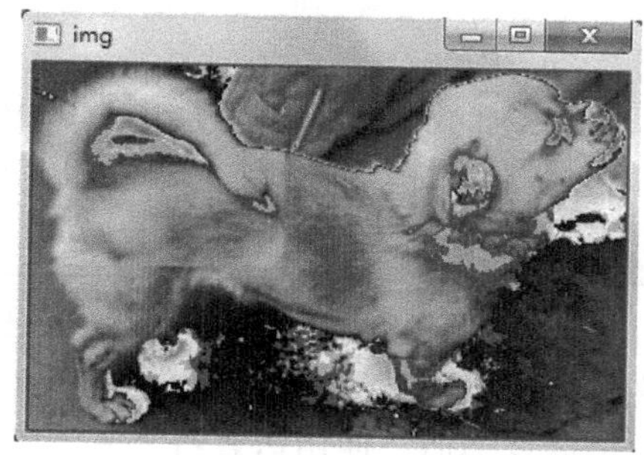

a) 原始图像　　b) 相加之后的图像

图 6-21　原始图像及相加之后的图像

2. cv2. add( ) 函数

在使用 cv2. add( ) 函数实现图像加法运算时，其一般格式如下：

```
result=cv2.add(a,b)
```

其中，result 表示计算的结果；a 和 b 表示需要进行加法计算的两幅图像的像素值。

使用 cv2. add( ) 函数进行图像加法运算时，会得到像素值的最大值，规则如下：

$$a+b=\begin{cases}a+b, & a+b\leqslant 255\\ 255, & a+b>255\end{cases} \tag{6-22}$$

式中，a、b——两幅图像的像素值，当像素 a 和像素 b 的和超过 255 时，会将其截断，取范围内的最大值，这与运算符“+”是不同的。

例 6-8　对两幅图像利用 cv2. add( ) 函数进行加法运算，显示运算结果。

代码如下：

```
import cv2 as cv
img1=cv.imread("D:\Python\pic\smalldog52.jpg")
img2=cv.imread("D:\Python\pic\smalldog52.jpg")
img=cv.add(img1,img2)
cv.imshow("img1",img1)
cv.imshow("img",img)
cv.waitKey()
cv.destroyAllWindows()
```

原始图像与相加之后的图像如图 6-22 所示。

a) 原始图像

b) 相加之后的图像

图 6-22　两幅图像使用 cv2. add( ) 函数相加的结果

6.3.2　图像相减

在面向 Python 的 OpenCV 中有两种方法可以实现图像的减法运算：一种是通过运算符“-”对图像进行减法运算；另一种是通过 cv2. subtract( ) 函数来实现对图像的减法运算。

与加法运算类似，使用运算符“-”和 cv2. subtract( ) 函数进行减法运算时，对于超出范围的处理是不一样的。

1. 运算符“-”

在使用运算符“-”对两个图像的像素进行减法运算时，具体规则如式（6-23）所示。

$$a-b=\begin{cases}a-b, & a+b\geqslant 0\\ \mathrm{mod}(a-b,255)+1, & a-b<0\end{cases} \tag{6-23}$$

式中，　a、b——两幅图像的像素值；

$\mathrm{mod}(a-b,255)+1$——$a-b$ 的差除以 255 取余后加 1。

例 6-9　对两幅图像利用“-”进行减法运算，显示运算结果。

代码如下：

```
import cv2 as cv
img1=cv.imread("D:\Python\pic\smalldog52.jpg")
img2=cv.imread("D:\Python\pic\smalldog52.jpg")
img=img1+img2
cv.imshow("img1",img1)
cv.imshow("img",img)
cv.waitKey()
cv.destroyAllWindows()
```

原始图像及相减之后的图像如图 6-23 所示。

2. cv2. subtract( ) 函数

在使用 cv2. subtract( ) 函数实现图像减法运算时，其一般格式如下：

```
result=cv2.subtract(a,b)
```

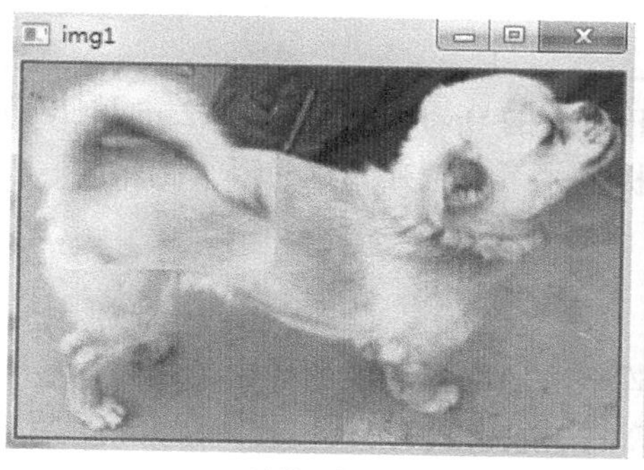

a) 原始图像

b) 相减之后的图像

图 6-23　原始图像及相减之后的图像

其中，result 表示计算的结果；a 和 b 表示需要进行减法计算的两幅图像的像素值。

使用 cv2. subtract( ) 函数进行图像减法运算时，规则如下：

$$a-b=\begin{cases}a-b, & a+b\geqslant 0\\0, & a-b<0\end{cases} \tag{6-24}$$

式中，a、b——两幅图像的像素值，当像素 a 和像素 b 的差值小于 0 时，会将其截断，这与运算符“-”是不同的。

例 6-10　对两幅图像利用 cv2. subtract( ) 函数进行减法运算，显示运算结果。

代码如下：

```
import cv2 as cv
img1=cv.imread("D:\Python\pic\smalldog52.jpg")
img2=cv.imread("D:\Python\pic\smalldog52.jpg")
img=cv.subtract(img1,img2)
cv.imshow("img1",img1)
cv.imshow("img",img)
cv.waitKey()
cv.destroyAllWindows()
```

原始图像及相减之后的图像如图 6-24 所示。

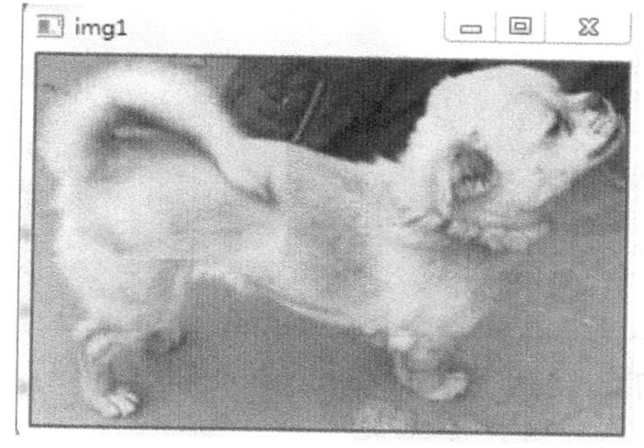

a) 原始图像

b) 相减之后的图像

图 6-24　两幅图像使用 cv2. subtract( ) 函数相减的结果

6.3.3 图像相乘

图像乘法运算有矩阵乘法和矩阵的点乘两种，面向 Python 的 OpenCV 提供了 cv2. multiply( ) 函数进行矩阵的点乘运算，Python 为矩阵的乘法运算提供了 dot( ) 函数。矩阵乘法的一般格式为：

```
result=np.dot(a,b)
```

其中，result 表示计算的结果；a 和 b 表示需要进行矩阵乘法的两幅图像的像素值矩阵。

矩阵点乘运算必须满足行列维数的规则，点乘运算的一般格式为：

```
result=cv2.multiply(a,b)
```

其中，result 表示计算的结果；a 和 b 表示需要进行矩阵点乘的两幅图像的像素值矩阵。

例 6-11 对两幅图像利用 cv2. multiply( ) 函数进行乘法运算，显示运算结果。

代码如下：

```
import cv2 as cv
img1=cv.imread("D:\Python\pic\smalldog52.jpg")
img2=cv.imread("D:\Python\pic\smalldog52.jpg")
img=cv.multiply(img1,img2)
cv.imshow("img1",img1)
cv.imshow("img",img)
cv.waitKey()
cv.destroyAllWindows()
```

彩图二维码

原始图像及相乘之后的图像如图 6-25 所示。

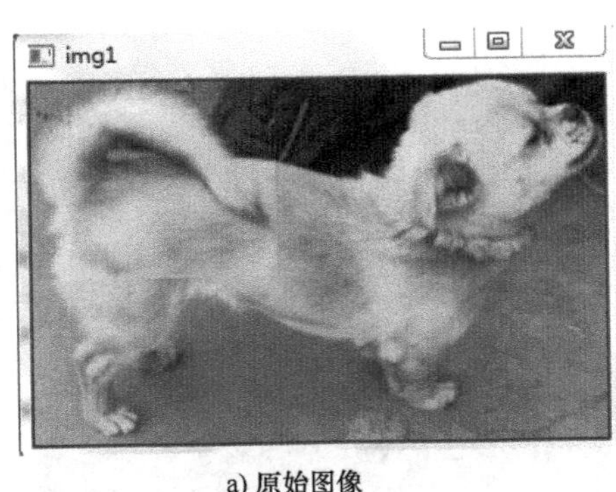

a) 原始图像　　b) 相乘之后的图像

图 6-25　原始图像及相乘之后的图像

6.3.4 图像相除

图像除法运算应用到图像中即为矩阵的点除运算，面向 Python 的 OpenCV 提供了 cv2. divide ( ) 函数进行像素矩阵的点除运算，一般格式为：

```
result=cv2.divide(a,b)
```

其中，result 表示计算的结果；a 和 b 表示需要进行矩阵点除的两幅图像的像素值矩阵。

例 6-12　对两幅图像利用 cv2. divide( ) 函数进行除法运算，显示运算结果。

代码如下：

```
import cv2 as cv
import numpy as np
img1=cv.imread("D:\Python\pic\smalldog52.jpg")
img2=cv.imread("D:\Python\pic\smalldog52.jpg")
img=cv.divide(img1,img2)
cv.imshow("img1",img1)
cv.imshow("img",img)
cv.waitKey()
cv.destroyAllWindows()
```

彩图二维码

原始图像及相除之后的图像如图 6-26 所示。

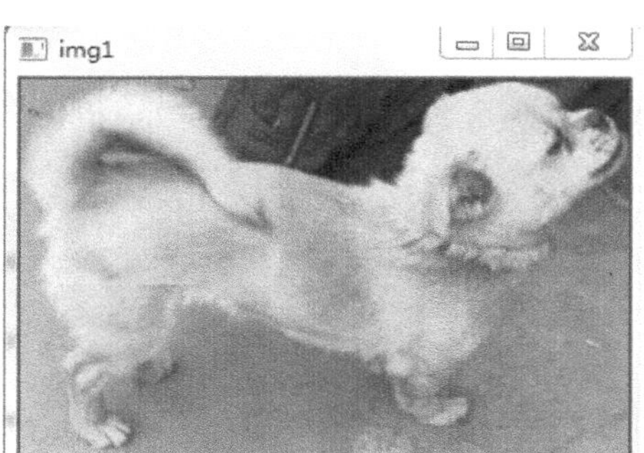

a) 原始图像　　b) 相除之后的图像

图 6-26　原始图像及相除之后的图像

图 6-26a 是原始图像，两幅图像相除后得到图 6-26b，两幅图像点除后的最终结果全是整数。

6.4　二值图像的几何性质与操作

在进行图像处理时，需要将图像转换成数字二值图像进行处理。本节主要介绍图像的连通性、距离、膨胀与腐蚀等操作。

6.4.1　二值图像的连通性

1. 4 联通和 8 连通

对于相同值（0 或 1）的像素间是相互连通还是分离（连通性，Connectivity），一般用 4 连通（4-Connected）和 8 连通（8-Connected）来判断。4 连通如图 6-27a 所示，是连接像素 (x,y) 的上、下、左、右像素，也就是连接 $(x-1,y)$、$(x+1,y)$、$(x,y-1)$、$(x,y+1)$ 位置上具有相同灰度值像素的标准。8 连通如图 6-27b 所示，是连接处于上、下、左、右以及4个斜邻近方向上的共8个位置的同值像素的标准。4连通的像素群通常也是8连通的。

4连通和8连通的像素块称为连通成分（Connected Component）。如果一个像素集合内的每一个像素都与集合内的其他像素连通，则称该集合为一个连通成分。考虑灰度值为0（表示背景）和1（表示对象）的二值图像，所有1-像素的集合表示前景，用 S 表示；所有0-像素的集合称为背景，用 S 的补集 $\overline{S}$ 表示。四周被1-像素连通成分所包围的那些0-像素组成的连通成分称为孔或洞（Hole）。

将1-像素的连通性用8连通定义时，则0-像素的连通性使用4连通定义，反之，将1-像素的连通性用4连通定义时，则0-像素的连通性使用8连通定义。也就是说，应对前景和背景使用不同的连通性。例如，在图6-28中，黑色像素表示1-像素，白色像素表示0-像素，将1-像素的连通性用8连通定义时，这里所示的所有的1-像素都连接在一起。像素A与外侧的0-像素不连通，并且被1-像素的连通成分所包围而形成孔。如果1-像素的连通性用4连通定义，则此图中的1-像素被分为两个连通成分。此时对0-像素采用8连通，像素A就与外侧的0-像素连通起来而不再是孔了。

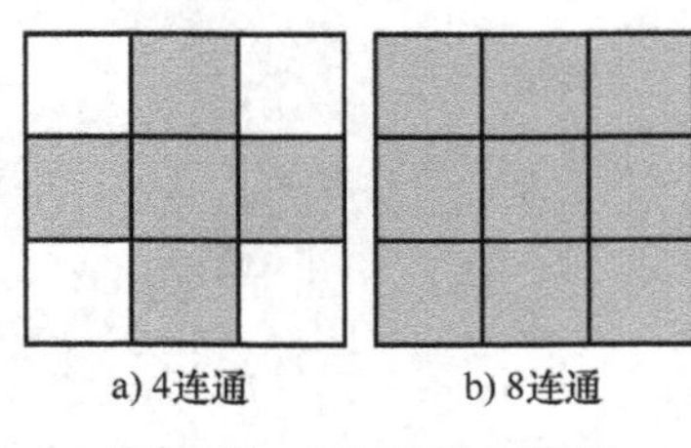

图6-27　4连通和8连通

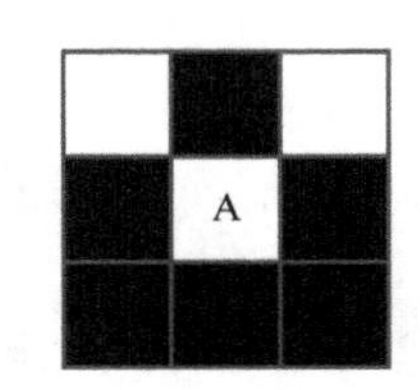

图6-28　连通性的定义

2. 路径

在前景 S 中，用像素到像素的一个像素序列表示路径。4路径表示像素与其近邻像素是4连通关系，8路径表示像素与其近邻像素是8连通关系，如图6-29所示。已知像素p和q，如果存在一条从p到q的路径，且路径上的全部像素都包含在 S 中，则称p与q是连通的。

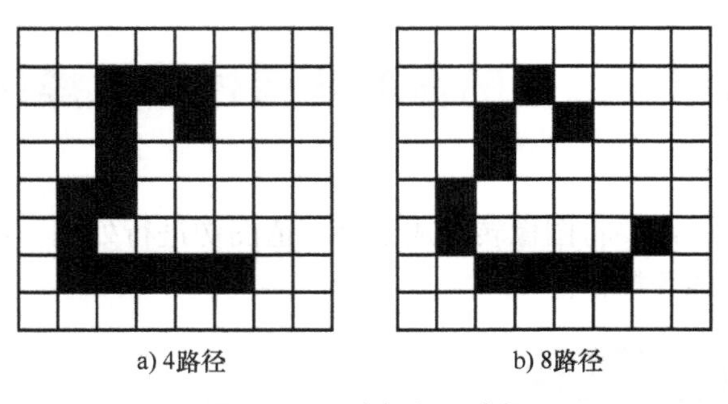

图6-29　4路径和8路径

3. 欧拉数

在几何理论中，闭区域的宏观形态可以用它的拓扑性质来度量。除撕裂或扭接外，在任何变形下都不改变的图像性质称为拓扑性质（Topological Characteristic）。显然两点间的距离不是拓扑性质，因为图像拉伸或压缩时它都改变。图像的连通性是拓扑性质，当平移、旋转、拉伸、压缩、扭变之后，连通性是不变的。因此，区域的孔数 H 和连通成分数 C 是拓扑性质，可用欧拉数来度量。

欧拉数（Euler Number）是图像的一种拓扑度量。欧拉数等于连通成分数减去孔的个数，即：

$$E=C-H \tag{6-25}$$

当然，这里的连通也取决于所定义的连通类型，即 4 连通或 8 连通。

MATLAB 中用 bweuler( ) 函数来计算二值图像的欧拉数，它的语法格式为：

```
eul=bweuler(BW,n);
```

其中，n 为连通类型，n=4 表示采用 4 连通，n=8 表示采用 8 连通，n 的默认值为 8。

在图 6-28 中，将 1-像素的连通性用 4 连通定义时，连通成分的个数为 2，由于孔的个数为 0，所以欧拉数为 2-0=2。另外，当用 8 连通定义时，连通成分的个数为 1，由于孔的个数为 1，所以欧拉数为 1-1=0。在视觉应用中，欧拉数或示性数（Genus）可作为图形和文字识别时的特征量，并且欧拉数具有平移、旋转和比例不变特性的拓扑特征。图 6-30 所示为欧拉数计算示例。其中，图 6-30a 中有 1 个连通成分和 1 个孔，欧拉数为 0；图 6-30b 中有 1 个连通成分和 2 个孔，欧拉数为-1；图 6-30c 中有 2 个连通成分和 0 个孔，欧拉数为 2。

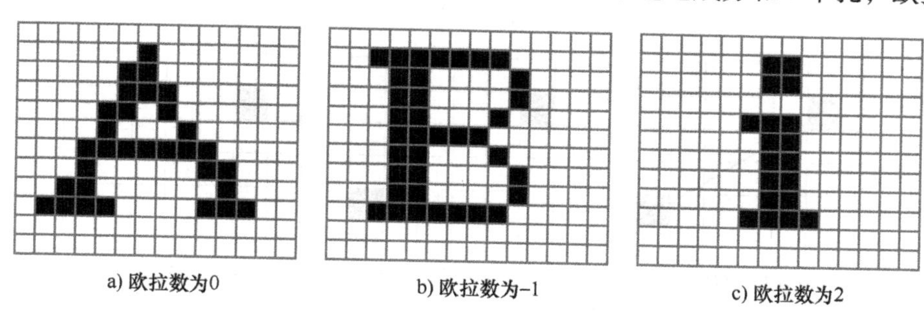

a) 欧拉数为0　　b) 欧拉数为-1　　c) 欧拉数为2

图 6-30　欧拉数计算示例

4. 中轴

中轴可作为物体的一种简洁表示。如果 S 中像素 (x,y) 的所有邻点 (u,v) 有式（6-26）成立：

$$d\{(x,y),\bar{S}\} \geqslant d\{(u,v),\bar{S}\} \tag{6-26}$$

则 S 中像素 (x,y) 到 $\bar{S}$ 的距离 $d\{(x,y),\bar{S}\}$ 是局部最大值，距离将在 6.4.2 节介绍。S 中所有到 $\bar{S}$ 的距离是局部最大值的像素集合称为对称轴或中轴，通常记为 S^*。中轴示意图如图 6-31 所示。

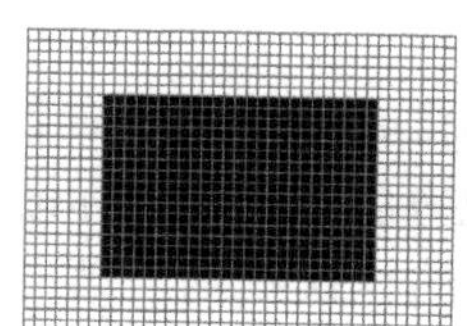
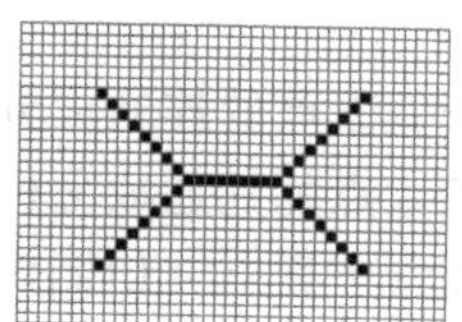
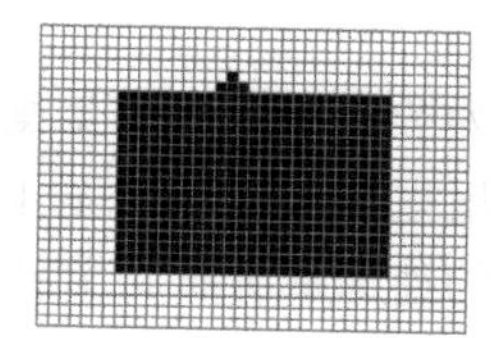
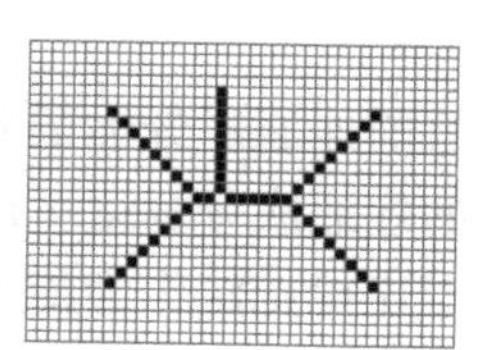

图 6-31　中轴示意图

6.4.2 像素间的距离

在数字图像中，所用像素间的距离除了欧几里得距离（Euclidean Distance）之外，还有棋盘距离（Chess-board Distance）及城区距离（City Block Distance）。在数字图像中，由于很多情况下只要能判断距离的大小关系就可以了，而且与欧几里德距离相比，棋盘距离及城区距离计算简单，所以更为常用。如果两个像素 a、b 的坐标分别用（x_a、y_a）和（x_b, y_b）表示，则两像素间的欧几里德距离 d_E 可以用下式给出：

$$d_E=\sqrt{(x_a-x_b)^2+(y_a-y_b)^2} \tag{6-27}$$

棋盘距离 d_{chess} 是指从像素 a 朝着像素 b，通过向纵、横及斜向 45°方向的相邻像素依次移动，到达 b 时用最小的移动次数来定义两像素间的距离，可用式（6-28）求得

$$d_{chess}=\max(|x_a-x_b|, |y_a-y_b|) \tag{6-28}$$

城区距离 d_{city} 是指从像素 a 向 b 沿纵、横相邻像素反复移动到达时的距离，下式给出其定义：

$$d_{city}=|x_a-x_b|+|y_a-y_b| \tag{6-29}$$

3 种距离的计算示例如图 6-32 所示。它们之间存在如下关系：

$$d_{chess}\leqslant d_E\leqslant d_{city} \tag{6-30}$$

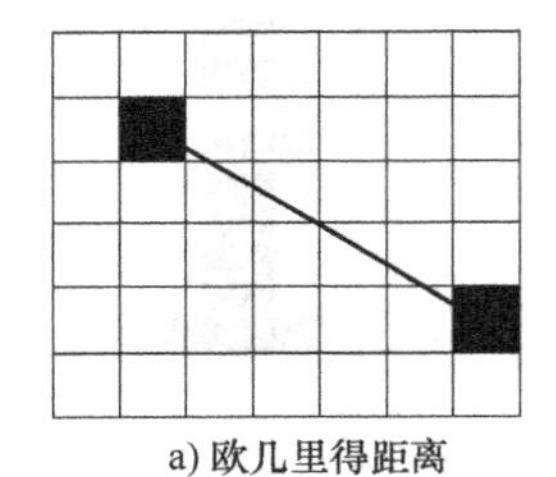

a) 欧几里得距离

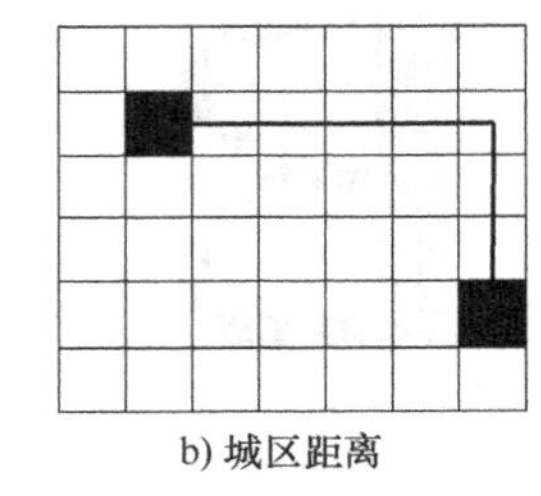

b) 城区距离

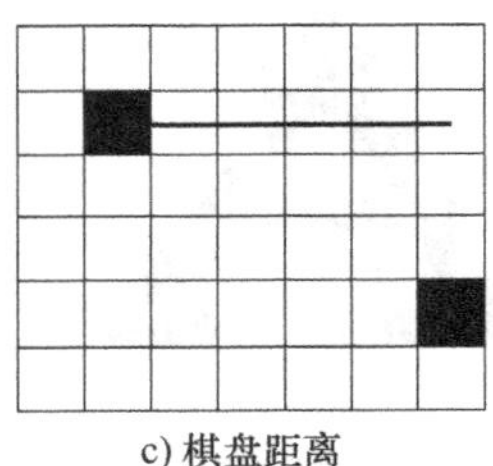

c) 棋盘距离

图 6-32　数字图像像素间距离

6.4.3 二值图像连通成分标记

作为二值图像的识别和图形测量的前处理，要为同一连通成分（4 连通和 8 连通）的所有像素分配相同的标号，为不同的连通成分分配不同的标号，称为连通成分的标记（Labeling）。举例来说，如图 6-33 所示的 4 连通标记的例子，互相连通的像素组用相同的标号，而不连通的像素组用不同的标号。这种方法在图像处理和模式识别的许多领域有广泛的应用，如光学字符识别（Optical Character Recognition，OCR）、图文分割、工程图识别中的图形或标注符号分割、生物医学领域中的自动细胞分类计数、流水线上的自动产品质量检测等。

目前连通成分标记分为两大类，一类是基于像素点的连通成分标记，另一类是基于行程分析的连通成分标记。这里重点介绍一种基于像素点的连通成分标记方法，即顺序标记法。

顺序标记法作为传统的连通成分标记方法通常需要对二值图像执行两次扫描。第一次扫描通过逐行逐列扫描像素来判断像素之间的邻域关系，对属于同一连通成分的像素赋予相同的连通标号。这种逐行逐列顺序扫描的结果，通常会产生同一像素点被重复标记的现象，

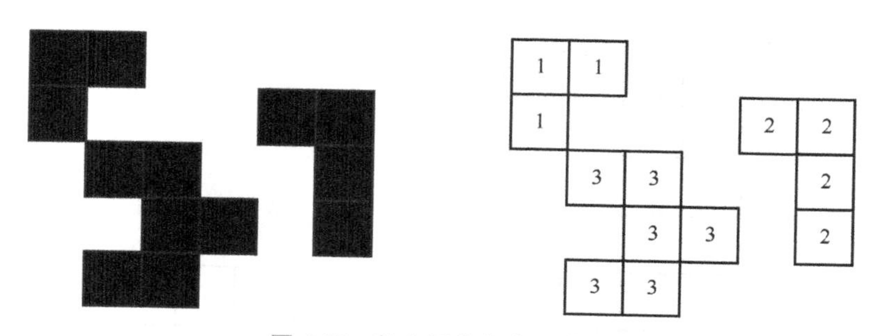

图 6-33　数字图像像素间距离

同一连通成分的不同子区域被赋予了不同的标号。因此需要执行第二次扫描以消除重复性的标记，合并属于同一连通成分的而具有不同标号的子区域。

顺序标记法算法：

这里以 4 连通情况为例进行分析。按照从左至右、从上到下的顺序对图像进行扫描，如果当前像素为 1-像素，则检测该像素左边和上边的两个邻近像素，并按照如下规则进行标记：

1）如果左边和上边的两个邻近像素均为 0-像素，则给当前像素分配一个新的标号。

2）如果左边和上边的两个邻近像素只有一个 1-像素，则把 1-像素的标号赋给当前像素。

3）如果左边和上边的两个邻近像素均为 1-像素且有相同的标号，则把该标号赋给当前像素。

4）如果左边和上边的两个邻近像素均为 1-像素且有不同的标号，则把其中一个标号赋给当前像素，并做记号表明这两个标号等价，即两个邻近像素通过当前像素连接在一起。

扫描结束时，将所有等价的标号对赋予一个唯一标号，最后重新进行扫描，将各个等价对重新用新标号进行标注。

对于 8 连通的情况，可采用类似的方法，唯一的区别在于：除了检测当前像素的左边和上边的两个邻近像素外，还须检测左上和右上的两个邻近像素。

6.4.4　腐蚀

腐蚀是形态学的基本操作之一，它的作用是将图像的边界点消除，可以使图像沿着边界向内收缩。在图像腐蚀操作的过程中，一般使用一个结构元对一幅图像内的像素进行逐个遍历，然后根据结构元与被腐蚀图像的关系来确定腐蚀的结果。几种常见的结构元如图 6-34 所示，有矩形结构、正方形结构、十字交叉形结构和线性结构等。

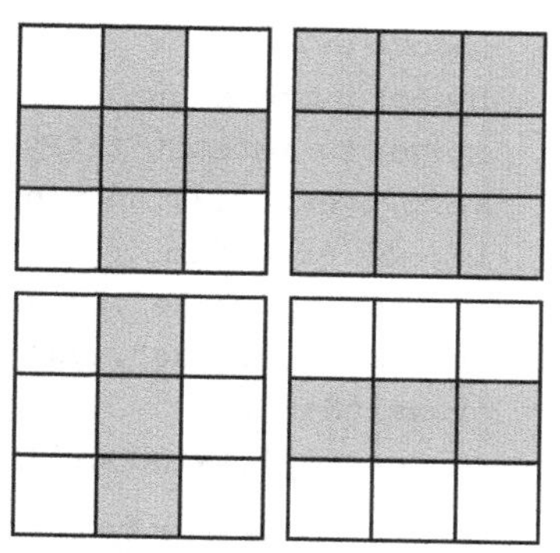

图 6-34　几种常见的结构元

腐蚀操作是通过遍历像素来决定输出值的，每一次判定的点都是与结构元中心点所对应的点。腐蚀过程示意图如图 6-35 所示。

在图 6-35 中，图 6-35a 是待腐蚀的图像像素点；图 6-35b 是用于腐蚀的结构元；图 6-35c 是结构元遍历图像像素点，

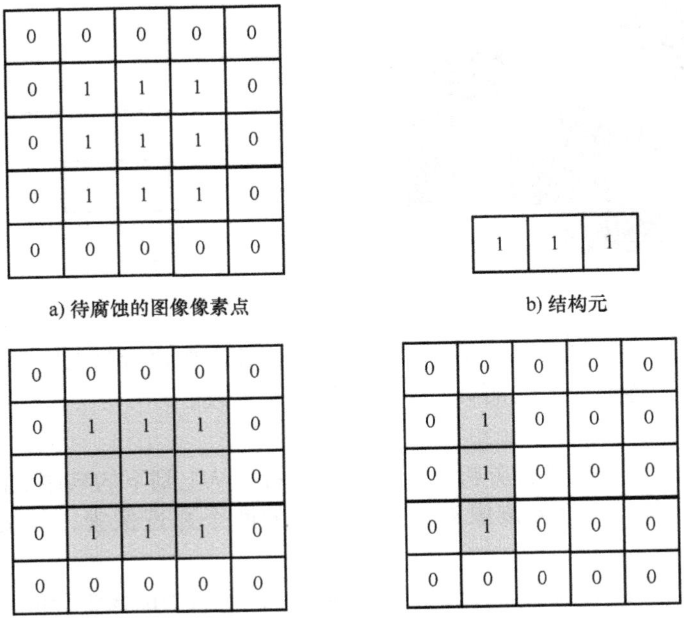

0	0	0	0	0
0	1	1	1	0
0	1	1	1	0
0	1	1	1	0
0	0	0	0	0

a) 待腐蚀的图像像素点

1	1	1

b) 结构元

0	0	0	0	0
0	1	1	1	0
0	1	1	1	0
0	1	1	1	0
0	0	0	0	0

c) 遍历图像像素点

0	0	0	0	0
0	1	0	0	0
0	1	0	0	0
0	1	0	0	0
0	0	0	0	0

d) 输出结果

图 6-35　腐蚀过程示意图

图中的阴影部分是全部可能的位置；图 6-35d 是腐蚀的输出结果。当结构元完全在图像内部时，结构元的中心点为 1，其余为 0；而当结构元不完全在图像内部时，结构元全部为 0。

OpenCV 提供了 cv2.erode( ) 函数来实现图像的腐蚀操作，其一般格式为：

```
dst=cv2.erode(src,k[,anchor[,iterations[,boderType[,boderValue]]]])
```

其中，dst 表示返回的腐蚀处理结果；src 表示原始图像，即需要被腐蚀的图像；k 表示腐蚀操作时所要采取的结构类型。它由两种方式得到，第一种是通过自定义得到，第二种是通过 cv2.getStructuringElement( ) 函数得到；anchor 表示锚点的位置，默认为（-1,-1），表示在结构元的中心；iterations 表示腐蚀操作的迭代次数。boderType 表示边界样式，一般默认使用 BORDER_CONSTANT；boderValue 表示边界值，一般使用默认值。

例 6-13　使用 cv2.erode( ) 函数实现图像的腐蚀过程。

```
import cv2 as cv
import numpy as np
image=cv.imread("D:\Python\pic\smalldog52.jpg")
k=np.ones((3,3),np.uint8)              #构建 3×3 的矩形结构元
img=cv.erode(image,k,iterations=3) #腐蚀操作,迭代 3 次
cv.imshow("image",image)
cv.imshow("erode",img)
cv.waitKey()
cv.destroyAllWindows()
```

原始图像及迭代次数为 3 次时的腐蚀结果如图 6-36 所示。

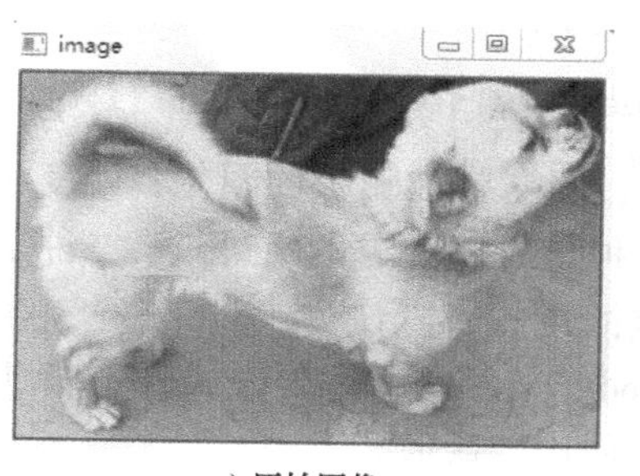

a) 原始图像

b) iterations=3

图 6-36　原始图像与迭代次数为 3 次时的腐蚀结果

彩图二维码

6.4.5　膨胀

膨胀是形态学操作中的一种，膨胀操作与腐蚀操作正好相反，它由图像的边界点处向外部扩张。在图像膨胀操作的过程中，也是逐个像素地遍历待膨胀图像，并且根据结构元与待膨胀图像的关系来决定膨胀的效果。图 6-37 所示为膨胀过程示意图。

0	0	0	0	0
0	0	1	0	0
0	0	1	0	0
0	0	1	0	0
0	0	0	0	0

a) 待膨胀图像像素点

1	1	1

b) 结构元

0	0	0	0	0
0	0	1	0	0
0	0	1	0	0
0	0	1	0	0
0	0	0	0	0

c) 膨胀遍历图像像素点

0	0	0	0	0
0	1	1	1	0
0	1	1	1	0
0	1	1	1	0
0	0	0	0	0

d) 输出结果

图 6-37　膨胀过程示意图

在图 6-37 中，图 6-37a 是待膨胀的图像像素点；图 6-37b 是用于膨胀的结构元；图 6-37c 是结构元遍历图像像素点，图中的阴影部分是全部可能的位置；图 6-37d 是膨胀的输出结果。在结构元不完全在图像内部时，结构元的中心点为 1，其余为 0；而当结构元完全在图像内部时，结构元全部为 0。

OpenCV 提供了 cv2. dilate( ) 函数来实现图像的膨胀操作，其一般格式为：

```
dst=cv2.dilate(src,k[,anchor[,iterations[,boderType[,boderValue]]]])
```

其中，dst 表示返回的膨胀处理结果；src 表示原始图像，即需要被膨胀的图像；k 表示膨胀操作时所要采取的结构类型。它由两种方式得到，第一种是通过自定义得到，第二种是通过 cv2. getStructuringElement( ) 函数得到；anchor 表示锚点的位置，默认为（-1,-1），表示在结构元的中心；iterations 表示膨胀操作的迭代次数；boderType 表示边界样式，一般默认使用 BORDER_CONSTANT；boderValue 表示边界值，一般使用默认值。

例 6-14 使用 cv2. dilate( ) 函数实现图像的膨胀过程。

```
import cv2 as cv
import numpy as np
image=cv.imread("D:\Python\pic\smalldog52.jpg")
k=np.ones((3,3),np.uint8)                    #构建 3×3 的矩形结构元
img=cv.dilate(image,k,iterations=3)   #膨胀操作,迭代 3 次
cv.imshow("image",image)
cv.imshow("dilate",img)
cv.waitKey()
cv.destroyAllWindows()
```

彩图二维码

原图像及迭代次数为 3 次时的膨胀结果如图 6-38 所示。

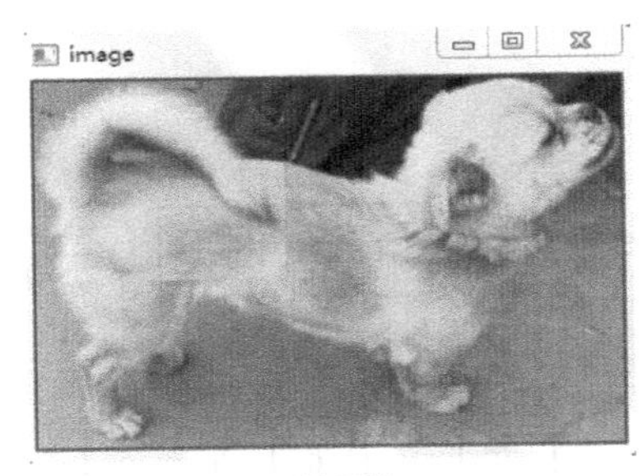

a) 原始图像

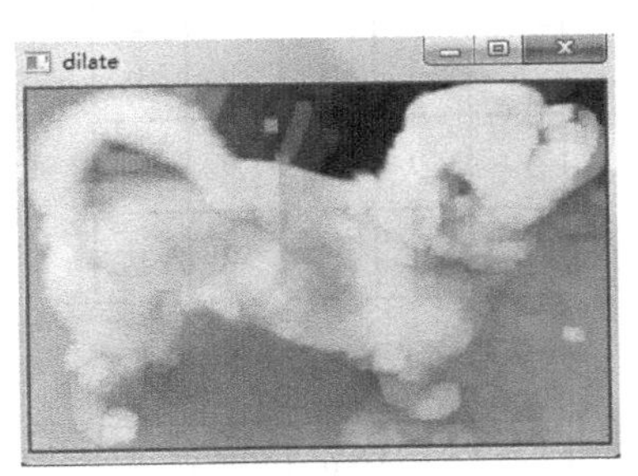

b) iterations=3

图 6-38 原始图像与迭代次数为 3 次时的膨胀结果

6.5 基于 OpenCV 和 Python 的机器视觉

6.5.1 主成分分析(PCA)

主成分分析（Principal Component Analysis，PCA）主要用于数据降维。对于高维的向量，PCA 方法求得一个 k 维特征的投影矩阵，这个投影矩阵可以将特征从高维降到低维。投影矩阵也可以称为变换矩阵。新的低维特征向量都是正交的。通过求样本矩阵的协方差矩阵，求出协方差矩阵的特征向量，这些特征向量构成投影矩阵。特征向量的选择取决于协方差矩阵的特征值大小。

假设图像的大小为$n×p$，将其按照列相连，构成一个$M=n×p$维的列向量。设一共有N幅图像，$\boldsymbol{X}_i$为第i幅图像的列向量，$\boldsymbol{X}$为N幅图像所构成的图像矩阵，则协方差矩阵$\boldsymbol{V}$为

$$\boldsymbol{V}=\frac{1}{N}\sum_{i=1}^{N}(\boldsymbol{X}_i-\boldsymbol{\mu})(\boldsymbol{X}_i-\boldsymbol{\mu})^{\mathrm{T}} \tag{6-31}$$

式中，$\boldsymbol{\mu}$——样本集图像的平均图像向量，$\boldsymbol{\mu}=\frac{1}{N}\sum_{i=1}^{N}\boldsymbol{X}_i$。

通过QR或SVD计算$\boldsymbol{V}$的前m个特征值$\lambda_1\geqslant\lambda_2\geqslant\cdots\geqslant\lambda_m$和对应的特征向量$\boldsymbol{a}_1,\boldsymbol{a}_2,\cdots,\boldsymbol{a}_m$，要求它们是标准正交的。前$m$个特征向量构成投影矩阵$\boldsymbol{T}=(\boldsymbol{a}_1,\boldsymbol{a}_2,\cdots,\boldsymbol{a}_m)$，$m$的取值可以根据特征值的累计贡献率来确定：

$$\frac{\sum_{i=1}^{m}\lambda_i}{\sum_{i=1}^{p}\lambda_i}\geqslant\alpha \tag{6-32}$$

式中，α——90%~99%。

```
#主成分分析
import numpy as np
import matplotlib.pyplot as plt
import cv2
from sklearn import decomposition
mean=[20,20]                                                    #求取矩阵均值
cov=[[5,0],[25,25]]                                             #协方差矩阵
x,y=np.random.multivariate_normal(mean,cov,5000).T              #.T求矩阵的转置
#x,y=np.random.multivariate_normal(mean,cov,100000).T
plt.style.use('ggplot')
plt.plot(x,y,'o',zorder=1)
plt.xlabel('feature1')
plt.ylabel('feature2')
plt.show()                                      #原始图像
X=np.vstack((x,y)).T                            #把特征向量x和y组合成一个特征矩阵X
mu,eig=cv2.PCACompute(X,np.array([]))           #在特征矩阵X上计算PCA,指定一个空的
                                                 np.array([])数组用作模板参数,告诉
                                                 OpenCV使用特征矩阵上的所有数据点

#  print(eig)
#[[ 0.71956079  0.69442946]                     #返回两个值:投影前减去的平均值和协方差矩
                                                 阵的特征向量(eig)
#[-0.69442946  0.71956079]]                     #这些特征向量指向PCA认为最有信息性的方向
#通过上面得出的特征向量画出的图与原数据分布是一致的
plt.plot(x,y,'o',zorder=1)
plt.quiver(mean[0],mean[1],eig[:,0],eig[:,1],zorder=3,scale=0.2,units='xy')
plt.text(mean[0]+5*eig[0,0],mean[1]+5*eig[0,1],'u1',zorder=5,
         fontsize=16,bbox=dict(facecolor='white',alpha=0.6))
plt.text(mean[0]+7*eig[1,0],mean[1]+4*eig[1,1],'u2',zorder=5,
         fontsize=16,bbox=dict(facecolor='white',alpha=0.6))
plt.axis([0,40,0,40])
```

```
plt.xlabel('feature 1')
plt.ylabel('feature 2')
plt.show()
X2=cv2.PCAProject(X,mu,eig)                   #沿xy两坐标轴方向为最大分布方向
plt.figure(figsize=(10,6))
plt.plot(X2[:,0],X2[:,1],'o')
plt.xlabel('first principal component')
plt.ylabel('second principal component')
plt.axis([-20,20,-10,10])
plt.show()
#实现独立主成分分析,基于Sklearn
ica=decomposition.FastICA()
X3=ica.fit_transform(X)
plt.figure(figsize=(10,6))
plt.plot(X3[:,0],X3[:,1],'o')
plt.xlabel('first independent component')
plt.ylabel('second independent component')
plt.axis([-0.2,0.2,-0.2,0.2])
plt.savefig('ica.png')
plt.show()                                     #Sklearn提供的快速ICA分析
#实现非负矩阵分解,基于Sklearn
nmf=decomposition.NMF()
X4=nmf.fit_transform(X)
plt.figure(figsize=(10,6))
plt.plot(X4[:,0],X4[:,1],'o')
plt.xlabel('first non-negative component')
plt.ylabel('second non-negative component')
plt.axis([-5,15,-5,15])
plt.show()
```

主成分分析如图6-39所示。

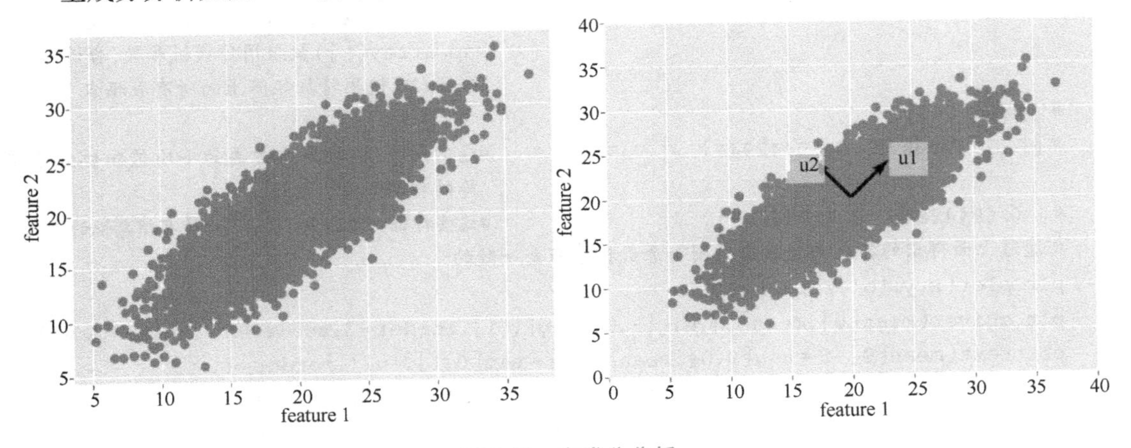

图6-39　主成分分析

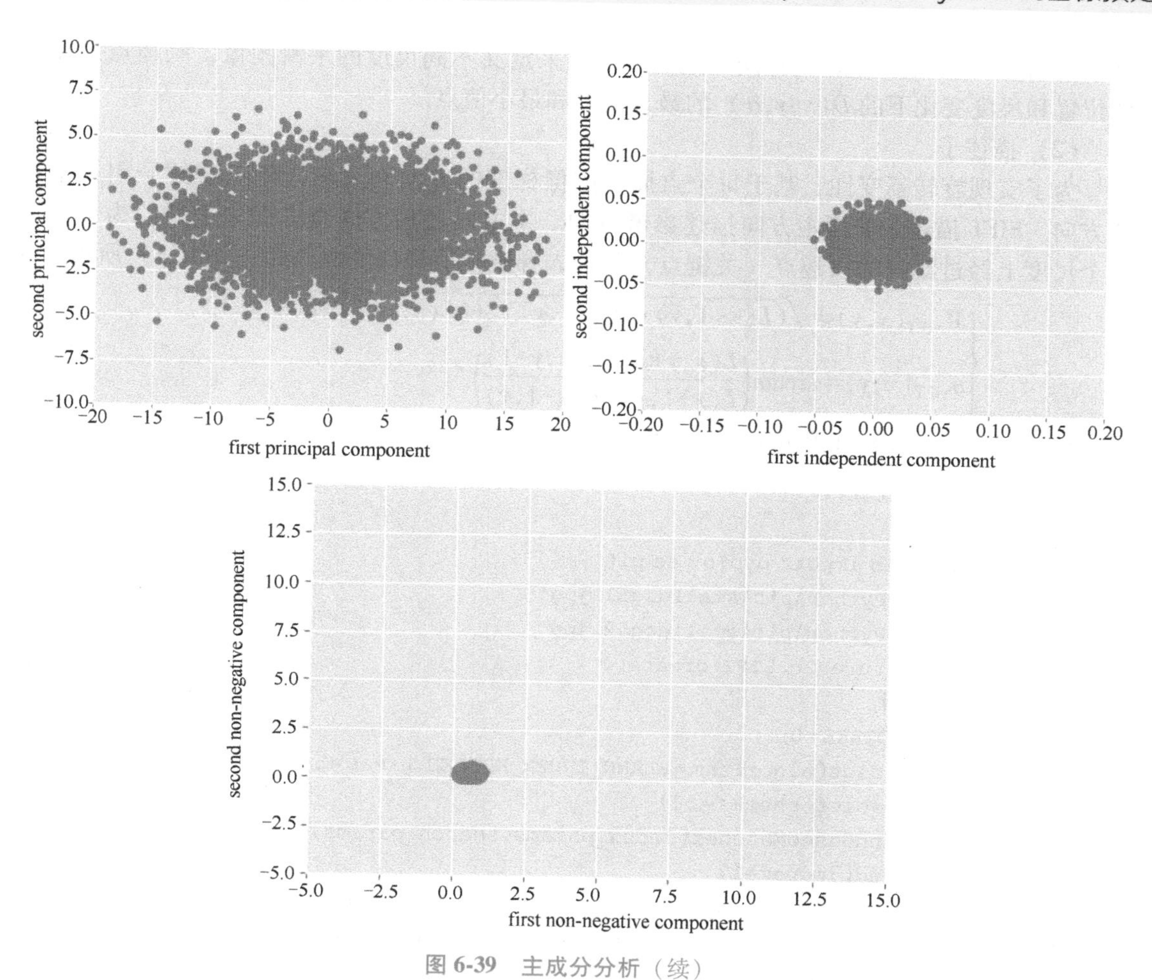

图 6-39　主成分分析（续）

6.5.2　SIFT（尺度不变特征变换）

由 David Lower 提出的尺度不变特征变换（Scale Invariant Feature Transform，SIFT）是近十年来最成功的图像局部描述方法之一，其应用范围包含物体辨识、机器人地图感知与导航、影像缝合、3D 模型建立、手势辨识、影像追踪和动作比对。SIFT 的目标是解决低层次特征提取及其在图像匹配应用中的很多实际问题。SIFT 特征包括两个步骤：兴趣点检测（特征提取）和描述子。SIFT 描述子具有非常强的稳健性，这也是 SIFT 特征能够成功和流行的主要原因。SIFT 特征对于尺度、旋转和亮度都具有不变性。因此，它可以用于三维视角和噪声的可靠匹配。

（1）兴趣点检测

神经生理学实验表明，人类视网膜以神经细胞实施的操作与 LoG（Laplacian of Gaussian）算子 $\nabla^2 G$（G 代表高斯滤波器）极为相似，视网膜对图像的操作可以描述为图像与 $\nabla^2 G$ 算子的卷积。SIFT 特征使用高斯差分函数来定位兴趣点，如式（6-33）所示。

$$\begin{aligned} D(x,y,\sigma) &= [g(x,y,k\sigma)-g(x,y,\sigma)] * P \\ &= L(x,y,k\sigma)-L(x,y,\sigma) \end{aligned} \tag{6-33}$$

其中，函数 $L()$ 是一个尺度空间函数，可以用来定义不同尺度的平滑图像，兴趣点是在图像位置和尺度变化下的 $D(x,y,\sigma)$ 的最大值点和最小值点。

（2）描述子

为了实现旋转不变性，基于每个点周围图像梯度的方向和大小，SIFT 描述子引入了参考方向。SIFT 描述子使用主方向描述参考方向。主方向使用方向直方图来度量。为了描述每个尺度上经过滤波的兴趣点（关键点）特征，梯度幅值和梯度幅角如式（6-34）所示。

$$\begin{cases} M_{\text{SIFT}}(x,y)=\sqrt{(L(x+1,y)-L(x-1,y))^2+(L(x,y+1)-L(x,y-1))^2} \\ \theta_{\text{SIFT}}(x,y)=\arctan\left(\dfrac{L(x,y+1)-L(x,y-1)}{L(x+1,y)-L(x-1,y)}\right) \end{cases} \tag{6-34}$$

下面给出基于 OpenCV 和 Python 的 SIFT 算法实现过程：

```
import numpy as np
import cv2
from matplotlib import pyplot as plt
imgname1="D:\Python\pic\smalldog51.jpg"
imgname2="D:\Python\pic\smalldog52.jpg"
sift=cv2.xfeatures2d.SIFT_create()
# FLANN 参数设计
FLANN_INDEX_KDTREE=0
index_params=dict(algorithm=FLANN_INDEX_KDTREE,trees=5)
search_params=dict(checks=50)
flann=cv2.FlannBasedMatcher(index_params,search_params)
img1=cv2.imread(imgname1)
gray1=cv2.cvtColor(img1,cv2.COLOR_BGR2GRAY)  #灰度处理图像
kp1,des1=sift.detectAndCompute(img1,None)    #des1 表示描述子
img2=cv2.imread(imgname2)
gray2=cv2.cvtColor(img2,cv2.COLOR_BGR2GRAY)
kp2,des2=sift.detectAndCompute(img2,None)
hmerge=np.hstack((gray1,gray2))              #水平拼接
cv2.imshow("gray",hmerge)                    #拼接显示为灰度
cv2.waitKey(0)
img3=cv2.drawKeypoints(img1,kp1,img1,color=(255,0,255))
img4=cv2.drawKeypoints(img2,kp2,img2,color=(255,0,255))
hmerge=np.hstack((img3,img4))                #水平拼接
cv2.imshow("point",hmerge)                   #拼接显示为点
cv2.waitKey(0)
matches=flann.knnMatch(des1,des2,k=2)
matchesMask=[[0,0]for i in range(len(matches))]
good=[]
for m,n in matches:
    if m.distance<0.9 * n.distance:
            good.append([m])
    #img5=cv2.drawMatchesKnn(img1,kp1,img2,kp2,matches,None,flags=2)
     img5=cv2.drawMatchesKnn(img1,kp1,img2,kp2,good,None,flags=2)
```

```
cv2.imshow("FLANN",img5)
cv2.waitKey(0)
cv2.destroyAllWindows()
```

图像拼接及灰度化如图 6-40 所示。

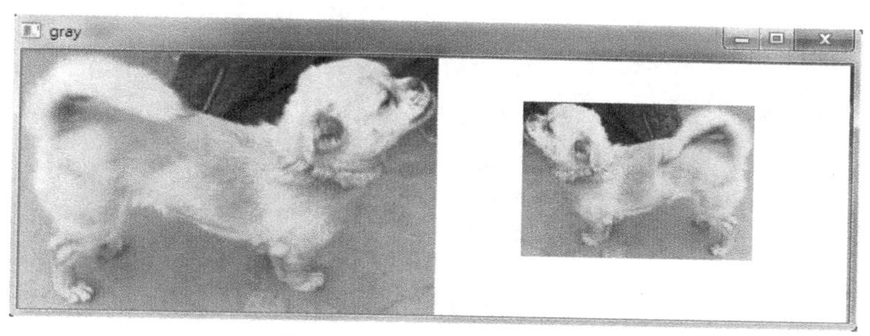

图 6-40　图像拼接及灰度化

基于 SIFT 的图像特征点标注如图 6-41 所示。

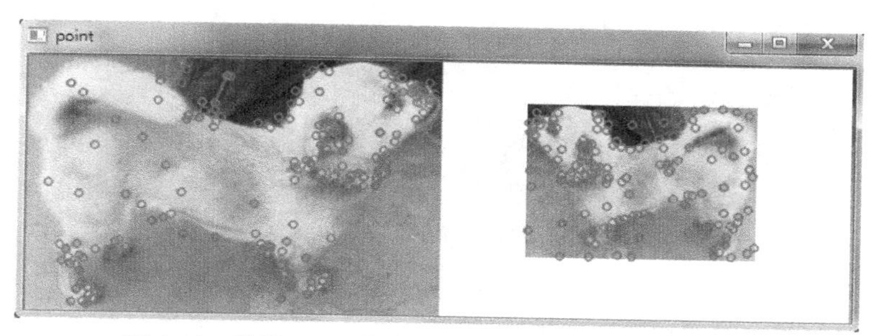

图 6-41　基于 SIFT 的图像特征点标注（用圆圈表示）

基于 SIFT 的图像特征点匹配如图 6-42 所示。

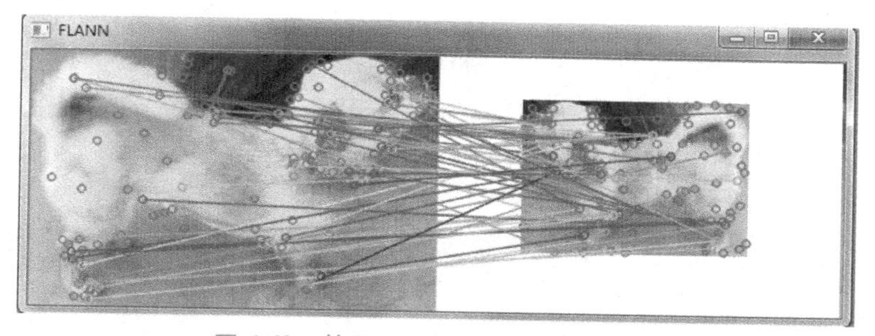

图 6-42　基于 SIFT 的图像特征点匹配

快速最近邻搜索包（Fast_Library_for_Approximate_Nearest_Neighbors，FLANN）是一个对大数据集和高维特征进行最近邻搜索的算法的集合，而且这些算法都已经被优化过了。在面对大数据集时，它的效果要好于暴力匹配。经验证，FLANN 比其他的最近邻搜索软件快约 10 倍。使用 FLANN 匹配时，需要传入两个字典作为参数。一个是 IndexParams = dict(algorithm = FLANN_INDEX_KDTREE, trees = 5)，指定待处理核密度树的数量（理想的数量为 1~16）。第二个是 search_params = dict(checks = 50)，指定递归遍历的次数，值越高，结果越准确，但是消耗的时间也越多。实际上，匹配效果在很大程度上取决于输入。

针对 SIFT 图像匹配的算法，进行了实际的电视机背板及 Wire 线实验性能分析，分别进行了尺度不变性、旋转不变性以及尺度和旋转不变性的特性验证及性能分析，如图 6-43 和图 6-44 所示。

a) 缩放尺度图像匹配结果

b) 旋转图像匹配结果

c) 缩放尺度和旋转图像匹配结果

图 6-43　电视机背板图像匹配结果示意图

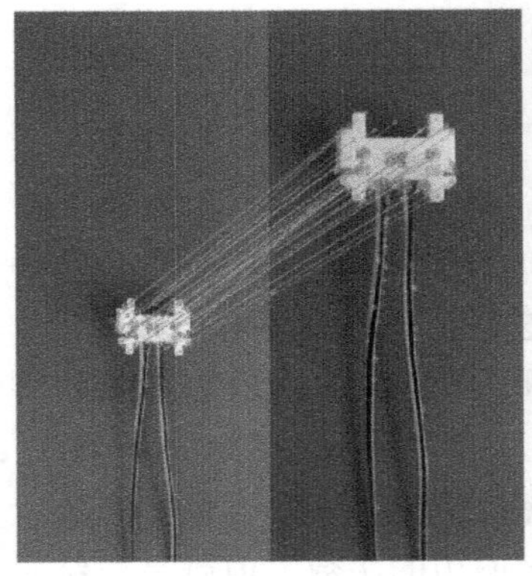

a) 缩放尺度图像匹配结果

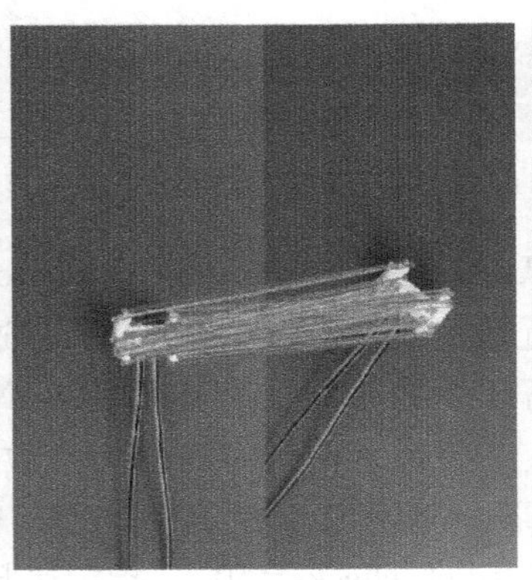

b) 旋转图像匹配结果

c) 缩放尺度和旋转图像匹配结果

图 6-44　Wire 线图像匹配结果示意图

由图6-43和图6-44可以看出，SIFT算法匹配的准确度较高，尺度和旋转不变特性较好，但是特征点较多。在特征点较多的情况下，误匹配出现的概率较大，且SIFT算法匹配的速度慢，不适用于实时性匹配场景中。

6.5.3　SURF(加速鲁棒特征)

加速鲁棒特征（Speeded Up Robust Feature，SURF），不仅是尺度不变特征，而且是具有较高计算效率的特征。SURF是尺度不变特征变换算法（SIFT算法）的加速版。SURF最大的特征在于采用了haar特征以及积分图像的概念。SIFT采用的是DoG图像，而SURF采用的是Hessian矩阵（SURF算法核心）行列式近似值图像。SURF借鉴了SIFT算法中简化近似的思想。实验证明，SURF算法较SIFT算法在运算速度上快约三倍，综合性优于SIFT算法。SURF算法如下：

```
#基于FlannBasedMatcher的SURF实现
import numpy as np
import cv2
from matplotlib import pyplot as plt
imgname1="D:\Python\pic\smalldog51.jpg"
imgname2="D:\Python\pic\smalldog54.jpg"
surf=cv2.xfeatures2d.SURF_create()
FLANN_INDEX_KDTREE=0
index_params=dict(algorithm=FLANN_INDEX_KDTREE,trees=5)
search_params=dict(checks=50)
flann=cv2.FlannBasedMatcher(index_params,search_params)
img1=cv2.imread(imgname1)
gray1=cv2.cvtColor(img1,cv2.COLOR_BGR2GRAY)          #灰度处理图像
kp1,des1=surf.detectAndCompute(img1,None)            #des1是描述子
img2=cv2.imread(imgname2)
gray2=cv2.cvtColor(img2,cv2.COLOR_BGR2GRAY)
kp2,des2=surf.detectAndCompute(img2,None)
hmerge=np.hstack((gray1,gray2))                      #水平拼接
cv2.imshow("gray",hmerge)                            #拼接显示为灰度
cv2.waitKey(0)
img3=cv2.drawKeypoints(img1,kp1,img1,color=(255,0,255))
img4=cv2.drawKeypoints(img2,kp2,img2,color=(255,0,255))
hmerge=np.hstack((img3,img4))                        #水平拼接
cv2.imshow("point",hmerge)                           #拼接显示为点
cv2.waitKey(0)
matches=flann.knnMatch(des1,des2,k=2)
good=[]
for m,n in matches:
    if m.distance<0.9*n.distance:
            good.append([m])
img5=cv2.drawMatchesKnn(img1,kp1,img2,kp2,good,None,flags=2)
cv2.imshow("SURF",img5)
```

```
cv2.waitKey(0)
cv2.destroyAllWindows()
```

图像拼接及灰度化如图 6-45 所示。

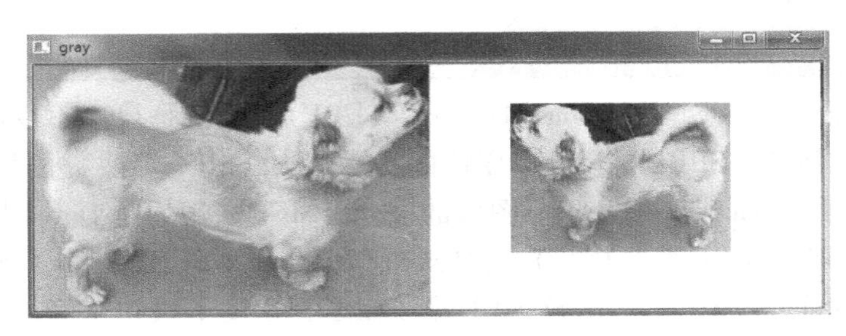

图 6-45 图像拼接及灰度化

基于 SURF 的图像特征点标注如图 6-46 所示。

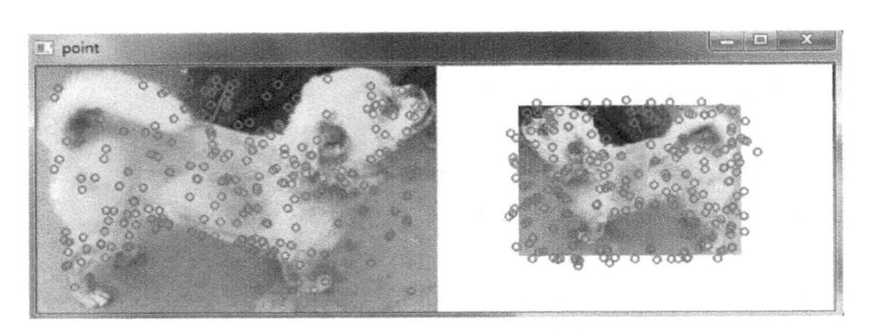

图 6-46 基于 SURF 的图像特征点标注（用圆圈表示）

基于 SURF 的图像特征点匹配如图 6-47 所示。

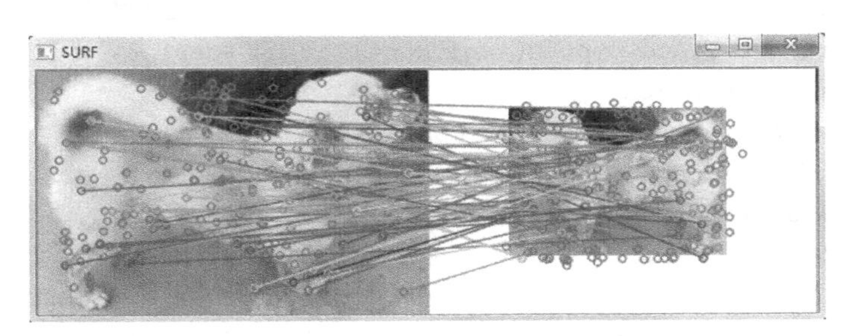

图 6-47 基于 SURF 的图像特征点匹配

6.5.4 ORB(定向 FAST 和旋转 BRIEF)

定向 FAST 和旋转 BRIEF（Oriented FAST and Rotated BRIEF，ORB）结合 FAST 与 BRIEF 算法，并给 FAST 特征点增加了方向性，使得特征点具有旋转不变性，并提出了构造金字塔方法，以解决尺度不变性。特征提取是由 FAST（Features from Accelerated Segment Test）算法发展来的，特征点描述是根据 BRIEF（Binary Robust Independent Elementary Features）特征描述算法改进的。ORB 特征是将 FAST 特征点的检测方法与 BRIEF 特征描述子结合起来，并在它们原来的基础上做了改进与优化。ORB 主要解决 BRIEF 描述子不具备旋转不变性的问题。实验证明，ORB远优于之前的SIFT与SURF算法，ORB算法的速度约是SIFT的100倍，是SURF的10倍。ORB特征点检测的主要步骤如下：

（1）方向特征点检测 FAST角点检测方法的基本原理是使用圆周长为16个像素点的圆来判断圆心像素P是否为角点。FAST角点检测算法的运算速度较快，大大缩短了特征点提取的时间，为实时性检测提供了支撑。FAST算法通过对圆周上的像素点集进行排序，优化了搜索方法，提高了角点检测速度。特征点中心强度定义如下：

$$C=\left(\frac{m_{10}}{m_{00}}-\frac{m_{01}}{m_{00}}\right) \tag{6-35}$$

式中，m_{pq}为特征点领域$p+q$阶矩，$m_{pq}=\sum_{x,y}x^p y^q f(x,y)$，特征点主方向定义为$\theta=\arctan(m_{10}/m_{01})$。

FAST特征检测原理示意图如图6-48所示。

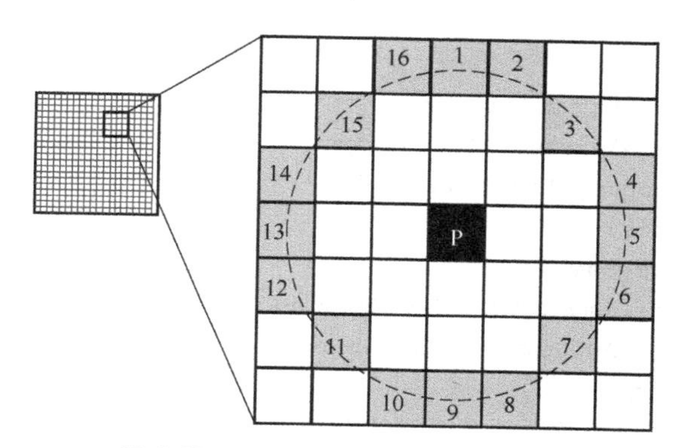

图6-48 FAST特征检测原理示意图

（2）BRIEF特征描述 BRIEF主要以特征点的中心定义一个$S×S$的补丁区域，然后在区域内进行像素点对灰度值的比较，将比较结果串成一个二值位字符串，从而形成特征点的描述符。BRIEF直接将描述符缩短为二值化的位字符串，不仅提高了匹配速度，而且占用的内存更少。BRIEF描述子的二值码串组成的矩阵$\boldsymbol{S}$为

$$\boldsymbol{S}=\begin{pmatrix} x_1 & x_2 & \cdots & x_n \\ y_1 & y_2 & \cdots & y_n \end{pmatrix} \tag{6-36}$$

特征点的主方向θ对应的旋转矩阵$\boldsymbol{R}_\theta$以及构建矩阵$\boldsymbol{S}$的修正$\boldsymbol{S}_\theta$满足式（6-37），通过修正的矩阵$\boldsymbol{S}_\theta$使得ORB具备了旋转不变性。

$$\begin{cases} \boldsymbol{S}_\theta=\boldsymbol{R}_\theta\boldsymbol{S} \\ \boldsymbol{R}_\theta=\begin{pmatrix} \cos\theta & \sin\theta \\ -\sin\theta & \cos\theta \end{pmatrix} \end{cases} \tag{6-37}$$

式（6-37）通过校正后的矩阵$\boldsymbol{S}_\theta$使ORB具备了旋转不变性，但是没有改变其不具备尺度不变性的特点。因为SIFT算法通过高斯差分金字塔的建立具备了尺度不变特性，所以这里针对ORB算法的改进通过高斯金字塔来实现其具备尺度不变特性。

高斯金字塔的生成方式是对源图像G_i进行高斯滤波和下采样，其实就是首先对图像进行高斯低通滤波，然后通过隔行和隔列的采样方式获得下一层的图像，依次对前一层图像进

行采样处理获得 $i+n$ 层图像。常用的高斯内核函数取值如下：

$$\boldsymbol{\delta}=\frac{1}{256}\begin{pmatrix}1 & 4 & 6 & 4 & 1\\ 4 & 16 & 24 & 16 & 4\\ 6 & 24 & 36 & 24 & 6\\ 4 & 16 & 24 & 16 & 4\\ 1 & 4 & 6 & 4 & 1\end{pmatrix} \tag{6-38}$$

高斯金字塔向下减少的方式如下式所示：

$$G_i(x,y)=\sum_{m=-2}^{2}\sum_{n=-2}^{2}w(m,n)G_{i-1}(2x+m,2y+n) \tag{6-39}$$

式中，$w(m,n)$——生成核。

ORB 算法如下：

```
import numpy as np
import cv2
from matplotlib import pyplot as plt
imgname1="D:\Python\pic\smalldog51.jpg"
imgname2="D:\Python\pic\smalldog54.jpg"
orb=cv2.ORB_create()
img1=cv2.imread(imgname1)
gray1=cv2.cvtColor(img1,cv2.COLOR_BGR2GRAY)          #灰度处理图像
kp1,des1=orb.detectAndCompute(img1,None)             #des1 是描述子
img2=cv2.imread(imgname2)
gray2=cv2.cvtColor(img2,cv2.COLOR_BGR2GRAY)
kp2,des2=orb.detectAndCompute(img2,None)
hmerge=np.hstack((gray1,gray2))                      #水平拼接
cv2.imshow("gray",hmerge)                            #拼接显示为灰度
cv2.waitKey(0)
img3=cv2.drawKeypoints(img1,kp1,img1,color=(255,0,255))
img4=cv2.drawKeypoints(img2,kp2,img2,color=(255,0,255))
hmerge=np.hstack((img3,img4))                        #水平拼接
cv2.imshow("point",hmerge)                           #拼接显示为点
cv2.waitKey(0)
# BFMatcher 解决匹配
bf=cv2.BFMatcher()
matches=bf.knnMatch(des1,des2,k=2)
# 调整 ratio
good=[]
for m,n in matches:
    if m.distance<1.0*n.distance:
        good.append([m])
img5=cv2.drawMatchesKnn(img1,kp1,img2,kp2,good,None,flags=2)
cv2.imshow("ORB",img5)
cv2.waitKey(0)
cv2.destroyAllWindows()
```

图像拼接及灰度化如图6-49所示。

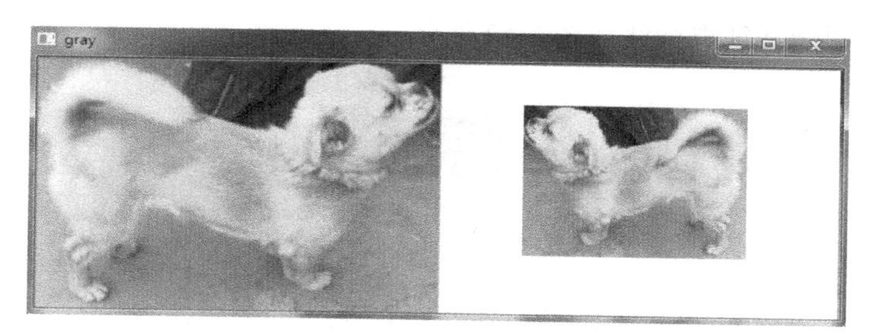

图6-49　图像拼接及灰度化

基于ORB的图像特征点标注如图6-50所示。

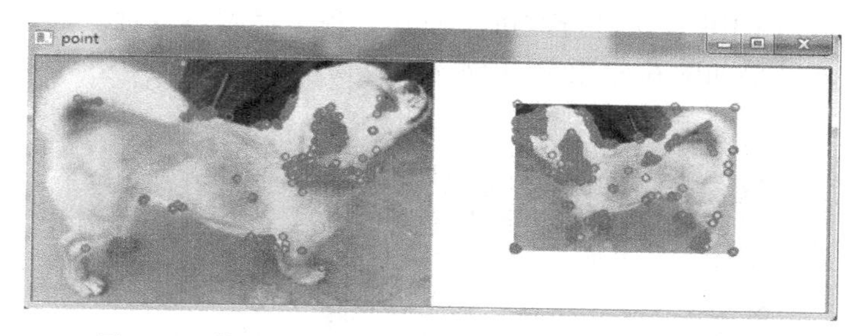

图6-50　基于ORB的图像特征点标注（用圆圈表示）

基于ORB的图像特征点匹配如图6-51所示。

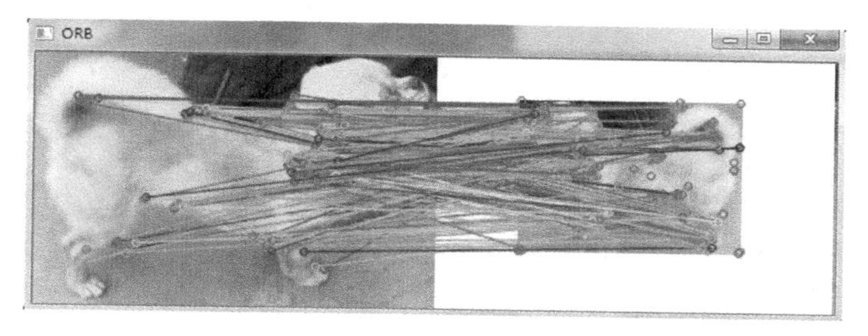

图6-51　基于ORB的图像特征点匹配

下面为使用FAST作为特征描述的关键代码：

```
import numpy as np
import cv2
from matplotlib import pyplot as plt
img=cv2.imread('E:/other/gakki102.',0)
fast=cv2.FastFeatureDetector_create()#获取FAST角点探测器
kp=fast.detect(img,None)#描述符
img=cv2.drawKeypoints(img,kp,img,color=(255,255,0))        #画到img图像上面
print("Threshold:",fast.getThreshold())                    #输出阈值
print("nonmaxSuppression:",fast.getNonmaxSuppression())    #是否使用非极大值抑制
print("Total Keypoints with nonmaxSuppression:",len(kp))   #特征点个数
cv2.imshow('fast',img)
```

```
cv2.waitKey(0)
```

基于 FAST 的图像特征点标注如图 6-52 所示。

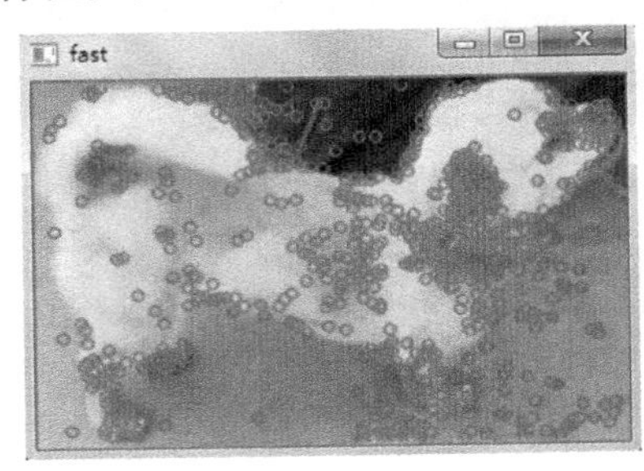

图 6-52　基于 FAST 的图像特征点标注（用圆圈表示）

通过高斯金字塔对 ORB 算法进行改进，使其具备了尺度不变性。通过实验进行验证和性能分析，图像匹配结果如图 6-53 和图 6-54 所示。

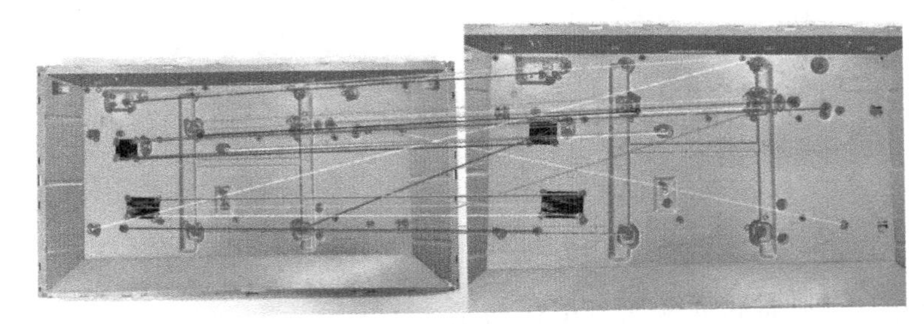

a) 缩放尺度图像匹配结果

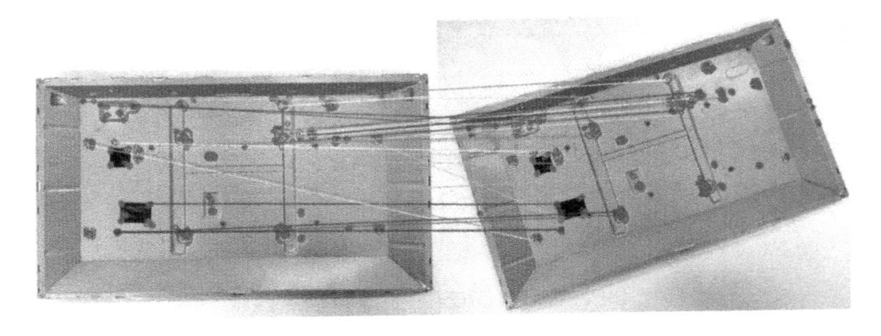

b) 旋转图像匹配结果

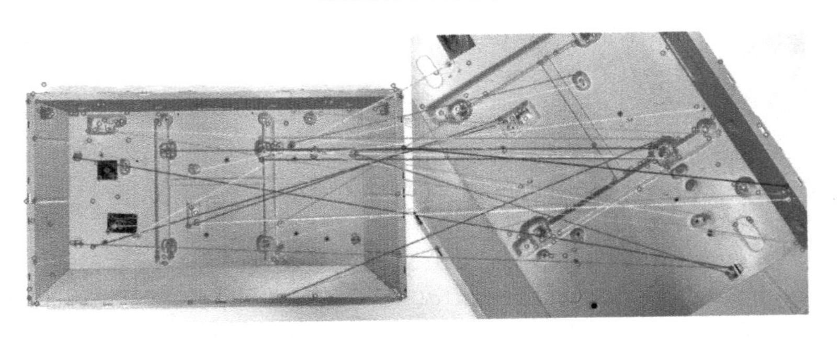

c) 缩放尺度和旋转图像匹配结果

图 6-53　电视机背板图像匹配结果示意图

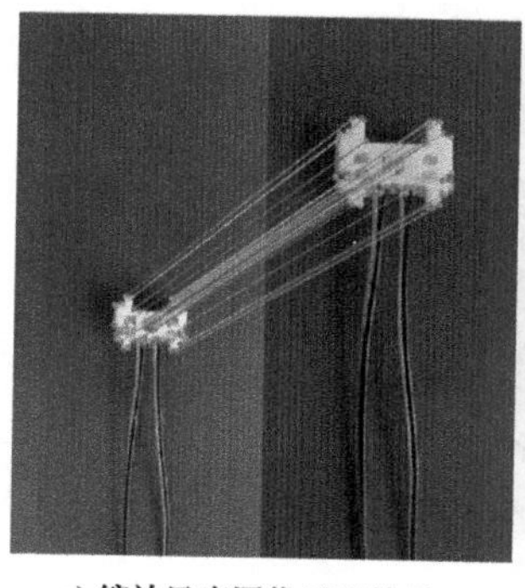
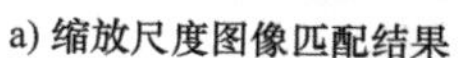
a) 缩放尺度图像匹配结果

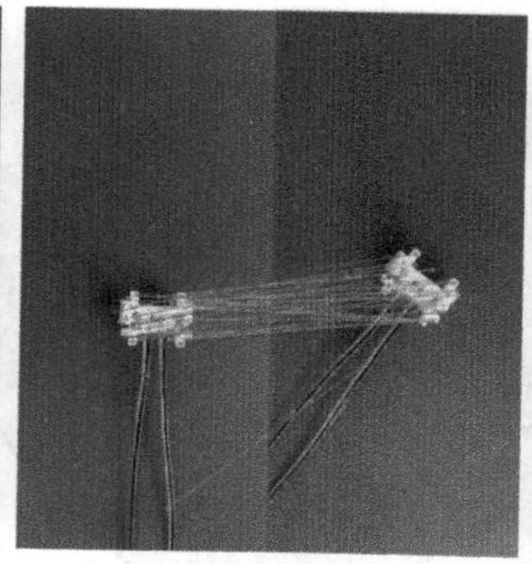
b) 旋转图像匹配结果

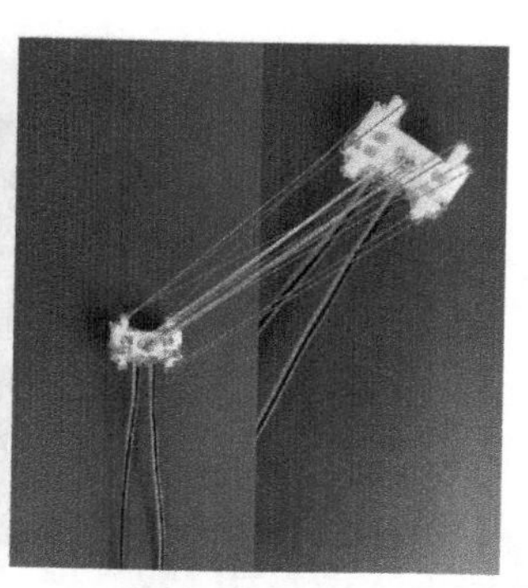
c) 缩放尺度和旋转图像匹配结果

图 6-54　Wire 线图像匹配结果示意图

从图 6-53 和图 6-54 可以看出，改进 ORB 算法提取的特征点明显少于 SIFT 算法，匹配速度也大大提高了，可以应用在实时性匹配场景中，但是改进的 ORB 算法误匹配点较多，不能很好地进行误匹配点的筛选。

思考与练习

6-1　简述图像阈值处理和滤波的方法有哪些。各有何特点？

6-2　编程实现图像代数运算的加、减、乘和除的 Python 程序。

6-3　简述图像腐蚀与膨胀使用的函数，说明各函数的功能，编程实现腐蚀与膨胀的 Python 程序。

6-4　简述 SIFT、SURF 和 ORB 各有何特点。

第 7 章 图像的特征提取

在实际应用中需要提取图像的基本特征，如点、边缘、直线和圆、纹理等。点检测的方法包括 Moravec 角点检测算子、SUSAN 角点检测算子、Hartis 角点检测算子、SIFT（Scale Invariant Feature Transform）特征点检测算子、Forstner 算子与 Hannah 算子等，本章仅介绍前三种算子。

实际中的图像需要测量目标物体的角度、间距和直径。因此，图像特征提取成为图像测量的前提步骤以及关键技术之一。特征提取在图像分析和理解中具有重要的作用。

7.1 点 检 测

点特征是目前基于特征的配准算法所用到的主要特征。与边缘特征或区域特征相比，点特征指示的数据量明显要少很多；点特征对于噪声的敏感度也比边缘特征和区域特征低；在灰度变化或遮掩等情况下，点特征也比边缘特征和区域特征更为可靠。

图像中点特征的含义是，它的灰度幅值与其邻域值有着明显的差异。检测这种点特征时，首先将图像进行低通滤波，然后把平滑后的每一个像素的灰度值与它相邻的四个像素的灰度值比较，当差值足够大时可检测出点特征来。

点特征包括角点、切点和拐点，它们是目标形状的重要特征。角点是目标边界上曲率超过一定阈值的局部极大值点；切点是直线与圆弧的平滑过渡点；拐点是凹圆弧与凸圆弧的平滑过渡点。

7.1.1 Moravec 角点检测算子

Moravec 角点检测算子利用灰度方差提取特征点，计算每个像素在水平（Horizontal）、垂直（Vertical）、对角线（Diagonal）和反对角线（Anti-diagonal）四个方向上的灰度方差，选择四个值中的最小值为该像素的角点响应函数，最后通过局部非极大值抑制检测出角点。

Moravec 角点检测算法的操作步骤如下。

1）计算各像素四个方向上的灰度方差及该像素的角点响应函数。5×5 的窗口如图 7-1 所示。在以像素 (x,y) 为中心的 $w\times w$ 图像窗口中，利用式（7-1）计算其四个方向上的像素灰度方差：

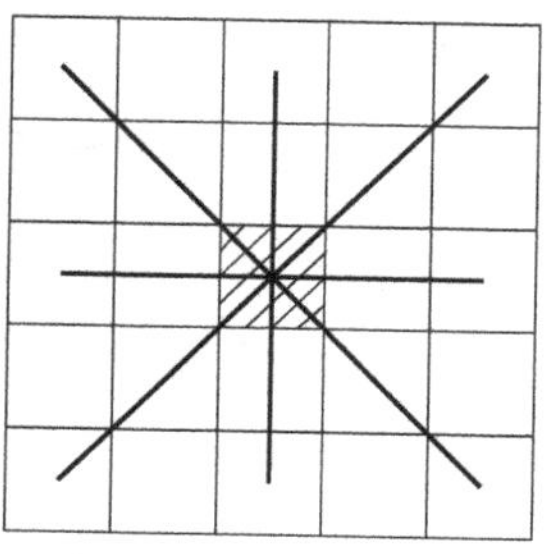

图 7-1 Moravec 算法图像 5×5 的窗口

$$
\begin{aligned}
V_{\mathrm{h}} &= \sum_{i=-k}^{k-1}(f_{x+i,y}-f_{x+i+1,y})^2 \\
V_{\mathrm{v}} &= \sum_{i=-k}^{k-1}(f_{x,y+i}-f_{x,y+i+1})^2 \\
V_{\mathrm{d}} &= \sum_{i=-k}^{k-1}(f_{x+i,y+i}-f_{x+i+1,y+i+1})^2 \\
V_{\mathrm{a}} &= \sum_{i=-k}^{k-1}(f_{x+i,y-i}-f_{x+i+1,y-i-1})^2
\end{aligned}
\tag{7-1}
$$

式中，$k=\mathrm{int}(w/2)$。

四个值中的最小值为该像素的角点响应函数：

$$R(x,y)=\min(V_h,V_v,V_d,V_a) \tag{7-2}$$

2）给定经验阈值，将响应值大于该阈值的点作为候选角点。阈值的选择应以候选角点中包含足够多的真实角点而又不含过多的伪角点为原则。

3）局部非极大值抑制。在一定大小的窗口内，将候选点中响应值不是极大者全部去掉，仅留下一个响应值最大者，则该像素即为一个角点。

Moravec 角点检测算子最显著的优点是算法简单、运算速度快。然而存在的问题有：①只利用了四个方向上的灰度变化实现局部相关，因此响应是各向异性的；②该算子的角点响应函数未对噪声进行抑制，故对噪声敏感；③选取最小值作为响应函数进行判定，所以对边缘信息比较敏感。

7.1.2 SUSAN 角点检测算子

SUSAN（Small Uni-value Segment Assimilating Nucleus）算法可用于图像的角点检测和边缘检测，但是角点检测效果比边缘检测更好。此外，SUSAN 算法无须进行梯度计算，使得算法对局部噪声不敏感，抗噪能力强。

1. SUSAN 角点检测原理

SUSAN 角点检测算子基于图像的几何观测，像素分类为边缘、角点和扁平区，直接利用图像的灰度特征进行检测。图 7-2 所示为 SUSAN 算子的 USAN 示意图，SUSAN 算法采用一个圆形模板，模板圆心作为核，圆形区域内的每个像素的灰度值与中心像素的灰度值比较，灰度值与中心像素灰度值相近的像素组成的区域称为 USAN 区域，即同化核分割相似值区域。

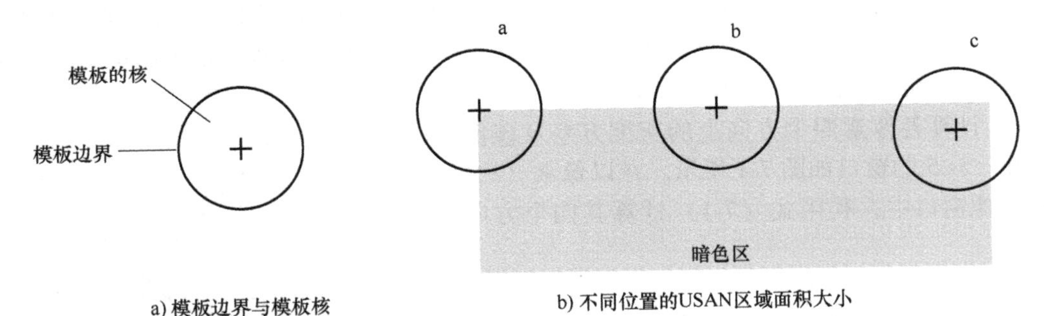

图 7-2　SUSAN 算子的 USAN 示意图

图 7-2b 所示为不同位置的 USAN 区域面积大小。USAN 区域包含了图像结构的以下信息：

1）在 a 位置，核心点在角点上，USAN 区域面积达到最小。

2）在 b 位置，核心点在边缘，USAN 区域面积接近最大值的一半。

3）在 c 位置，核心点处于暗色区之内，有大于半数的点在 USAN 中，USAN 区域面积接近最大值。

可以看出，USAN 区域含有图像某个局部区域的强度特征。SUSAN 算法正是基于这一原理，通过判断核心点邻域中的相似灰度像素的比例来确定角点。

将模板中的各点与核心点（当前点）的灰度值用下面的相似比较函数来进行比较：

$$c(x_0,y_0;x,y)=\begin{cases}1, & |f(x_0,y_0)-f(x,y)|\leqslant t\\ 0, & |f(x_0,y_0)-f(x,y)|>t\end{cases} \tag{7-3}$$

式中，　(x_0,y_0)——核心点的位置；

(x,y)——模板 $M(x,y)$ 中其他像素的位置；

$f(x_0,y_0)$、$f(x,y)$——(x_0,y_0) 和 (x,y) 处像素的灰度；

t——灰度差值阈值；

$c(x_0,y;x,y)$——比较输出结果，由模板中的所有像素参与运算得出。

图 7-3 所示的模板为 37 像素模板，最小的模板为 3×3 模板。通常对式（7-3）采用以下更加稳健的形式：

$$c(x_0,y_0;x,y)=\exp\left[-\left(\frac{f(x_0,y_0)-f(x,y)}{t}\right)^2\right] \tag{7-4}$$

USAN 的大小（面积）可由下式计算出：

$$S(x_0,y_0)=\sum_{(x,y)\in M(x,y)} c(x_0,y_0;x,y) \tag{7-5}$$

$S(x_0,y_0)$ 决定了 USAN 区域各点之间最大的灰度差位。将 $S(x_0,y_0)$ 与一个几何阈值 g 比较以做出判断。一般情况下，如果模板能取到的最大 S 值为 S_{max}，对于 37 像素模板，$S_{max}=36$，则该阈值设为 $S_{max}/2$ 以给出最优的噪声消除性能。如果提取边缘，则阈值设为 $3S_{max}/4$。SUSAN 算法的角点响应函数可写为：

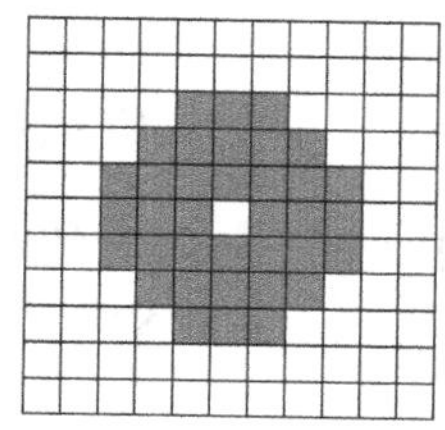
图 7-3　37 像素模板

$$R(x_0,y_0)=\begin{cases}g-S(x_0,y_0), & S(x_0,y_0)<g\\ 0, & 其他\end{cases} \tag{7-6}$$

对其应用局部非极大值抑制后可得到角点。

2. SUSAN 角点检测算法

1）在图像的核心点处放置一个 37 像素的圆形模板。

2）用式（7-5）计算圆形模板中和核心点有相似灰度值的像素个数。

3）用式（7-6）产生角点响应函数，函数值大于某一特定阈值的点被认为是角点。

3. SUSAN 角点检测算子存在的问题

SUSAN 角点检测算子不需要计算图像的导数，抗噪声能力强，可以检测所有类型的角点。但 SUSAN 角点检测算子仍然存在三个问题。

1）相似比较函数计算复杂。

2）图像中不同区域处目标与背景的对比程度不一样，取固定阈值不符合实际情况。

3）USAN 的三种典型形状为理想情况，即认为与核心点处于同一区域的物体或背景的像素与核心点具有相似灰度值，而另一区域则与它相差较大。实际中，由于图像边缘灰度的渐变性，与核值相似的像素并不一定与它属于同一物体或背景，而离核心点较远，与它属于同一物体或背景的像素灰度值却可能与核值相差较远。

7.1.3 Harris角点检测算子

Harris 角点检测算子又称为 Plessey 算法，是由 Moravec 角点检测算子改进而来的。Harris 角点检测算子引入了信号处理中的自相关函数理论，将角点检测与图像的局部自相关函数紧密结合，通过特征值分析来判断是否为角点。

Moravec 角点检测算子由于只考虑了四个方向上的灰度变化，所以是各向异性的。而 Harris 定义了任意方向上的自相关值，使之能够表现各个方向上的变化特性，且通过高斯窗加权，起到了抗噪作用。它的区域灰度变化计算式为：

$$E(u,v)=\sum_{x,y}w(x,y)[f(x+u,y+v)-f(x,y)]^2 \tag{7-7}$$

式中，$f(x,y)$——图像中(x,y)处的灰度值；

$w(x,y)$——高斯滤波器，$w(x,y)=\mathrm{e}^{-\frac{x^2+y^2}{2\sigma^2}}$。

当图像的局部平移量(u,v)很小时，局部平移图像可以用一阶泰勒级数来近似：

$$f(x+u,y+v)\approx f(x,y)+(f_x(x,y)\quad f_y(x,y))\begin{pmatrix}u\\v\end{pmatrix} \tag{7-8}$$

式中，f_x、f_y——表示图像在 x 和 y 方向上的导数。

将式（7-8）代入式（7-7）中可得：

$$E(u,v)=\sum_{x,y}w(x,y)\left((f_x(x,y)\quad f_y(x,y))\begin{pmatrix}u\\v\end{pmatrix}\right)^2=(u\quad v)\boldsymbol{M}\begin{pmatrix}u\\v\end{pmatrix} \tag{7-9}$$

式中，$\boldsymbol{M}$——2×2 的对称矩阵。

$$\boldsymbol{M}=\mathrm{e}^{-\frac{x^2+y^2}{2\sigma^2}}\times\begin{pmatrix}\sum\limits_{x,y}[f_x(x,y)]^2 & \sum\limits_{x,y}f_x(x,y)f_y(x,y)\\ \sum\limits_{x,y}f_x(x,y)f_y(x,y) & \sum\limits_{x,y}[f_y(x,y)]^2\end{pmatrix}=\mathrm{e}^{-\frac{x^2+y^2}{2\sigma^2}}\times\begin{pmatrix}\langle f_x^2\rangle & \langle f_xf_y\rangle\\ \langle f_xf_y\rangle & \langle f_y^2\rangle\end{pmatrix}=\begin{pmatrix}A & C\\ C & B\end{pmatrix} \tag{7-10}$$

$\boldsymbol{M}$ 反映了图像坐标(x,y)局部邻域的图像灰度结构。假设矩阵 $\boldsymbol{M}$ 的特征值分别为 λ_1 和 λ_2，这两个特征值反映了局部图像的两个主轴的长度，而与主轴的方向无关，因此形成一个旋转不变描述。这两个特征值可能出现三种情况：

1）如果 λ_1 和 λ_2 的值都很小，则这时的局部自相关函数是平滑的（例如，任何方向上 $\boldsymbol{M}$ 的变化都很小），局部图像窗口内的图像灰度近似为常数。

2）如果一个特征值较大而另一个较小，则此时的局部自相关是像山脊一样的形状。局部图像沿山脊方向平移引起的 $\boldsymbol{M}$ 变化很小，而在其正交方向上平移引起的 $\boldsymbol{M}$ 较大，这表明该位置位于图像的边缘。

3）如果两个特征值都较大，则这时的局部自相关函数是尖锐的峰值。局部图像沿任何方向的平移都将引起 $\boldsymbol{M}$ 较大的变化，表明该点为特征点。

为了避免求矩阵 $\boldsymbol{M}$ 的特征值，可以采用 $\mathrm{Trace}(\boldsymbol{M})$ 和 $\mathrm{Det}(\boldsymbol{M})$ 来间接代替 λ_1 和 λ_2。根据式（7-10），有：

$$\begin{aligned}\mathrm{Trace}(\boldsymbol{M})&=\lambda_1+\lambda_2=A+B\\ \mathrm{Det}(\boldsymbol{M})&=\lambda_1\lambda_2=AB-C^2\end{aligned} \tag{7-11}$$

角点响应函数可以写成：

$$R = \mathrm{Det}(\boldsymbol{M}) - k\mathrm{Trace}^2(\boldsymbol{M}) \tag{7-12}$$

式中，k——常数因子，一般取值为 0.04~0.06。只有当图像中像素的 R 值大于一定的阈值，且在周围的 8 个方向上是局部极大值时才认为该点是角点。图像中角点的位置最后通过寻找角点的响应函数的局部极值来获取。

7.2　边缘检测

边缘检测算子（Edge Detectors）是一组用于在亮度函数中定位变化的非常重要的局部图像预处理方法，边缘是亮度函数发生急剧变化的位置。神经学和心理学的研究表明，图像中突变的位置对图像感知很重要。在某种程度上，边缘不随光照和视角的变化而变化。如果只考虑那些强度大的边缘元素，就大幅减少了图像的数据量。而在很多情形下，这种数据减少并不会影响对图像内容的理解。

图像边缘是图像的最基本特征，主要存在于目标与目标、目标与背景、区域与区域（包括不同色彩）之间。它常常意味者一个区域的终结和另一个区域的开始。从本质上讲，图像边缘是以图像局部特征不连续的形式出现的，是图像局部特征突变的一种表现形式，如灰度的突变、颜色的突变、纹理结构的突变等。边缘检测（Edge Detection）实际上就是找出图像特征发生变化的位置。

7.2.1　边缘的模型、检测算子及基本步骤

灰度的空间变化模式随着引起其变化的原因的不同而有所不同。因此，在几乎所有的边缘检测算法中，都把几种典型的灰度的空间变化模式假定为边缘的模型，并对对应于那些模型的灰度变化进行检测。

首先，在标准的边缘模型中，采用局部的单一直线边缘作为边缘的空间特征，因而可根据与直线正交的方向上的灰度变化模式对边缘的类型进行分类。图 7-4 所示为几种常见的边缘模型。上面的一行为二维图像显示，下面的一行为灰度断面（垂直于边缘方向）显示。图 7-4a 所示的阶跃边缘是理想的边缘。图 7-4b 所示的斜坡边缘表示它已模糊时的边缘。几乎所有的边缘检测算法均考虑这两种边缘模型。图 7-4c 所示的山形的山形状灰度变化，是对宽度较窄的线经模型化后得到的边缘，不过，若线变粗的话，则山会呈现出两条平行的阶跃边缘的组合形状。这意味着边缘模型随着作为处理对象的图像的分辨率或边缘检测算法中参与运算的邻域的大小而变化。图 7-4d 所示的屋顶边缘，可认为是图 7-4c 中边缘已模糊时的情况。

对于图 7-4a 中的理想阶跃边缘，图像边缘是清晰的。由于图像采集过程中的光学系统成像、数字采样、光照条件等不完善因素的影响，实际图像边缘是模糊的，因而阶跃边缘变成斜坡边缘，斜坡部分与边缘的模糊程度成比例。

图像的边缘可以用灰度变化的一阶或二阶导数来表示。检测阶跃边缘实际上就是要找出使灰度变化的一阶导数取到极大值和使二阶导数具有零交叉的像素。典型的边缘检测算法包含以下 4 个步骤：

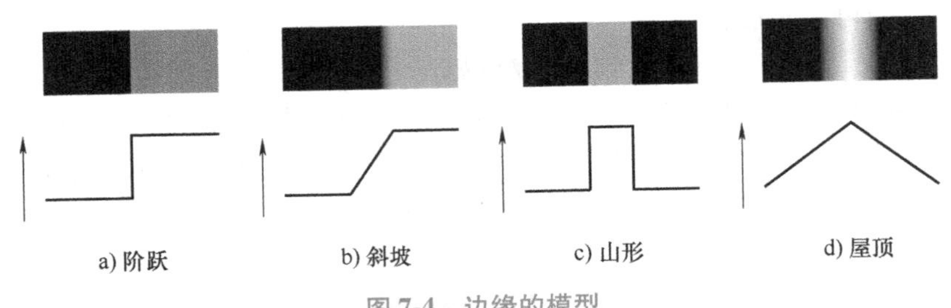

图 7-4　边缘的模型

1）滤波：边缘检测算法主要是基于图像强度的一阶和二阶导数，但导数的计算对噪声很敏感，因此必须通过滤波来改善与噪声有关的边缘检测算法的性能。需要指出，大多数滤波器在降低噪声的同时会导致边缘强度的损失。因此，增强边缘和降低噪声之间需要折中。

2）增强：增强边缘的基础是确定图像各点邻域灰度的变化值。增强算法可以将邻域（或局部）灰度值有显著变化的突显出来，而检测图像灰度变化的最基本的方法是求图像函数 $f(x,y)$ 的微分。函数的微分有偏微分、高阶微分等各种微分形式，但在边缘检测中最常用的微分是梯度（Gradient）$\nabla f(x,y)$ 和拉普拉斯算子（Laplacian）$\nabla^2 f(x,y)$。

3）检测：图像中会有许多点的梯度幅值比较大，而这些点在特定的应用领域中并不都是边缘，所以应该用某种方法来确定哪些点是边缘点。最简单的边缘检测判据是梯度幅值阈值判据。也就是说，通过使用差分、梯度、拉普拉斯算子及各种高通滤波进行边缘增强后，只要再进行一次阈值化处理，便可以实现边缘检测。

4）定位：如果某一应用场合要求确定边缘位置，则边缘的位置可在亚像素分辨率上来估计，边缘的方位也可以被估计出来。

在边缘检测算法中，前 3 个步骤用得十分普遍。这是因为大多数场合下，仅仅需要边缘检测算法指出边缘出现在图像某一像素的附近，而没有必要指出边缘的精确位置或方向。最近的 20 年里发展了许多边缘检测算法，本章仅介绍常用的几种。

一阶边缘检测算子相当于一阶微分法，二阶边缘检测算子相当于高一阶微分处理。

7.2.2　基于梯度的边缘检测

基于梯度的边缘检测是灰度变化的一阶微分导数，边缘是图像中灰度发生急剧变化的地方，基于梯度的边缘检测算法以此为理论依据，它也是最原始、最基本的边缘检测方法。图像的梯度描述灰度变化速率。因此，通过梯度可以增强图像中的灰度变化区域，进一步判断增强的区域边缘。边缘是赋给单个像素的性质，用图像函数在该像素的一个邻域处的特性来计算。它是一个具有**幅值**（**强度**）（**Magnitude**）和**方向**（**Direction**）的**矢量**（**Vector Variable**）。边缘的幅值是梯度的幅值，边缘方向 ϕ 是梯度方向 θ 旋转 $-90°$ 的方向。梯度方向是函数最大增长的方向，例如，从黑 $[f(i,j)=0]$ 到白 $[f(i,j)=255]$。如图 7-5 所示，封闭的曲线是具有相同亮度的线，0°方向指向东。

在图像分析中，边缘一般用于寻找区域的边界。假定区域具有均匀的亮度，其边界就是图像函数变化的位置。因此，在理想情况下具有高边缘幅值的像素中没有噪声。可见，边界和其边缘与梯度方向垂直。图 7-6 给出了几种典型的边缘剖面。边缘检测算子一般是根据某种类型的边缘剖面调制的。

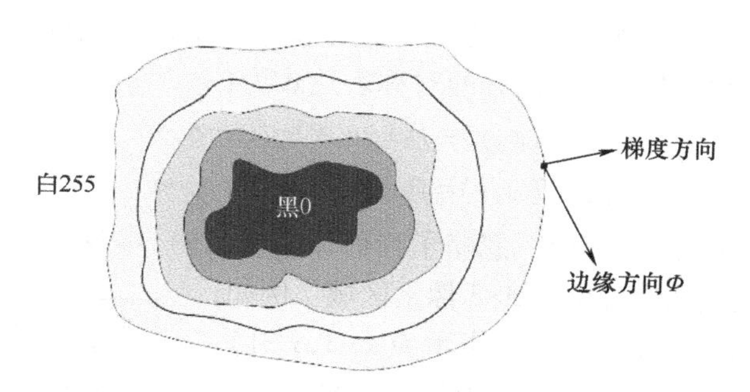

图 7-5　梯度方向和边缘方向

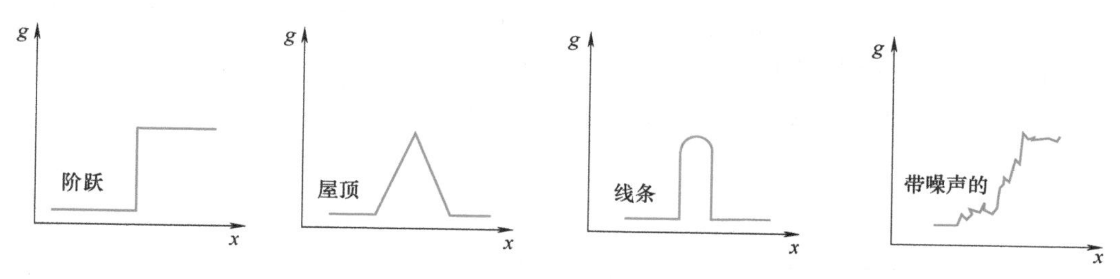

图 7-6　典型的边缘剖面

对于二维图像函数 $f(x,y)$，在其坐标（x,y）上的梯度可以定义为一个二维列向量，即：

$$\nabla \boldsymbol{f}(\boldsymbol{x},\boldsymbol{y})=\begin{pmatrix} G_x \\ G_y \end{pmatrix}=\begin{pmatrix} \partial f/\partial x \\ \partial f/\partial y \end{pmatrix} \tag{7-13}$$

梯度矢量的大小用梯度幅值来表示：

$$|\nabla \boldsymbol{f}(\boldsymbol{x},\boldsymbol{y})|=\sqrt{G_x^2+G_y^2}=\sqrt{\left(\frac{\partial f}{\partial x}\right)^2+\left(\frac{\partial f}{\partial y}\right)^2} \tag{7-14}$$

梯度幅值是指在（x,y）位置处灰度的最大变化率。一般来讲，也将 $|\nabla \boldsymbol{f}(\boldsymbol{x},\boldsymbol{y})|$ 称为梯度。

梯度矢量的方向角是指在（x,y）位置处灰度的最大变化率方向，表示为：

$$\theta(x,y)=\arctan(G_y/G_x) \tag{7-15}$$

式中，θ——从 x 轴到点（x,y）的角度。

梯度幅值计算式（7-14）对应欧氏距离。为了减少计算量，梯度幅值也可按照城区距离和棋盘距离来计算，分别表示为：

$$|\nabla \boldsymbol{f}(\boldsymbol{x},\boldsymbol{y})|\approx|G_x|+|G_y| \tag{7-16}$$

$$|\nabla \boldsymbol{f}(\boldsymbol{x},\boldsymbol{y})|\approx\max\{|G_x|,|G_y|\} \tag{7-17}$$

对数字图像而言，偏导数 $\partial f/\partial x$ 和 $\partial f/\partial y$ 可以用差分来近似。数字图像在本质上是离散的。因此，含有导数的式（7-13）和式（7-15）必须用**差分**（**Differences**）来近似。图像 f 在纵向（固定 x）和横向（固定 y）的一阶差分由下式给出：

$$\begin{cases} \Delta_x f(x,y)=f(x,y)-f(x-n,y) \\ \Delta_y f(x,y)=f(x,y)-f(x,y-n) \end{cases} \tag{7-18}$$

其中，n 是整数，通常取 1。数值 n 的选择既要足够小以便较好地近似导数，又要足够大以便忽略图像函数的不重要的变化。差分的对称表达式为：

$$\begin{cases}\Delta_x f(x,y)=f(x+n,y)-f(x-n,y)\\ \Delta_y f(x,y)=f(x,y+n)-f(x,y-n)\end{cases} \tag{7-19}$$

这种形式并不常用，因为式（7-19）忽略了当前像素（x,y）本身的影响。

图 7-7 所示的模板表示图像中的 3×3 像素区域。例如，若中心像素 w_5 表示 $f(x,y)$，那么 w_1 表示 $f(x-1,y-1)$，w_2 的表示 $f(x,y-1)$，以此类推。那么根据上述模板，最简单的一阶偏导数的计算公式可以表示为：

$$G_x=w_5-w_6,\quad G_y=w_5-w_8 \tag{7-20}$$

式（7-20）中，像素间的关系如图 7-8a 所示。这种梯度计算方法也称为直接差分，直接差分的卷积模板如图 7-8b 所示。

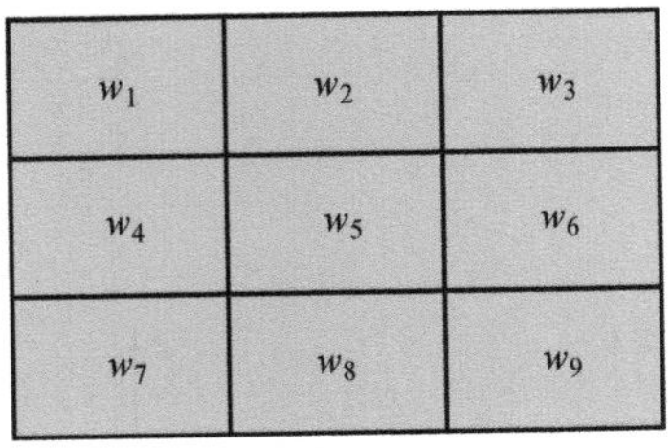

w_1
w_2
w_3
w_4
w_5
w_6
w_7
w_8
w_9

图 7-7　模板

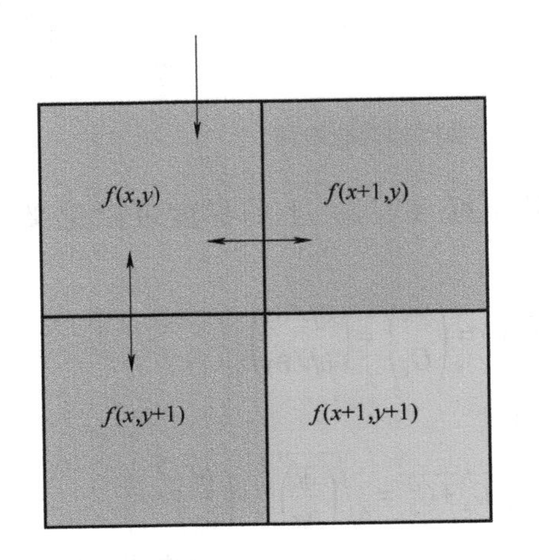

f(x,y)
f(x+1,y)
f(x,y+1)
f(x+1,y+1)
Gx=
-1
1
Gy=
1
-1

a) 像素间的关系　　b) 直接差分的卷积模板

图 7-8　直接差分法

1. Roberts 算子

Roberts 算子是最老的算子之一，是一种斜向偏差分的梯度计算方法，梯度的大小代表边缘的强度，梯度的方向与边缘方向 ϕ 垂直。它只使用当前像素的 2×2 邻域，计算非常简单。如图 7-9 所示，图像中的导数计算可以采用交叉差分操作，即：

$$\begin{cases}\Delta_x f(x,y)=f(x,y)-f(x+1,y+1)\\ \Delta_y f(x,y)=f(x,y+1)-f(x+1,y)\end{cases} \tag{7-21}$$

上式即为 Roberts 算子，像素间的关系如图 7-9a 所示，也可采用图 7-9b 所示的卷积模板实现上述操作。如果按照欧氏距离和城区距离计算梯度幅值，则式（7-14）和式（7-16）可进一步分别写成：

$$|\nabla f(x,y)|=[(w_5-w_9)^2+(w_8-w_6)^2]^{\frac{1}{2}} \tag{7-22}$$

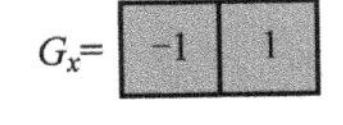

$$|\nabla f(x,y)| = |w_5 - w_9| + |w_8 - w_6| \tag{7-23}$$

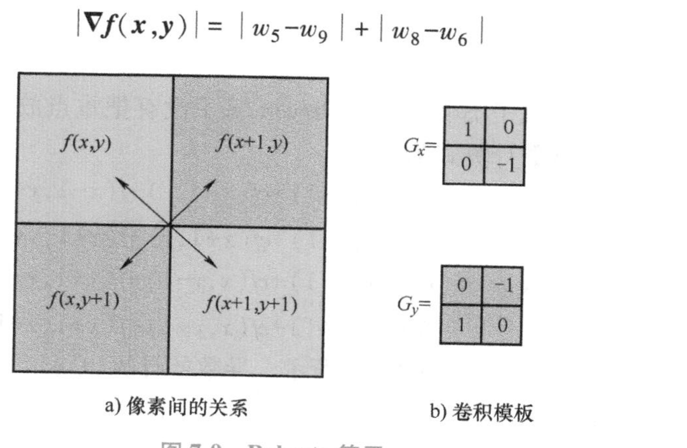

a) 像素间的关系　　b) 卷积模板

图 7-9　Roberts 算子

式（7-23）与图 7-9b 所示的卷积模板相对应。

采用 Roberts 算子计算图像梯度时，无法计算出图像的最后一行（列）像素的梯度，这时一般采用前一行（列）的梯度值近似代替。

2. Sobel 算子

Sobel 算子把重点放在接近模板中心的像素点，采用 3×3 模板可以避免在像素之间的内插点上计算梯度。对于中心像素 $f(x,y)$，可使用以下公式来计算其偏导数：

$$\begin{cases} \Delta_x f(x,y) = [f(x-1,y-1)+cf(x-1,y)+f(x-1,y+1)] - \\ \qquad [f(x+1,y-1)+cf(x+1,y)+f(x+1,y+1)] \\ \Delta_y f(x,y) = [f(x-1,y-1)+cf(x,y-1)+f(x+1,y-1)] - \\ \qquad [f(x-1,y+1)+cf(x,y+1)+f(x+1,y+1)] \end{cases} \tag{7-24}$$

式（7-24）所述即为 Sobel 算子，其像素间的关系如图 7-10a 所示，导数计算也可以采用图 7-10b 所示的卷积模板。Sobel 算子的特点是对称的一阶差分，对中心加权具有一定的平滑作用，常数 c 通常取 2。

$f(x-1,y-1)$	$f(x,y-1)$	$f(x+1,y-1)$
$f(x-1,y)$	$f(x,y)$	$f(x+1,y)$
$f(x-1,y+1)$	$f(x,y+1)$	$f(x+1,y+1)$

a) 像素间的关系

1	0	−1
c	0	$-c$
1	0	−1

G_x

1	c	1
0	0	0
−1	$-c$	−1

G_y

b) 卷积模板

图 7-10　Sobel 算子

3. Prewitt 算子

Prewitt 算子与 Sobel 算子类似，只是 Prewitt 算子没有把重点放在接近模板中心的像素。中心像素 $f(x,y)$ 的偏导数计算式为：

$$\begin{cases}\Delta_x f(x,y)=[f(x-1,y-1)+cf(x-1,y)+f(x-1,y+1)]-\\ \qquad [f(x+1,y-1)+cf(x+1,y)+f(x+1,y+1)]\\ \Delta_y f(x,y)=[f(x-1,y-1)+cf(x,y-1)+f(x+1,y-1)]-\\ \qquad [f(x-1,y+1)+cf(x,y+1)+f(x+1,y+1)]\end{cases} \tag{7-25}$$

Prewitt 算子像素间的关系如图 7-11a 所示，导数的计算也可以采用图 7-11b 所示的卷积模板。Prewitt 算子的特点是对称的一阶差分，对中心加权具有一定的平滑作用，常数 c 通常取 1。

上述梯度法对 G_x 和 G_y 各用一个模板，需要两个模板组合起来构成一个梯度算子。常用的 3 种梯度算子（Roberts 算子、Sobel 算子和 Prewitt 算子）的导数计算模板分别如图 7-9b、图 7-10b 和图 7-11b 所示。各模板的系数和均等于零，表明在灰度均匀区域的响应为零。

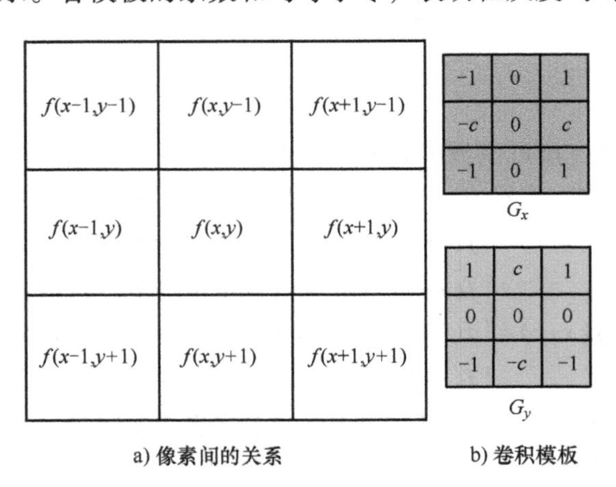

图 7-11 Prewitt 算子

4. Kirsch 算子

Kirsch 算子是一种方向算子，利用一组模板对图像中的同一像素进行卷积运算，然后选取其中的最大值作为边缘强度，而将与之对应的方向作为边缘方向。相对于梯度算子，Kirsch 算子不只考虑水平和垂直方向，还可以检测其他方向上的边缘，但计算量大大增加。

常用的 8 方向 Kirsch 算子（3×3）模板如图 7-12 所示，方向间的夹角为 45°。图像中的每个像素都有 8 个模板对某个特定方向边缘做出最大响应，最大响应模板的序号构成了对边缘方向的编码。

Kirsch 算子检测过程：把表示不同方向边缘的 8 个模板分别当作加权矩阵与图像进行卷积运算，选择输出最大值的模板，把该模板表示的边缘方向和卷积运算结果作为边缘上的灰度变换值来输出。

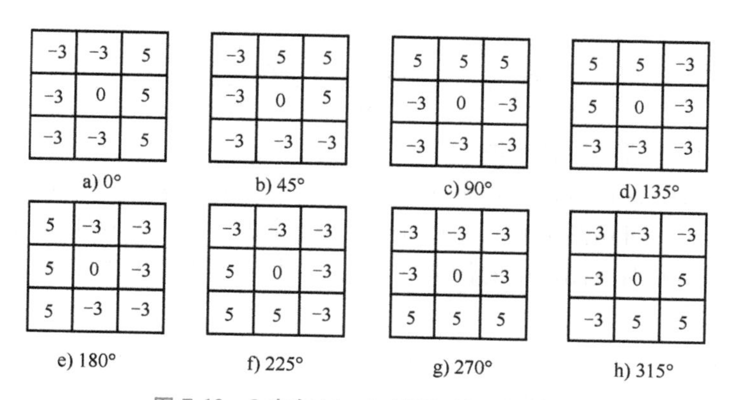

图 7-12　8 方向 kirsch 算子（3×3）模板

梯度幅值阈值化处理：利用上述算子计算出图像的梯度幅值便完成了边缘增强，然后采用梯度幅值阈值判据进一步实现边缘检测，以二值图像的输出方式作为边缘检测结果。

$$g(x,y)=\begin{cases}L_G, & |\nabla f(x,y)|\geqslant t\\ L_B, & \text{其他}\end{cases} \tag{7-26}$$

式中，$g(x,y)$——输出边缘检测结果；

t——梯度幅值阈值；

L_G 和 L_B——两个不同的灰度峰值，如 1 和 0。

梯度算子在图像边缘附近产生较宽的响应，通常需要对边缘进行细线化操作，这在一定程度上影响了边缘定位的精度。

7.2.3　基于拉普拉斯算子的边缘检测

基于拉普拉斯算子的边缘检测是灰度变化的二阶微分导数，一阶导数的局部最大值对应二阶导数的零交叉点，这意味着可以通过寻找图像函数的二阶导数的零交叉点来找到边缘点，由此产生了基于拉普拉斯算子的边缘检测算法。

图像函数 $f(x,y)$ 在 x 方向上的二阶偏导数近似表示为：

$$\begin{aligned}\frac{\partial^2 f(x,y)}{\partial x^2}&=\frac{\partial G_x}{\partial x}=\frac{\partial[f(i+1,j)-f(i,j)]}{\partial x}=\frac{\partial f(i+1,j)}{\partial x}-\frac{\partial f(i,j)}{\partial x}\\&=f(i+2,j)-2f(i+1,j)+f(i,j)\end{aligned} \tag{7-27}$$

这一近似式是以坐标（$i+1,j$）为中心的。用 $i-1$ 替换 i，得到：

$$\frac{\partial^2 f(x,y)}{\partial x^2}=f(i+1,j)+f(i-1,j)-2f(i,j)$$

它是以坐标（i,j）为中心的二阶偏导数的理想近似式。类似地，在 y 方向的二阶偏导数表示为：

$$\frac{\partial^2 f(x,y)}{\partial y^2}=f(i,j+1)+f(i,j-1)-2f(i,j) \tag{7-28}$$

1. 拉普拉斯算子

拉普拉斯算子是二阶导数算子，它是一个标量，具有各向同性（Isotropic）的性质，其定义为：

$$\nabla^2 f(x,y)=\frac{\partial^2 f(x,y)}{\partial x^2}+\frac{\partial^2 f(x,y)}{\partial y^2} \tag{7-29}$$

将式（7-28）代入式（7-29）得：

$$\nabla^2 f(x,y)=f(i+1,j)+f(i-1,j)+f(i,j+1)+f(i,j-1)-4f(i,j) \tag{7-30}$$

显然，式（7-30）可用图 7-13a 所示的模板与像素（x，y）对应邻域内的像素进行卷积操作得到，模板的中心对应图像中的像素（x，y）。图 7-13 还给出了拉普拉斯算子的另外两种常用模板。

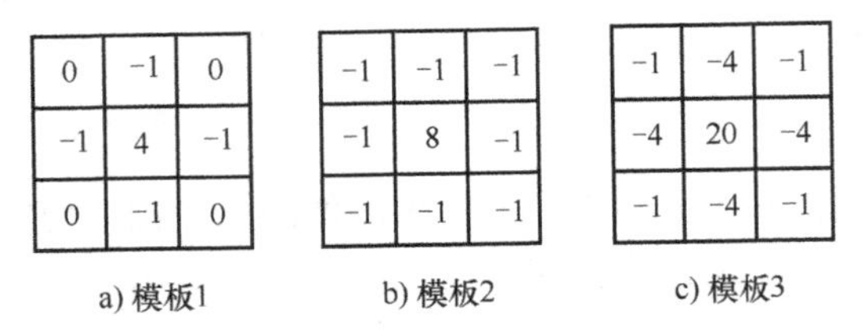

0	-1	0
-1	4	-1
0	-1	0

a) 模板1

-1	-1	-1
-1	8	-1
-1	-1	-1

b) 模板2

-1	-4	-1
-4	20	-4
-1	-4	-1

c) 模板3

图 7-13　常用的 3 种拉普拉斯算子模板

2. LoG 算子

拉普拉斯算子一般不直接用于边缘检测，因为任何包含二阶导数的算子都比只包含一阶导数的算子更易受噪声的影响，对图像计算后会增强噪声。甚至一阶导数很小的局部峰值也可以导致二阶导数过零点。为了避免噪声的影响，拉普拉斯算子常与平滑滤波器组合使用。常用的平滑函数为高斯函数，高斯平滑滤波器对于消除正态分布噪声是很有效的。二阶高斯函数及其一、二阶导数和拉普拉斯算子的计算式如下：

$$G(x,y)=\frac{1}{2\pi\sigma^2}e^{-\frac{x^2+y^2}{2\sigma^2}} \tag{7-31}$$

$$\frac{\partial G(x,y)}{\partial x}=\frac{-x}{2\pi\sigma^4}e^{-\frac{x^2+y^2}{2\sigma^2}},\frac{\partial G(x,y)}{\partial y}=\frac{-y}{2\pi\sigma^4}e^{-\frac{x^2+y^2}{2\sigma^2}} \tag{7-32}$$

$$\frac{\partial^2 G(x,y)}{\partial x^2}=\frac{1}{2\pi\sigma^4}\left(\frac{x^2}{\sigma^2}-1\right)e^{-\frac{x^2+y^2}{2\sigma^2}},\frac{\partial^2 G(x,y)}{\partial y^2}=\frac{1}{2\pi\sigma^4}\left(\frac{y^2}{\sigma^2}-1\right)e^{-\frac{x^2+y^2}{2\sigma^2}} \tag{7-33}$$

$$\nabla^2 G(x,y)=\frac{\partial^2 G(x,y)}{\partial x^2}+\frac{\partial^2 G(x,y)}{\partial y^2}=\frac{1}{\pi\sigma^4}\left(\frac{x^2+y^2}{2\sigma^2}-1\right)e^{-\frac{x^2+y^2}{2\sigma^2}} \tag{7-34}$$

式中，σ——高斯分布的标准差，它决定了高斯滤波器的宽度。用高斯函数对图像进行平滑滤波，结果为：

$$g(x,y)=G(x,y)*f(x,y) \tag{7-35}$$

其中，“*”表示卷积符号。图像平滑后再应用拉普拉斯算子，结果为：

$$\nabla^2 g(x,y)=\nabla^2(G(x,y)*f(x,y)) \tag{7-36}$$

由于线性系统中卷积与微分的次序是可以交换的，因而：

$$\nabla^2[G(x,y)*f(x,y)]=[\nabla^2 G(x,y)]*f(x,y) \tag{7-37}$$

式中，$\nabla^2 G(x,y)$——高斯-拉普拉斯（Laplacian of Gaussian）算子，简称 LoG 算子，因此，LoG 算子可以表示为：

$$\nabla^2 G(x,y)=\frac{1}{\pi\sigma^4}\left(\frac{x^2+y^2}{2\sigma^2}-1\right)\mathrm{e}^{-\frac{x^2+y^2}{2\sigma^2}} \tag{7-38}$$

在引入一个规范化的系数 c 后，得到的 LoG 算子为：

$$\nabla^2 G(x,y)=c\left(\frac{x^2+y^2-2\sigma^2}{2\pi\sigma^6}\right)\mathrm{e}^{-\frac{x^2+y^2}{2\sigma^2}} \tag{7-39}$$

其中，c 将掩膜元素的和规范为 0。反过来的 LoG 算子根据其形状常被称为**墨西哥草帽**（**Mexican Hat**）。离散 LoG 算子 $\nabla^2 G$ 的 5×5 的例子如下：

$$\begin{bmatrix} 0 & 0 & -1 & 0 & 0 \\ 0 & -1 & -2 & -1 & 0 \\ -1 & -2 & 16 & -2 & -1 \\ 0 & -1 & -2 & -1 & 0 \\ 0 & 0 & -1 & 0 & 0 \end{bmatrix}$$

该算子也被称为墨西哥草帽算子。因此采用 LoG 算子卷积图像，相当于使用高斯函数平滑图像，然后对平滑结果采用拉普拉斯算子检测图像边缘。这种边缘检测算法也称为 Marr 边缘检测算法。

7.2.4 Canny 算子边缘检测及 OpenCV 实现

John Canny 于 1986 年提出 Canny 算子，它与 LoG 算子类似，也属于先平滑后求导数的方法。Canny 提出的新的边缘检测方法（即 Canny 算子），对受白噪声影响的阶跃型边缘是最优的。Canny 创立了边缘检测计算理论（Computational Theory of Edge Detection），并给出详细的描述过程。Canny 算子的最优性与以下 3 个标准有关：

1）检测标准：实现减少噪声响应。不丢失重要的边缘，不应有虚假的边缘，它可以通过最优平滑处理来实现。Canny 最早表明：高斯滤波对边缘检测是最优的。

2）定位标准：正确性。在正确位置检测到边缘，实际边缘与检测到的边缘位置之间的偏差最小。它可以通过**非极大值抑制**（Non-Maximum Suppression，相当于峰值检测）来实现。非极大值抑制返回的只是边缘数据顶脊处的那些点，而抑制其他所有点，这样做的结果是细化处理。非极大值抑制的输出是正确位置上边缘点连成的细线。

梯度方向总是与边缘方向垂直，通常就近取值为水平（左、右）、垂直（上、下）、对角线（右上、左上、左下、右下）8 个不同的方向。

如图 7-14 所示，A、B、C 这 3 点具有相同的梯度方向（梯度方向垂直于边缘方向）。经过比较，A 点具有最大的局部值，所以保留 A 点（称为边缘），其余两点（B、C）被抑制（归零）。

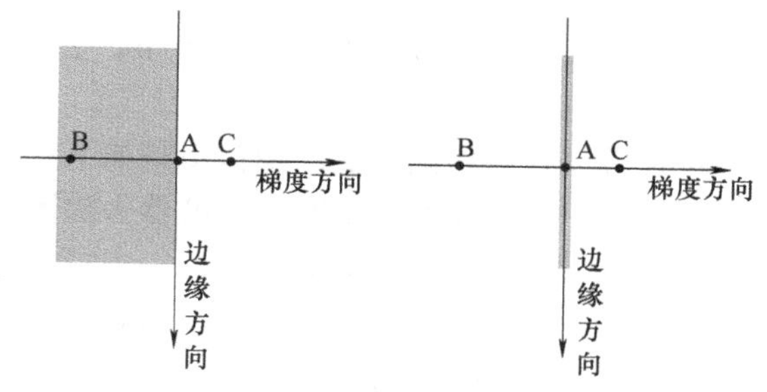

图 7-14 非极大值抑制示例

3）单响应标准：将多个响应降低为单个边缘响应。这一点被检测标准部分覆盖了，因为当有两个响应对应于单个边缘时，其中之一应该被认为是虚假的。单响应标准解决受噪声影响的边缘问题，起抵制非平滑边缘检测子的作用。

前面介绍的边缘检测算子均基于微分方法，其依据是图像的边缘对应一阶导数的极大值点和二阶导数零交叉点，这种依据只有在图像不含噪声的情况下才成立。假设实际图像信号用以下公式表示：

$$f(x,y)=s(x,y)+n(x,y) \tag{7-40}$$

式中，$s(x,y)$——理想无噪声图像信号；

$n(x,y)$——加性噪声信号。

应用微分算子可以计算的是$f(x,y)$的一阶导数和二阶导数。虽然噪声幅值往往很小，但我们不能认为$f(x,y)$的一阶导数和二阶导数会接近$s(x,y)$的一阶导数和二阶导数。因为噪声频率往往很高，导致$f(x,y)$的一阶导数和二阶导数严重偏离$s(x,y)$的一阶导数和二阶导数。例如，假设噪声为高频正弦信号：

$$n(x)=a\sin(\omega x) \tag{7-41}$$

那么它的一阶导数和二阶导数分别为：

$$\frac{\partial n(x)}{\partial x}=a\omega\cos(\omega x) \tag{7-42}$$

$$\frac{\partial^2 n(x)}{\partial x^2}=-a\omega^2\sin(\omega x) \tag{7-43}$$

即使a很小，当噪声$n(x)$的频率ω很高时，$n(x)$的一阶导数和二阶导数的幅值也会变得非常大。实际中，噪声不一定是加性的。一般而言，理想图像信号与实际图像信号可表示为下面的关系式：

$$f(x,y)=N[s(x,y)] \tag{7-44}$$

其中，$N[\ ]$表示某种变换算子，该算子不一定是可逆的。这种情况下，由$f(x,y)$求$s(x,y)$的条件不充分，通过增加某种约束$C[s(x,y)]$把它转换为最优化问题，也就是求解$s(x,y)$，使下式中r达到最小值：

$$r=\|f(x,y)-N[s(x,y)]\|+\lambda\|C[s(x,y)]\| \tag{7-45}$$

Canny 算子正是遵循这种思想求得的最优化算子。最优的边缘检测算子遵循检测标准、定位标准和单响应标准。

总之，就是希望在提高对图像边缘的敏感性的同时，能够有效抑制噪声的算法才是好的边缘检测算法。

在图像边缘检测中，抑制噪声和边缘精确定位是无法同时得到满足的，也就是说，边缘检测算法通过图像平滑算子滤除噪声，但却增加了边缘定位的不确定性；反过来，若提高边缘检测算子对边缘的敏感性，则同时也提高了对噪声的敏感性。有一种线性算子可以在抗噪声干扰和精确定位之间提供最佳折中方案，它就是高斯函数的一阶导数，对应于图像的高斯函数平滑与梯度计算。

Canny 算子边缘检测算法的操作步骤如下：

1）去噪。用尺度为σ的高斯滤波器去除图像噪声。

将图像$f(x,y)$与高斯函数$G(x,y;\sigma)$进行卷积运算，得到经平滑滤波后的图像$g(x,y)$。

$$g(x,y)=G(x,y;\sigma)*f(x,y) \tag{7-46}$$

2）计算梯度的幅度与方向。使用一阶有限差分近似偏导数，计算图像梯度的幅值和方向，计算梯度可以利用 Robert、Prewitt、Sobel 等算子。使用一阶有限差分计算$s(x,y)$的两

个偏导数阵列 $G_x(x,y)$ 与 $G_y(x,y)$：

$$\begin{aligned}G_x(x,y)&\approx[g(x+1,y)-g(x,y)+g(x+1,y+1)-g(x,y+1)]/2\\G_y(x,y)&\approx[g(x,y+1)-g(x,y)+g(x+1,y+1)-g(x+1,y)]/2\end{aligned}\tag{7-47}$$

$$\begin{aligned}G_x(x,y)&\approx g(x+1,y)-g(x,y)\\G_y(x,y)&\approx g(x,y+1)-g(x,y)\end{aligned}\tag{7-48}$$

梯度幅值和方向角分别为：

$$M(x,y)=\sqrt{G_x(x,y)^2+G_y(x,y)^2}\tag{7-49}$$

$$\theta(x,y)=\arctan[G_y(x,y)/G_x(x,y)]\tag{7-50}$$

其中，$M(x,y)$ 反映了图像的边缘强度；$\theta(x,y)$ 反映了边缘的方向（即 $M(x,y)$ 取得局部极大值时，得到方向角 $\theta(x,y)$）。其反正切函数包含了两个参量，它表示一个角度，其取值在整个圆周范围内。

3）非极大值抑制。利用步骤 2）中的梯度方向划分，进行梯度幅值的非极大值抑制，获取单像素边缘点。为了定位边缘的位置，必须保留局部梯度最大的点，而抑制非极大值。在与边缘垂直的方向上寻找局部最大值的过程被称为非极大值抑制（Non-Maximum Suppression，NMS）。

将梯度角 $\theta(x,y)$ 离散为圆周的 4 个扇区之一，4 个扇区及其相应的比较方向如图 7-15 所示。4 个扇区的标号为 0~3，对应 3×3 邻域内元素的 4 种可能组合，任何通过邻域中心的点必通过其中一个扇区。在每一点上，若邻域中心像素小于沿梯度方向的两个相邻像素梯度幅值，则令 $M(x,y)=0$。例如，中心像素 (x,y) 的梯度方向属于第三区，则把 $M(x,y)$ 与它的左上和右下相邻像素的梯度幅值（即 $M(x-1,y-1)$ 与 $M(x+1,y+1)$）比较；如果 $M(x,y)$ 不是局部最大值，则令其为零。非极大值抑制图像用 $N(x,y)$ 表示。

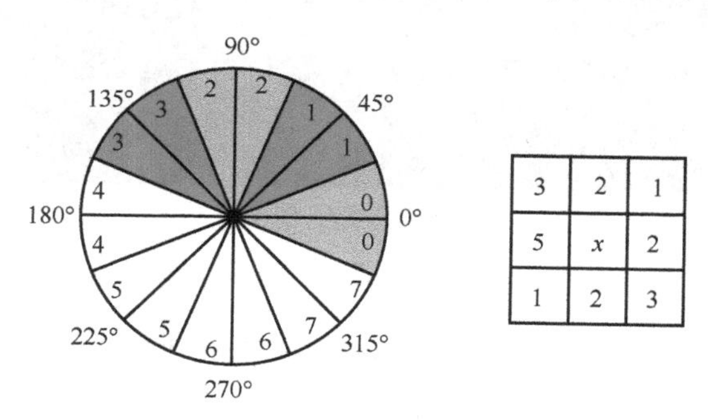

图 7-15　4 个扇区（0~3）及其相应的比较方向

4）双阈值处理。对边缘图像进行滞后阈值处理，消除虚假响应，将低于阈值的所有值赋零。阈值化后得到的边缘图像仍然有假边缘存在。阈值选取得太低，会使得边缘对比度减弱，产生假边缘；阈值选取得太高会导致部分轮廓丢失。双阈值算法可以解决阈值选取问题。

双阈值算法是对非极大值抑制图像 $N(x,y)$ 取两个阈值 t_1 和 t_2，且 $2t_1\approx t_2$，从而可以得到两个阈值边缘图像 $N_1(x,y)$ 和 $N_2(x,y)$。由于 $N_2(x,y)$ 使用高阈值得到，因此含有很少的假边缘，但同时也损失了有用的边缘信息。而 $N_1(x,y)$ 的阈值较低，保留了较多的信息。于是可以以 $N_2(x,y)$ 为基础，以 $N_1(x,y)$ 为补充来连接图像的边缘。

连接边缘的具体步骤如下：

① 对 $N_2(x,y)$ 进行扫描，当遇到一个非零值的像素 $P(x,y)$ 时，跟踪以 $P(x,y)$ 为开始点的轮廓线，直到轮廓线的终点 $q(x,y)$ 结束。

② 考察 $N_1(x,y)$ 中与 $N_2(x,y)$ 中 $q(x,y)$ 点对应位置的 8 邻点区域。如果其 8 邻点区域中有非零像素存在，则将其包括在 $N_2(x,y)$ 中。重复该过程，直到在 $N_1(x,y)$ 和 $N_2(x,y)$ 中都无法继续为止。

③ 当完成对 $P(x,y)$ 的轮廓线的连接之后，将这条轮廓线标记为已访问。回到步骤①，寻找下一条轮廓线。重复步骤①~③，算法将不断地在 $N_1(x,y)$ 中收集边缘，直到 $N_2(x,y)$ 中找不到新轮廓线为止。

实际中没有一种能适合所有边缘提取要求的算法，需要针对不同的情况选择最优的方法进行操作。图 7-16 为上述边缘提取效果的对比。

a) 图像一阶求导　b) Prewitt　c) Sobel

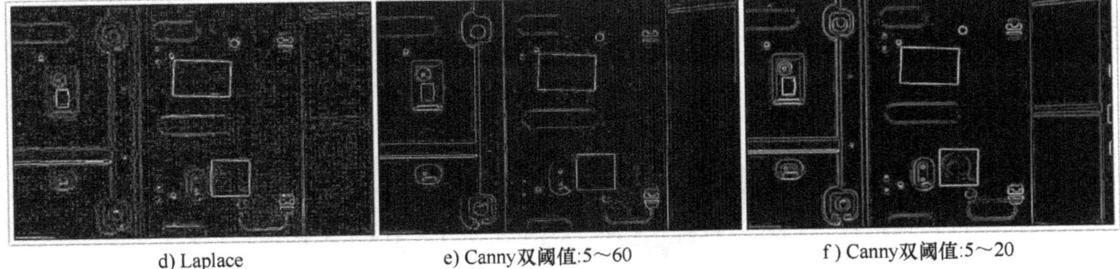

d) Laplace　e) Canny双阈值:5～60　f) Canny双阈值:5～20

图 7-16　边缘检测算法的提取效果对比

从图 7-16 可以看出，图 7-16b 所示的 Prewitt 算子和图 7-16c 所示的 Sobel 算子虽然很清晰地提取出边缘分界线，但是这两种方法都放大了部分噪声，边缘线明显过宽，并且在局部细节处出现了间断线；图 7-16d 所示的 Laplace 算子虽然补全了前两种算法中的间断线，但是也增强了噪声的影响，是图 7-16 所示的 6 幅图中噪声干扰最多且最模糊的一幅；图 7-16e 和图 7-16f 都采用了 Canny 算法对图像边缘进行提取，分别选取了两种高低阈值对比结果。当选取低阈值为 5、高阈值为 60 时，图像抑制了大部分边缘，提取的边缘曲线不完整，如图 7-16e 所示，因此需要缩小阈值范围。当选取低阈值为 5、高阈值为 20 时，提取的边缘图像基本得到补全，边缘线更加准确且剔除了噪声干扰。

例 7-1　基于 Python 与 OpenCV 的 Canny 算子边缘检测算法程序。

```
import cv2
import numpy as np
```

```
m1=np.array([[-1,0,1],[-1,0,1],[-1,0,1]])
m2=np.array([[-1,-1,-1],[ 0,0,0],[1,1,1]])
#from matplotlib import pyplot as plt
#第一步:完成高斯平滑滤波
img=cv2.imread("D:\Python\pic\yuantu1.jpg",0)
img=cv2.GaussianBlur(img,(3,3),2)
#img=medianBlur(img,5)
#第二步:完成一阶有限差分计算,计算每一点的梯度幅值与方向
img1=np.zeros(img.shape,dtype="uint8")      #与原图大小相同
theta=np.zeros(img.shape,dtype="float")     #原图像方向矩阵
img=cv2.copyMakeBorder(img,1,1,1,1,borderType=cv2.BORDER_REPLICATE)
rows,cols=img.shape
for i in range(1,rows-1):
        for j in range(1,cols-1):
                #Gy
                Gy=(np.dot(np.array([1,1,1]),(m1*img[i-1:i+2,j-1:j+2]))).
                dot(np.array([[1],[1],[1]]))
                #Gx
                Gx=(np.dot(np.array([1,1,1]),(m2*img[i-1:i+2,j-1:j+2]))).
                dot(np.array([[1],[1],[1]]))
                if Gx[0]==0:
                        theta[i-1,j-1]=90
                        continue
                else:
                        temp=(np.arctan(Gy[0]/Gx[0]))*180/np.pi
                if Gx[0]*Gy[0]>0:
                        if Gx[0]>0:
                                theta[i-1,j-1]=np.abs(temp)
                        else:
                                theta[i-1,j-1]=(np.abs(temp)-180)
                if Gx[0]*Gy[0]<0:
                        if Gx[0]>0:
                                theta[i-1,j-1]=(-1)*np.abs(temp)
                        else:
                                theta[i-1,j-1]=180-np.abs(temp)
                img1[i-1,j-1]=(np.sqrt(Gx**2+Gy**2))
for i in range(1,rows-2):
    for j in range(1,cols-2):
        if(((theta[i,j]>=-22.5)and(theta[i,j]<22.5))or
                ((theta[i,j]<=-157.5)and(theta[i,j]>=-180))or
                ((theta[i,j]>=157.5)and(theta[i,j]<180))):
                theta[i,j]=0.0
        elif(((theta[i,j]>=22.5)and(theta[i,j]<67.5))or
                ((theta[i,j]<=-112.5)and(theta[i,j]>=-157.5))):
                theta[i,j]=45.0
        elif(((theta[i,j]>=67.5)and(theta[i,j]<112.5))or
```

```
                    ((theta[i,j]<=-67.5)and(theta[i,j]>=-112.5))):
                theta[i,j]=90.0
            elif(((theta[i,j]>-112.5)and(theta[i,j]<157.5))or
                    ((theta[i,j]<-22.5)and(theta[i,j]>-67.5))):
                theta[i,j]=-45.0
#第三步:进行非极大值抑制计算(边缘细化,获得单像素边缘点)
img2=np.zeros(img1.shape)                          #非极大值抑制图像矩阵
for i in range(1,img2.shape[0]-1):
        for j in range(1,img2.shape[1]-1):
            if(theta[i,j]==0.0)and(img1[I,j]==np.max([img1[i,j],img1
            [i+1,j],img2[i-1,j]])):
                        img2[i,j]=img1[i,j]
            if(theta[i,j]==-45.0)and(img1[I,j]==np.max([img1[i,j],img1
            [i-1,j-1],img2[i+1,j+1]])):
                        img2[i,j]=img1[i,j]
              if(theta[i,j]==90.0)and(img1[I,j]==np.max([img1[i,j],
              img1[i,j+1],img2[i,j-1]])):
                        img2[i,j]=img1[I,j]
              if(theta[i,j]==45.0)and(img1[I,j]==np.max([img1[i,j],
              img1[i-1,j+1],img2[i+1,j-1]])):
                        img2[i,j]=img1[i,j]
#第四步:双阈值检测和边缘连接(消除虚假响应)
img3=np.zeros(img2.shape)                          #定义双阈值图像
#TL=0.4*np.max(img2)
#TH=0.5*np.max(img2)
TL=50
TH=100                                             #关键在于这两个阈值的选择
for i in range(1,img3.shape[0]-1):
        for j in range(1,img3.shape[1]-1):
              if img2[i,j]<TL:
                    img3[i,j]=0
              elif img2[i,j]  >TH:
                    img3[i,j]=255
        elif((img2[i+1,j]<TH)or(img2[i-1,j]<TH)or(img2[i,j+1]<TH)or
              (img2[i,j-1]<TH)or(img2[i-1,j-1]<TH)or(img2[i-1,j+1]<TH)or
                 (img2[i+1,j+1]<TH)or(img2[i+1,j-1]<TH)):
           img3[i,j]=255
cv2.imshow("OriginalPicture",img)                  #原始图像
cv2.imshow("TiduPicture",img1)                     #梯度幅值图
cv2.imshow("NoMaxValuePicture",img2)               #非极大值抑制灰度图
cv2.imshow("FinalPicture",img3)                    #最终效果图
cv2.imshow("AnglePicture",theta)                   #角度值灰度图
cv2.waitKey(0)
cv2.destroyAllWindow()
```

基于 OpenCV 的 Canny 算子边缘检测如图 7-17 所示。

a) 原始图像

b) 梯度幅值图

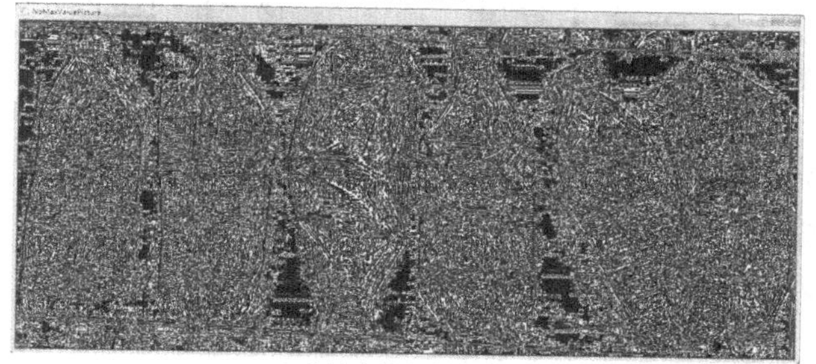

c) 非极大值抑制灰度图

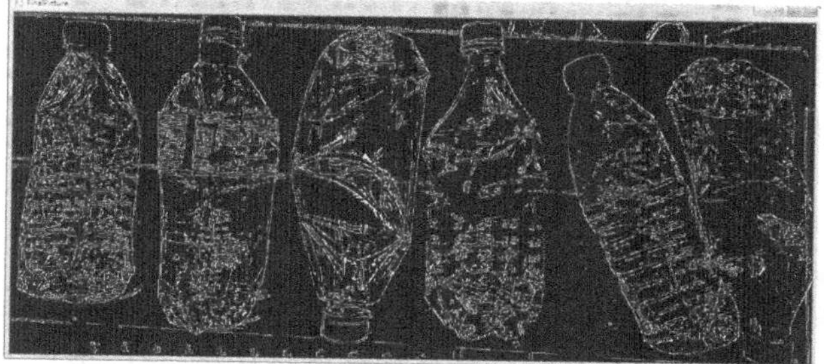

d) 最终效果图

e) 角度值灰度图

图 7-17　基于 OpenCV 的 Canny 算子边缘检测

7.3 边缘轮廓检测

数字图像可用各种边缘检测方法检测出边缘点。边缘检测虽然能够检测出边缘点，但是仅获得边缘点是不够的。另外，由于噪声、光照不均匀等因素的影响，获得的边缘点是不连续的，检测到的边缘并不是一个整体，在某些情况下，必须通过边缘跟踪（Edge Tracking）将边缘像素组合成有意义的边缘信息，将边缘连接起来形成一个整体，以便后续处理。可以直接在原图像上进行边缘跟踪，也可以在边缘跟踪之前，利用前面介绍的边缘检测算子得到梯度图像，然后在梯度图像上进行边缘跟踪。边缘跟踪包含两方面含义：①剔除噪声点，保留真正的边缘点；②填补边缘空白点。

7.3.1 局部处理方法

边缘连接最简单的方法之一是分析图像中每个边缘像素点（x,y）的邻域，如 3×3 或 5×5 邻域内像素的点。将所有依据预定准则被认为是相似的点连接起来，形成由共同满足这些准则的像素组成的一条边缘。在这种分析过程中，确定边缘像素相似性的两个主要性质如下：

1）用于生成边缘像素的梯度算子的响应强度有：

$$||\nabla f(x,y)|-|\nabla f(x_0,y_0)||=E \tag{7-51}$$

则处于定义的（x,y）邻域内坐标为（x_0,y_0）的边缘像素，具有与（x,y）相似的幅度，这里的 E 是一个非负阈值。

2）梯度矢量的方向由梯度矢量的方向角给出，如果：

$$|\theta(x,y)-\theta(x_0,y_0)|=\phi \tag{7-52}$$

则处于定义的（x,y）邻域内坐标为（x_0,y_0）的边缘像素，具有与（x,y）相似的角度，这里的 ϕ 是非负阈值。如前所述，（x,y）处边缘的方向垂直于此点处梯度矢量的方向。

如果大小和方向准则得到满足，则（x,y）邻域中的点就与位于（x,y）的像素连接起来。图像中的每个位置都重复这一操作。当邻域的中心从一个像素转移到另一像素时，这两个相连接点必须记录下来。

7.3.2 边缘跟踪方法

边缘跟踪也称轮廓跟踪、边界跟踪，是从梯度图像中的一个边缘点出发，依次搜索并连接相邻边缘点，从而逐步检测出边缘的方法，其目的是区分目标与背景。一般情况下，边缘跟踪算法具有较好的抗噪性，产生的边缘具有较好的刚性。

根据边缘的特点，有的边缘取正值（如阶跃型边缘的一阶导数为正），有的取负值（如屋顶型边缘的二阶导数），有的边缘取 0 值（如阶跃型边缘二阶导数、屋顶型边缘一阶导数均过零点）。因此，可以将边缘跟踪算法分为极大跟踪法、极小跟踪法、极大—极小跟踪法与过零点跟踪法。

1. 边缘跟踪过程

1）确定边缘跟踪的起始边缘点。其中，起始边缘点可以是一个，也可以是多个。

2）确定和采取一种合适的数据结构和搜索策略，根据已经发现的边缘点确定下一个检测目标并对其进行检测。

3）确定搜索终结的准则或终止条件（如封闭边缘回到起点），并在满足条件时停止进程，结束搜索。

2. 常用的边缘跟踪技术

常用的边缘跟踪技术有两种：探测法和梯度图法。假设图像为二值图像且图像边缘明确，图像中只有一个封闭边缘的目标，那么探测法的基本步骤如下：

1）假设 k 为记录图像边缘线像素点数的变量，其初始值为 0。

2）自上而下、自左向右扫描图像，发现某个像素 p_0 从 0 变到 1 时，记录其坐标（x_0，y_0），$k=0$。

3）从像素（x_k+1,y_k）开始，按顺时针方向，如图 7-18a 所示，研究其 8 邻域，将第一次出现的 1-像素记为 p_k，并存储其坐标（x_k,y_k），置 $k=k+1$。

4）如果 8 邻域全为 0-像素，则 p_0 为孤立点，终止追踪。

5）如果 p_k 和 p_0 是同一个点，即 $x_k=x_0$，$y_k=y_0$，则表明 p_0，…，p_{n-1} 已形成了一个闭环，终止本条轮廓线追踪。否则返回步骤 3）继续跟踪。

6）把搜索起点移到图像的别处，继续进行下一轮廓搜索。应注意，新的搜索起点一定要在已得到的边缘线所围区域之外。

边缘跟踪结果如图 7-18b 所示。

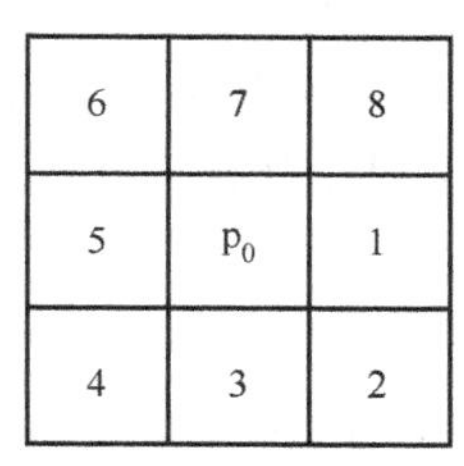

a) 1-像素搜索顺序

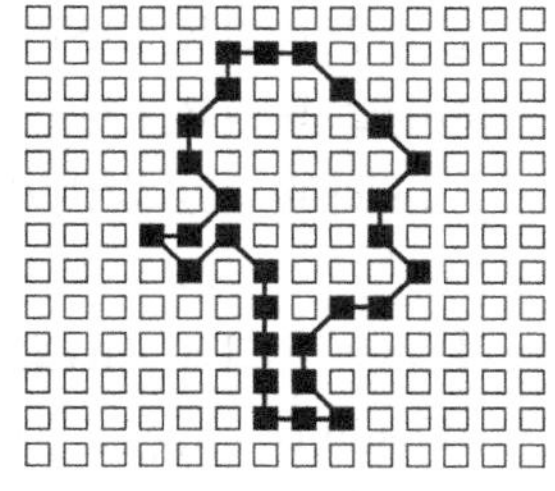

b) 边缘跟踪结果

图 7-18　边缘跟踪算法示意图

需要注意以下 3 点：

1）在跟踪过程中，要赋给已经确定出的边界点已跟踪过标志。

2）若有多个区域，则重复以上步骤，直到扫描点到达左下角点。

3）外侧的边界线按逆时针方向跟踪，内侧的边界线按顺时针方向跟踪。

7.3.3　OpenCV 实现边缘轮廓绘制

轮廓检测的目标是确定闭合物体的形状，特别是对于具有相同颜色强度的连续点，寻找轮廓的方法是确定的，而边缘检测是通过检测颜色强度的变化来进行的。边缘检测对整个图像进行操作，而轮廓检测仅对图像内的对象进行操作。

1. 查找并绘制轮廓函数

一个轮廓对应着一系列的点，这些点以某种方式表示图像中的一条曲线。在 OpenCV 中，函数 cv2. findContours( ) 用于查找图像的轮廓，并能够根据参数返回特定表示方式的轮廓（曲线）。函数 cv2. drawContours( ) 能够将查找到的轮廓绘制到图像上，该函数可以根据参数在图像上绘制不同的样式（实心/空心点），以及线条的不同粗细、颜色等，也可以绘制全部轮廓，还可以仅绘制指定的轮廓。

2. 查找图像轮廓：cv2. findContours( ) 函数

函数 cv2. findContours( ) 的语法格式为：

```
Image,contours,hierarchy=cv2.findContours(image,mode,method)
```

（1）式中的返回值

1）image：与函数参数中的原始图像 image 一致。

2）contours：返回轮廓信息，每个轮廓都是由若干个点所构成的。例如，contours[i] 是第 i 个轮廓（下标从 0 开始），contours[i][j] 是第 i 个轮廓内的第 j 个点。

3）hierarchy：表示轮廓的层次信息。

（2）式中的参数

1）image：原始图像。8 位单通道图像，所有非零值都被处理为 1，所有零值都保持不变。也就是说，灰度图像会被自动处理为二值图像。在实际操作时，可以根据需要，预先使用阈值处理等函数将待查找轮廓的图像处理为二值图像。

2）mode：轮廓检索模式，即轮廓提取方式。具体有以下 4 种：

① cv2. RETR_EXTERNAL：只检测外轮廓。

② cv2. RETR_LIST：对检测到的轮廓不建立等级关系。

③ cv2. RETR_CCOMP：检索所有轮廓并将它们组织成两级层次结构。上面的一层为外边界，下面的一层为内孔的边界。如果内孔内还有一个联通物体，那么这个物体的边界仍然位于顶层。

④ cv2. RETR_TREE：建立一个等级树结构的轮廓。

3）method：轮廓的近似方法，该参数决定了如何表达轮廓。

在使用函数 cv2. findContours( ) 查找图像轮廓时，需要注意以下问题：

① 待处理的源图像必须是灰度二值图。因此，在通常情况下，都要预先对图像进行阈值分割或者边缘检测处理，得到满意的二值图像后再将其作为参数使用。

② 在 OpenCV 中，函数 cv2. findContours( ) 是从黑色背景中查找白色对象。因此，对象必须是白色的，背景必须是黑色的。

③ 在 OpenCV4. x 中，函数 cv2. findContours( ) 仅有两个返回值。

3. 绘制图像轮廓：cv2. drawContours( ) 函数

在 OpenCV 中，可使用函数 cv2. drawContours( ) 绘制图像轮廓。该函数的语法格式为：

```
image=cv2.drawContours(image,contours,contourIdx,color[,thickness[,lineType[,
hierarchy[,maxLevel[,offset]]]]])
```

① image：表示待绘制轮廓的图像。

② contours：表示需要绘制的轮廓。

③ contourIdx：表示需要绘制的边缘索引，如果该值为负数（通常为-1），则表示绘制全部轮廓。

④ color：表示绘制的轮廓颜色，用 RGB 表示。

⑤ thickness：表示绘制轮廓的粗细，如果该值设置为-1，则表示绘制实心轮廓。

⑥ lineType：表示绘制轮廓所选用的线型。

⑦ hierarchy：表示轮廓的层次信息。

⑧ maxLevel：控制所绘制轮廓层次的深度。

⑨ offset：表示轮廓的偏移程度。

例 7-2　使用 cv2. findContours( ) 函数和 cv2. drawContours( ) 函数绘制一幅图像内的轮廓。

```
import cv2
o=cv2.imread("D:\Python\pic\yuantu1.jpg")
cv2.imshow("original",o)
gray=cv2.cvtColor(o,cv2.COLOR_BGR2GRAY)
ret,binary=cv2.threshold(gray,127,255,cv2.THRESH_BINARY)
contours,hierarchy=
cv2.findContours(binary,cv2.RETR_EXTERNAL,cv2.CHAIN_APPROX_SIMPLE)
o=cv2.drawContours(o,contours,-1,(0,0,255),5)
cv2.imshow("result",o)
cv2.waitKey()
cv2.destroyAllWindows()
```

彩图二维码

本程序中轮廓的颜色设置为红色，即（0,0,255），参数 thickness（轮廓线条的粗细）被设置为“5”。运行上述程序，结果如图 7-19 所示，图像内的所有轮廓都被绘制出来了。

a) 原始图像

b) 绘制的所有轮廓

图 7-19　原始图像及绘制的所有轮廓

7.4 Hough（霍夫）变换

Hough（霍夫）变换是一种在图像中寻找直线、圆以及其他简单形状的方法，是图像处理中的一种特征提取技术。它采用类似于投票的方式来获取当前图像内的形状集合。该变换由Paul Hough（霍夫）于1962年首次提出。最初的Hough变换只能用于检测直线和曲线，当时的方法要求知道物体边界线的解析方程，但不需要有关区域位置的先验知识。1972年，经典的Hough变换由Richard Duda和Peter Hart推广使用，用来检测图像中的直线。经过发展后，Hough变换不仅能够识别直线，还能识别其他简单的图形结构，常见的有圆、椭圆等。

如果在图像分割过程中预先已知目标的形状，如直线、曲线或圆等，则可以利用Hough（霍夫）变换进行检测，它的主要优点在于受噪声和曲线间断的影响较小。在已知曲线形状的条件下，Hough变换实际上是利用分散的边缘点进行曲线逼近的，它也可看成一种聚类分析技术。图像空间中的所有点均对参数空间中的参数集合进行投票表决，获得多数表决票的参数即为所求的特征参数。

7.4.1 Hough直线变换

在直角坐标系表示的图像空间中，经过（x,y）的所有直线均可描述为：

$$y=ax+b \tag{7-53}$$

式中，a——斜率；

b——截距。

式（7-51）经适当变形又可以写为：

$$b=-xa+y \tag{7-54}$$

该变换即为直角坐标系中对（x,y）点的Hough变换，它表示参数空间的一条直线，如图7-20所示。图像空间中的点（x_i,y_i）对应于参数空间中的直线$b=-x_ia+y_i$，点（x_i,y_i）对应于参数空间中的直线$b=-x_ja+y_j$，这两条直线的交点（a',b'）即为图像空间中过点（x_i,y_i）和（x_i,y_i）的直线的斜率和截距。事实上，在图像空间中，这条直线上的所有点经Hough变换后在参数空间中的直线都会交于点（a',b'）。总之，图像空间中共线的点对应于参数空间相交的线。反之，参数空间相交于一点的所有直线在图像空间里都有共线的点与之对应。这就是Hough变换中的点线对偶关系。

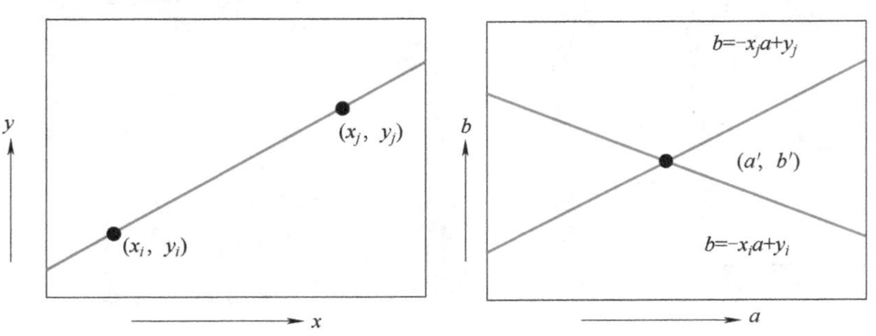

图7-20　直角坐标系中的Hough变换

如果直线的斜率无限大，即被检测的直线为竖直线时，采用式（7-54）是无法完成检测的。为了能够准确识别及检测任意方向和位置的直线，通常使用直线极坐标方程来代替式（7-53）。

$$r=x\cos\theta+y\sin\theta,\ \theta\in[-90°,90°] \tag{7-55}$$

在极坐标系中，横坐标为直线的法向角，纵坐标为直角坐标原点到直线的法向距离。图像空间中的点（x,y），经 Hough 变换映射到参数空间（r,θ）中的一条正弦曲线上，如图 7-21 所示。图像空间中共直线的 n 点，映射到参数空间是 n 条正弦曲线，且这些正弦曲线相交于点（r^*,θ^*）。

为了检测出图像空间中的直线，在参数空间建立一个二维累加数组 $A(r,\theta)$，第一维的范围为 $[0,D]$，$D=\max$（$\sqrt{x^2+y^2}$）为图像中的点到原点的最大距离值；第二维的范围为 $[-90°,90°]$。开始时把数组 A 初始化为零，然后由图像空间中的边缘点计算参数空间中参考点的可能轨迹，并对该轨迹经过的所有（r,θ）位置相对应的数组元素 $A(r,\theta)$ 加 1。当图像空间中的所有边缘点都变换后，检测累加数组，根据最大值所对应的参数值（r^*,θ^*）确定出直线方程的参数。Hough 变换实质上是一种投票机制，对参数空间中的离散点进行投票，若投票值超过某一限制值，则认为有足够多的图像点位于该参数所决定的直线上。这种方法受噪声和直线出现间断的影响较小。

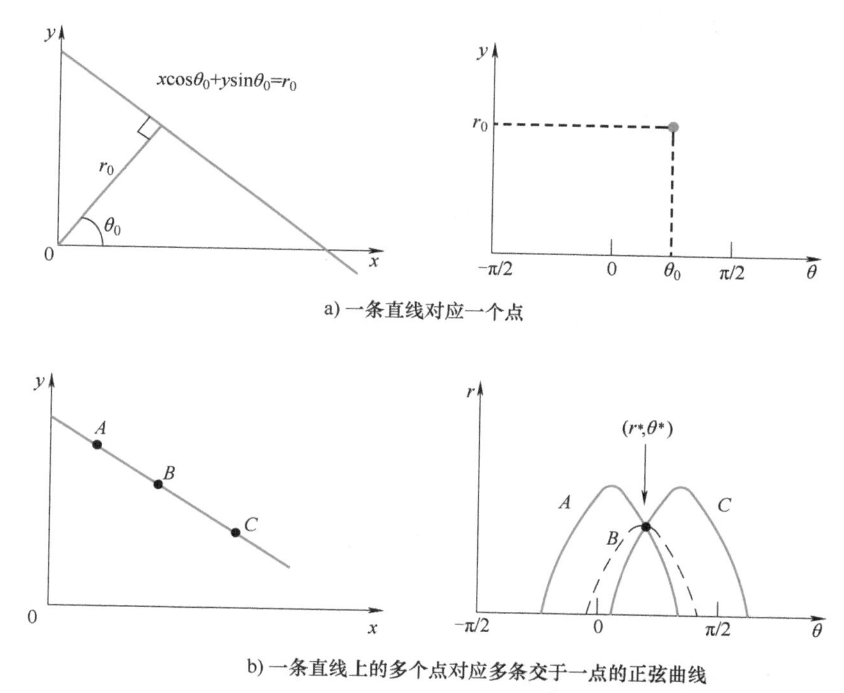

a) 一条直线对应一个点

b) 一条直线上的多个点对应多条交于一点的正弦曲线

图 7-21　极坐标系中的 Hough 变换（左边为图像空间，右边为参数空间）

Hough 变换直线检测算法的操作步骤如下：

1）根据精度要求量化参数空间。由此建立二维累加数组 $A(r,\theta)$，并将其初始化为零。

2）自上而下、自左向右遍历图像，如果检测到当前点（x,y）是边缘点，则根据式（7-55）计算出每一个 θ 对应的 r 值。

3）根据 θ 和 r 的值在相应的数组元素上加 1，即 $A(r,\theta)=A(r,\theta)+1$。

4）重复执行步骤 2）和 3），直到所有的边缘点都处理完毕。

5）找到累加数组中的最大元素值，其对应的参数值为（r^*，θ^*），从而确定出图像空间中直线的方程为 $r^*=x\cos\theta^*+y\sin\theta^*$。

Hough 变换不需要预先组合或连接边缘点。位于感兴趣曲线上的边缘点可能构成图像边缘的一小部分。特别指出，Hough 变换可以允许位于曲线上的边缘数量少于实际的边缘数量，而大多数鲁棒性回归算法无法适用于这种情况。Hough 变换所基于的假设是在大量噪声出现的情况下，最好是在参数空间中去求满足图像边缘最大数量的那个点。

如果图像中有几条曲线和给定模型相匹配，则在参数空间中会出现几个峰值。此时，可以探测每一个峰值，去掉对应于某一个峰值的曲线边缘，再检测余下的曲线，直到没有明显的边缘。但是，确定峰值的显著性是一件很困难的事。

在进行 Hough 变换之前，需要对原始图像做必要的预处理，包括二值化和细线化操作，得到线幅宽度等于 1 像素的图像边缘，然后利用 Hough 变换提取出图像中的直线。需要说明的是，如果对 θ 和 ρ 量化程度过粗，则计算出的直线参数会不精确；如果量化程度过细，则计算量增加。因此，对 θ 和 ρ 的量化要在满足一定精度的条件下进行，也要兼顾计算量的问题。因此，程序中 θ 和 ρ 的步长决定了计算量和计算精度。

例 7-3 Hough 变换直线检测。

```
obj_edge=imread('edge.bmp');
[m,n]=size(obj_edge);
md=round(sqrt(m^2+n^2))+1;                      #最大极半径,网格的最大高度
A=zeros(1:md,1:181);                            #产生累加器
#遍历图像,如果遇到 1-像素,则进行直角坐标到极坐标的变换
for i=1:m
        for j=1:n
           if obj_edge(i,j)==1
             for k=-90:90
               ru=round(abs(j*cos(k*pi/180)+i*sin(k*pi/180)));
               A(ru+1,k+91)=A(ru+1,k+91)+1;     #累加器加 1
             end
           end
        end
end
(r0,k0)=find(A==max(max(A)));                   #得到直线方程的两个参数
```

7.4.2 Hough 变换圆检测

圆形轮廓检测在数字图像的形态识别领域中有着很重要的地位，圆检测即是确定圆的圆心坐标与半径。令 $\{(x_i, y_i) \mid i=1, 2, \cdots, n\}$ 是图像空间待检测圆周上点的集合，若该圆周半径为 r、圆心为 (a,b)，则其在图像空间中的方程为：

$$(x_i-a)^2+(y_i-b)^2=r^2 \tag{7-56}$$

同样，若 (x,y) 为图像空间中的一点，则它在参数空间 (a,b,r) 中的方程为：

$$(a-x)^2+(b-y)^2=r^2 \tag{7-57}$$

显然，该方程为三维锥面。对于图像空间中的任意一点，均有参数空间的一个三维锥面与之相对应，如图7-22所示；同一圆周上的n点，对应于参数空间中相交于某一点(a_0,b_0,r_0)的n个锥面，这点恰好对应于图像空间中圆的圆心坐标与半径。

一般情况下，圆经过Hough变换后的参数空间是三维的。所以在进行Hough变换圆检测时，需要在参数空间中建立一个三维累加数组$A(a,b,r)$。对于图像空间中的边缘点，根据式（7-57）计算出该点在(a,b,r)三维网格上的对应曲面，并在相应累加数组单元上加1。可见，利用Hough变换检测圆的原理和计算过程与检测直线类似，只是复杂程度增大了。

为了减少存储资源及计算量，参数空间维数的降低是非常有必要的。对于图像空间中的圆，如图7-23所示，θ_i为边缘点(x_i,y_i)的梯度方向，并且一定是指向圆心的。利用一阶偏导数可以计算出该梯度角为：

$$\tan\theta_i=G_y/G_x \tag{7-58}$$

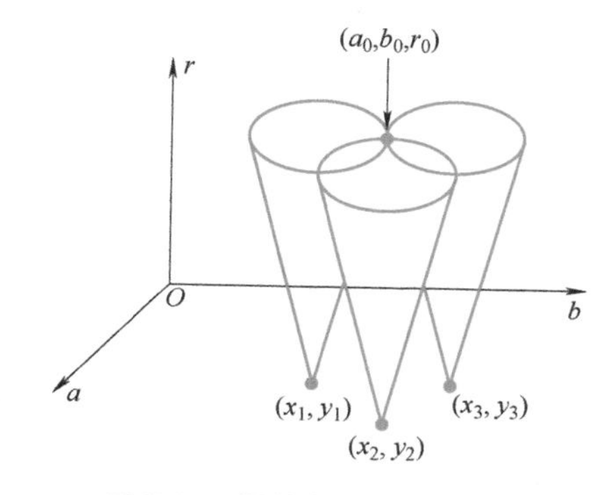

图7-22　圆的参数空间示意图

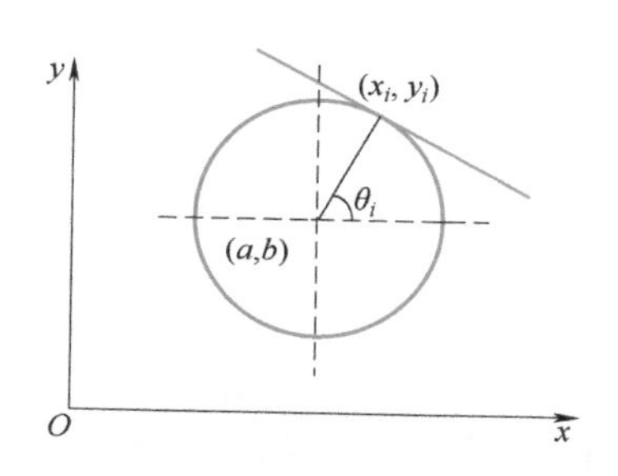

图7-23　图像空间中的圆

由此，圆心坐标的计算公式表示为：

$$\begin{cases}a=x_i-r\cos\theta_i\\ b=y_i-r\sin\theta_i\end{cases} \tag{7-59}$$

对式$a=x_i-r\cos\theta_i$整理后可以得到：

$$r=\frac{x_i-a}{\cos\theta_i} \tag{7-60}$$

将其代入式$b=y_i-r\sin\theta_i$得：

$$b=y_i-r\sin\theta_i=y_i-(x_i-a)\frac{\sin\theta_i}{\cos\theta_i} \tag{7-61}$$

于是有：

$$b=a\tan\theta_i-x_i\tan\theta_i+y_i \tag{7-62}$$

可见，当得到边缘梯度角的正切值后，即可通过式（7-62）得到圆在参数空间上的映射，实现了累加数组维数的降低，即由三维降到二维。

Hough变换圆检测算法的操作步骤如下：

1）根据精度要求量化参数空间a和b，由此建立二维累加数组$A(a,b)$，并将其初始化为零。

2）计算边缘轮廓图像的梯度角正切值。

3）自上而下、自左向右扫描图像，如果检测到当前点（x,y）是边缘点，则查找当前点所对应的梯度角正切值，然后根据式（7-62）计算出每一个 a 对应的 b 值。

4）根据 a 和 b 的值，计算 $A(a,b)=A(a,b)+1$。

5）循环执行步骤 3）、4），直到所有点全部处理完毕。

6）找到累加数组中最大元素值对应坐标的位置，该结果即为式（7-62）描述的圆心坐标。

7）将圆心坐标代入图像空间中圆的方程式（7-56），计算所有边缘点至圆心坐标的距离，找到距离数据中出现频率最高的值，即为圆的半径参数。

Hough 变换圆检测示例如图 7-24 所示。

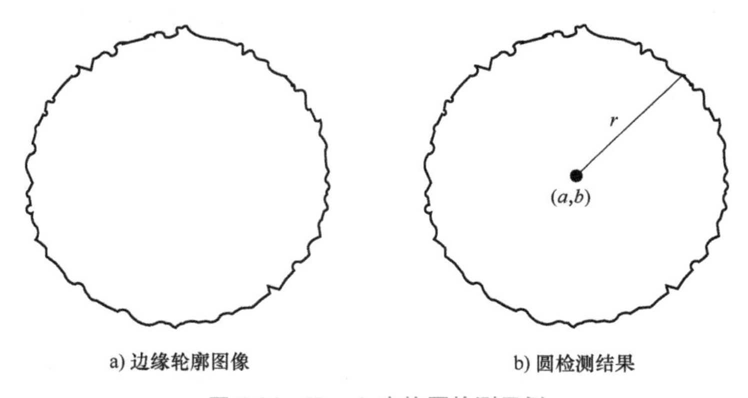

a) 边缘轮廓图像　　b) 圆检测结果

图 7-24　Hough 变换圆检测示例

7.4.3　广义 Hough 变换

当目标的边缘没有解析表达式时，就不能使用一个确定的变换方程来实现 Hough 变换。利用边缘点的梯度信息，可以将上述对解析曲线的 Hough 变换算法推广至用于检测任意形状的轮廓，这就是广义 Hough 变换。

广义 Hough 变换的思路：对于一个任意形状的目标，可以在曲线包围的区域选取参考点（a，b），通常将其选择为图形的中心点。设（x,y）为边缘上的一点，（x,y）到（a,b）的矢量为 $\boldsymbol{r}$，$\boldsymbol{r}$ 与 x 轴的夹角为 ϕ，（x,y）到（a,b）的距离为 $\boldsymbol{r}$，（x,y）处的梯度角为 θ，如图 7-25 所示。

将 θ 分成离散的 m 种可能状态 $\{k\Delta\theta,k=1,2,\cdots,m\}$，记 $\theta_k=k\Delta\theta$，其中 $\Delta\theta$ 为 θ 的离散间隔。显然 $\boldsymbol{r}$ 和 ϕ 可以表示成梯度角 θ 的函数，以 θ_k 为索引可以建立一个关于 r 和 ϕ 的关系查找表（参考表）。

对于每一个梯度角为 θ 的边缘点（x,y），都可以根据下面的约束式预先计算出参考点的可能位置：

$$\begin{cases}a=x+\boldsymbol{r}(\theta)\cos[\phi(\theta)]\\b=y+\boldsymbol{r}(\theta)\sin[\phi(\theta)]\end{cases}\tag{7-63}$$

广义 Hough 变换任意形状检测算法的操作步骤如下：

1）在预知区域形状的条件下，将物体的边缘形状编码成参考表。对每个边缘点计算梯度角 θ_i。

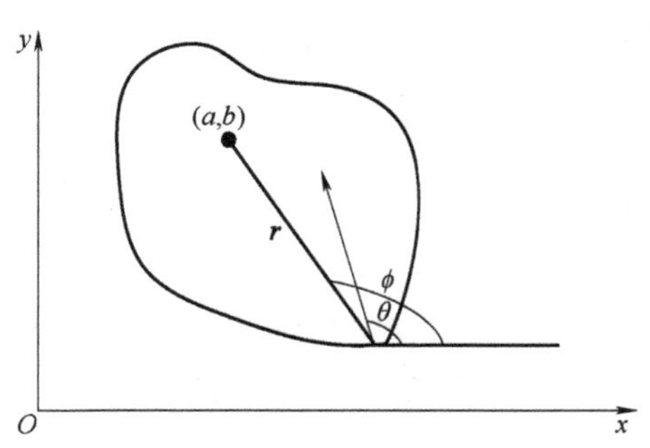

图 7-25　广义 Hough 变换示意图

对每一个梯度角 θ_i，计算出对应于参考点的距离 r_i 和角度 ϕ_i。

2）在参数空间建立一个二维累加数组 $A(a,b)$，初值赋零。对边缘上的每一点，计算出该点处的梯度角，然后由式（7-63）计算出每一个可能的参考点的位置值，对相应的数组元素 $A(a,b)$ 加 1。

3）计算完所有边缘点后，找出数组 A 中的局部峰值，所对应的（a,b）值即为目标边缘中心参考点坐标。

如果边缘形状旋转 α 角度或存在比例变换系数 λ，则累加数组变为 $A(a,b,\alpha,\lambda)$，且式（7-63）应改为：

$$\begin{cases} a=x+r(\theta)\cdot\lambda\cdot\cos[\phi(\theta)+\alpha] \\ b=y+r(\theta)\cdot\lambda\cdot\sin[\phi(\theta)+\alpha] \end{cases} \tag{7-64}$$

7.4.4　OpenCV 实现 Hough 变换

Hough 变换主要包括 Hough 直线变换和 Hough 圆变换。Hough 直线变换用来在图像内寻找直线，Hough 圆变换用来在图像内寻找圆。在 OpenCV 中，前者可以用函数 cv2. HoughLines( ) 和函数 cv2. HoughLinesP( ) 实现，后者可以用函数 cv2. HoughCircles( ) 实现。

1. Hough 直线检测

OpenCV 中提供了 cv2. HoughLines( ) 函数来实现标准 Hough 直线检测，其一般格式为：

```
lines=cv2.HoughLines(image,rho,theta,threshold)
```

其中，lines 表示函数的返回值，是检测到的直线参数，即（r,θ），类型为 numpy. ndarray；image 表示输入的 8 位单通道二值图像；rho 表示以像素为单位的距离 r 的精度，一般使用的精度为 1；theta 表示角度 θ 的精度，一般使用的精度为 $\pi/180$，表示要搜索所有可能的角度；threshold 表示判断阈值。该值越小，判断出的直线就越多。

在使用标准的 Hough 变换检测直线时，虽然可以检测出图像中的直线，但是会出现很多重复的检测直线。为了解决这个问题，提出了概率 Hough 变换。这是一种对 Hough 变换的优化，它只需要一个足以进行线检测的随机点子集即可。

OpenCV 中提供了 cv2. HoughLinesP( ) 函数来实现概率 Hough 直线检测，其一般格式为：

```
lines=cv2.HoughLinesP(image,rho,theta,threshold,minLineLength,maxLineGap)
```

其中，lines 表示函数的返回值，是检测到的直线参数，即（r,θ），类型为 numpy. ndarray；image 表示输入的 8 位单通道二值图像；rho 表示以像素为单位的距离 r 的精度，一般使用的精度为 1；theta 表示角度 θ 的精度，一般使用的精度为 $\pi/180$，表示要搜索所有可能的角度；threshold 表示判断阈值。该值越小，判断出的直线就越多，该值越大，判断出的直线就越少；minLineLength 表示用来控制所接受直线的最小长度，默认值为 0；maxLineGap 用来控制所接受共线线段之间的最小间隔，即一条线中两点的最大间隔。如果两点间的间隔超过了参数 maxLineGap 的值，就认为这两点不在一条直线上，默认值为 0。

例 7-4　使用 cv2. HoughLines( ) 函数和 cv2. HoughLinesP( ) 函数对图像实现 Hough 直线检测。

```
#Hough 变换
import cv2 as cv
import numpy as np
#标准 Hough 直线检测
#import matplotlib.pyplot as plt
def HoughLine_s(img):
    #进行标准 Hough 直线检测
    lines=cv.HoughLines(edges,1,np.pi/180,100)
    #绘制检测结束
    for line in lines:
        rho,theta=line[0]
        a=np.cos(theta)
        b=np.sin(theta)
        x0=a * rho
        y0=b * rho
        x1=int(x0 + 1000 * (-b))
        y1=int(y0 + 1000 * (a))
        x2=int(x0-1000 * (-b))
        y2=int(y0-1000 * (a))
        cv.line(img,(x1,y1),(x2,y2),(0,0,255),2)
        return img
#概率 Hough 直线检测结果
def HoughLine_p(img):
    #进行概率 Hough 直线检测
    lines=cv.HoughLinesP(edges,1,np.pi/180,1,minLineLength=50,maxLineGap=1)
    #绘制检测结束
    for line in lines:
        x1,y1,x2,y2=line[0]
        cv.line(img,(x1,y1),(x2,y2),(255,255,255),2)
        return img
image=cv.imread("D:\Python\pic\yuantu1.jpg")
gray=cv.cvtColor(image,cv.COLOR_BGR2GRAY)          #转换为灰度图
edges=cv.Canny(gray,10,200)                        #使用 Canny 检测得到二值化图像
cv.imshow("image",image)                           #显示原始图像
cv.imshow("edges",edges)                           #显示 Canny 检测结果

#进行 Hough 直线检测
hough_s=HoughLine_s(image)                         #标准 Hough 直线检测
hough_p=HoughLine_p(image)                         #概率 Hough 直线检测
cv.imshow("hough_s",hough_s)                       #显示标准 Hough 检测结果
cv.imshow("hough_p",hough_p)                       #显示概率 Hough 检测结果
cv.waitKey()
cv.destroyAllWindows()
```

Hough 直线检测及概率 Hough 直线检测图如图 7-26 所示。

彩图二维码

a) 原始图像

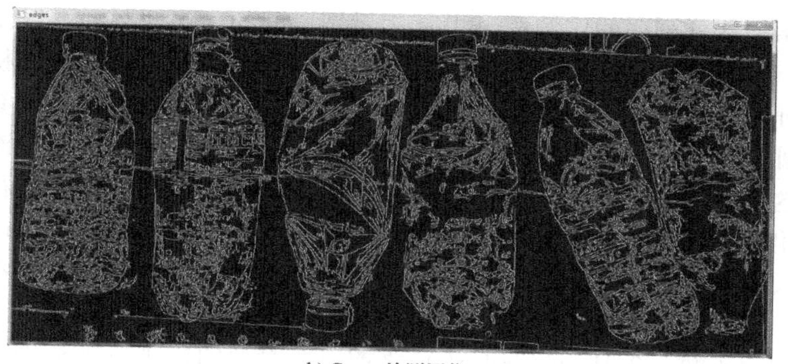

b) Canny检测图像

c) 标准Hough直线检测

d) 概率Hough直线检测

图 7-26　Hough 直线检测及概率 Hough 直线检测图

2. Hough 圆检测

Hough 变换不仅可以用来检测直线，还可以用来检测任何能使用参数方程表示的对象。在 OpenCV 中，使用 cv2. HoughCircles( ) 函数实现标准 Hough 圆检测，其一般格式为：

```
circles=cv2.HoughCircles(image,method,dp,minDist,param1,param2,minRadius,MaxRadius)
```

其中，circles 表示函数的返回值，是检测到的圆形参数，是由圆心坐标和半径构成的 numpy. ndarray；image 表示输入的 8 位单通道灰度图像；method 表示检测方法，截止到 OpenCV 4.0 版本，HOUGH_GRADIENT 是唯一可用的参数值；dp 表示累积器分辨率，用来指定图像分辨率与圆心累加器分辨率的比例；minDist 表示圆心间的最小间距，一般作为阈值使用。如果该值太小，则会有多个临近的圆被检测出来；如果该值太大，则可能在检测时漏掉一些圆；param1 表示 Canny 边缘检测器的高阈值，低阈值是高阈值的一半；该参数默认是 100；param2 表示圆心位置必须收到的投票数。该值越大，检测到的圆越少；该值越小，检测到的圆越多。这个参数的默认值为 100；minRadius 表示所接受圆的最小半径，小于该值的圆不会被检测出来。该参数的默认值是 0，此时该参数不起作用；minRadius 表示所接受圆的最大半径，大于该值的圆不会被检测出来。该参数的默认值是 0，此时该参数不起作用。

需要特别注意，在调用函数 cv2. HoughCircles( ) 之前，要对源图像进行平滑操作，以减少图像中的噪声，避免发生误判。

例 7-5 使用 cv2. HoughCircles( ) 函数检测一幅图像中的圆形。

```
#Hough 圆检测
import cv2 as cv
import numpy as np
image=cv.imread("D:\Python\pic\yuantu1.jpg",-1)
gray=cv.cvtColor(image,cv.COLOR_BGR2GRAY)          #转换为灰度图
cv.imshow("image",image)                           #显示原始图像
image=cv.cvtColor(image,cv.COLOR_BGR2RGB)          #转换为 RGB 色彩空间
gray=cv.medianBlur(gray,5)                         #平滑滤波,去除噪声
#实现 Hough 圆检测
circles=
cv.HoughCircles(gray,cv.HOUGH_GRADIENT,1,50,param1=50,param2=25,minRadius=5,
maxRadius=25)
circles=np.uint16(np.around(circles))              #调整圆
#在原图上绘制出圆形
for i in circles[0,:]:
  cv.circle(image,(i[0],i[1]),i[2],(0,0,255),2)
  cv.circle(image,(i[0],i[1]),2,(0,0,255),2)
cv.imshow("result",image)                          #显示检测结果
cv.waitKey()
cv.destroyAllWindows()
```

原始图像与 Hough 圆检测图如图 7-27 所示。

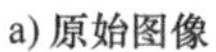

a) 原始图像

彩图二维码

b) Hough圆检测图

图 7-27　原始图像与 Hough 圆检测图

在进行 Hough 圆检测时，需要根据不同的图像进行参数调整，使之达到最佳检测效果。

思考与练习

7-1　简述点检测各算子的特点。

7-2　简述 Canny 边缘检测的步骤。

7-3　什么是图像的轮廓？与图像的边缘有什么关系？

7-4　什么是 Hough 变换？试述 Hough 变换直线检测的原理。

7-5　简述 Hough 直线检测与 Hough 圆检测的基本原理。

7-6　编写程序，使用 Hough 圆检测的方法检测用手机拍摄的一幅图像中的圆。

第8章 视觉动态纹理识别

纹理识别是视觉领域的研究热点。纹理可分为自然纹理和人工纹理。自然纹理指的是真实存在于物体的表面结构，比如火焰、水中的波纹、树木的树皮、人的面目表情等。人工纹理指人工合成的纹理，比如墙壁的纹理、棉被的纹理、筷子的纹理等。通常，自然纹理不规则且分布不均的，而人工纹理在人为因素的影响下存在一定的规则性。

动态纹理是静态纹理在时空域的扩展，通常被视为在时域中表现出某些静止属性的运动场景的视频。典型的动态纹理形式包括火焰、海浪、微表情和运动物体的视频。在过去的十年里，动态纹理的建模和分类备受关注。动态纹理有很多应用，包括视频检索、运动识别、交通监控、火灾检测、面部分析、人群管理、唇读、微表情分析和物体跟踪等。

8.1　纹理描述

纹理描述的目的是得到一些量度以用来对一个特定纹理进行分类。因此，如形状描述那样，对这些量度也有不变性要求。特征提取的不变性要求即位置、尺度和旋转不变性。该不变性适用于纹理提取。毕竟，纹理是一种特征，与形状不同的是，它的定义很模糊。显然，人们要求位置不变性，即描述纹理的量度不应该随分析区域（对大图像而言）位置的不同而变化。还要求旋转不变性，但这个要求不像位置不变性那么严格；纹理的定义虽然没有隐含朝向的知识，不过可以推测出来。最不严格的要求是尺度不变性，因为它主要取决于应用。假设遥感图像中利用纹理来分析植被，则尺度不变性意味着近处的小树应该得到与远处大树相同的量度。如果目的仅仅是分析植被覆盖，则这样的量度会令人满意。但是，如果目的是要计算植被的年龄以便进行补给，那么将不能令人满意，因为尺度不变量从理论上无法区分小树和大树。

与特征提取不同，纹理描述很少用到边缘检测，因为边缘检测的一个主要目的是去除对全体亮度级的依赖。高阶不变量，诸如射影不变性，也很少用于纹理描述。这大概是因为纹理的许多应用都与遥感图像相似，或者仅局限于工业应用。

8.2　纹理特征

讲到纹理（Texture），人们会立刻想到木制家具上的木纹以及花布上的花纹，木纹为天然纹理，花纹为人工纹理。人工纹理是由自然背景上的符号排列组成的，这些符号可以是线条、点、字母、数字等。人工纹理往往是有规则的。自然纹理是具有重复排列现象的自然景象，如森林、碎石、砖墙、草地之类的照片中的纹理。自然纹理往往是无规则的，它反映了物体表面的颜色或灰度的某种变化，而这些变化又与物体本身的属性相关。一些纹理图像如图 8-1 所示。

图像纹理分析在许多学科中都有广泛应用。例如，气象云图多是纹理型的，在红外云图上，几种不同纹理特征的云类（如卷云、积雨云、积云和层云）的识别就可以用纹理作为一大特征；卫星遥感图像中，地表的山脉、草地、沙漠、森林、城市建筑群等均表现出不同的纹理特征，因此，通过分析卫星遥感图像的纹理特征可以进行区域识别、国土整治、森

图 8-1　纹理图像示例

林利用、城市发展、土地荒漠化等方面的宏观研究；显微图像中，如细胞图像、材料金相图像、催化剂表面图像等均具有明显的纹理特征，对它们进行纹理结构分析可以得到相关物理信息。

关于图像纹理的精确定义迄今还没有一个统一的认识。一般来说，图像纹理是图像中的灰度或颜色在空间上的变化模式，反映了周期性出现的纹理基元和它的排列规则。而纹理基元定义为，由像素组成的具有一定形状和大小的集合，如条状、丝状、圆斑、块状等。同时，纹理模式与纹理尺度有关，而纹理尺度又与图像分辨率有关。例如，从远距离观察由地板砖构成的地板时，我们看到的是地板砖块构成的纹理，而没有看到地板砖本身的纹理模式；当近距离观察同样的场景时，我们开始察觉到每一块砖上的纹理模式，如图 8-2 所示。

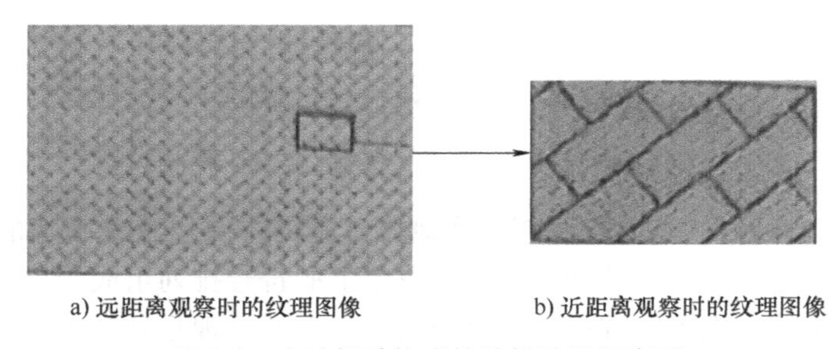

a) 远距离观察时的纹理图像　　b) 近距离观察时的纹理图像

图 8-2　由地板砖构成的地板纹理示意图

对于纹理特征分析，目前主要采用统计方法和结构分析方法。如果从纹理对人产生的直观印象出发，将包含心理学因素，这样就会产生多种不同的统计特征。描述纹理统计特征的技术有许多，如灰度共生矩阵、自相关函数、灰度差分、功率谱、正交变换、灰度级行程长等。当纹理基元很小并成为微纹理时，统计方法特别有效。

如果从图像本身的结构出发，则认为纹理是结构。根据这一观点，纹理特征分析应该采用结构分析方法。结构分析法首先将纹理看成是由许多纹理基元按照一定的位置规则组成的，然后分两个步骤处理：提取纹理基元和推论纹理基元位置规律。该方法适合于规则和周期性纹理。

8.2.1 灰度共生矩阵

灰度共生矩阵（Gray-Level Co-Occurrence Matrix）能较精确地反映纹理粗糙程度和重复方向。由于纹理反映了灰度分布的重复性，因此人们自然要考虑图像中点对之间的灰度关系。灰度共生矩阵是一个二维相关矩阵，是距离和方向的函数，用 $\boldsymbol{P}_d(i,j)$ 表示，定义如下：首先规定一个位移矢量 $\boldsymbol{d}=(d_x,d_y)$，然后计算被 $\boldsymbol{d}$ 分开且具有灰度级 i 和 j 的所有像素对数。位移矢量 $\boldsymbol{d}$ 为（1,1）是指像素向右和向下各移动一步。显然，灰度级数为 n 时，灰度共生矩阵是一个 $n\times n$ 矩阵。

例如，考虑一个具有 3 个灰度级（0、1、2）的 5×5 图像，如图 8-3a 所示，由于仅有 3 个灰度级，故 $\boldsymbol{P}_d(i,j)$ 是一个 3×3 矩阵。在 5×5 图像中，共有 16 个像素对满足空间分离性。现在来计算所有的像素对数量，即计算所有灰度值 i 与灰度值 j 相距为 d 的像素对数量，然后把这个数填入矩阵 $\boldsymbol{P}_d(i,j)$ 的第 i 行和第 j 列。例如，在距离矢量 $\boldsymbol{d}=(1,1)$ 的情况下，$i=0$，$j=1$ 的组合（在 0 值的右下面为 1 的频率）出现 2 次，即 $\boldsymbol{P}_{(1,1)}(0,1)=2$，因此，在 $\boldsymbol{P}_{(1,1)}(0,1)$ 项中填写 2。完整的矩阵如图 8-3b 所示。

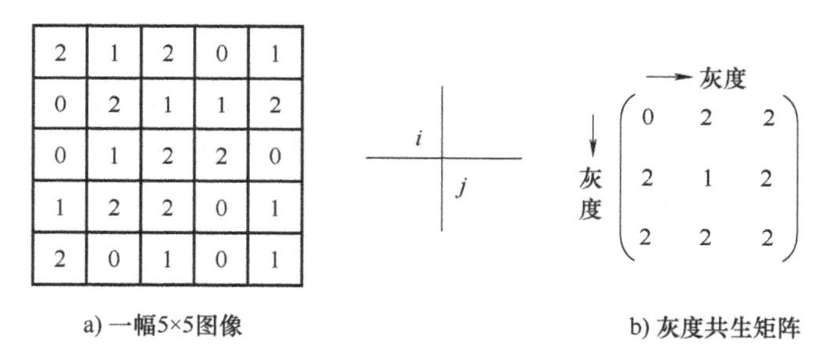

a) 一幅5×5图像　　b) 灰度共生矩阵

图 8-3　灰度共生矩阵示例，距离向量为 $\boldsymbol{d}=(1,1)$

如果计算关于所有 $\boldsymbol{d}$ 的灰度共生矩阵，就等于计算出了图像的所有二次统计量。如果那样，信息量就会过多，所以在实际中选择适当的 $\boldsymbol{d}$，只对它求共生矩阵，多数场合使用图 8-4c 中所示的 4 种位移。图中，为了表示 $\boldsymbol{d}=(-1,0)$ 的关系，使用了相同的共生矩阵，即用 $\boldsymbol{P}_{(1,0)}(1,0)$ 来表示 $\boldsymbol{P}_{(-1,0)}(0,1)$。因此，所有的共生矩阵 $\boldsymbol{P}_d(i,j)$ 都是对称矩阵。

作为纹理识别的特征量，不直接使用上述共生矩阵，而是在灰度共生矩阵的基础上计算角二阶矩、对比度或惯性矩、熵和逆差矩或均匀度等特征量，并根据这些值给纹理赋予特征。这里假设在给定距离和方向参数情况下的共生矩阵 $\boldsymbol{P}_d(i,j)$ 的元素已归一化为频率，即 $\sum_{i=0}^{n-1}\sum_{j=0}^{n-1}\boldsymbol{P}_d(i,j)=1$。

1）角二阶矩（Angular Second Moment）或能量（Energy）。

$$L_a=\sum_i\sum_j[\boldsymbol{P}_d(i,j)]^2 \tag{8-1}$$

角二阶矩是灰度共生矩阵元素值的平方和，所以也称为能量，反映了图像灰度分布的均匀程度和纹理粗细度。当灰度共生矩阵的元素分布较集中于对角线时，说明从局部区域观察

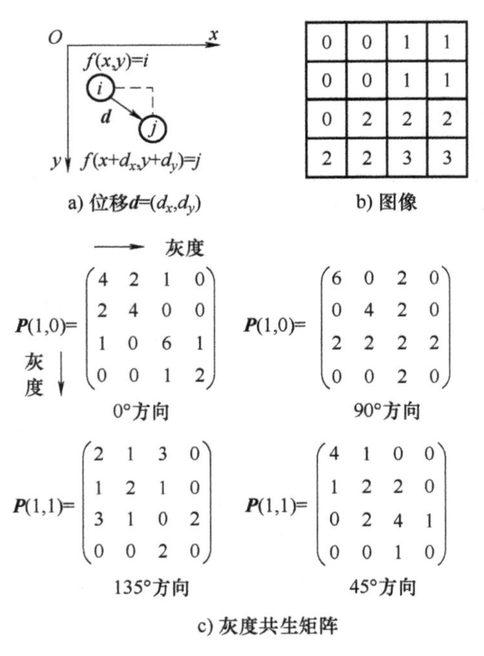

图 8-4 灰度共生矩阵

图像的灰度分布是较均匀的；从图像整体来观察，纹理较粗，含有的能量较大。反之，细纹理时，角二阶矩较小。当 $\boldsymbol{P}_d(i,j)$ 都相等的时候，具有最大能量。

2）对比度（Contrast）或惯性矩。

$$L_c=\sum_i\sum_j(i-j)^2\boldsymbol{P}_d(i,j) \tag{8-2}$$

对比度反映纹理的清晰度。图像纹理沟纹越深，其对比度越大，对图像清晰度、细节的表现就更加有利。

3）熵（Entropy）。熵是一种用于测量灰度级分布随机性的特征参数，定义为：

$$L_e=-\sum_i\sum_j\boldsymbol{P}_d(i,j)\log_2\boldsymbol{P}_d(i,j) \tag{8-3}$$

若图像没有任何纹理，则灰度共生矩阵几乎为零阵，熵值也接近零。若图像充满着细纹理，则 $\boldsymbol{P}_d(i,j)$ 的元素值近似相等，该图像的熵值最大。若图像中分布着较少的纹理，$\boldsymbol{P}_d(i,j)$ 的元素值差别较大，则图像的熵值较小。

4）逆差矩（Inverse Difference Moment）或均匀度（Homogeneity）。

$$L_h=\sum_i\sum_j\frac{\boldsymbol{P}_d(i,j)}{1+(i-j)^2} \tag{8-4}$$

逆差矩反映纹理的尺寸，粗纹理时逆差矩较大，细纹理时较小。

一幅灰度图像的灰度级数一般为 256 级。级数太多，会导致计算出来的灰度共生矩阵太大。因此，为了解决特征计算耗时问题或消除图像照明的影响，常常在求其共生矩阵之前，根据直方图均衡化等灰度分布的标准化技术，将图像压缩为 $n=16$ 的图像。

灰度共生矩阵特别适用于描述**微小纹理**，而不适合描述含有大面积基元的纹理，因为矩阵没有包含形状信息。

8.2.2 自相关函数

自相关函数（Auto-Correlation Function）可以估计规则量以及平滑粗糙度，并且与傅里叶变换的能量谱有关系。纹理结构常用其粗糙性来描述，其粗糙性的程度与局部结构的空间重复周期有关。周期大的纹理粗，周期小的纹理细。空间自相关函数作为纹理测度，一幅图像$f(x,y)$的自相关函数定义为：

$$\rho(\Delta x,\Delta y,k,l)=\frac{\sum_{x=k-m}^{k+m}\sum_{y=l-m}^{l+m}f(x,y)f(x-\Delta x,y-\Delta y)}{\sum_{x=k-m}^{k+m}\sum_{y=l-m}^{l+m}[f(x,y)]^2} \tag{8-5}$$

式（8-5）是对$(2m+1)\times(2m+1)$窗口内的每一像素(k,l)与偏离值为$\Delta x,\Delta y=0,\pm1,\pm2,\cdots,\pm T$的像素之间的相关值计算。对于含有重复纹理模式的图像，自相关函数表现出一定的周期性，其周期等于相邻纹理基元的距离。对于粗纹理图像，自相关函数随着偏离值的增大而下降速度较慢；对于细纹理图像，自相关函数随着偏离值的增大而下降速度较快。随着偏离值的继续增加，自相关函数会呈现某种周期性变化，可以用来测量纹理的周期性和纹理基元的大小。

自相关函数的一种扩展形式表示为：

$$\delta(k,l)=\sum_{\Delta x=-T}^{T}\sum_{\Delta y=-T}^{T}(\Delta x)^2(\Delta y)^2\rho(\Delta x,\Delta y,k,l) \tag{8-6}$$

纹理粗糙性越大，则$\delta(k,l)$就越大，因此，可以方便地使用$\delta(k,l)$作为度量纹理结构粗糙性的一种参数。

8.2.3 灰度差值统计

灰度差值统计（Statistics of Gray Difference）方法又称一阶统计方法，它通过计算图像中一对像素点之间的灰度差值直方图来反映图像的纹理特征。设给定的图像为$f(x,y)$，$(\Delta x,\Delta y)$表示一个微小距离，则图像中(x,y)与$(x+\Delta x,y+\Delta y)$两点的灰度差（指绝对值）为：

$$g(x,y)=|f(x,y)-f(x+\Delta x,y+\Delta y)| \tag{8-7}$$

设灰度差的所有可能值有L级，让点(x,y)遍历整幅图像，可以得到一幅灰度差值图像。计算灰度差值图像的归一化直方图$h_g k$，k表示灰度差。当较小的灰度差值出现的概率较大时，说明纹理比较粗糙；反之，当较大差值出现的概率较大时或直方图较平坦时，说明纹理比较细。可见，纹理特征与$h_g k$有着密切的关系。可以通过计算以下 4 个参数来描述纹理特征：

（1）平均值

$$L_m=\frac{1}{L}\sum_k kh_g(k) \tag{8-8}$$

粗纹理的$h_g(k)$在零点附近比较集中，因此，其L_m比细纹理要小。

（2）对比度

$$L_c=\sum_k k^2h_g(k) \tag{8-9}$$

（3）角二阶矩

$$L_a = \sum_k [h_g(k)]^2 \tag{8-10}$$

角二阶矩是图像灰度分布均匀性的度量，从图像整体来观察，纹理较粗，L_a 较大，粗纹理含有的能量较多；反之，细纹理时，L_a 较小。

（4）熵

$$L_e = -\sum_k h_g(k) \log_2 h_g(k) \tag{8-11}$$

熵是图像所具有信息量的度量。图像若没有纹理信息，则熵为0。

8.2.4 傅里叶描述子

除了上面小节介绍的图像空间上的特征提取方法之外，还有对图像进行傅里叶变换后，从其频率成分的分布来求纹理特征的方法。如果图像 $f(x,y)$ 的功率谱表示为 $P(u,v)$，为了从 $P(u,v)$ 计算纹理特征，在实际应用中，通常把它转换到极坐标系中，用 $P(r,\theta)$ 描述。对于这个二元函数，通过固定其中的一个变量将其转换成一元函数。例如，对于每一个方向 θ，可以把 $P(r,\theta)$ 看成一个一元函数 $S_\theta(r)$；同样地，对于每一个频率 r，可用一元函数 $S_r(\theta)$ 来表示。对于给定的方向 θ，分析其一元函数 $S_\theta(r)$，可以得到频谱在从原点出发的某个放射方向上的行为特征。而对某个给定的频率 r，对其一元函数 $S_r(\theta)$ 进行分析，将会获取频谱在以原点为中心的圆上的行为特征。

如果分别对上述两个一元函数 $S_\theta(r)$ 和 $S_r(\theta)$ 按照其下标求和，则会获得关于区域纹理的全局描述：

$$S(r) = 2\sum_{\theta=0}^{\pi} S_\theta(r) = 2\sum_{\theta=0}^{\pi} P(r,\theta) \tag{8-12}$$

$$S(\theta) = \sum_{r=0}^{R_0} S_r(\theta) = \sum_{r=0}^{R_0} P(r,\theta) \tag{8-13}$$

式中 R_0——以原点为中心的圆的半径；

$S(r)$——功率谱空间上的以原点为中心的环形区域内的能量之和；

$S(\theta)$——扇形区域内的能量之和。

作为纹理特征，经常使用 $S(r)$、$S(\theta)$ 图形的峰值位置和大小，以及 $S(r)$、$S(\theta)$ 的平均值或方差等。例如，$S(r)$ 的峰表示纹理的构成元素的大小（纹理的粗细度），$S(\theta)$ 的峰表示纹理在与其方向垂直的方向上具有明确的方向性。

8.3 动态纹理识别

动态纹理分类比静态纹理分类更具有挑战性，因为动态纹理不仅在空间外观上有所不同，而且随着时间的推移，它们的动态结构也有所不同。纹理特征提取的好坏直接决定了纹理分类的准确性，因此，大多数关于动态纹理分类的研究都集中在特征提取上。与普通静态纹理相比，动态纹理将自相似性的概念扩展到时空领域。因此，研究集中在扩展现有的静态纹理描述符到时空域，以捕捉时间变化。由于 VLBP（Volume Local Binary Pattern）模式数量庞大，研究人员进一步提出从 3 个正交平面中提取 LBP 特征，使特征提取过程计算简单，这种方法被称为 LBP-TOP（LBP-Three Orthogonal Planes）。在 LBP-TOP 中，从 3 个正交平面提取特征的关键思想由于其简单性和良好的性能而被后来的研究者广泛采用。但 LBP-TOP 虽然以 3 个正交平面的方式降低了特征维度，但同时也忽略了部分邻域信息，不利于纹理的空间结构识别，并且依然无法解决 LBP 鲁棒性差、以中心像素为提取阈值的抗干扰能力弱等缺点。

8.3.1　局部二值模式

局部二值模式（Local Binary Pattern，LBP）纹理描述是非常新颖且有吸引力的一种方法，迅速得到研究领域的青睐。对于一个 3×3 区域，基本的 LBP 可以通过比较中心点 P 与它的近邻点 $\boldsymbol{P}_x$ 来得到存储于中心点中的一个码（Code）。对于点 P 和 $\boldsymbol{P}_x$，可以利用阈值处理，即函数：

$$s(x)=\begin{cases}1, & \boldsymbol{P}_x>P\\0, & 其他\end{cases} \tag{8-14}$$

这个码采用应用于阈值处理的二值加权来计算（它等价于阈值处理中心点的相邻点，然后将这个码展开作为一个二值码）。因此，有 8 个近邻点被表示成点 P 的 LBP 码，如式（8-15）所示。

$$\text{LBP}=\sum_{x\in 1,8} s(x)\times 2^{x-1} \tag{8-15}$$

这个过程如图 8-5 所示，点 P 是中心点，x 的 8 个值就是 8 个最近邻点。对于图 8-5a 所示的 3×3 的区域，有 3 个值比中心点的值大，因此在图 8-5b 所示的结果码中有 3 个 1。按照顺时针方向从左上的点（中上的点 190 是最大值）开始展开，得到的码为 10100001_2。把它看作一个二值码，加入图 8-5c 所示的权值，可以得到一个最终值 LBP = 161，如图 8-5d 所示。在阈值处理过程中，展开和加权都可以采用不同的方法，但本质上在整幅图像中保持一致。LBP 码包含局部的亮度结构，即局部二值模式。

118	190	6
69	106	110
42	31	106

a) 3×3图像区域

1	1	0
0		1
0	0	0

b) 阈值处理结果（码10100001_2）

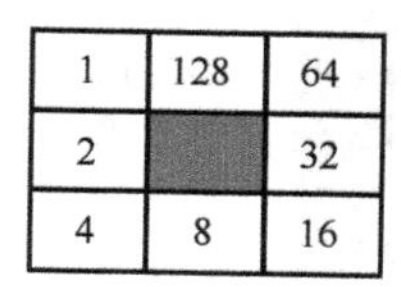

1	128	64
2		32
4	8	16

c) 像素权值

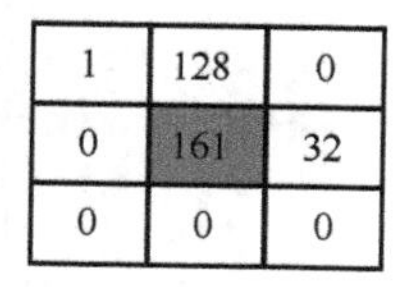

1	128	0
0	161	32
0	0	0

d) 码与贡献

图 8-5　构建局部二值模式码

基础 LBP 码可以用两个局部量进行补充：对比度和方差。前者根据编码为 1 的点和编码为 0 的点之间的差值来计算，方差根据 4 个近邻像素来计算，旨在反映模式相关性和对比度。这两个补充量中，对比度对分辨能力的作用很大。

LBP 方法用于确定从整幅图像得到的码的直方图，用这个直方图来描述纹理。这种方法根据其表述是平移不变的：位移的纹理应该得到相同的 LBP 码直方图。但这个基本处理不是尺度或旋转不变的。在旋转的情形下，不同的加权被应用于点的比较，得到不同的码值。图 8-6a 所示的法式帆布纹理的 LBP 码的直方图如图 8-6b 所示。将法式帆布图像向左平移 40 个像素，如图 8-6c 所示（轮转式位移），得到的直方图（如图 8-6d 所示）在结构上与图 8-6b 非常相似。实际上，两个直方图上的点之间有所不同，因为处理的是真实图像，差异非常小，而直方图的有些值超过 4×10^3 个像素，因此通过直方图的视觉检查无法确定。

接下来考虑的是尺度不变性，这需要考虑更大距离上的点。如果空间以圆形的方式采用，那么点 P 在半径 R 上，接下来考虑尺度不变性。如果研究以 R 为半径的空间，那么坐标方程式为：

$$x(i)=\begin{pmatrix} x_0+R\cos\left(\dfrac{2\pi}{P}i\right) \\ y_0+R\sin\left(\dfrac{2\pi}{P}i\right) \end{pmatrix} \tag{8-16}$$

式（8-16）中，$i\in(1,P)$，P 是半径为 R 的点的数量。类似于圆的 Hough 变换，Bresenham 算法提供了一个更加有效的方法来生成圆。由于 LBP 码里有不同数目的点，因此定义尺度不变性码为 LBP_S，表示为：

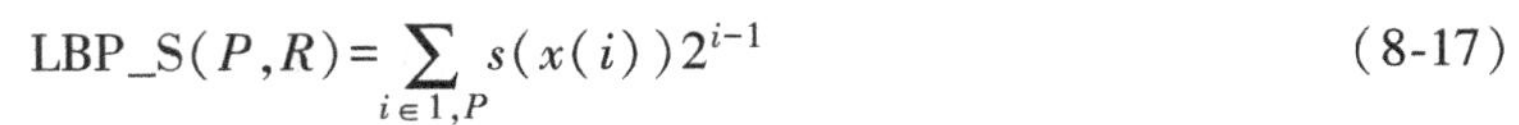

$$\text{LBP\_S}(P,R)=\sum_{i\in 1,P}s(x(i))2^{i-1} \tag{8-17}$$

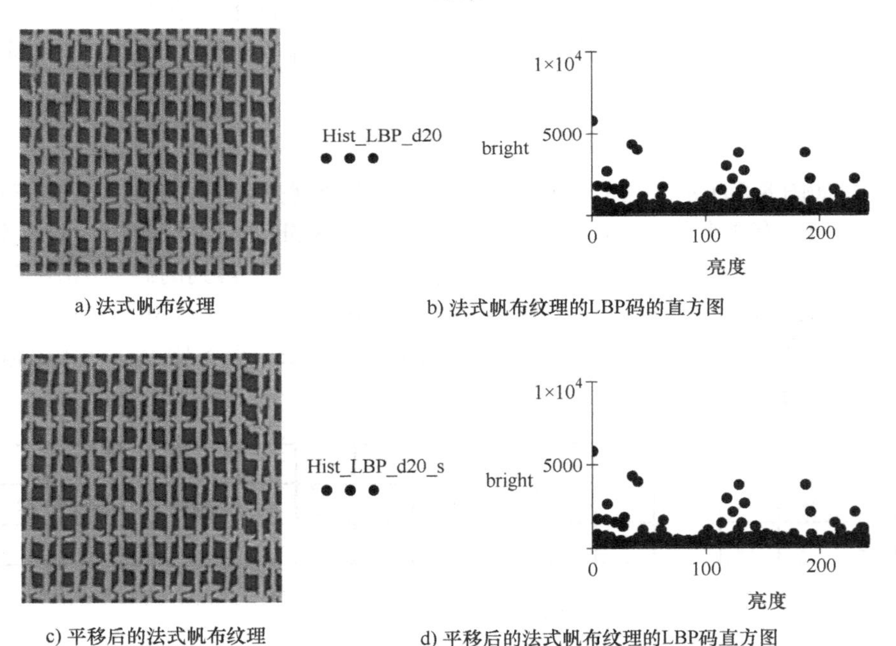

a) 法式帆布纹理

b) 法式帆布纹理的LBP码的直方图

c) 平移后的法式帆布纹理

d) 平移后的法式帆布纹理的LBP码直方图

图 8-6　位移不变的局部二值模式直方图

对不同的 P 和 R 值呈放射状采样的模式如图 8-7 所示。其中，图 8-7a 是 8 个点半径为 1 的圆采样，等价于图 8-5a 所示的 3×3 小区域；图 8-7b 是半径为 2、点数为 8 的圆采样，图 8-7c 更大。对于所有这些显示圆形模式的低分辨率生成的离散化效果，更常见的是利用插值来确定点值，而不是利用最近邻的像素值。

旋转不变的排列加入所得码以便得到最小整数，LBP 是一个 1 和 0 的模式，不是整数，旋转不变 LBP 的 LBP_R 为：

$$\text{LBP\_R}(P,R)=\min\left\{\text{ROR}\left(\sum_{i\in 1,P}s(x(i))2^{i-1}\right)\right\} \tag{8-18}$$

式中，ROR( )——(圆形) 旋转算子。

$$\mathbf{c}=\begin{bmatrix}1&1&1\\1&0&1\\1&1&1\end{bmatrix}\qquad
\mathbf{c}=\begin{bmatrix}0&0&1&0&0\\0&1&0&1&0\\1&0&0&0&1\\0&1&0&1&0\\0&0&1&0&0\end{bmatrix}\qquad
\mathbf{c}=\begin{bmatrix}0&0&1&1&1&0&0\\0&1&0&0&0&1&0\\1&0&0&0&0&0&1\\1&0&0&0&0&0&1\\1&0&0&0&0&0&1\\0&1&0&0&0&1&0\\0&0&1&1&1&0&0\end{bmatrix}$$

a) c:=Circle(8,1)　　b) c:=Circle(8,2)　　c) c:=Circle(16,3)

图 8-7　值为 (P,R) 的放射模式的采样

对于 LBP_S(8,1) 的采样排列（如图 8-7a 所示），这种方法要找到 36 个单独模式。这些模式的出现频率变化很大，而且要给出用于排列的稀疏角量度，其辨别能力不大，还需要其他更加有效的方法。

为了得到更好的辨别能力，有主导辨别能力的模式能改进纹理描述能力。对于 LBP_S(8,1) 的采样排列，如图 8-7a 所示，将中心点有关的阈值处理结果标记为黑 (0) 或白 (1)，得到的排列如图 8-8 所示。模式 0~8 对应基本特征：模式 0 表示明亮区域的阈值（周围的点具有更小的值）；模式 8 表示黑色区域（周围的所有点较亮）；模式 1~7 表示曲率变化的线。其中，模式 1 表示线的端点（终点），模式 2 表示一个锐点，模式 4 表示边缘。这些称为均一二值模式（Uniform Binary Pattern），沿圆形模式前进时，最多用两个 1~0（或相反）的平移来表示。其他模式（没有标记）在圆形向前时，有两个 1~0 的平移，称为非均一二值模式。非均一二值模式比图 8-8 中第二行显示得还多。这些模式能够在任意旋转时出现，因此，LBP 可以被整理为以旋转不变的方式来检测这些模式。

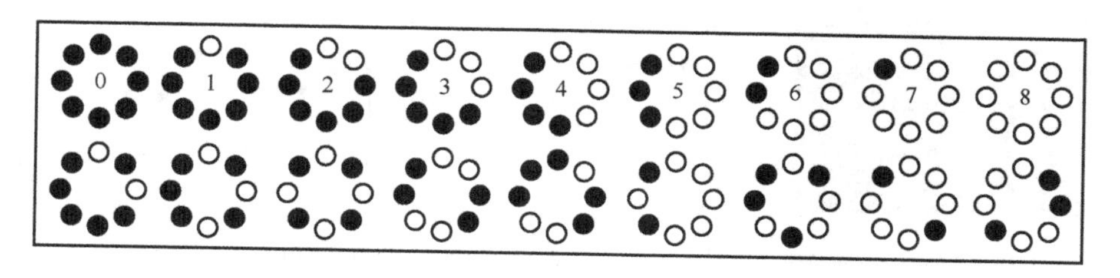

图 8-8　LBP_S(8,1) 的旋转不变二值模式

对于均一 LBP 方法，首先需要检测模式是否是均一的，这可以利用 U 算子来得到，U 算子计算 1~0（或相反）的平移数目：

$$U(\text{LBP\_S}(P,R))=|s(x(0))-s(x(P))|+\sum_{i\in 1,P-1}|s(x(i))-s(x(i+1))| \tag{8-19}$$

对于排列 LBP_S(8,1)，模式 0~8 有最大值 $U=2$（模式 0 和 8 时 $U=0$，其他情况下 $U=2$）。其次，需要确定每个均一模式的码。由于这些码是旋转不变的，因此只需要计算模式内的比特数就可以得到。非均一模式需要设成同样的码值（该码值可以设置成大于 1，采样排列所

期待的模式数目)。图 8-8 所示的是 LBP_S(8,1) 采样排列的模式,有 0~8 个码,因此可以把非均一模式串成码值为 9 的码。对于范围为 0~(N-1) 的 N 个模式,可以定义旋转不变码为:

$$\mathrm{LBP\_U}(P,R)=\begin{cases}\sum_{i\in 1,P} s(x(i)), & U<3\\ N, & \text{其他}\end{cases} \tag{8-20}$$

然后得到这些基本特征出现的直方图,利用局部基本结构的出现频率来描述纹理,这已经是一个描述纹理的常用方法。

应用均一 LBP 来描述法国帆布纹理以及平移与旋转,可得到相似的码值直方图。在直方图中,最多的码是线结构,这与计算直方图的图像非常一致。值得注意的是,码 0~8 主导这个表达。法国帆布纹理的平移和旋转的处理如图 8-9 所示。图 8-9a 是原纹理,图 8-9c 是平移和旋转后的法国帆布纹理。原纹理的描述如图 8-9b 所示,平移和旋转后的描述如图 8-9d 所示。视觉上,图 8-9b 和图 8-9d 的直方图几乎没有差异,但实际上有非常小的差异,小于 100 个计数值,相对于均一 LBP 方法得到的计数值(10^4)小得多。

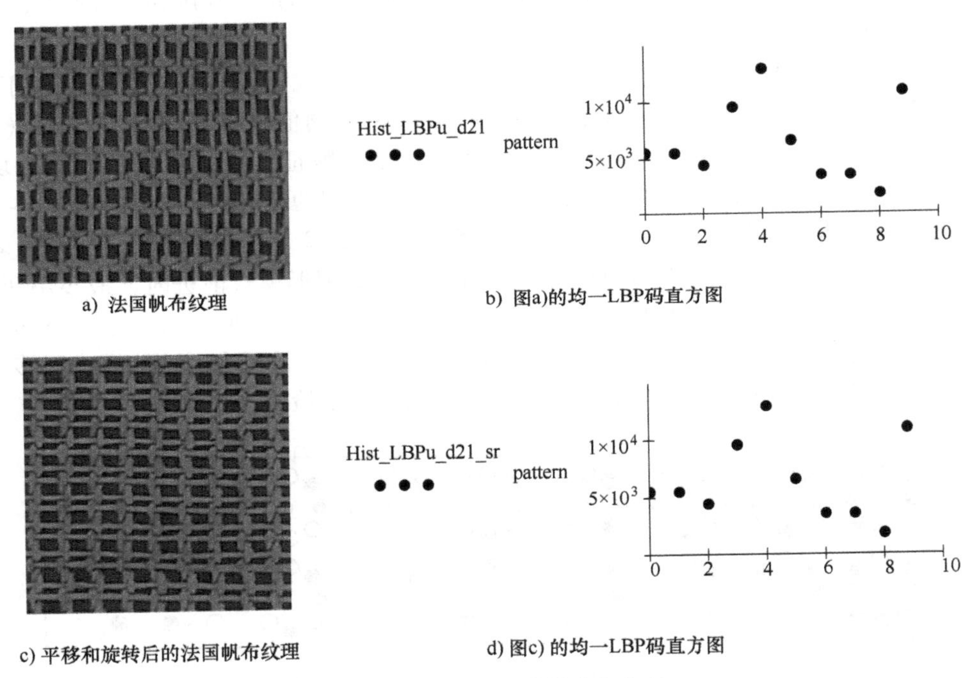

a) 法国帆布纹理

b) 图a)的均一LBP码直方图

c) 平移和旋转后的法国帆布纹理

d) 图c) 的均一LBP码直方图

图 8-9 均一局部二值模式直方图

要在不同尺度上应用这种方法,每个尺度获得的直方图可以联系起来。LBP 称为多尺度方法,因为它可以将在邻域重复的任意纹理模式进行分类。一类纹理有每个尺度的直方图,利用这种方法可进行二维相似度测量。样本 S 的联合直方图与模型 M 之间的非相似度量度(L)为:

$$L(S,M)=-\sum_{h=1}^{H}\sum_{n=1}^{N_h}\frac{T_{hs}S_{hn}}{\sum_h T_{hs}}\ln\frac{T_{hm}M_{hn}}{\sum_h T_{hm}} \tag{8-21}$$

式中，S_{hn}、M_{hn}——分别为第 h 个样本和模型直方图的第 n 个直方的概率；

N_h——H 个直方图的数目；

T_{hs}、T_{hm}——分别是样本和模型直方图的总数目。

8.3.2　体积局部二值模式（VLBP）

1996 年，Ojala T 等人首次提出了 LBP 纹理识别方法。该方法在纹理识别领域受到了广泛关注，LBP 算法的基本思想是通过比较中心像素 g_c 的值和其邻域像素 g_p 的值，进而提取 LBP 码，如式（8-22）所示。

$$\mathrm{LBP}_{P,R}=\sum_{P=0}^{P-1} s(g_P-g_c)\times 2^P \tag{8-22}$$

式（8-22）中，定义 $x=g_P-g_c$，则 $s(x)$ 的取值范围为：

$$s(x)=\begin{cases}1,x\geqslant 0,\\0,x<0\end{cases} \tag{8-23}$$

式（8-22）中，R 是圆邻域的采样半径，P 是采样数。g_c 代表中心像素，$g_P(p=0,1,\cdots,P-1)$ 是相邻像素。式（8-23）中，函数 $s(x)$ 是比较运算符，如果 g_P 小于 g_c，则（g_P-g_c）的值将被编码为“0”。相反，（g_P-g_c）的值将被编码为“1”。

VLBP 与 LBP 的主要区别在于其将 LBP 扩展到时空域。VLBP 的特征提取流程如图 8-10 所示，其输入的视频序列是由连续帧构成的三维序列，由三帧组成的采样顺序在右侧给出。假设每一帧内中心点的邻域点个数为 m，那么 VLBP 中心点的所有邻域点个数为 $3m+2$，其表示的特征维数是 2^{3m+2}。特征维数增大会导致计算复杂，将影响后期的动态纹理识别效果。

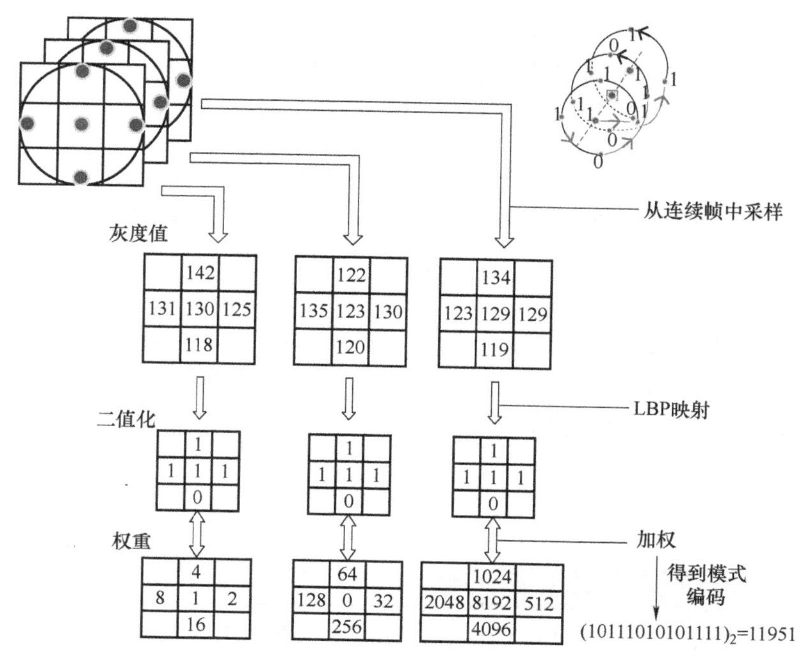

图 8-10　VLBP 的特征提取流程

VLBP 为了将 LBP 扩展到动态纹理分析，将图像序列的局部邻域定义为 $3P+3(P>1)$，图像像素的灰度级联合分布 V。P 是一帧中围绕中心像素的局部邻近点的数量：

$$V=v(g_{t_c-L,c},g_{t_c-L,0},\cdots,g_{t_c-L,P-1},g_{t_c,c},g_{t_c,0},\cdots,\\ g_{t_c,P-1},g_{t_c+L,0},\cdots,g_{t_c+L,P-1},g_{t_c+L,c}) \tag{8-24}$$

式（8-24）中，灰度值 $g_{t_c,c}$ 代表局部体积邻域中心像素的灰度值，$g_{t_c-L,c}$ 和 $g_{t_c+L,c}$ 代表时间间隔为 L 的前后相邻帧中中心像素的灰度值，$g_{t,p}(t=t_c-L,t_c,t_c+L;p=0,\cdots,P-1)$ 代表图像中半径为 $R(R>0)$ 的圆上 P 个等距像素的灰度值。假设 $g_{t_c,c}$ 的坐标是 (x_c,y_c,t_c)，可以得到 $g_{t_c,p}$ 和 $g_{t_c\pm L,p}$ 的坐标分别是 $(x_c+R\cos(2\pi p/P),y_c-R\sin(2\pi p/P),t_c)$ 和 $(x_c+R\cos(2\pi p/P),y_c-R\sin(2\pi p/P),t_c\pm L)$。没有完全落在像素上的邻域的值通过双线性插值估计。

利用对称邻域 $g_{t,p}(t=t_c-L,t_c,t_c+L;p=0,\cdots,P-1)$ 的灰度值减去中心像素 $g_{t_c,c}$ 的灰度值，计算结果如式（8-25）所示。

$$V=v(g_{t_c-L,c}-g_{t_c,c},g_{t_c-L,0}-g_{t_c,c},\cdots,g_{t_c-L,P-1}-g_{t_c,c},g_{t_c,c},g_{t_c,0}-g_{t_c,c},\cdots,\\ g_{t_c,P-1}-g_{t_c,c},g_{t_c+L,0}-g_{t_c,c},\cdots,g_{t_c+L,P-1}-g_{t_c,c},g_{t_c+L,c}-g_{t_c,c}) \tag{8-25}$$

假设 $g_{t,p}-g_{t_c,c}$ 的值与 $g_{t_c,c}$ 无关，可以将式（8-26）分解为：

$$V\approx v(g_{t_c,c})v(g_{t_c-L,c}-g_{t_c,c},g_{t_c-L,0}-g_{t_c,c},\cdots,g_{t_c-L,P-1}-g_{t_c,c},g_{t_c,0}-g_{t_c,c},\cdots,\\ g_{t_c,P-1}-g_{t_c,c},g_{t_c+L,0}-g_{t_c,c},\cdots,g_{t_c+L,P-1}-g_{t_c,c},g_{t_c+L,c}-g_{t_c,c}) \tag{8-26}$$

分解分布只是联合分布的近似。因此，类似于普通纹理分析中的 LBP，原始联合灰度分布式（8-24）中的信息由联合差异分布表示：

$$V_1=v(g_{t_c-L,c}-g_{t_c,c},g_{t_c-L,0}-g_{t_c,c},\cdots,g_{t_c-L,P-1}-g_{t_c,c},g_{t_c,0}-g_{t_c,c},\cdots,\\ g_{t_c,P-1}-g_{t_c,c},g_{t_c+L,0}-g_{t_c,c},\cdots,g_{t_c+L,P-1}-g_{t_c,c},g_{t_c+L,c}-g_{t_c,c}) \tag{8-27}$$

通过差分符号来实现灰度不变性，如式（8-28）所示。

$$V_2=v(s(g_{t_c-L,c}-g_{t_c,c}),s(g_{t_c-L,0}-g_{t_c,c}),\cdots,s(g_{t_c-L,P-1}-g_{t_c,c}),s(g_{t_c,0}-g_{t_c,c}),\cdots,\\ s(g_{t_c,P-1}-g_{t_c,c}),s(g_{t_c+L,0}-g_{t_c,c}),\cdots,s(g_{t_c+L,P-1}-g_{t_c,c}),s(g_{t_c+L,c}-g_{t_c,c})) \tag{8-28}$$

式（8-28）中，根据式（8-22）所描述的 $s(x)$，$s(x)$ 的取值范围为：

$$s(x)=\begin{cases}1,x\geqslant 0\\0,x<0\end{cases} \tag{8-29}$$

为了简化 V_2 的表达式，使用 $V_2=v(v_0,\cdots,v_q,\cdots,v_{3P+1})$ 和 q 依次对应 V_2 中的值。通过为每个符号 $s(g_{t,p}-g_{t_c,c})$ 分配一个二项式因子 2^q，将式（8-28）转换为唯一的 $\mathrm{VLBP}_{L,P,R}$，它表征了局部体积动态纹理的空间结构：

$$\mathrm{VLBP}_{L,P,R}=\sum_{q=0}^{3P+1}v_q 2^q \tag{8-30}$$

8.3.3 LBP-TOP 纹理识别方法

在 VLBP 中，参数 P 决定了特征的维数。P 很大，会产生很长的直方图，而 P 减小，会使特征向量变短，也意味着丢失更多的信息。如图 8-11 所示，当邻近点的数量增加时，VLBP 的特征维数会急速增长（2^{3P+2}），增加了计算的复杂性。

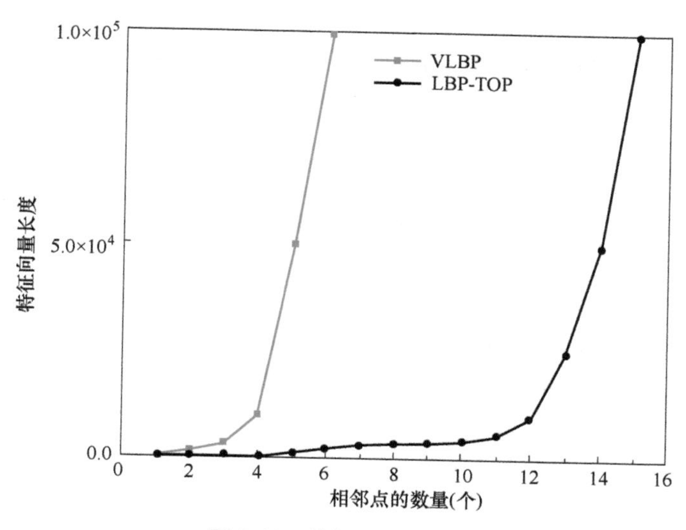

图 8-11 特征向量的长度

为了解决上述 VLBP 存在的问题，通过在 3 个正交平面上串联 LBP 的方式提出了简化描述符 LBP-TOP：*XY*、*XT* 和 *YT*。如图 8-12 所示，*XT* 和 *YT* 平面可以视为 *XY* 平面在时间轴的累积，利用这种方法，特征维度只有 $3 \cdot 2^P$，比 2^{3P+2}小得多，能够扩展到更多的邻近点，并且降低了计算的复杂度。

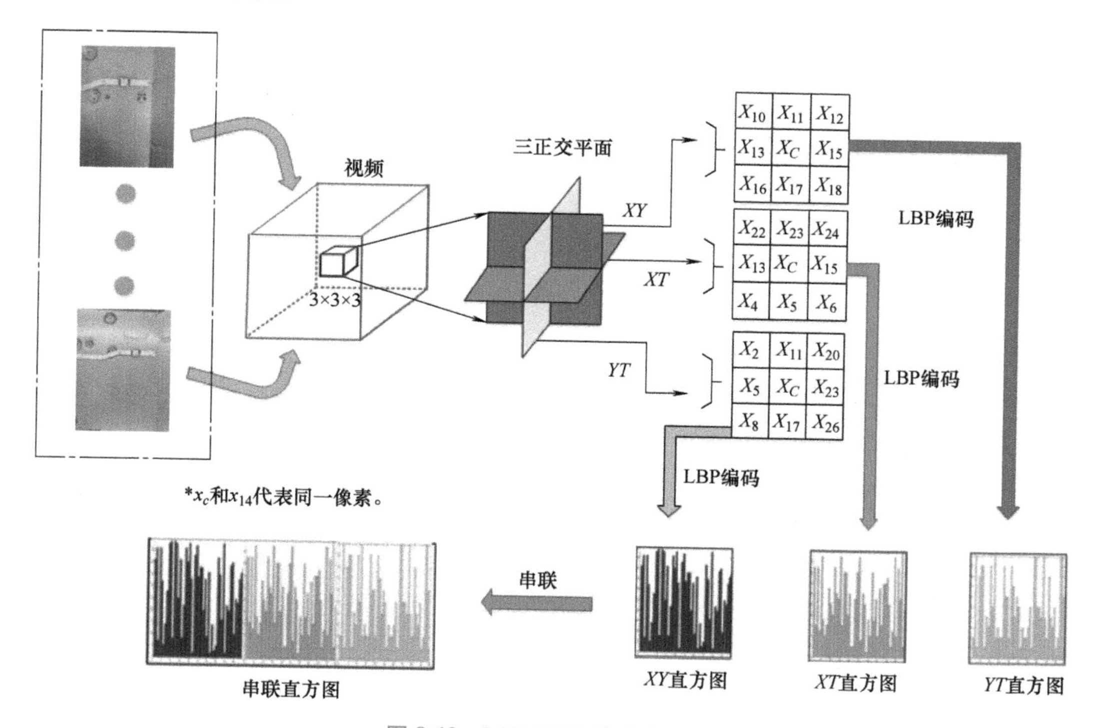

图 8-12 LBP-TOP 算法流程图

LBP-TOP 较于 VLBP 的优势是：

1）LBP-TOP 使用了 3 个正交的平面，考虑来自每个单独平面的特征分布，将特征串联。当相邻点的数量增加时，特征维数不会急剧增加，相较于 VLBP 降低了计算的复杂度。

2）LBP-TOP 的 3 个正交帧共用一个中心像素，而 VLBP 的 3 个平行帧的中心像素仅在中间帧上。

思考与练习

8-1　简述描述纹理特征的方法有哪些。各有何特点？

8-2　简述 LBP、VLBP 和 LBP-TOP 纹理识别的工作过程。

第9章 图像配准

随着科学技术的迅猛发展，图像配准（Image Registration）作为数字图像处理的一部分已成为图像信息处理、模式识别领域中的一项非常重要的技术，并在立体视觉、航空摄影测量、资源分析、医学图像配准、光学和雷达跟踪、检测等领域得到了广泛的应用。

9.1 图像配准概述

9.1.1 图像配准概念

从视觉的角度看，“视”应该是有目的的“视”，即要根据一定的如识（包括对目标的描述）借助图像去场景中寻找符合要求的目标；“觉”应该是带识别的“觉”。也就是说，要从输入图像中抽取目标的特性，再与已有的目标模型进行匹配，从而达到理解（识别）场景含义的目的。

在计算机视觉识别过程中，常常需要把不同的传感器或者同一传感器在不同时间、不同成像条件下对同一景物获取的两幅或多幅图像进行比较，找到该组图像中的公有景物，或根据已知模式到另一幅图中寻找相应的模式，这一过程称为图像配准。

图像配准和图像匹配的含义比较相似。一般，同一目标的两幅图像在空间位置的对准用图像配准；图像配准的技术过程，即寻找同名特征（点）的过程称为图像匹配（Image Matching）或者图像相关。

一般来说，由于图像在不同时间、不同传感器、不同视角获得的成像条件不同，因此即使是同一物体，在图像中所表现出来的几何特性、光学特性、空间位置都会有很大的不同。如果考虑到噪声、干扰等影响，则会使图像发生很大差异，图像配准就是通过这些不同之处找到它们的相同点的。

假设参考图像和待配准图像分别用 $g(x,y)$ 和 $f(x,y)$ 表示，则图像的配准关系可以表示为：

$$f(x,y)=T_g\{g(T_s(x,y))\} \tag{9-1}$$

式中，T_s——二维空间几何变换函数；

T_g——二维灰度变换函数。

配准的主要任务就是寻找最佳的空间变换关系 T_s 与灰度变换关系 T_g，使两幅图像实现最佳对准。由于空间几何变换是灰度交换的前提，而且有些情况下，灰度变换关系的求解并不是必须的，它也可以归为图像预处理部分，所以通常意义上配准的关键就是寻找图像空间几何变换关系，于是式（9-1）可改写为更简单的表示形式：

$$f(x,y)=g(T_s(x,y)) \tag{9-2}$$

图像配准包含以下 4 方面的基本要素。

1. 特征空间

特征空间是指从参考图像和待配准图像中提取的可用于配准的特征。在基于灰度的图像配准方法中，特征空间为图像像素的灰度值；而在基于特征的图像配准方法中，特征空间可以是区域、边缘、点、曲线、不变矩等。选择适当的特征空间是图像配准的第一步。特征空间不仅直接关系到图像中的哪些特征对配准算法敏感和哪些特征被匹配，而且大体上决定了匹配算法的运算速度和鲁棒性等性能。

特征空间的构造需遵循3个原则，即特征空间是参考图像和待配准图像所共有的、容易获得的、且能够表达图像的本质信息。

2. 搜索空间

搜索空间是指在配准过程中对图像进行变换的范围及变换的方式。

（1）图像的变换范围　图像的变换范围分为3类：全局的、局部的和位移场的。

1）全局变换是指整幅图像的空间变换可以用相同的变换参数表示。

2）局部变换是指在图像的不同区域可以有不同的变换参数，通常的做法是在区域的关键点位置上进行参数变换，在其他位置上进行插值处理。

3）位移场变换是指对图像中的每一像素独立地进行参数变换，通常使用一个连续函数来实现优化和约束。

（2）图像的变换方式　图像的变换方式即空间几何变换模型，可以分为线性变换和非线性变换两种形式。线性变换又可分为刚体变换、仿射变换和投影变换。非线性变换一般使用多项式函数，如二次函数、三次函数及薄板样条函数，有时也使用指数函数。

3. 相似性度量

相似性度量指评估从搜索空间中获得的一个给定的变换所定义的输入数据与参数数据之间的相似程度（匹配程度），为搜索策略的下一步动作提供依据。一般地，高的相似程度是特征间匹配的判定标准。

相似性度量和特征空间、搜索空间紧密相关，不同的特征空间往往对应不同的相似性度量；而相似性度量的值将直接判断在当前所选取的变换模型下，图像是否被正确匹配。通常，配准算法抗干扰的能力是由特征提取和相似性度量共同决定的。

常用的相似性度量有相关性、互信息、归一化互信息、联合熵、几何距离等。

4. 搜索策略

搜索策略是指用恰当的方法在搜索空间中计算变换参数的最优值，在搜索过程中以相似性度量的值作为判优依据。

由于配准算法往往需要大量的运算，而常规的搜索法在实践中是无法接受的，因此设计一个有效的搜索策略显得尤为重要。搜索策略将直接关系到配准进程的快慢，而搜索空间和相似性度量也在一定程度上影响了搜索策略的性能。

常用的搜索策略有黄金分割法、Brent法、抛物线法，三次插值法、Powell法、遗传算法、蚁群算法、牛顿法、梯度下降法等。

9.1.2 常用的图像配准技术

根据配准所利用的图像特征或图像信息，常用的图像配准方法主要分为以下两类。

1. 基于灰度（或区域）的配准方法

基于灰度（或区域）的配准方法的核心思想是认为参考图像和待配准图像上的对应点

及其周围区域具有相同或相似的灰度，并以灰度相似为基础采用相似性度量，然后采用搜索方法寻找使相似性度量达到最大或最小的点，从而确定两幅图像之间的变换模型参数。常见的算法有最大互信息法、相关法、条件熵法、联合熵法等。

基于灰度的配准方法只对图像的灰度进行处理，可以避免主观因素的影响，配准结果只依赖配准方法本身，同时可以避免因图像分割而给配准带来的额外误差，并能实现完全自动的配准。最大互信息法可以用于任何不同模态图像的配准，已广泛应用到多模医学图像的配准中，成为医学影像配准领域的研究热点。基于灰度的配准方法实现简单，但也存在一些缺点：对图像的灰度变化比较敏感，尤其是非线性的光照变化；计算量大；对缩放、旋转、形变及遮挡较敏感，忽略了图像的空间相关信息。

2. 基于特征的配准方法

在基于特征的配准方法中，常用的特征包括点特征、直线段、边缘、闭合区域以及统计矩等。由于提取了图像的显著特征，大大压缩了图像信息的数据量，故匹配计算较小、速度较快；但其匹配制度受特征提取的准确度影响，噪声、遗漏等因素都会影响特征提取的完整性；同时对某些不具有明显特征的图像进行匹配时，特征匹配方法实现难度很大。

基于特征的配准方法的实现过程可以描述为：首先对两幅图像进行特征提取；然后对特征进行相似性度量后找到匹配的特征点对，通过找到的匹配特征点对得到图像间的变换参数；最后由这些变换参数实现图像的配准。基于特征的图像配准与基于灰度的图像配准之间的主要区别在于是否包含分割步骤。基于特征的配准方法包括图像的分割过程，用于提取图像的特征信息，对图像的显著特征进行配准。基于灰度的配准方法无须进行图像分割与特征提取。

9.1.3 图像配准技术的应用

图像配准主要的实际用途基本上可以归纳为以下 4 类。

1. 多模态配准

多模态配准（Multimodal Registration）是指由不同传感器获得的同一场景图像的配准。例如，在医学领域，不同模态的图像有各自的特性，如 CT 和 MRI 能以较高的空间分辨率提供器官的解剖结构信息，面正电子发射断层扫描（Positive Electron Tomography，PET）和单光子发射计算机断层扫描（Single-Phote Emission Computed Tomography，SPECT）能以较低的空间分辨率提供器官的新陈代谢功能信息。在实际临床应用中，单一模态图像往往不能提供足够多的信息，一般需要将不同模态的图像融合在一起以便得到更全面的信息。例如，GE 公司推出的 Discovery Ls 是 PET 与 CT 的一个完美融合系统，不仅能够完成能量衰减校正、分子影像（Molecular Imaging），而且能进行同机图像融合，提高了影像定位诊断的准确性。

多模态配准还可以应用在遥感领域中，实现大量不同波段图像融合，以便于全面地认识环境和自然资源，其成果广泛应用于大地测绘、植被分类与农作物生长势态评价、天气预报、自然灾害监测等方面。

2. 模板匹配

模板匹配（Template Matching）是指在图像中识别或定位模板，例如，模式识别领域中的字体识别、目标定位等。

3. 视角配准

视角配准（Viewpoint Registration）是指由不同角度获得的图像，用于深度或形状重建，经常用到视角配准的领域有双目立体成像中的图像匹配、运动目标跟踪、图像序列分析等。

4. 时间配准

时间配准（Temporal Registration）是指不同时间或者不同环境条件下获得的同一场景图像，主要应用于检测和监控变化或生长。例如，医学图像处理中的数字减影血管造影术（DSA）、肿瘤检测和早期白内障检测，遥感领域中的自然资源监控等。

图像配准技术发展至今，其实际应用已遍布诸多领域，比较典型的应用领域有遥感图像处理、医学图像处理、红外图像处理、数字地图定位、模式识别、自动导航和计算机视觉等。

9.2 空间几何变换

各种配准技术都要建立自己的变换模型，变换模型的选取与图像的变形特性有关。图像几何变换方式可分为局部变换和全局变换两类。全局变换只用一个函数建立图像之间像素的空间映射关系。多数的图像配准方法都采用全局变换，通常涉及矩阵代数。局部变换则包含多个映射函数，有时又称为弹性映射（Elastic Mapping），它允许变换参数存在对空间的依赖性。局部变换适用于包含非刚性形变图像的配准，如医学图像配准。局部变换随图像像素位置的变化而变化，变换规则不完全一致，需要进行分段小区域处理。

图像几何变换模型主要有简单变换、刚体变换、仿射变换、投影变换和非线性变换。图9-1所示为几种常见的图像几何变换示意图。它们主要依据方程需要的坐标点的数量进行分类，简单变换只需要一对坐标点，刚体变换只需要两对坐标点，仿射变换只需要三对坐标点，投影变换只需要四对坐标点，就能确定其模型参数。

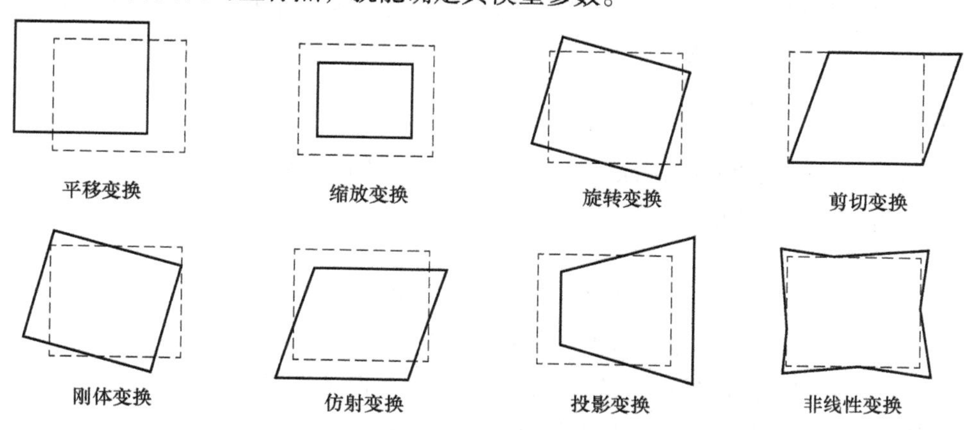

图9-1　图像几何变换示意图

9.2.1 简单变换

简单变换是最简单的图像变换模型。通过系列的简单变换，可以实现刚体变换和仿射变换。因此，简单变换也可以看作刚体变换和仿射变换的原子变换。根据变换方式的不同，简单变换又可以细分为平移变换、缩放变换、旋转变换和剪切变换四种。

1. 平移变换

按向量（t_x, t_y）对图像的坐标进行平移变换（Translation Transformation）。其模型可以表述为：

$$\begin{pmatrix} x' \\ y' \\ 1 \end{pmatrix} = \begin{pmatrix} 1 & 0 & t_x \\ 0 & 1 & t_y \\ 0 & 0 & 1 \end{pmatrix} \begin{pmatrix} x \\ y \\ 1 \end{pmatrix} \tag{9-3}$$

2. 缩放变换

缩放变换（Scaling Transformation）是指分别沿着 x 轴和 y 轴拉伸或压缩图像的几何变换，可以表述为：

$$\begin{pmatrix} x' \\ y' \\ 1 \end{pmatrix} = \begin{pmatrix} s_x & 0 & 0 \\ 0 & s_y & 0 \\ 0 & 0 & 1 \end{pmatrix} \begin{pmatrix} x \\ y \\ 1 \end{pmatrix} \tag{9-4}$$

3. 旋转变换

旋转变换（Rotation Transformation）是指将图像旋转一定角度的几何变换，可以表述为：

$$\begin{pmatrix} x' \\ y' \\ 1 \end{pmatrix} = \begin{pmatrix} \cos\alpha & -\sin\alpha & 0 \\ \sin\alpha & \cos\alpha & 0 \\ 0 & 0 & 1 \end{pmatrix} \begin{pmatrix} x \\ y \\ 1 \end{pmatrix} \tag{9-5}$$

上述的旋转是绕坐标原点（0,0）进行的。如果是绕某一个指定点（a, b）旋转，则首先要将坐标系平移到该点，然后进行旋转，最后将旋转后的图像平移回原坐标系。

4. 剪切变换

剪切变换（Shearing Transformation）是将 x 轴（y 轴）的缩放加到 y 轴（或 x 轴）的几何变换。其变换模型描述为：

$$\begin{pmatrix} x' \\ y' \\ 1 \end{pmatrix} = \begin{pmatrix} 1 & b_x & 0 \\ b_y & 1 & 0 \\ 0 & 0 & 1 \end{pmatrix} \begin{pmatrix} x \\ y \\ 1 \end{pmatrix} \tag{9-6}$$

缩放变换和剪切变换都是对图像做拉伸或压缩的，但是它们之间有着显著的不同。缩放变换不会改变图形的形状，例如，长方形变换之后还是长方形；但是剪切变换会改变图形的形状，例如，长方形变换之后为四边形。

由式 (9-3) ~ 式 (9-6) 可知，简单变换中的每一类变换都只涉及一类变换参数，所以它只需要待配准图像之间对应的一对坐标点就可以确定其参数方程。MATILAB 中，简单变换可以直接使用单个函数实现，例如，图像缩放、旋转和剪切分别使用 imresize( )、imrotate( )、imcrop( ) 函数实现。

9.2.2 刚体变换与相似性变换

刚体变换（Rigid Transformation）是平移、旋转变换的组合，它的特点在于变换之后并不改变物体的形状和面积。刚体变换的数学模型为：

$$\begin{pmatrix} x' \\ y' \\ 1 \end{pmatrix} = \begin{pmatrix} \cos\alpha & -\sin\alpha & d_x \\ \sin\alpha & \cos\alpha & d_y \\ 0 & 0 & 1 \end{pmatrix} \begin{pmatrix} x \\ y \\ 1 \end{pmatrix} \tag{9-7}$$

相似性变换（Similarity Transformation）是平移、旋转以及等比例缩放变换的组合，特点在于变换之后不改变物体的形状。相似性变换的数学模型为：

$$\begin{pmatrix} x' \\ y' \\ 1 \end{pmatrix} = \begin{pmatrix} s\cos\alpha & -\sin\alpha & d_x \\ \sin\alpha & s\cos\alpha & d_y \\ 0 & 0 & 1 \end{pmatrix} \begin{pmatrix} x \\ y \\ 1 \end{pmatrix} \tag{9-8}$$

由式 (9-7) 与式 (9-8) 可知，刚体变换与相似性变换需要待配准图像之间对应的两对坐标点来确定其方程参数。

9.2.3 仿射变换

仿射变换（Affine Transformation）是比刚体变换更具一般性的一种变换类型，它能容忍更为复杂的图像变形。仿射变换可以通过一系列的原子变换的复合来实现，包括平移、缩放、翻转（Flip）、旋转和剪切。

仿射变换的主要特点是保持点的共线性以及保持直线的平行性。通过仿射变换，直线变换为直线，三角形变换为三角形，矩形变换为平行四边形，平行线变换为平行线。仿射变换由三对坐标点唯一确定，如图 9-2 所示。

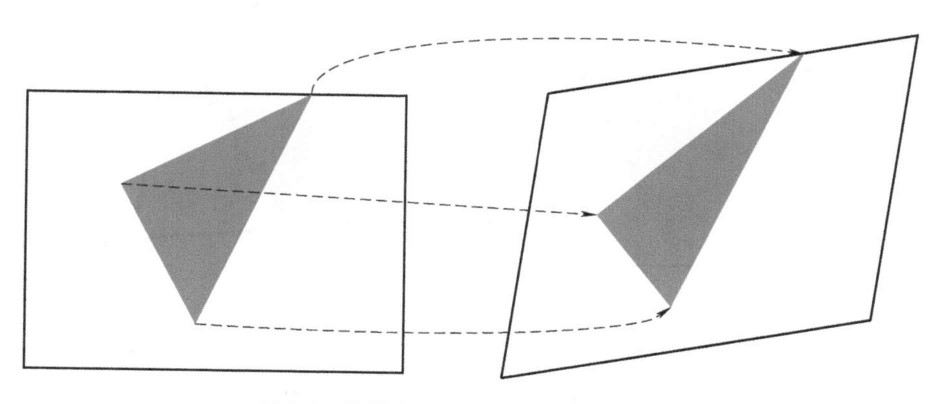

图 9-2 仿射变换由三对坐标点唯一确定

仿射变换的数学模型为：

$$\begin{pmatrix} x' \\ y' \\ 1 \end{pmatrix} = \begin{pmatrix} a_{11} & a_{12} & t_x \\ a_{21} & a_{22} & t_y \\ 0 & 0 & 1 \end{pmatrix} \begin{pmatrix} x \\ y \\ 1 \end{pmatrix} \tag{9-9}$$

仿射变换可以分解为线性（矩形）变换和平移变换，于是式（9-9）还可以表示为：

$$\begin{pmatrix} x' \\ y' \end{pmatrix} = \begin{pmatrix} a_{11} & a_{12} \\ a_{21} & a_{22} \end{pmatrix} \begin{pmatrix} x \\ y \end{pmatrix} + \begin{pmatrix} t_x \\ t_y \end{pmatrix} \tag{9-10}$$

由式（9-9）和式（9-10）可知，仿射变换中含有六个方程参数，因此需要待配准图像间对应的三对坐标来解出模型参数。MATLAB 中，图像二维仿射变换使用 imtransform( ) 函数实现，示例如图 9-3 所示。

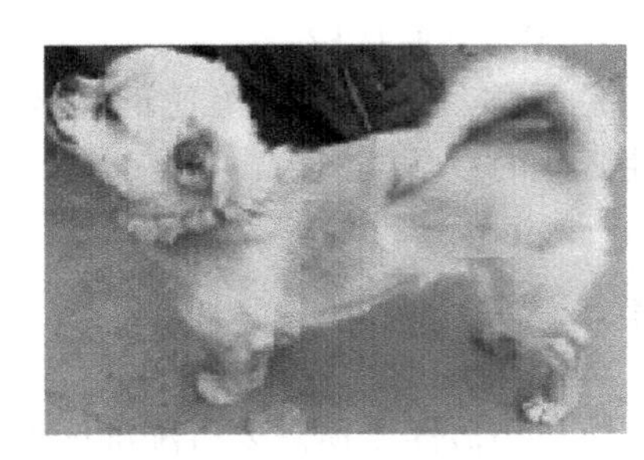

图 9-3　仿射变换示例

9.2.4　投影变换

若一幅图像中的一条直线经过变换，映射到另一幅图像上仍是一条直线，但其他性质（如平行性和等比例性）不能保持不变，那么这样的变换就称为投影变换（Projective Transformation）。经投影变换后，矩形会被变换为一般的四边形。投影变换由四对坐标点唯一确定，如图 9-4 所示。投影变换模型适用于被拍摄场景是平面或近似为平面的情况，如航拍图像。

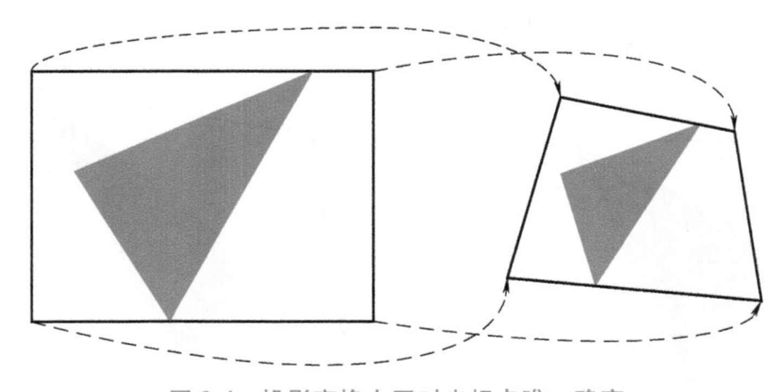

图 9-4　投影变换由四对坐标点唯一确定

投影变换还可以看成仿射变换的推广，而仿射变换则可以看成投影变换的特例。投影变换的数学模型为：

$$x'=\frac{a_{11}x+a_{12}y+a_{13}}{a_{31x}+a_{32}y+1}$$
$$y'=\frac{a_{21}x+a_{22}y+a_{23}}{a_{31x}+a_{32}y+1} \tag{9-11}$$

若令 $a_{31}=a_{32}=0$，则投影变换退化为仿射变换。由于模型含有八个参数，所以需要待配准图像间对应的四对坐标点来求解方程。

9.2.5 非线性变换

如果一幅图像上的直线映射到另一幅图像上后不再是直线，那么这样的变换被称为非线性变换（Nonlinear Transformation）。非线性变换也称为弯曲变换（Curved Transformation）。典型的非线性变换如多项式变换（Polynomial Transformation），在二维空间中可写成如下形式：

$$x'=a_{00}+a_{10}x+a_{01}y+a_{20}x^2+a_{11}xy+a_{02}y^2+\cdots$$
$$y'=b_{00}+b_{10}x+b_{01}y+a_{20}x^2+b_{11}xy+b_{02}y^2+\cdots \tag{9-12}$$

非线性变换比较适合于具有全局性形变问题的图像配准，以及整体近似刚体但局部有形变的配准情况。

图像变换模型的选择对图像配准结果的影响是至关重要的。在进行图像配准的过程中，必须认真分析图像的性质，选定适当的图像变换模型。同时应指出，多数情况下认为待配准图像间的变换模型是仿射变换，这是合理的，这种假设能够处理绝大部分的图像配准问题。

9.3 基于灰度的图像配准

基于灰度的图像配准方法通常直接利用整幅图像的灰度信息来建立两幅图像之间的相似性度量，然后采用某种搜索方法寻找使相似性度量达到最大或最小时的空间变换模型的参数值。这种基于灰度的方法直接利用全部可用的图像灰度信息，因此能提高估计的精度和鲁棒性。但由于在基于灰度的配准方法中，匹配点周围区域的所有像素都需参与计算，因此其计算量较大。

基于灰度的配准可以在空间域实现，也可以在变换域（如傅里叶域）中实现，其中基于傅里叶变换的图像配准方法也称为相位相关法。

9.3.1 空间域模板匹配及相似性度量

空间域模板匹配方法需考虑点的邻域性质，而邻域常借助模板（也称子图像）来确定。该方法首先从参考图像中提取目标区域作为模板，然后利用该模板在待配准图像中滑动，通过相似性度量来寻找最佳匹配点。各种模板匹配方法的主要差异在于相似性度量以及搜索策略的选择。

空间域模板匹配方法的本质是用一幅较小的参考图像与一幅较大的待配准图像的一部分

子图像进行匹配，匹配的结果是确定在待配准图像中是否存在参考图像，若存在，则进一步确定参考图像在待配准图像中的位置。在模板匹配中，模板通常选择正方形，但也可以是矩形或其他形状。

下面介绍图像配准中经常使用的几种典型的相似性度量。

1. 相关系数

对于尺寸为 $M_T \times N_T$ 的参考图像 $g(x,y)$ 和尺寸为 $M \times N$ 的待配准图像 $f(x,y)$，归一化相关系数定义为：

$$C(s,t)=\frac{\sum_x\sum_y[g(x,y)-\bar{g}][f(x-s,y-t)-\bar{f}(s,t)]}{\sqrt{\sum_x\sum_y[g(x,y)-\bar{g}]^2\sum_x\sum_y[f(x-s,y-t)-\bar{f}(s,t)]^2}} \tag{9-13}$$

式中，$\bar{g}$——g 的均值，只须计算一次；

$\bar{f}(s,t)$——待配准图像中与参考图像当前位置相对应区域的均值。

图 9-5 所示为空间域模板匹配示意图，式（9-13）中的求和是对 $g(x,y)$ 和 $f(x,y)$ 相重叠的区域进行的，搜索范围最大为 $(M-M_r+1)\times(N-N_r+1)$。当 s 和 t 变化时，$g(x,y)$ 在图像区域移动并给出函数 $C(s,t)$ 的所有值，$C(s,t)$ 的最大值指出参考图像在待配准图像中的最佳匹配位置。

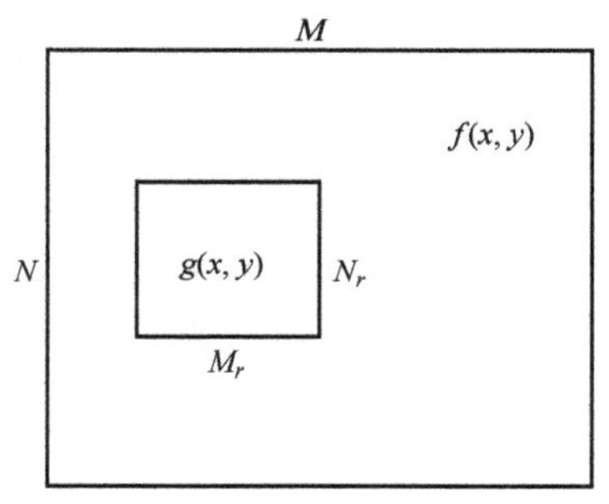

图 9-5　空间域模板匹配示意图

使用相关系数作为相似性度量的图像配准方法也称图像相关法（Image Correlation）或者区域相关法（Area-based Matching Using Correlation）。

2. 差的平方和、差的绝对值

除了使用最大相关系数来确定匹配位置外，还可以使用式（9-14）定义的差的平方和来匹配。

$$D(s,t)=\sum_x\sum_y[g(x,y)-f(x-s,y-t)]^2 \tag{9-14}$$

如果用绝对值代替平方值，那么会得到如下的差的绝对值函数：

$$E(s,t)=\sum_x\sum_y|g(x,y)-f(x-s,y-t)| \tag{9-15}$$

式（9-14）和式（9-15）所示的函数有一个共同的缺点，即对 $g(x,y)$ 和 $f(x,y)$ 幅度值的变化比较敏感。为了解决这个问题，可以使用它们的归一化形式：

$$D(s,t)=\sum_x\sum_y[g(x,y)-\bar{g}-f(x-s,y-t)-\bar{f}(s,t)]^2 \tag{9-16}$$

$$E(s,t)=\sum_x\sum_y|g(x,y)-\bar{g}-f(x-s,y-t)-\bar{f}(s,t)| \tag{9-17}$$

当空间域模板匹配方法在参考图像与待配准图像间存在较小的方向变化时，是一种可靠的匹配方法。然而，当方向变化稍大些时，这种方法就会变得十分不可靠。另外，当两者存在尺度变化时，也会导致错误匹配。

3. 互信息

互信息（Mutual Information，MI）法是基于灰度统计配准方法的重要发展。该相似性度量不需要对不同成像模式下图像灰度间的关系做任何假设，也不需要对图像进行分割或任何预处理，特别是，即使其中的一个图像存在数据部分缺损，也能得到很好的配准效果。互信息法需要建立参数化的概率密度模型，这意味着其计算量较大，并且要求图像间的重叠区域较大。互信息法主要解决多模态图像配准问题，是医学图像配准中的主导技术。

互信息是信息论中的常用概念，用于度量两个随机变量间的统计相关性，描述一个变量包含另一个变量的多少信息量。互信息可用熵来描述，其定义为：

$$K(A,B)=H(A)+H(B)-H(A,B) \tag{9-18}$$

式中，$H(A)$、$H(B)$——分别为图像 A 和 B 的熵；

$H(A,B)$——二者的联合熵，在图像配准过程中，若两图像的空间位置完全一致，则互信息 $K(A,B)$ 最大。

另一种互信息的定义方式与 Kulliback-Leibler 距离有关：

$$K(A,B)=\sum_{l_1}\sum_{l_2} p_{AB}(l_1,l_2)\log_2\frac{p_{AB}(l_1,l_2)}{p_A(l_1)p_B(l_2)} \tag{9-19}$$

式中，$p_A(l_1)$、$p_B(l_2)$——图像 A 和 B 的直方图；

$p_{AB}(l_1,l_2)$——二者的联合直方图；

l_1 和 l_2——图像 A 和 B 的灰度值。

式（9-19）可以解释为图像灰度值的联合概率分布 $p_{AB}(l_1,l_2)$ 和将两幅图像视为独立变量时的联合概率 $p_A(l_1)p_B(l_2)$ 的距离。

互信息具有以下四个特性：①非负性：$K(A,B)\geqslant 0$；②对称性：$K(A,B)=K(B,A)$；③独立性：若 $p_{AB}(l_1,l_2)=p_A(l_1)p_B(l_2)$，则 $K(A,B)=0$；④有界性：$K(A,B)=H(A)\leqslant H(B)$。

基于互信息的图像配准就是寻找一种特定的空间变换，使得经过该空间变换后的两幅图像间的互信息量达到最大。为了解决由于重叠区域而带来的互信息变化较为敏感的问题，经常使用归一化互信息（Normalized Mutual Information，NMI）和熵相关系数（Entropy Correlation Coefficient，ECC）作为相似性度量，二者的表达式分别表示为：

$$\text{NMI}(A,B)=\frac{H(A)+H(B)}{H(A,B)} \tag{9-20}$$

$$\text{ECC}(A,B)=\frac{2K(A,B)}{H(A)+H(B)}=2-\frac{2}{\text{NMI}(A,B)} \tag{9-21}$$

9.3.2 相位相关法

不论平移、旋转还是灰度和尺度变化，在傅里叶变换域中都有相应的表示。相位相关法（Phase Correlation）就是利用傅里叶变换的一些主要性质来进行图像配准的，它对噪声有较高的容忍度，匹配结果与照度无关，可处理图像之间的平移、旋转和比例缩放。

1. 位移量估计

相位相关法最早用于位移图像之间的配准，基本原理是基于傅里叶变换的位移定理。若

两幅图像 $g(x,y)$ 和 $f(x,y)$ 之间存在位移量（$\Delta x,\Delta y$），则它们在空间域有如下关系：

$$g(x,y)=f(x-\Delta x,y-\Delta y) \tag{9-22}$$

对其进行傅里叶变换，反映到频域具有以下形式：

$$G(u,v)=\exp[-j2\pi(u\Delta x+v\Delta y)] \tag{9-23}$$

式中，$G(u,v)$——$g(x,y)$ 的傅里叶变换。

式（9-23）说明，两幅存在位移变换的图像在频域具有相同的幅值，但存在一个相位差，而这个相位差与位移量有直接关系。相位差的计算可以转换为计算两幅图像的互功率谱的相位，即：

$$\frac{G(u,v)F^*(u,v)}{|G(u,v)F^*(u,v)|}=\exp[-j2\pi(u\Delta x+v\Delta y)] \tag{9-24}$$

式中　*——共轭运算符。

式（9-24）右端经傅里叶逆变换表达成空间域形式，可以得到一个狄拉克函数，即：

$$F^{-1}\{\exp[-j2\pi(u\Delta x+v\Delta y)]\}=\delta(x-\Delta x,y-\Delta y) \tag{9-25}$$

于是，相位相关法就是求式（9-24）所示的傅里叶逆变换的峰值所在的位置，确定出位移量后实现图像配准。相位相关性非常适合于具有窄带噪声的图像。同样，由于光照变化通常可被看成一种缓慢变化的过程，主要反映在低频部分，因此相位相关性对于在不同光照条件下拍摄的图像或不同传感器获得的图像之间的配准比较有效。

2. 旋转角度估计

为了将相位相关法扩展至既有位移又有旋转的图像配准中，可以把直角坐标系下的旋转看作极坐标下的平移，从而解决旋转参数的估计问题。假设两幅图像间存在位移量（Δx，Δy）和旋转角 $\Delta\phi$，则其空间域关系表示为：

$$g(x,y)=f[(x\cos\Delta\phi+y\sin\Delta\phi)-\Delta x,(-x\sin\Delta\phi+y\cos\Delta\phi)-\Delta y] \tag{9-26}$$

由傅里叶旋转、位移特性，式（9-26）的傅里叶变换可以写为：

$$G(u,v)=\exp[-j2\pi(u\Delta x+v\Delta y)]F(u\cos\Delta\phi+v\sin\Delta\phi,-u\sin\Delta\phi+v\cos\Delta\phi) \tag{9-27}$$

通过取模，得到它们的傅里叶功率谱之间的关系：

$$|G(u,v)|=|F(u\cos\Delta\phi+v\sin\Delta\phi,-u\sin\Delta\phi+v\cos\Delta\phi)| \tag{9-28}$$

式（9-28）是平移不变的，表明图像旋转一个角度可造成其功率谱也旋转相同的角度。为了将旋转转换成平移形式，对频谱进行极坐标变换，使原来的坐标（u,v）变成（r,θ），因此可得到下式：

$$\begin{cases}u\cos\Delta\phi+v\sin\Delta\phi=r\cos(\theta-\Delta\phi)\\-u\sin\Delta\phi+v\cos\Delta\phi=r\sin(\theta-\Delta\phi)\end{cases} \tag{9-29}$$

如果 $S(r,\theta)=|G(r\cos\theta,r\sin\theta)|$，$R(r,\theta)=|F(r\cos\theta,r\sin\theta)|$，则式（9-28）进一步表示为：

$$S(r,\theta)=R(r,\theta-\Delta\phi) \tag{9-30}$$

因此，在极坐标系下用相位相关法求出图像间的旋转角度 $\Delta\phi$，根据 $\Delta\phi$ 对待配准图进行旋转补偿，再用相位相关法求出位移量。

当图像之间既存在位移和旋转，也存在比例缩放时，只要在上述的极坐标变换后加上取对数运算（该方法也称 Fourier-Mellai 不变描述子），便可将旋转和比例缩放都转换为平移问题，再用相位相关法得出旋转角和缩放系数。对图像进行旋转和缩放校正后，再计算位移参数。

9.4 基于特征的图像配准

合理地选择特征，可以降低特征空间的复杂度和提高特征匹配算法的鲁棒性，进而提高配准算法的性能。用于图像配准的特征很多，如边缘特征、区域特征、点特征（如角点、拐点），线特征（如直线段、曲线）等。在图像中选取表示某些特征的像素点，提取图像特征，进行特征匹配，利用这些特征之间的匹配关系计算空间变换参数。

9.4.1 基于特征的配准步骤

基于特征的配准过程归纳为以下四个步骤：

1）特征提取（Feature Detection）。手动或自动检测并提取图像中的显著特征，特征提取是图像配准的关键问题，特征匹配成功与否主要取决于特征提取的准确度。

2）特征匹配（Feature Matching）。根据相似性度量建立参考图像中特征和待配准图像中特征之间的匹配关系。

3）空间几何变换模型估计（Transformation Model Estimation）。根据特征匹配结果估计参考图像与待配准图像之间的几何变换模型的类型和参数，只有找到能够很好地描述两幅配准图像之间映射关系的变换模型，才能实现图像精确配准。

4）图像重采样及变换（Image Resampling and Transformation）。待配准图像经过几何变换后，利用合适的插值技术计算位于非整数坐标下的图像灰度值。常用的数字图像插值方法有最近邻插值法、双线性插值法、双三次插值法和样条插值法。

9.4.2 形状匹配与Hausdorff距离

形状匹配就是在形状描述的基础上，按照一定的相似性度量准则来衡量形状间的相似性。对于不同的形状描述，存在不同的形状匹配方法。在形状匹配中，常见的相似性度量包括相关系数、边缘方向直方图、距离（欧氏距离、Manhattan距离、Minkowsky距离、Mahalanobi距离、Hausdorff距离）、角度等。

Hausdorff距离可以用来测量两个点集的匹配程度。作为一种点集之间的相似性度量，Hausdorff距离也可以被用来比较两个其他形状图形的相似度，因此可作为二值图像（如边缘图像）配准中的一种相似性度量。Hausdorff距离不需要建立点之间的一一对应关系，仅计算两个点集之间的相似程度，所以可以有效地处理很多特征点的情况。Hausdorff距离是两个点集之间的一种距离定义形式。给定两个有限非空集 $A=\{a_1,a_2,\cdots,a_p\}$ 和 $B=\{b_1,b_2,\cdots,b_q\}$，则 A、B 之间的Hausdorff距离定义为：

$$H(A,B)=\max(h(A,B),h(B,A)) \tag{9-31}$$

其中，

$$h(A,B)=\max_{a_i\in A}\min_{b_j\in B}\|a_i-b_j\| \tag{9-32}$$

$$h(B,A)=\max_{b_i\in B}\min_{a_j\in A}\|b_i-a_j\| \tag{9-33}$$

式中，$\|\cdot\|$——定义在点集 A、B 上的某种距离范数。距离范数一般包括城区距离、棋盘距离、欧几里德距离。

式（9-31）中的 $H(A,B)$ 称为双向 Hausdorff 距离，是 Hausdorff 距离的最基本形式；式（9-32）中的 $h(A,B)$ 和式（9-33）中的 $h(B,A)$ 分别称为从点集 A 到点集 B、从点集 B 到点集 A 间的单向 Hausdorff 距离。首先定义一个点到一个有限集合的距离为该点与这个集合中所有点的距离的最小值，在上述公式中，$h(A,B)$ 表示的是点集 A 中的每个点到点集 B 的距离的最大值。从上面的定义可以看出，在一般情况下，$h(A,B)$ 不等于 $h(B,A)$。

$h(A,B)$ 和 $h(B,A)$ 的最大值定义为 Hausdorff 距离 $H(A,B)$。只要通过计算 $h(A,B)$ 和 $h(B,A)$ 同时求出它们的最大值，即可获得两个点集 A 和 B 之间的相似程度。如果 $H(A,B)=d$，则表示 A 中所有点到 B 中点的距离不超过 d，也就是说，A 中的点都在 B 中点的距离为 d 的范围之内。

Hausdorff 距离表征了两个点集之间的不相似程度，但它对干扰很敏感。为了避免这问题，可以使用式（9-34）定义的部分 Hausdorff 距离（Partial Hausdorff Distance，PHD）：

$$H^{f_F f_R}(A,B)=\max(h^{f_F}(A,B),h^{f_R}(B,A)) \tag{9-34}$$

其中，

$$h^{f_F}(A,B)=f_F \underset{a_i\in A}{\text{th}} \min_{b_j\in B}\|a_i-b_j\| \tag{9-35}$$

$$h^{f_R}(A,B)=f_R \underset{b_i\in B}{\text{th}} \min_{a_j\in A}\|b_i-a_j\| \tag{9-36}$$

这里，$f_F, f_R \in (0,1]$，分别称为前向分数（Forward Fraction）和后向分数（Reverse Fraction），控制着前向距离和后向距离，th 表示排序。当 $f_F=f_R=1$ 时，该公式退化为原始的 Hausdorff 距离。

形状匹配需要考虑以下三个问题：

1）形状常与目标联系在一起。相对于颜色，形状特征可以有更高层次的图像特征。要获得有关目标的形状参数，常常要先对图像进行分割，所以形状特征会受图像分割效果的影响。

2）选取合适的形状描述方法。目标形状的描述是一个非常复杂的问题，至今还没有找到能与人的感觉相一致的图像形状的确切数学定义。

3）从不同视角获取的目标形状可能会有很大差别，为准确进行形状匹配，需要解决位移、尺度、旋转变换等问题。

9.5 快速匹配算法

图像匹配结果的可靠性与模板窗口的信息量密切相关，信息量越少，其可靠性就越差，然而增加模板窗口尺寸又会导致运算量增加。因此，采用适当的模板窗口、加上某些约束条件是有效的办法。下面介绍几种常用的针对模板匹配的快速配准算法。

（1）变灰度级相关算法　变灰度级相关算法（Varying Gray-Level Correlation Algorithm）是根据参考图像的灰度值按位生成几个二值图像，然后以这些二值图像作为新的模板，按照从高位到低位的顺序依次与待配准图像进行相关运算，并对每一位设定一个阈值，只有相关运算的结果大于该阈值的像素点才能参与下一级的相关运算。这样，在最后一级相关运算中得到的最大值点即为最终的匹配点。参与相关运算的像素点越来越少，而且也避免了一般相关算法中的多次乘方运算、开平方根运算，减少了计算的复杂性，从而达到了减少总计算量的目的。

(2) FFT 相关算法　由离散傅里叶变换中的相关定理可知，两个函数在空间域中的卷积对应于它们在频域中的乘积，而相关可看成卷积的一种特殊形式。由于 DFT 可用 FFT 实现，因此在频域中的计算速度可以得到有效提高。

首先把参考图像和待配准图像进行二维 DFT，对于参考图像，有：

$$G(u,v)=\frac{1}{M^2}\sum_{x=0}^{M-1}\sum_{y=0}^{M-1}g(x,y)\omega_M^{-ux}\omega_M^{-vy}g(x,y) \tag{9-37}$$

式中，u、v——在 x 和 y 方向上的频率分量，并且有 $\omega_M=\exp(\mathrm{j}2\pi/M)$。

假定待配准图像的尺寸为 $M\times M$，采用同样的方法进行 DFT 得到 $F(u,v)$。然后根据相关定理写出相关函数的 DFT：

$$\Phi(u,v)=G(u,v)F^*(u,v) \tag{9-38}$$

再对 $\Phi(u,v)$ 求 IDFT，得到空间域中的相关函数 $\phi(u,v)$：

$$\phi(u,v)=\sum_{x=0}^{M-1}\sum_{y=0}^{M-1}[G(u,v)F^*(u,v)]\omega_M^{-ux}\omega_M^{-vy} \tag{9-39}$$

式中，$*$——共轭运算符。

根据上面的关系式，画出 FFT 相关算法流程图，如图 9-6 所示。

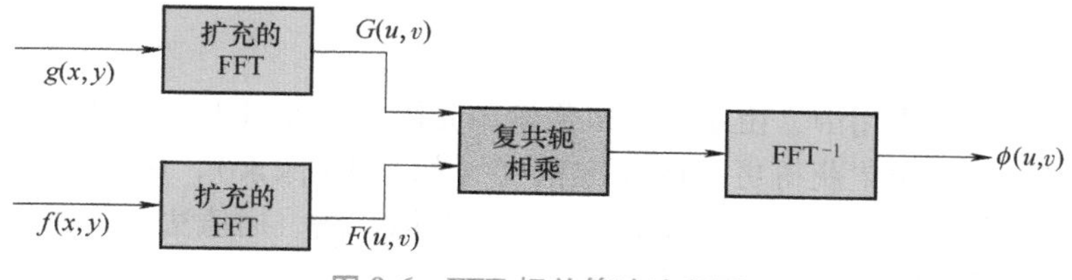

图 9-6　FFT 相关算法流程图

图像的像素数和搜索位置数越多，应用这种算法在时间上的优势越明显。此外，由于傅里叶变换的周期性，匹配点会周期性出现，因此在运算时必须采取其他措施。

(3) 序惯相似性检测算法　序惯相似性检测算法（Sequence Similar Detection Algorithm，SSDA）是在当前点的匹配窗口内，按像素逐个累加参考图像和待配准图像的灰度差值，同时记录累加点数。若在累加过程中，灰度差值的累加值达到了预先设定的阈值，则停止累加，转而计算下一点，从而省去了大量的非匹配位置处的无用计算，示意图如图 9-7 所示。当所有点都计算完后，取最大累加点数的位置作为匹配点。

(4) 变分辨率相关算法　变分辨率相关算法是较常用的一种快速相关算法，它可将参考图像和待配准图像的每个 2×2 区域逐级进行灰度平均，得到两个图像的塔形结构。从塔形结构的最高层开始，将参考图像和待配准图像进行相关运算，设定阈值时去掉一些失配点，得到候选匹配点。在下一层中，只在候选匹配点中进行匹配搜索，再去掉一些失配点。由此逐级向下，直至最高分辨率的原始图像。该方法通过降低参考图像和待配准图像的大小来达到减少计算量的目的。

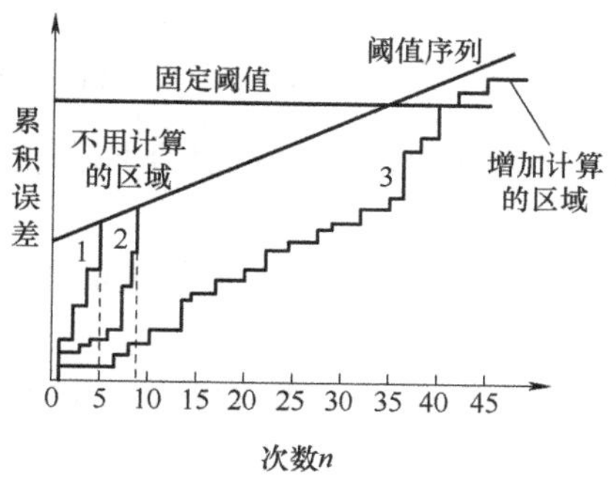

图 9-7　序惯相似性检测算法示意图

（5）基于投影特征的匹配算法　该方法利用两幅图像的投影进行相关运算以减少计算量，从而达到提高速度的目的。

1）设参考图像大小为 $m\times n$，计算其垂直投影，得到长度为 m 的一维矩阵 $\boldsymbol{g}$。

2）设待配准图像的大小为 $X\times Y$，在其中依次取 $(X-m+1)\times(Y-n+1)$ 个与参考图像相同大小的子图像，对 $(X-m+1)\times(Y-n+1)$ 个子图像分别计算它们的垂直投影，得到 $(X-m+1)\times(Y-n+1)$ 个长度为 m 的一维矩阵 $\boldsymbol{f}$。

3）求相关系数 $R(x,y)$。

$$R(x,y)=\frac{\sum_{i=1}^{m}\boldsymbol{g}(i)\cdot\boldsymbol{f}(x+i-1,y)}{\sqrt{\sum_{i=1}^{m}\boldsymbol{g}(i)^2\sum_{i=1}^{m}\boldsymbol{f}(x+i-1,y)^2}} \tag{9-40}$$

4）求出 $R(x,y)$ 的最大值，其在矩阵中的位置即为参考图像在待配准图像中的位置。

基于投影特征的匹配算法是将图像的二维信息转变为一维信息，然后利用一维信息进行匹配识别，提高了速度，但降低了匹配准确性。

9.6　亚像素超分优化匹配技术

在图像配准的实际应用中，由于摄像机像素单元限制，通过上述配准方法得到的结果往往在整像素量级。如果希望获得更高的配准精度（如 1/10 像素），则需要进一步使用亚像素级配准技术。目前实现亚像素级配准的方法主要有拟合法、插值法以及梯度法等。本节以相关算法为基础，重点介绍拟合法、插值法和细分像素法。

9.6.1　拟合法

下面以二次曲面拟合法为例介绍拟合法实现亚像素级配准，可以同时获得 x 和 y 方向的精确配准位置。首先通过本章之前介绍的配准方法确定整像素匹配位置为 (x_1,y_1)。计算以 (x_1,y_1) 为中心的 3×3 邻域 Ω 内九点的相关系数，利用最小二乘法拟合二次曲面：

$$s(x,y)=a_1y^2+a_2x^2+a_3xy+a_4y+a_5x+a_6 \tag{9-41}$$

式中，$a_k(k=1,\cdots,6)$——二次曲面的六个系数。

拟合曲面与计算数据之间的均方差函数表示为：

$$\delta=\sum_{(x,y)\in\Omega}[(a_1y^2+a_2x^2+a_3xy+a_4y+a_5x+a_6)-C(x,y)]^2 \tag{9-42}$$

计算 δ 对 a_k 的偏导数，并令其等于 0，可以得到六个等式：

$$\partial\delta/\partial a_k=0,k=1,\cdots,6 \tag{9-43}$$

求解由式（9-43）所构成的方程组便可获得 a_k，代入式（9-41）便可确定二次曲面方程 $s(x,y)$。

然后对 $s(x,y)$ 求偏导数，并令其等于 0，得：

$$\begin{cases}\partial s/\partial x=2a_2x+a_3x+a_5=0\\ \partial s/\partial x=2a_1x+a_3x+a_4=0\end{cases} \tag{9-44}$$

求解式（9-44），得到次曲面的驻点为：

$$\Delta x=\frac{a_3a_4-2a_1a_5}{4a_1a_2-a_3^2},\ \ \Delta y=\frac{a_3a_5-2a_2a_4}{4a_1a_2-a_3^2} \tag{9-45}$$

实践证明：相关系数函数为单值函数，且仅有一个驻点。因此，不需要判断便可以确定该驻点一定为极大值点，于是亚像素级匹配位置为（$x_1+\Delta x, y_1+\Delta y$）。

9.6.2 插值法

1. 高斯曲面插值法

将最大相关系数值附近的曲面视为半径为 w、幅度为 h、中心坐标为（x_0, y_0）的高斯曲面，选择相关系数极大值点（x_1, y_1）（即整像素匹配位置）及最接近极大值的另外三个点（x_1, y_1）、（x_2, y_2）和（x_3, y_3），则有：

$$C(x_i,y_i)=h_i=h\exp\left[-\frac{(x_i-x_0)^2+(y_i-y_0)^2}{w^2}\right],\ \ i=1,2,3,4 \tag{9-46}$$

解方程组得：

$$x_0=\frac{b_2c_1-b_1c_1}{b_2a_1-b_1a_2},\ \ y_0=\frac{a_2c_1-a_1c_1}{a_2b_1-a_1b_2} \tag{9-47}$$

其中，

$$\begin{aligned}
a_1&=2[h_{34}(x_2-x_1)-h_{12}(x_4-x_3)]\\
b_1&=2[h_{34}(y_2-y_1)-h_{12}(y_4-y_3)]\\
c_1&=(x_2^2-x_1^2+y_2^2-y_1^2)h_{34}-(x_4^2-x_3^2+y_4^2-y_3^2)h_{12}\\
a_2&=2[h_{24}(x_3-x_1)-h_{13}(x_4-x_2)]\\
b_2&=2[h_{24}(y_3-y_1)-h_{13}(y_4-y_2)]\\
c_1&=(x_3^2-x_1^2+y_3^2-y_1^2)h_{24}-(x_4^2-x_2^2+y_4^2-y_2^2)h_{12}\\
h_{ij}&=\ln(h_i/h_j),(i,j=1,2,3,4)
\end{aligned}$$

2. 梯度插值法

当确定参考图像 $g(x,y)$ 在待配准图像中的对应区域 $f(x+x_0, y+y_0)$ 时，真实区域应为 $f(x+x_0+\Delta x, y+y_0+\Delta y)$，则函数：

$$\delta(\Delta x,\Delta y)=\sum_x\sum_y[g(x,y)-f(x+x_0+\Delta x,y+y_0+\Delta y)]^2 \tag{9-48}$$

应取最小值。

将 $f(x+x_0+\Delta x, y+y_0+\Delta y)$ 邻域进行泰勒级数展开并取到1次项，则式（9-48）变为：

$$\delta(\Delta x,\Delta y)=\sum_x\sum_y[g(x,y)-f(x+x_0,y+y_0)-\Delta xf_x(x+x_0,y+y_0)-\Delta yf_y(x+x_0,y+y_0)]^2 \tag{9-49}$$

令 $\frac{\partial\delta(\Delta x,\Delta y)}{\partial(\Delta x)}=0$，$\frac{\partial\delta(\Delta x,\Delta y)}{\partial(\Delta y)}=0$，便可以得到计算（$\Delta x,\Delta y$）的方程组：

$$\begin{cases}\Delta xA_1+\Delta yA_2=C_1\\ \Delta xA_3+\Delta yA_4=C_2\end{cases} \tag{9-50}$$

其中，$A_1=\sum_x\sum_y f_x^2$，$A_2=\sum_x\sum_y f_xf_y$，$C_2=\sum_x\sum_y(g-f)\ f_x$，$A_3=\sum_x\sum_y f_y f_x$，$A_4=\sum_x\sum_y f_y^2$，$C_2=\sum_x\sum_y(g-f)\ f_y$。用差分代替偏微分，即可对方程组（9-50）求解。

根据泰勒级数理论，将级数展开式取到 2 次项或高次项后，所得到的结果将更精确。当然，其计算量将随之增加。

9.6.3 细分像素法

在待配准图像中以整像素匹配点为中心，选取一个 3×3 的窗口图像，对此窗口图像进行细化，得到亚像素级的窗口图像。同样对参考图像进行细化，得到亚像素级的参考图像，然后再对两窗口图像做相关运算。

非整数像素位置上的灰度值通过插值方法获得，为了减少计算量，一般采用如下双线性插值：

$$I(\alpha,\beta)=I_{00}(1-\alpha)(1-\beta)+I_{01}\alpha(1-\beta)+I_{10}(1-\alpha)\beta+I_{11}\alpha\beta \tag{9-51}$$

式中，I_{00}、I_{01}、I_{10}、I_{11}——待插值点所处方格的四个顶点位置上的灰度值；

α、β——插值点在 α-β 坐标系下的坐标值，$\alpha=k\mathrm{d}x$、$\beta=l\mathrm{d}y$，$\mathrm{d}x$ 和 $\mathrm{d}y$ 为 x 和 y 方向上的步长，k 和 l 为整数。

细分像素法示意图如图 9-8 所示。

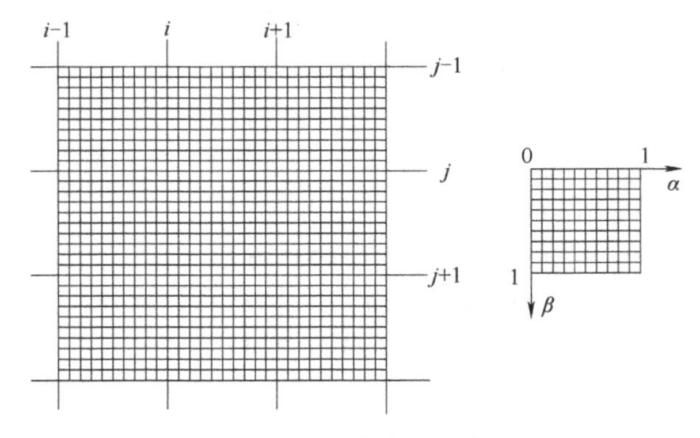

图 9-8　细分像素法示意图

如果能对图像进行理想插值，那么理论上细分像素法的精度取决于步长的大小。但是由于图像中的噪声、插值算法的误差影响、图像数字化时存在一定的采样间隔以及硬件的限制，当步长小到一定程度后，得到的测量精度是没有意义的。细分像素法最大的缺点在于计算量非常大，同时，对灰度范围比较窄的图像使用细分像素法几乎达不到提高精度的目的。

9.7 OpenCV 实现超像素细分

超像素是把一张图片中具有相似特征的像素进行聚类，形成一个更具有代表性的大“像素”。这个新的像素可以作为其他图像处理算法的基本单位，可以降低图像的维度和异常像素点。目前常用的超像素分割算法有 SLIC、SEEDS 和 LSC。

OpenCV 提供了 cv.ximgproc.createSuperpixelSLIC() 函数来实现图像超像素分割，其一般格式为：

```
retval = cv2.ximgproc.createSuperpixelSLIC(image,algorithm[,region_size[,ruler]])
```

其中 image 为输入图像；algorithm 为选择要使用的算法变体，有 SLIC、SLICO（默认）和 MSLIC 三种可选；region_size 为平均超像素大小，默认为 10；ruler 为超像素平滑度，默认为 10。

例 9-1 实现基于 OpenCV 的 Python 图像超像素分割算法的程序。

```
import cv2 as cv
import numpy as np
img=cv.imread("D:\Python\pic\smalldog52.jpg")
# SLIC 算法
# 初始化 slic 项,超像素平均尺寸为 20(默认为 10),平滑因子为 20
slic=cv.ximgproc.createSuperpixelSLIC(img,region_size=3,ruler=10.0)
slic.iterate(10)                                #迭代次数越大,效果越好
mask_slic=slic.getLabelContourMask()            #获取选区,超像素边缘选区 Mask==1
label_slic=slic.getLabels()                     #获取超像素标签
number_slic=slic.getNumberOfSuperpixels()  #获取超像素数目
mask_inv_slic=cv.bitwise_not(mask_slic)
img_slic=cv.bitwise_and(img,img,mask=mask_inv_slic)  #在原图上绘制超像素边界

color_img=np.zeros((img.shape[0],img.shape[1],3),np.uint8)
color_img[:]=(0,255,0)
result_=cv.bitwise_and(color_img,color_img,mask=mask_slic)
result=cv.add(img_slic,result_)
cv.imshow("img",img)
cv.imshow("result",result)
cv.waitKey(0)
cv.destroyAllWindows()
```

原图像及超像素细分结果图如图 9-9 所示。

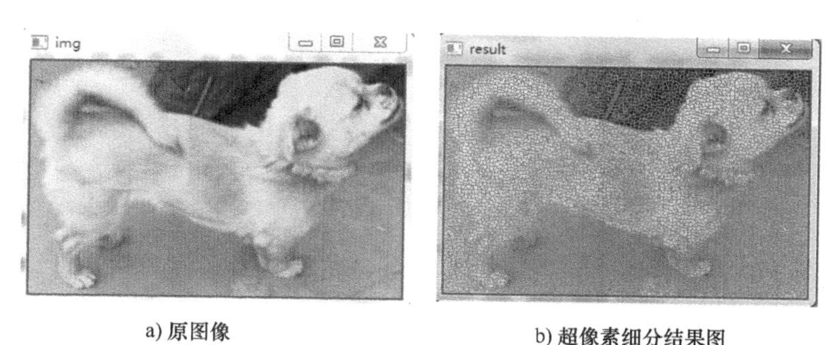

a) 原图像　　b) 超像素细分结果图

图 9-9　原图像及超像素细分结果图

图 9-9a 所示为原图像，图 9-9b 所示为超像素 region_size=3 时的细分结果图。

思考与练习

9-1　什么是图像配准？举出几种图像配准的应用实例。

9-2　说明互相关系数相似性度量计算公式中每个量值符号所表示的意义。解释该测度值等于 1 时的物理意义。

9-3　请说明匹配准则和搜索方式影响图像匹配速度的原因。

9-4　在哪种类型的应用中可以使用模板匹配？模板匹配的主要局限是什么？

9-5　什么是亚像素级配准？亚像素位移检测中拟合曲面的驻点及其位置的物理意义是什么？

第10章 立体视觉

通过融合两只眼睛获取的图像，计算对应图像的差别（视差），这样人们就可以获取强烈的深度感。因此，本章将设计和实现能模仿人类视觉来获取深度能力的算法，称为立体视觉。

立体视觉包括两个过程：融合两台（或多台）摄像机观察到的特征，以及重建这些特征的三维原像。后一个过程相对简单，这是由于对应点的原像出现在经过成像点和相应光心射线的交点处，如图 10-1 所示。

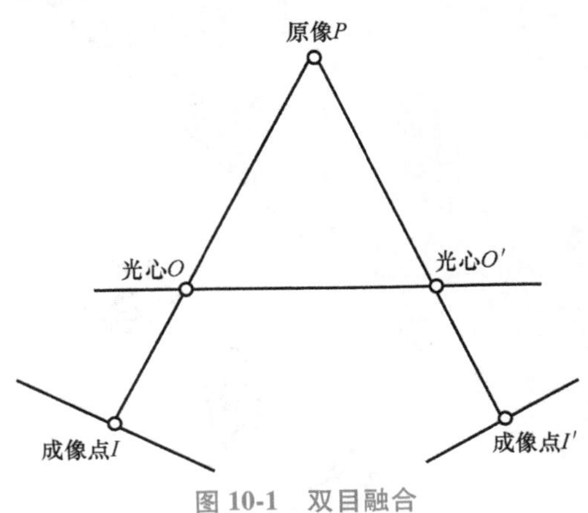

图 10-1　双目融合

10.1　坐标系间的变换关系

视觉测量以二维图像空间中的图像处理与分析为基础，结合摄像机标定结果以及不同的几何约束条件，求解被测物体在三维空间中的几何参数或位置。因此需要掌握摄像机标定知识，进一步实现立体成像与三维测量。摄像机标定涉及坐标系变换、透视成像以及多约束优化等数学问题。

10.1.1　四个基本坐标系

视觉成像建立物体空间和图像空间之间的坐标变换关系，为准确描述成像过程，需要建立四个基本坐标系，分别是世界坐标系、摄像机坐标系、像平面坐标系和图像坐标系，如图 10-2 所示。

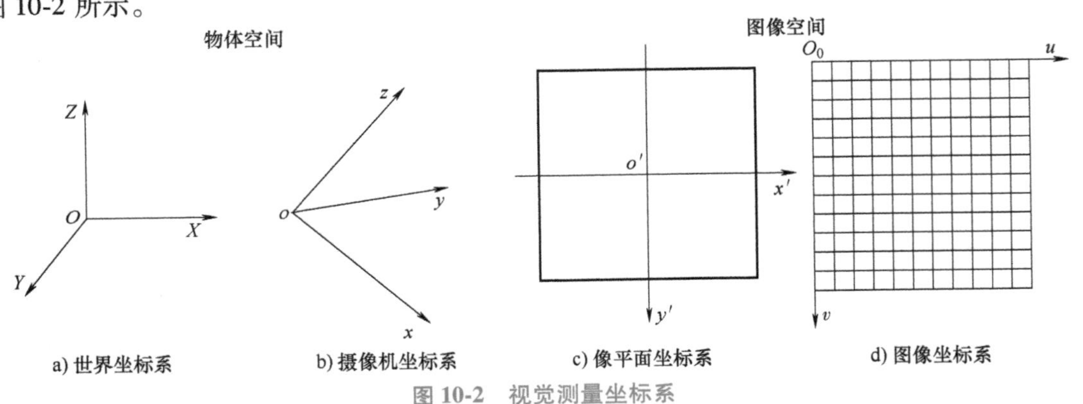

图 10-2　视觉测量坐标系

1. 世界坐标系

世界坐标系（X,Y,Z）也称绝对坐标系，一般的三维场景都用该坐标系来表示。摄像机可以放置在拍摄环境中的任意位置，因此可以用世界坐标系来描述摄像机的位置，并利用它来描述环境中被拍摄物体的位置。

2. 摄像机坐标系

摄像机坐标系（x,y,z）是以摄像机为中心制定的坐标系统，一般常取摄像机的光轴为z轴，以摄像机光心为坐标原点。

3. 像平面坐标系

像平面坐标系（x',y'）一般常取与摄像机坐标中x-y平面相平行的平面，x与x'轴、y与y'轴分别平行，像平面的原点定义在摄像机光轴上。光轴与像平面的交点为像平面坐标系的原点o'，$\overline{o'o}$的长度为摄像机的有效焦距f。

4. 图像坐标系

像平面坐标系与图像坐标系（u,v）既相区别，也相联系。二者都用来对视觉场景的投影图像进行描述，并且同名坐标轴对应平行，但所采用的单位、坐标原点不同。图像坐标系的原点定义在图像矩阵的左上角，单位为像素；而像平面坐标系是连续坐标系，其原点定义在摄像机光轴与图像平面的交点（u_0,v_0）处，坐标单位为mm。

10.1.2 四个坐标系间的变换关系

在图10-3所示的摄像机成像坐标变换原理图中，设空间物点P成像后的像点为p，f为摄像机有效焦距，在不考虑成像畸变的理想透视变换情况下，四个不同坐标系之间存在如下坐标变换关系。

1. 世界坐标与摄像机坐标之间的变换关系

世界坐标系中的点到摄像机坐标系的变换可由一个旋转变换矩阵$\boldsymbol{R}$和一个平移变换向量$\boldsymbol{t}$来描述。于是，空间某一点P在世界坐标系与摄像机坐标系下的齐次坐标具有式（10-1）的关系：

$$\begin{pmatrix} x \\ y \\ z \\ 1 \end{pmatrix} = \begin{pmatrix} \boldsymbol{R} & \boldsymbol{t} \\ 0 & 1 \end{pmatrix} \begin{pmatrix} X \\ Y \\ Z \\ 1 \end{pmatrix} \tag{10-1}$$

式中，$\boldsymbol{R}$为3×3正交单位矩阵；$\boldsymbol{t}$为三维平移向量，其形式为$\boldsymbol{t}=(T_x \quad T_y \quad T_z)$矩阵；$\boldsymbol{0}$表示零向量，$\boldsymbol{0}=(0,0,0)^{\mathrm{T}}$。旋转矩阵$\boldsymbol{R}$的具体形式为$\boldsymbol{R}=\begin{pmatrix} r_1 & r_2 & r_3 \\ r_4 & r_5 & r_6 \\ r_7 & r_8 & r_9 \end{pmatrix}$，由欧拉角将其描述为

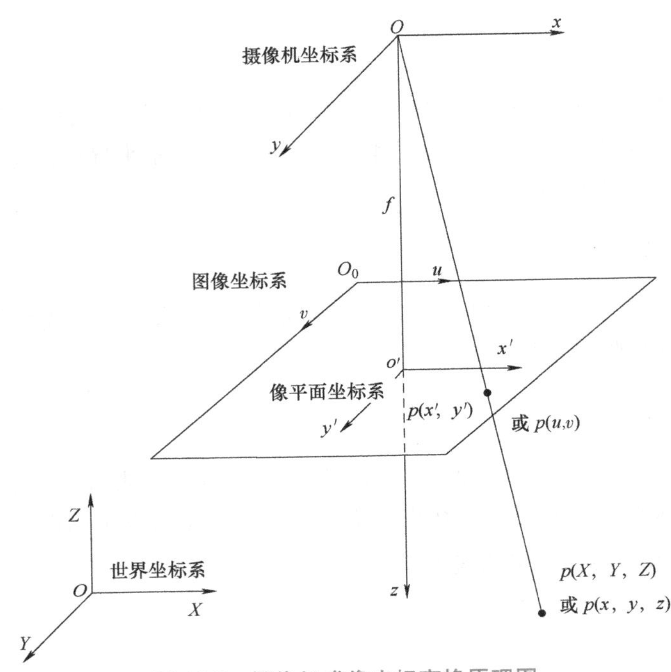

图 10-3　摄像机成像坐标变换原理图

式（10-2）所示的关系：

$$\begin{cases} r_1 = \cos\psi\cos\phi \\ r_2 = \sin\theta\sin\psi\cos\phi - \cos\theta\sin\phi \\ r_3 = \cos\theta\sin\psi\cos\phi - \sin\theta\cos\phi \\ r_4 = \cos\psi\sin\phi \\ r_5 = \sin\theta\sin\psi\sin\phi + \cos\theta\cos\phi \\ r_6 = \cos\theta\sin\psi\sin\phi - \sin\theta\cos\phi \\ r_7 = \sin\psi \\ r_8 = \sin\theta\cos\psi \\ r_9 = \cos\theta\cos\psi \end{cases} \tag{10-2}$$

式中，θ 是光轴的俯仰角（绕 x 轴旋转）；ψ 是光轴的偏航角（绕 y 轴旋转）；ϕ 是光轴的滚动角（绕 z 轴旋转）。由上面的式子可以看出，旋转矩阵 R 中仅包含这三个参数，且为单位正交阵。

2. 像平面坐标与摄像机坐标之间的变换关系

(x',y') 为像点 p 的图像坐标；(x,y,z) 为物点 P 在摄像机坐标系下的坐标，同样可以用齐次坐标表示二者之间的透视投影（Perspective Projection）关系，如式（10-3）所示。

$$\begin{pmatrix} x' \\ y' \\ 1 \end{pmatrix} = \begin{pmatrix} f/z & 0 & 0 & 0 \\ 0 & f/z & 0 & 0 \\ 0 & 0 & 1 & 0 \end{pmatrix} \begin{pmatrix} x \\ y \\ z \\ 1 \end{pmatrix} \tag{10-3}$$

3. 像平面坐标与图像坐标之间的变换关系

如图 10-4 所示，(u,v) 表示以像素为单位的计算机图像坐标系的坐标，(x',y') 表示以 mm 为单位的像平面坐标系的坐标。在 x'–y' 坐标系中，原点 o' 定义在摄像机光轴与图像平面的交点，即主点。若 o' 在 u–v 坐标系中的坐标为 (u_0, v_0)，每一个像素在 x' 轴与 y' 轴方向上的物理尺寸为 d_x 和 d_y，则图像中的任意一个像素在两个坐标系中的关系如式（10-4）所示。

$$\begin{pmatrix} u \\ v \\ 1 \end{pmatrix} = \begin{pmatrix} 1/d_z & 0 & u_0 \\ 0 & 1/d_y & v_0 \\ 0 & 0 & 1 \end{pmatrix} \begin{pmatrix} x' \\ y' \\ 1 \end{pmatrix} \tag{10-4}$$

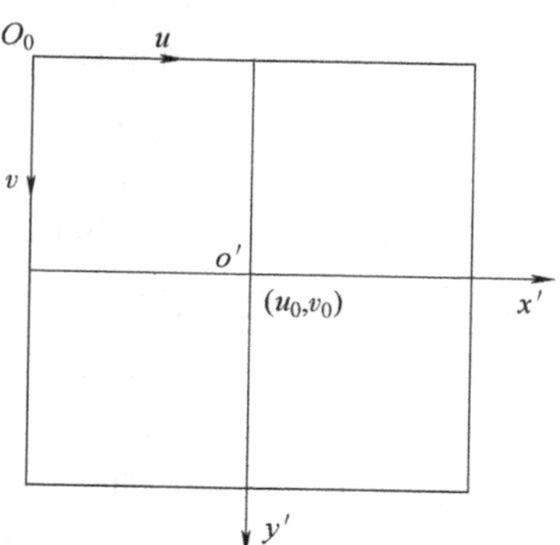

图 10-4　图像坐标系与像平面坐标系

4. 图像坐标与世界坐标之间的变换关系

由式（10-1）、式（10-3）和式（10-4）得到以世界坐标表示的 P 点坐标与其投影点 p 的坐标 (u,v) 的关系：

$$\begin{aligned} z\begin{pmatrix} u \\ v \\ 1 \end{pmatrix} &= \begin{pmatrix} 1/d_x & 0 & u_0 \\ 0 & 1/d_y & v_0 \\ 0 & 0 & 1 \end{pmatrix} \begin{pmatrix} f & 0 & 0 & 0 \\ 0 & f & 0 & 0 \\ 0 & 0 & 1 & 0 \end{pmatrix} \begin{pmatrix} \boldsymbol{R} & \boldsymbol{t} \\ 0 & 1 \end{pmatrix} \begin{pmatrix} X \\ Y \\ Z \\ 1 \end{pmatrix} \\ &= \begin{pmatrix} a_x & 0 & u_0 & 0 \\ 0 & a_y & v_0 & 0 \\ 0 & 0 & 1 & 0 \end{pmatrix} \begin{pmatrix} \boldsymbol{R} & \boldsymbol{t} \\ 0 & 1 \end{pmatrix} \begin{pmatrix} X \\ Y \\ Z \\ 1 \end{pmatrix} = \boldsymbol{M}_1 \boldsymbol{M}_2 W_{\mathrm{h}} = \boldsymbol{M} W_{\mathrm{h}} \end{aligned} \tag{10-5}$$

其中，$a_x = f/d_x$，$a_y = f/d_y$；$\boldsymbol{M}$ 为 3×4 矩阵，称为投影矩阵；矩阵 $\boldsymbol{M}_1$ 为摄像机内部参数矩阵，由参数 a_x、a_y、u_0 和 v_0 决定，这些参数只与摄像机的内部结构有关，称摄像机内部参数。需要注意的是，内部参数矩阵的形式为：

$$\boldsymbol{M}_1 = \begin{pmatrix} a_x & \mu & u_0 \\ 0 & a_y & v_0 \\ 0 & 0 & 1 \end{pmatrix} \tag{10-6}$$

其中，μ 表示 u 轴和 v 轴的不垂直因子，则矩阵 $\boldsymbol{M}_1$ 由 a_x、a_y、μ、u_0、v_0 五个参数决定。矩阵 $\boldsymbol{M}_2$ 为摄像机外部参数矩阵，包含六个与摄像机相对于世界坐标系的方位有关的外部参数；W_{h} 为空间点在世界坐标系下的齐次坐标。

式（10-6）也表示当世界坐标、摄像机坐标、像平面坐标和图像坐标都分开且不考虑畸变影响时的通用摄像机模型。

10.2　摄像机成像模型

摄像机通过成像透镜将三维场景投影到摄像机二维像平面上，这个投影可用成像变换描述，即摄像机成像模型。

10.2.1 针孔模型

采用透镜成像描述摄像机成像原理，如图 10-5 所示，设物距为 z，透镜焦距为 f，像距为 z'，根据几何光学高斯定理，物距 z、像距 z'以及焦距 f 三者之间满足如下关系：

$$\frac{1}{z'}-\frac{1}{z}=\frac{1}{f} \tag{10-7}$$

物距表示透镜中心到空间物点的距离，像距表示图像平面到透镜中心的距离，透镜中心也称为光学原点，即投影中心。式（10-7）也称为透镜公式（Lens Equation）。

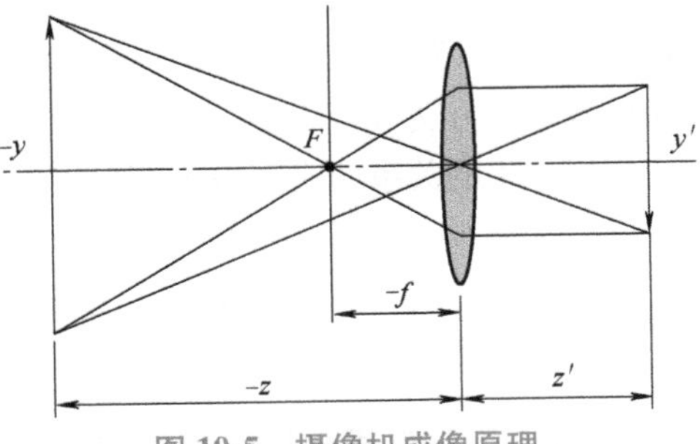

图 10-5　摄像机成像原理

一般情况下，$z \gg f$，即 $z \to \infty$，所以 $z' \approx f$，即像距与焦距相近。实际应用中，针孔成像模型是计算机视觉中广泛采用的理想的投影成像模型，也称**针孔模型**。这里假设摄像机理想成像，不存在非线性畸变。物体表面的反射光线都经过一个小孔投影到像平面上，满足光的直线传播条件。物点、针孔、像点在一条直线上，物点与针孔的连线与像平面的交点即为成像点。本章介绍的成像模型均是以这种针孔线性成像模型为基础建立起来的。

10.2.2 透视投影

计算机视觉依赖于针孔模型模拟透视投影的几何学，但是忽略了景深的影响，基于一个事实：只有一定深度范围内的那些点被投影在图像平面。透视投影假设可视体（View Volume）是一个有限的金字塔，被顶点、底面以及在图像平面上的可视矩形的边所限定。图像几何学（Image Geometry）将确定物点被投影在图像平面中的什么位置。物点在图像平面的投影模型如图 10-6 所示。在这个模型中，投影系统的中心与用来描述景物点的三维坐标系统 xyz 的原点重合，即世界坐标与摄像机坐标重合。物点 P 坐标用（x,y,z）来描述，x 坐标表示从摄像机方向看物点在空间中的水平位置，y 坐标表示其垂直位置，z 坐标表示物点与摄像机在平行于 z 轴方向的距离。物点的光线为通过兴趣点与投影中心的一条直线，图中只显示了一条光线。

图像平面平行于三维坐标系统的 x—y 平面，与投影中心的距离为 f，并且投影图像是反向的。习惯上，为了避免这种反向，通常假设图像平面在针孔前面，即图像平面位于图 10-7 所示的投影中心的前方，也就是虚拟图像的位置。图像平面中像点 p 的坐标用 x'和 y'来描述，图像平面中的（0,0）点为图像平面的坐标原点。空间一点在图像平面中的位置根据下面介绍的透视投影方法来确定。

通过计算经过物点 $P(x,y,z)$ 的光线与图像平面交点的坐标可以确定出空间一点在图像平面中的位置。物点 $P(x,y,z)$ 与 z 轴的距离为 $r=\sqrt{x^2+y^2}$，投影在图像平面的像点 p 与图像平面坐标原点的距离为 $r'=\sqrt{x'^2+y'^2}$。根据 ΔpOp_z 与 ΔPOP_z 相似，有：

$$\frac{f}{z}=\frac{r'}{r} \tag{10-8}$$

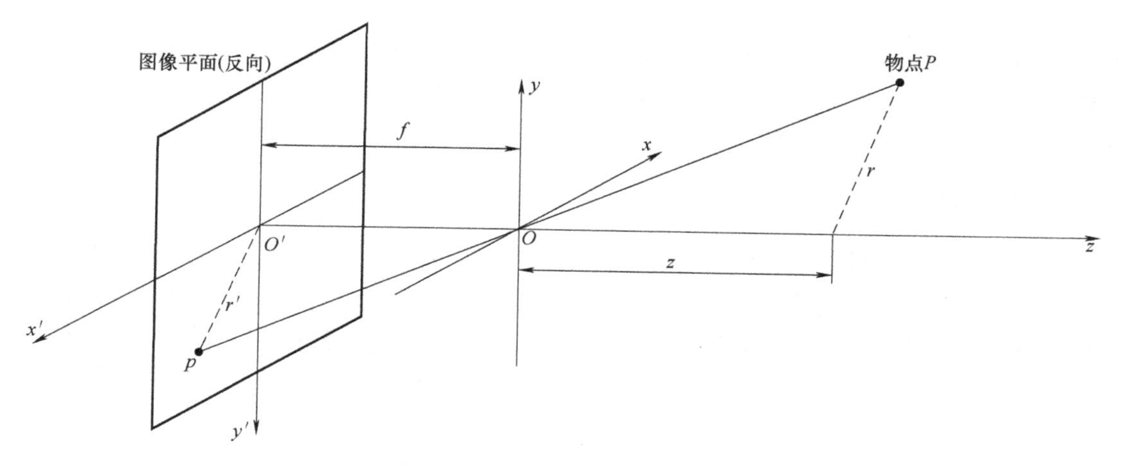

图 10-6 物点在图像平面的投影模型

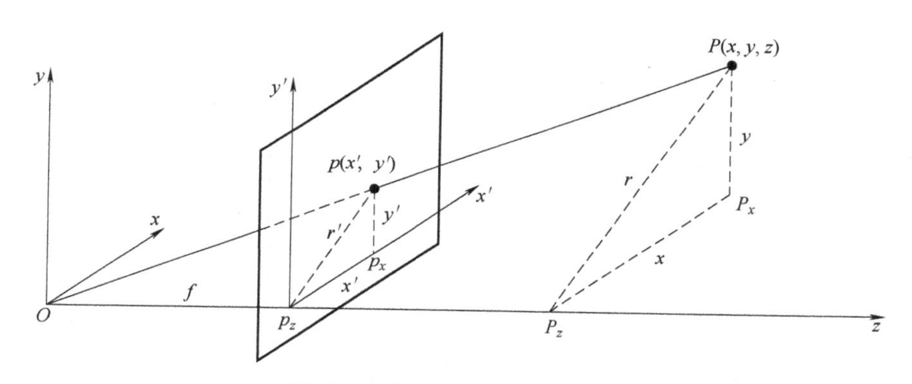

图 10-7 由物点计算投影点图示

Δpp_zp_x 与 ΔPP_zP_x 也构成相似三角形，于是有：

$$\frac{x'}{x}=\frac{y'}{y}=\frac{r'}{r} \tag{10-9}$$

根据以上两式得到透视投影公式：

$$\frac{x'}{x}=\frac{f}{z}\text{和}\frac{y'}{y}=\frac{f}{z} \tag{10-10}$$

物点 $P(x,y,z)$ 在图像平面中的位置由下面的公式计算：

$$\begin{cases} x'=\dfrac{f}{z}x \\ y'=\dfrac{f}{z}y \end{cases} \tag{10-11}$$

10.2.3 工业相机镜头畸变

摄像机光学系统并不是精确地按照理想化的小孔成像原理工作，其存在透镜畸变的现象，即物点在摄像机像面上实际所成的像与理想成像之间存在不同程度的非线性变形，因此物点在摄像机像面上实际所成的像与空间点之间存在着复杂的非线性关系。目前，镜头畸变主要有三类：径向畸变（Radial Distortion）、偏心畸变（Eccentric Distortion）和薄棱镜畸变（Thinprism Distortion）。其中，径向畸变只产生径向位置的位移偏差，而偏心畸变和薄棱镜畸变既产生径向位移偏差，又产生切向位移偏差，无畸变的理想图像点位置与有畸变的实际图像点位置之间的关系如图 10-8 所示。

1. 径向畸变

径向畸变就是矢量端点沿长度方向发生的变化 Δ_r，也就是矢径的变化，如图 10-9 所示。光学镜头径向曲率的变化是引起径向畸变的主要原因。这种变形会使得图像点沿径向移动，离中心点越远，其变形的位移量越大。正的径向变形量会引起点沿着远离图像中心的方向移动，其比例系数增大，称为枕形畸变；负的径向变形量会引起点沿着靠近图像中心的方向移动，其比例系数减小，称为桶形畸变。其数学模型如式（10-12）所示。

$$\begin{cases}\Delta_{rx}=x[k_1(x^2+y^2)+k_2(x^2+y^2)^2]\\ \Delta_{ry}=y[k_1(x^2+y^2)+k_2(x^2+y^2)^2]\end{cases} \tag{10-12}$$

式中，k_1、k_2——径向畸变系数。

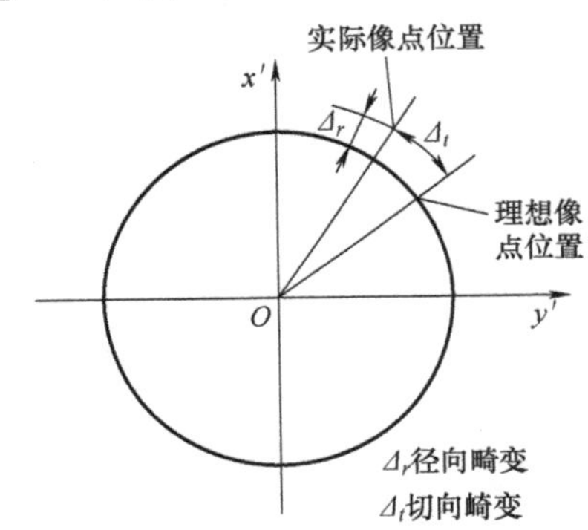

图 10-8 理想像点与实际像点位置关系

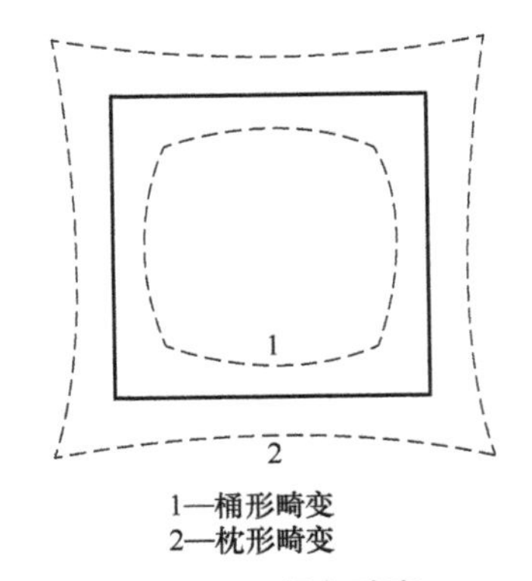

图 10-9 径向畸变

2. 偏心畸变

由于镜头装配误差，组成光学系统的多个光学镜头的光轴不可能完全共线，从而引起偏心畸变。这种变形是由径向变形分量和切向变形分量共同构成的，其数学模型如式（10-13）所示。

$$\begin{cases}\Delta_{ex}=2p_2xy+p_1(3x^2+y^2)\\ \Delta_{ey}=2p_1xy+p_2(x^2+3y^2)\end{cases} \tag{10-13}$$

式中，p_1、p_2——偏心畸变系数。

3. 薄棱镜畸变

薄棱镜畸变是指由光学镜头制造误差和成像敏感阵列制造误差引起的图像变形。这种变形是由径向变形分量和切向变形分量共同构成的，其数学模型如式（10-14）所示。

$$\begin{cases}\Delta_{px}=s_1(x^2+y^2)\\ \Delta_{py}=s_2(x^2+y^2)\end{cases} \tag{10-14}$$

如果考虑镜头畸变，则需要对针孔模型进行修正。在像平面坐标系下，理想像点坐标（x',y'）可以表示为实际像点坐标（x^*,y^*）与畸变误差之和，即：

$$\begin{cases} x'=x^*+\Delta_{rx}+\Delta_{ex}+\Delta_{px} \\ y'=y^*+\Delta_{ry}+\Delta_{ey}+\Delta_{py} \end{cases} \tag{10-15}$$

在工业视觉应用中，一般只需要考虑径向畸变，因为在考虑镜头的非线性畸变时，摄像机标定需要使用非线性优化算法，而过多地引入非线性参数，往往不能提高解的精度，反而会引起求解的不稳定性。于是，完整的摄像机标定应该是求解摄像机内外参数的过程，该过程是非线性的。

10.3 工业相机标定方法

工业相机标定方法包括线性标定方法和非线性标定方法。摄像机标定内容包括六个外部参数、五个内部参数以及各种畸变系数 k_1、k_2、p_1、p_2、s_1、s_2 等。若不考虑成像平面不与光轴正交，则可以不考虑畸变因子 μ。一般情况下，畸变系数只考虑径向畸变，并设 $k_1=k_2=k$。

如果已知摄像机的内外参数，即矩阵 $\boldsymbol{M}$ 已知，对任何空间点，知道它的世界坐标（X,Y,Z），就可以求出该物点在图像坐标系中的投影点坐标（u,v）。反过来，如果已知空间某点的图像坐标，即使已知内外参数，空间坐标也不是唯一确定的，它对应空间的一条射线。

10.3.1 摄像机标定方法

（1）常用的摄像机标定方法

目前常用的摄像机标定方法可以归纳为三类：传统的摄像机标定方法、摄像机自标定方法和基于主动视觉的标定方法。

1）传统的摄像机标定方法。将具有已知形状、尺寸的标定参照物作为摄像机的拍摄对象，然后对采集到的图像进行处理，利用一系列数学变换和计算，求取摄像机模型的内部参数和外部参数。

2）摄像机自标定方法。不需要特定的参照物，仅仅通过摄像机获取的图像信息来确定摄像机参数。虽然自标定技术的灵活性较强，但其需要利用场景中的几何信息，并且鲁棒性和精度都不是很高。

3）基于主动视觉的摄像机标定方法。在已知摄像机的某些运动信息的情况下标定摄像机的方法，已知信息包括定量信息和定性信息。其主要优点是通过已知摄像机的运动信息来线性求解摄像机模型参数，因而算法的稳健性较好。在摄像机运动信息未知和无法控制的场合不能运用该方法。

（2）经典的标定方法

经典的标定方法主要有线性标定方法（透视变换法）、直接线性变换法、基于径向约束的两步标定法、张正友法和双平面法。其中，线性标定方法是基于线性透视投影模型的标定方法，忽略了摄像机镜头的非线性畸变，用线性方法求解摄像机的内外参数；基于径向约束的两步标定法进一步考虑了径向畸变补偿，针对三维立体上的特征点，采用线性模型计算摄像机的某些参数，并将其作为初始值，再考虑畸变因素，利用非线性优化算法进行迭代求解。基于径向约束的两步标定法克服了线性方法和非线性优化算法的缺点，提高了标定结果的可靠性和精确度，是非线性模型摄像机标定较为有效的方法；张正友法是介于传统标定方法和自标定方法之间的一种基于二维平面靶标的摄像机标定方法，要求摄像机在两个以上的不同方位拍摄一个平面靶标（平面网格点和平面二次曲线），而不需要知道运动参数；双平面法的优点是利用线性方法求解有关参数，缺点是求解未知参数的数量太大，存在过分参数化的倾向。

经典标定方法的标定流程如下：

1）布置标定点，固定摄像机进行拍摄。

2）测量各标定点的图像平面坐标（u,v）。

3）将各标定点相应的图像平面坐标（u,v）及世界坐标（X,Y,Z）代入摄像机模型式中，根据标定方法求解摄像机内外参数。

下面仅介绍线性标定方法和基于径向约束的两步标定法的基本原理。

10.3.2 线性标定方法

由摄像机几何模型和镜头畸变可以看出，描述三维空间坐标系与二维图像坐标系关系的方程一般来说是摄像机内部参数、外部参数和畸变系数的非线性方程。如果忽略摄像机镜头的非线性畸变，并且把透视投影变换矩阵中的元素作为未知数，给定已知的一组三维标定点和对应的图像点，就可以利用线性方法求解透视投影矩阵中的各个元素。

式（10-5）可以写成如下形式：

$$z\begin{pmatrix}u\\v\\1\end{pmatrix}=\begin{pmatrix}m_{11}&m_{12}&m_{13}&m_{14}\\m_{21}&m_{22}&m_{23}&m_{24}\\m_{31}&m_{32}&m_{33}&m_{34}\end{pmatrix}\begin{pmatrix}X\\Y\\Z\\1\end{pmatrix} \tag{10-16}$$

式中，$[X\quad Y\quad Z\quad 1]^{\mathrm{T}}$——空间三维点的齐次世界坐标；

$[u\quad v\quad 1]^{\mathrm{T}}$——相应的图像坐标；

m_{ij}——透视变换矩阵 $\boldsymbol{M}$ 的元素。

式（10-16）包含如下三个方程：

$$\begin{cases}zu=m_{11}X+m_{12}Y+m_{13}Z+m_{14}\\zv=m_{21}X+m_{22}Y+m_{23}Z+m_{24}\\z=m_{31}X+m_{32}Y+m_{33}Z+m_{34}\end{cases} \tag{10-17}$$

在上面的三个方程中，第一个方程和第二个方程分别除以第三个方程，整理消去 z 后，得到两个关于 m_{ij} 的线性方程：

$$\begin{cases}m_{11}X+m_{12}Y+m_{13}Z+m_{14}-m_{31}uX-m_{32}uY-m_{33}uZ=um_{34}\\m_{21}X+m_{22}Y+m_{23}Z+m_{24}-m_{31}vX-m_{32}vY-m_{33}vZ=vm_{34}\end{cases} \tag{10-18}$$

这两个方程描述了一个三维世界坐标点 $[X\quad Y\quad Z\quad 1]^{\mathrm{T}}$ 与相应的图像点 $[u\quad v\quad 1]^{\mathrm{T}}$ 之间的关系。如果已知三维世界坐标和相应的图像坐标，将变换矩阵的元素看作未知数，则共有12个未知数。对于每一个标定特征点，都会得到上述的两个方程。一般情况下可以假设$m_{34}=1$，那么共有11个未知数。如果选取$n(n\geqslant 6)$个标定特征点，就可以得到由$2n$个方程组成的一个关于11个参数的超定方程组，表示成矩阵形式为：

$$\boldsymbol{KM}=\boldsymbol{U} \tag{10-19}$$

$$\boldsymbol{K}=\begin{pmatrix} X_1 & Y_1 & Z_1 & 1 & 0 & 0 & 0 & 0 & -u_1X_1 & -u_1Y_1 & -u_1Z_1 \\ 0 & 0 & 0 & 0 & X_1 & Y_1 & Z_1 & 1 & -v_1X_1 & -v_1Y_1 & -v_1Z_1 \\ \vdots & \vdots & \vdots & \vdots & \vdots & \vdots & \vdots & \vdots & \vdots & \vdots & \vdots \\ X_n & Y_n & Z_n & 1 & 0 & 0 & 0 & 0 & -u_nX_n & -u_nY_n & -u_nZ_n \\ 0 & 0 & 0 & 0 & X_n & Y_n & Z_n & 1 & -v_nX_n & -v_nY_n & -v_nZ_n \end{pmatrix}$$

$$\boldsymbol{M}=(m_{11} \quad m_{12} \quad m_{13} \quad m_{14} \quad m_{21} \quad m_{22} \quad m_{23} \quad m_{24} \quad m_{31} \quad m_{32} \quad m_{33})^{\mathrm{T}}$$

$$\boldsymbol{U}=(u_1 \quad v_1 \quad \cdots \quad u_n \quad v_n)^{\mathrm{T}}$$

用线性最小二乘法可以求出上述线性方程组的解：

$$\boldsymbol{M}=(\boldsymbol{K}^{\mathrm{T}}\boldsymbol{K})^{-1}\boldsymbol{KU} \tag{10-20}$$

求出系数矩阵$\boldsymbol{M}$后，还要计算出摄像机的全部内外参数。在求解矩阵$\boldsymbol{M}$时，设$m_{34}=1$，于是所求矩阵$\boldsymbol{M}$与实际矩阵$\boldsymbol{M}$相差一个m_{34}因子。将式（10-5）中的矩阵$\boldsymbol{M}$与摄像机内外参数的关系写成：

$$m_{34}\begin{pmatrix} m_{11} & m_{12} & m_{13} & m_{14} \\ m_{21} & m_{22} & m_{23} & m_{24} \\ m_{31} & m_{32} & m_{33} & 1 \end{pmatrix}=\begin{pmatrix} a_x & 0 & u_0 & 0 \\ 0 & a_y & v_0 & 0 \\ 0 & 0 & 1 & 0 \end{pmatrix}\begin{pmatrix} \boldsymbol{R} & \boldsymbol{t} \\ 0 & 1 \end{pmatrix}$$

$$m_{34}\begin{pmatrix} \boldsymbol{M}_1^{\mathrm{T}} & m_{14} \\ \boldsymbol{M}_2^{\mathrm{T}} & m_{24} \\ \boldsymbol{M}_3^{\mathrm{T}} & 1 \end{pmatrix}=\begin{pmatrix} a_x & 0 & u_0 & 0 \\ 0 & a_y & v_0 & 0 \\ 0 & 0 & 1 & 0 \end{pmatrix}\begin{pmatrix} \boldsymbol{R}_1^{\mathrm{T}} & T_x \\ \boldsymbol{R}_2^{\mathrm{T}} & T_y \\ \boldsymbol{R}_3^{\mathrm{T}} & T_z \\ 0 & 1 \end{pmatrix}$$

即

$$m_{34}\begin{pmatrix} \boldsymbol{M}_1^{\mathrm{T}} & m_{14} \\ \boldsymbol{M}_2^{\mathrm{T}} & m_{24} \\ \boldsymbol{M}_3^{\mathrm{T}} & 1 \end{pmatrix}=\begin{pmatrix} a_x\boldsymbol{R}_1+u_0\boldsymbol{R}_3^{\mathrm{T}} & a_xT_x+u_0T_z \\ a_y\boldsymbol{R}_2+v_0\boldsymbol{R}_3^{\mathrm{T}} & a_yT_y+v_0T_z \\ \boldsymbol{R}_3 & T_z \end{pmatrix} \tag{10-21}$$

式中，$\boldsymbol{M}_i^{\mathrm{T}}(i=1\sim3)$——矩阵$\boldsymbol{M}$的第$i$行的前3个元素组成的行失量；

$m_{i4}(i=1\sim3)$——矩阵$\boldsymbol{M}$第i行的第4列元素；

$\boldsymbol{R}_i^{\mathrm{T}}(i=1\sim3)$——旋转矩阵$\boldsymbol{R}$的第$i$行；

T_x、T_y、T_z——平移量$\boldsymbol{T}$的三个分量。

比较式（10-21）两边可知，$m_{34}\boldsymbol{M}_3=\boldsymbol{R}_3$，由于$\boldsymbol{R}_3$是正交单位矩阵的第3行，且$|\boldsymbol{R}_3|=1$（矢量的模），因此可以从$m_{34}|\boldsymbol{M}_3|=1$求出：

$$m_{34}=\frac{1}{|\boldsymbol{M}_3|} \tag{10-22a}$$

再由以下公式可得出$\boldsymbol{R}_3$、u_0、v_0、a_x、a_y：

$$\boldsymbol{R}_3 = m_{34}\boldsymbol{M}_3 \tag{10-22b}$$

$$u_0 = m_{34}^2\boldsymbol{M}_1^{\mathrm{T}}\boldsymbol{M}_3 \tag{10-22c}$$

$$v_0 = m_{34}^2\boldsymbol{M}_2^{\mathrm{T}}\boldsymbol{M}_3 \tag{10-22d}$$

$$a_x = m_{34}^2 \mid \boldsymbol{M}_1 \times \boldsymbol{M}_3 \mid \tag{10-22e}$$

$$a_y = m_{34}^2 \mid \boldsymbol{M}_2 \times \boldsymbol{M}_3 \mid \tag{10-22f}$$

其中，符号“×”表示矢量积运算符。由以上求出的参数可进一步求出以下参数：

$$\boldsymbol{R}_1 = \frac{m_{34}}{a_x}(\boldsymbol{M}_1 - u_0\boldsymbol{M}_3) \tag{10-22g}$$

$$\boldsymbol{R}_2 = \frac{m_{34}}{a_y}(\boldsymbol{M}_2 - v_0\boldsymbol{M}_3) \tag{10-22h}$$

$$T_z = m_{34} \tag{10-22i}$$

$$T_x = \frac{m_{34}}{a_x}(m_{14} - u_0) \tag{10-22j}$$

$$T_y = \frac{m_{34}}{a_y}(m_{24} - v_0) \tag{10-22k}$$

在进行实际的标定实验时需要注意：

1）矩阵 $\boldsymbol{M}$ 确定了空间点坐标和图像像素坐标的关系。在许多应用场合，如立体视觉系统，计算出 $\boldsymbol{M}$ 后，不必再分解出摄像机内外参数。也就是说，$\boldsymbol{M}$ 本身代表了摄像机参数。但这些参数没有具体的物理意义，也称为隐参数（Implicit Parameter）。而在有些应用场合，如运动分析，则需要从 $\boldsymbol{M}$ 中分解出摄像机的内外参数。

2）$\boldsymbol{M}$ 由四个摄像机内部参数及 $\boldsymbol{R}$ 与 $\boldsymbol{t}$ 所确定。由矩阵 $\boldsymbol{R}$ 是正交单位矩阵可知，$\boldsymbol{R}$ 和 $\boldsymbol{t}$ 的独立变量数为 6，因此，$\boldsymbol{M}$ 由 10 个独立变量所确定，但 $\boldsymbol{M}$ 为 3×4 矩阵，有 12 个参数。由于在求 $\boldsymbol{M}$ 时 m_{34} 可指定为任意不为零的常数，因此 $\boldsymbol{M}$ 由 11 个参数决定。可见这 11 个参数并非互相独立，而是存在着变量之间的约束关系。但在用式（10-16）所表示的线性方法求解这些参数时，并没有考虑这些变量间的约束关系。因此，在数据有误差的情况下，计算结果是有误差的，而且误差在各参数间的分配也没有按它们之间的约束关系考虑。

线性标定法的优点是无须利用非线性优化算法求解摄像机参数，运算速度快，能够实现摄像机参数的实时计算。缺点是：

1）标定过程中不考虑摄像机镜头的非线性畸变，使得标定精度受到一定影响。

2）线性方程组中，未知参数的个数大于世界坐标系自由度的数目，未知数不是互相独立的。在图像含有噪声的情况下，解得线性方程中的未知数也许能够很好地符合这一线性方程，但由此分解得到的参数值却未必能与世界坐标系情况很好地符合，使测量精度受到一定限制。

10.3.3 基于径向约束的两步标定法

Roger Tsai 提出了一种基于径向约束（Radial Alignment Constraint，RAC）的两步标定法，先利用直接线性变换方法或透视投影变换矩阵求解摄像机参数，然后以求得的参数作为初始值，考虑摄像机畸变因素，利用非线性优化方法进一步提高标定的精确度。基于径向约束方法的最大好处是它所使用的大部分方程是线性方程，从而降低了参数求解的复杂性，因此其标定过程快捷、准确。

基于径向校正约束的两步标定法的核心是利用径向一致约束来求解除 T_z（摄像机光轴方向的平移）外的其他外部参数，然后求解其他参数。其算法的第一步是用最小二乘法求解线性方程组，得出摄像机外部参数；第二步是求解摄像机内部参数，如果摄像机无透镜畸变，则可由一个线性方程直接求出。这个过程所求解的内外部参数分别为焦距 f、径向畸变因子 k、旋转矩阵 $\boldsymbol{R}$ 和平移向量 $\boldsymbol{t}$。

1. 径向约束

在图 10-10 中，按理想的透视投影成像关系，空间点 $P(X,Y,Z)$ 在摄像机像平面上的像点为 $p'(x',y')$，但是由于镜头的径向畸变，其实际的像点为 $p^*(x^*,y^*)$，它与 $P(X,Y,Z)$ 之间不符合透视投影关系。

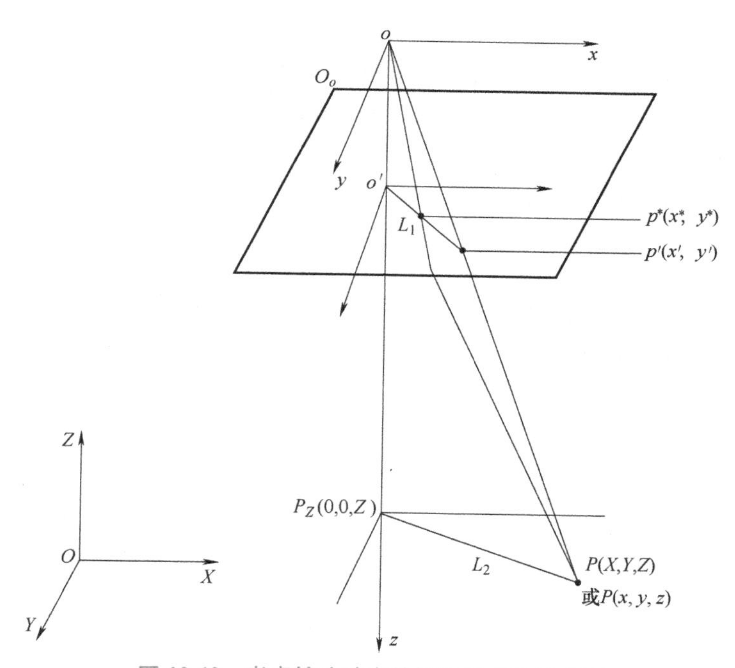

图 10-10 考虑镜头畸变的摄像机成像示意图

由图 10-10 可以看出，$\overline{o'p^*}$ 与 $\overline{p_zp}$ 的方向一致，且径向畸变不改变 $\overline{o'p^*}$ 的方向，即 $\overline{o'p^*}$ 方向始终与 $\overline{o'p'}$ 的方向一致，其中，o' 是图像中心，P_Z 是位于（$0,0,Z$）的点，这样 RAC 可表示为 $\overline{o'p^*}\,/\!/\,\overline{o'p'}\,/\!/\,\overline{P_ZP}$。

由成像模型可知，径向畸变不改变 $\overline{o'p^*}$ 的方向。因此，无论有无透镜畸变都不影响上述事实。有效焦距 f 的变化也不会影响上述事实，因为 f 的变化只会改变 $\overline{o'p^*}$ 的长度，而不会改变方向。这就意味着由径向约束所推导出的任何关系式都与有效焦距 f 和畸变系数 k 无关。

假定标定点位于绝对坐标系的某一平面中，并假设摄像机相对于这个平面的位置关系满足下面两个重要条件：①绝对坐标系中的原点不在视场范围内；②绝对坐标系中的原点不会投影到图像上接近于图像平面坐标系的 y' 轴。

条件①消除了透镜变形对摄像机常数和到标定平面距离的影响；条件②保证了刚体平移的 y' 分量不会接近于0，因为 y' 分量常常出现在以后引入的许多方程的分母中。这两个条件在许多成像场合下是很容易满足的。例如，假设摄像机放在桌子的正上方，镜头朝下，正好看到桌子的中间位置。绝对坐标系可以定义在桌子上，其中 $Z=0$，对应于桌子平面，X 轴和 Y 轴分别对应于桌子的边缘，桌子的顶角是绝对坐标系的原点，位于视场之外。

2. 基于径向约束的两步法标定过程

由摄像机坐标与世界坐标关系式（10-1）可以得到：

$$\begin{cases}x=r_1X+r_2Y+r_3Z+T_x\\ y=r_4X+r_5Y+r_6Z+T_y\\ z=r_7X+r_8Y+r_9Z+T_z\end{cases} \tag{10-23}$$

由径向约束条件可得：

$$\frac{x}{y}=\frac{x^*}{y^*}=\frac{r_1X+r_2Y+r_3Z+T_x}{r_4X+r_5Y+r_6Z+T_y} \tag{10-24}$$

将上式移项，整理可得：

$$Xy^*r_1+Yy^*r_2+Zy^*r_3+y^*T_x-Xx^*r_4-Yx^*r_5-Zx^*r_6=x^*T_y \tag{10-25}$$

式（10-25）两边同时除以 T_y，得：

$$Xy^*\frac{r_1}{T_y}+Yy^*\frac{r_2}{T_y}+Zy^*\frac{r_3}{T_y}+y^*\frac{T_x}{T_y}-Xx^*\frac{r_4}{T_y}-Yx^*\frac{r_5}{T_y}-Zx^*\frac{r_6}{T_y}=x^* \tag{10-26}$$

将式（10-26）表示为矩阵形式：

$$\begin{pmatrix}Xy^* & Yy^* & Zy^* & y^* & -Xx^* & -Yx^* & -Zx^*\end{pmatrix}\begin{pmatrix}r_1/T_y\\ r_2/T_y\\ r_3/T_y\\ T_x/T_y\\ r_4/T_y\\ r_5/T_y\\ r_6/T_y\end{pmatrix}=x^* \tag{10-27}$$

其中，行矢量 $(Xy^* \quad Yy^* \quad Zy^* \quad y^* \quad -Xx^* \quad -Yx^* \quad -Zx^*)$ 是已知的，而列矢量 $[r_1/T_y \quad r_2/T_y \quad r_3/T_y \quad T_x/T_y \quad r_4/T_y \quad r_5/T_y \quad r_6/T_y]^{\mathrm{T}}$ 为待求参数。

实际像平面坐标 (x^*, y^*) 到图像坐标 (u,v) 的变换关系表示为：

$$\begin{cases}u=\mu\dfrac{x^*}{d'_x}+u_0\\ v=\dfrac{y^*}{d_y}+v_0\end{cases} \tag{10-28}$$

其中，$d'_x=d_xN_{cs}/N_{fx}$，d_x 为摄像机在 X 方向的像素间距；d_y 为摄像机在 Y 方向的像素间距；N_{cs} 为摄像机在 X 方向的像素数，N_{fx} 为计算机在 X 方向采集到的行像素数，μ 为尺度因子或称纵横比，(u_0, v_0) 为光学中心。

基于式（10-27），Roger Tsai 给出了基于共面标定点和非共面标定点的求解方法。由于共面标定点的方法不能求解 μ，因此，一般使用较少。这里重点介绍基于非共面标定点的求解方法。

设采用 N 个非共面标定点进行标定，三维世界坐标为 (X_i, Y_i, Z_i)，相应图像坐标系中对应点的坐标为 $(u_i, v_i), i=1\sim N$，则标定过程分以下两步实现。

第1步：求解旋转矩阵 $\boldsymbol{R}$，平移矩阵 $\boldsymbol{T}$ 中的 T_x、T_y，以及尺度因子 μ。

1）设 $\mu=1$，(u_0, v_0) 为计算机屏幕的中心点坐标，依据式（10-28），由获取的图像坐标 (u_i, v_i) 计算实际像平面坐标 (x_i^*, y_i^*)。

2）根据径向约束条件，且 $Z\neq0$，式（10-27）写为：

$$\begin{pmatrix} X_iy_i^* & Y_iy_i^* & Z_iy_i^* & y_i^* & -X_ix_i^* & -Y_ix_i^* & -Z_ix_i^* \end{pmatrix}\begin{pmatrix} \mu r_1/T_y \\ \mu r_2/T_y \\ \mu r_3/T_y \\ \mu T_x/T_y \\ r_4/T_y \\ r_5/T_y \\ r_6/T_y \end{pmatrix}=x_i^* \tag{10-29}$$

根据式（10-29），对于 N 个（即 $i=1\sim N$）非共面标定点，可以建立 N 个方程，联立这 N 个方程，利用最小二乘法解超定方程组，可解得如下变量：$a_1=\mu r_1/T_y$，$a_2=\mu r_2/T_y$，$a_3=\mu r_3/T_y$，$a_4=\mu T_x/T_y$，$a_5=r_4/T_y$，$a_6=r_5/T_y$，$a_7=r_6/T_y$。

3）由于

$$(a_5^2+a_6^2+a_7^2)^{-1/2}=[(r_4/T_y)^2+(r_5/T_y)^2+(r_6/T_y)^2]^{-1/2}=|T_y|(r_4^2+r_5^2+r_6^2)^{-1/2} \tag{10-30}$$

根据 $\boldsymbol{R}$ 的正交性，即式（10-30）中 $(r_4^2+r_5^2+r_6^2)^{-1/2}=1$，则有：

$$|T_y|=(a_5^2+a_6^2+a_7^2)^{-1/2} \tag{10-31}$$

4）计算下式：

$$\mu=(a_1^2+a_2^2+a_3^2)^{-1/2}|T_y| \tag{10-32}$$

5）由如下方法确定 T_y 的符号并同时得到 $r_1\sim r_9$ 及 T_x。x^* 与 X、y^* 与 Y 具有相同的符号，先假设 T_y 符号为正，在标定中任意选取一个点，进行如下计算：

① $r_1=a_1T_y/\mu$，$r_2=a_2T_y/\mu$，$r_3=a_3T_y/\mu$，$T_x=a_4T_y/\mu$，$r_4=a_5T_y$，$r_5=a_6T_y$，$r_6=a_7T_y$；$x=r_1X+r_2Y+r_3Z+T_x$，$y=r_4X+r_5Y+r_6Z+T_y$。

② 若 x 与 x^*、y 与 y^* 同号，则 T_y 符号为正，否则 T_y 符号为负。

③ 根据 $\boldsymbol{R}$ 的正交性，计算 r_7、r_8、r_9：

$$\begin{pmatrix} r_7 \\ r_8 \\ r_9 \end{pmatrix}=\begin{pmatrix} r_1 \\ r_2 \\ r_3 \end{pmatrix}\times\begin{pmatrix} r_4 \\ r_5 \\ r_6 \end{pmatrix} \tag{10-33}$$

式（10-33）等号右端表示两个矢量的叉乘，即 $r_7=r_2r_6-r_5r_3$，$r_8=r_3r_4-r_1r_6$，$r_9=r_1r_5-r_4r_2$。

第 2 步：求有效焦距 f、平移矩阵 $\boldsymbol{T}$ 中的 T_z 和透镜畸变系数 k。

$$\begin{cases} x'=\dfrac{fX}{Z}=x^*\{1+k[(x^*)^2+(y^*)^2]\} \\ y'=\dfrac{fY}{Z}=y^*\{1+k[(x^*)^2+(y^*)^2]\} \end{cases} \tag{10-34}$$

待求变量是 f、T_z 和 k，假设：

$$H_x=r_1X+r_2Y+T_x$$
$$H_y=r_4X+r_5Y+T_y$$
$$W=r_7X+r_8Y$$
$$f_k=fk$$

可得：

$$\begin{cases} H_xf=H_x[(x^*)^2+(y^*)^2]f_k-x^*T_z=x^*W \\ H_yf=H_y[(x^*)^2+(y^*)^2]f_k-x^*T_z=y^*W \end{cases} \tag{10-35}$$

对 N 个特征点，利用最小二乘法对上述方程进行联合最优参数估计，进一步求得 f、f_k 和 T_z，从而求得 f、k 和 T_z。

10.4 双目视觉测量数学模型

如图 10-11 所示，对于空间物体表面的任意一点 W，如果用左摄像机观察，其成像的图像点为 w_1，但无法由 w_1 确定 W 的三维空间位置。事实上，o_1W 连线上任何点成像后的图像点都可以认为是 w_1。因此由 w_1 的位置，只能知道空间点位于 o_1w_1 连线上，无法知道其确切位置。如果用左、右两台摄像机同时观察 W 点，并且左摄像机上的成像点 w_1 与右摄像机上的成像点 w_2 是空间同一点 W 的像点，则 W 点的位置是唯一确定的，为射线 o_1w_1 和 o_2w_2 的交点。

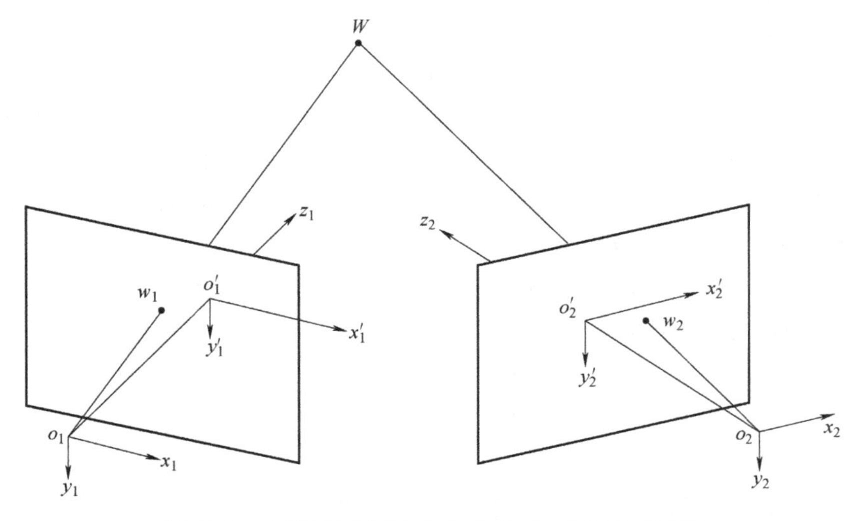

图 10-11　双目视觉测量中的空间点三维重建示意图

假定空间任意点 W 在左、右两台摄像机上的图像点 w_1 和 w_2 已经从两个图像中分别检测出来，即已知 w_1 和 w_2 为空间同一点 W 的对应点，假定双摄像机已标定，它们的投影矩阵分别为 $\boldsymbol{M}_1$ 和 $\boldsymbol{M}_2$，则根据摄像机模型有：

$$z_k\begin{pmatrix}u_k\\v_k\\1\end{pmatrix}=\boldsymbol{M}_k\begin{pmatrix}X\\Y\\Z\\1\end{pmatrix}=\begin{pmatrix}m_{11}^k & m_{12}^k & m_{13}^k & m_{14}^k\\m_{21}^k & m_{22}^k & m_{23}^k & m_{24}^k\\m_{31}^k & m_{32}^k & m_{33}^k & m_{34}^k\end{pmatrix}\begin{pmatrix}X\\Y\\Z\\1\end{pmatrix} \tag{10-36}$$

其中，$k=1,2$，分别表示左摄像机和右摄像机；$(u_1,v_1,1)$ 和 $(u_2,v_2,1)$ 分别为空间点 W 在左和右摄像机中成像点 w_1 和 w_2 的图像像素坐标；$(X,Y,Z,1)$ 为 W 点在世界标系下的坐标。上面的矩阵一共包含六个方程，消去 z_1 和 z_2 后，可以得到关于 X、Y、Z 的四个线性方程，即：

$$\begin{cases}(u_1m_{31}^1-m_{11}^1)X+(u_1m_{32}^1-m_{12}^1)Y+(u_1m_{33}^1-m_{13}^1)Z=m_{14}^1-u_1m_{34}^1\\(v_1m_{31}^1-m_{21}^1)X+(v_1m_{32}^1-m_{22}^1)Y+(v_1m_{33}^1-m_{23}^1)Z=m_{24}^1-v_1m_{34}^1\end{cases} \tag{10-37}$$

$$\begin{cases}(u_2m_{31}^2-m_{11}^2)X+(u_2m_{32}^2-m_{12}^2)Y+(u_2m_{33}^2-m_{13}^2)Z=m_{14}^2-u_2m_{34}^2\\(v_2m_{31}^2-m_{21}^2)X+(v_2m_{32}^2-m_{22}^2)Y+(v_2m_{33}^2-m_{23}^2)Z=m_{24}^2-v_2m_{34}^2\end{cases} \tag{10-38}$$

利用最小二乘法，将式（10-37）和式（10-38）联立求出点 W 的标 (X,Y,Z)。

10.5 立体匹配方法与极限约束

10.5.1 立体匹配技术

立体匹配是双目视觉测量系统最关键和极富挑战性的一步。目前对于立体匹配的实用技术主要分为灰度相关和特征匹配。

前一类方法也称区域匹配、稠密匹配或模板匹配，即考虑每个需匹配点的邻域性质，为每个像素确定对应像素，建立稠密对应场。稠密对应场往往呈规则分布，通常直接以图像像素网格为参照，不同网格之间的邻接关系简单明了，易于描述，便于在立体匹配过程中利用。

后一类是基于特征的方法，也称稀疏匹配，旨在建立稀疏图像特征之间的对应关系。一方面，稀疏特征的不规则分布给特征之间相互关系的描述带来困难，不利于匹配过程中充分利用此信息。另一方面，稀疏特征的不规则分布给三维场景的描述带来困难，往往需要进行后处理以确切描述三维场景。

10.5.2 极限约束

根据模板匹配原理，可利用区域灰度的相似性来搜索两幅图像的对应点。具体来说，就是在立体图像对中先选定左图像中以某个像素为中心的一个窗口，以该窗口中的灰度分布构建模板，再用该模板在右图像中进行搜索，找到最佳的匹配窗口位置，此时窗口中心的像素就是与左图像中的像素对应的像素。

在上述搜索过程中，如果对模板在右图像中的位置没有任何先验知识或任何限定，则被搜索范围可能会覆盖整幅右图像。对左图像中的每个像素都进行这种搜索是相当耗时的。另外，由于噪声、光照变化、透视畸变和目标之间本身的相似性等因素，导致空间同一点投影到两台摄像机的图像平面上形成的对应点的特性不同。对一幅图像中的一个特征点或一小块子图像，在另一幅图像中可能存在多个相似或更多的候选匹配区域。因此，为了减小搜索范围，得到唯一准确的匹配，必须将必要的信息或约束规则作为辅助判据，如以下四种约束条件。

1）兼容性约束。兼容性约束是指黑色的点只能匹配黑色的点，即两图中属于同一类物理性质的特征才能匹配。

2）唯一性约束。唯一性约束是指一幅图像中的单个黑点只能与另一幅图中的单个黑点相匹配，两图像中的匹配必须唯一。

3）连续性约束。连续性约束是指匹配点附近的视差变化在整幅图中除遮挡区域或间断区域外的大部分点都是光滑的（渐变的）。

4）顺序性约束。如果左图像上的像点 p_{1L} 在另一像点 p_{2L} 的左边，则右图像上与像点 p_{1L} 匹配的像点 p_{1R} 也必须在与像点 p_{2L} 匹配的像点 p_{2R} 的左边。这是一条启发式的约束，并不总是严格成立的。

在讨论立体匹配时，除了以上四种约束外，还可考虑下面介绍的极线约束。

先借助图 10-12 介绍极点和极线这两个重要概念。很多人也常用外极点和外极线或对极点和对极线这些名称。在图 10-12 中，o_1 和 o_2 分别为左右摄像机的光心，它们的连线 $\overline{o_1o_2}$ 为基线 B；基线与左右图像平面的交点 E_1 和 E_2 分别称为左右图像平面的极点；w_1 和 w_2 是空间同一点 W 在两个图像平面上的投影点；空间点 W 与基线决定的平面称为极平面；极平面与左右图像平面的交线 L_1 和 L_2 分别称为空间点 W 在左右图像平面上投影点的极线；极平面簇是指由基线和空间任意一点确定的簇平面（如图 10-13 所示），所有的极平面相交于基线。

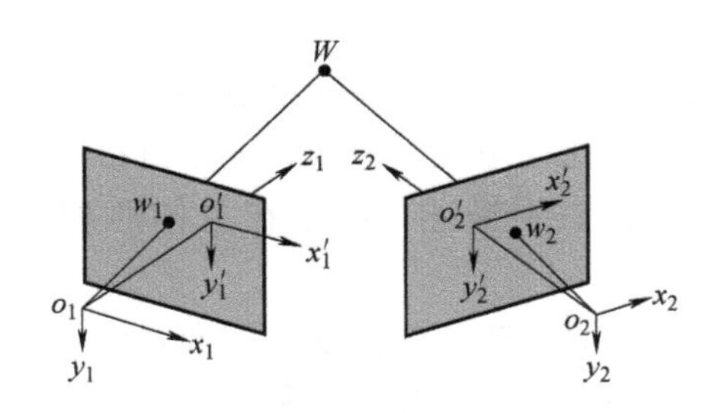

图 10-12　极点和极线示意图

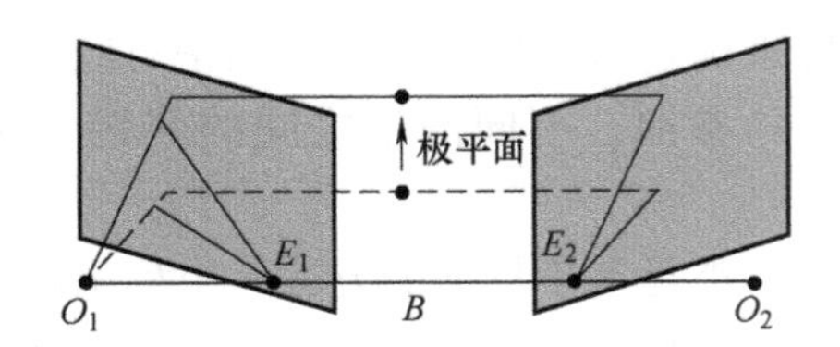

图 10-13　双目视觉测量中的极平面簇

极线限定了双摄像机图像对应点的位置，与空间点 W 在左图像平面上投影点所对应的右图像平面投影点必在极线 L_2 上，反之与空间点 W 在右图像平面上投影点所对应的左图像平面投影点必在极线 L_1 上。这是双目视觉测量的一个重要特点，称为极线约束。另外，从极线约束只能知道 w_1 所对应的直线，而不知道它的对应点在直线上的具体位置，即极线约束是点与直线的对应，而不是点与点的对应。尽管如此，极线约束给出了对应点重要的约束条件，它将对应点匹配从整幅图像搜索缩小到在一条直线上搜索，极大地减小了搜索范围，对对应点匹配具有指导作用。

10.6 双目视觉测量系统标定

双目视觉测量系统的标定是指摄像机内部参数标定后，确定视觉系统结构参数 $\boldsymbol{R}$ 和 $\boldsymbol{T}$。常规方法是采用二维或三维靶标，通过摄像机的图像坐标与三维世界坐标的对应关系求得这些参数。

实际上，在双目视觉测量系统的标定方法中，由标定靶标对两台摄像机同时进行标定，以分别获得两台摄像机的内外参数，从而不仅可以标定出摄像机的内部参数，还可以同时标定出双目视觉测量系统的结构参数。

在对每台摄像机单独标定后，可以直接求出摄像机之间的旋转矩阵 $\boldsymbol{R}$ 和平移矢量 $\boldsymbol{T}$。但由于标定过程中存在误差，因此此时得到的关系矩阵并不是很准确。为了进一步提高精度，可以对匹配的特征点用三角法重建，比较重建结果与真实坐标之间的差异构造误差矢量，采用非线性优化算法对标定结果进一步优化。具体过程如下：

如图 10-14 所示，$O-XYZ$ 为世界坐标系，$o_1-x_1y_1z_1$、$o_2-x_2y_2z_2$ 分别为左右摄像机坐标系。考虑空间中的点 W 在世界坐标系中的坐标矢量为 $\boldsymbol{X}$，在左右摄像机坐标系中的坐标矢量分别为 $\boldsymbol{x}_1$、$\boldsymbol{x}_2$。它从世界坐标系分别变换到左右摄像机坐标系的关系为：

$$\boldsymbol{x}_1=\boldsymbol{R}_1\boldsymbol{X}+\boldsymbol{T}_1$$
$$\boldsymbol{x}_2=\boldsymbol{R}_2\boldsymbol{X}+\boldsymbol{T}_2 \tag{10-39}$$

这样，从左摄像机到右摄像机的关系为：

$$\boldsymbol{x}_2=\boldsymbol{R}x_1+\boldsymbol{T} \tag{10-40}$$

其中，$\boldsymbol{R}=\boldsymbol{R}_2\boldsymbol{R}_1^{-1}$，$\boldsymbol{T}=\boldsymbol{T}_2-\boldsymbol{R}\boldsymbol{T}_1$。

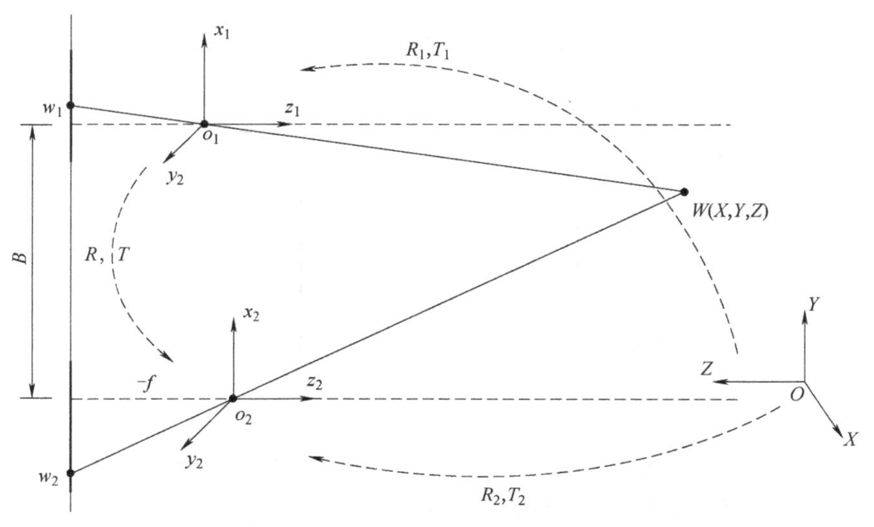

图 10-14 双目视觉测量系统标定示意图

得到摄像机之间的旋转矩阵 $\boldsymbol{R}$ 和平移矢量 $\boldsymbol{T}$ 后，可以利用关系式：

$$z_1\boldsymbol{w}_1=\boldsymbol{x}_1$$

$$z_2\boldsymbol{w}_2=\boldsymbol{x}_2 \tag{10-41}$$

进行三维重建，其中，$\boldsymbol{w}_1$ 和 $\boldsymbol{w}_2$ 分别是点 W 在左右图像中的坐标矢量。

得到点 $\boldsymbol{W}$ 的三维坐标矢量估计值 $\hat{\boldsymbol{W}}$，就可以与已知的真实值比较，令误差矢量 $\boldsymbol{e}=\sum_{k=1}^{n}|\boldsymbol{W}-\hat{\boldsymbol{W}}|$，选用合适的优化算法（如 LM 优化算法），就可以得到更加准确的摄像机内外部参数。由于标定时充分考虑了摄像机之间的关系，因此重建精度比由每台摄像机单独标定的重建精度更高。

得到摄像机之间的关系矩阵 $\boldsymbol{R}$ 和平移矢量 $\boldsymbol{T}$ 后，很容易就可以通过旋转平移左右摄像机坐标系的方法使摄像机之间得到平行光轴的标准配置。这一过程通常称为立体校正。

10.7 双目重构

已知一台标定过的摄像机和两个对应点 p 和 p'，在原理上可以直接通过将两条射线 $R=Op$ 和 $R'=O'p'$ 相交来重建相应的场景点。然而，在实际中，由于标定和特征定位存在误差，射线 R 和 R' 可能永远也不会真正相交。在这种情况下，有很多合理的重构方法可以采用。例如，可以建立一条线段同时垂直于 R 和 R' 并与两条射线相交，如图 10-15 所示。这条线段的中心 P 是最靠近两条射线的点，可以把这个点作为 p 和 p' 的原像点。

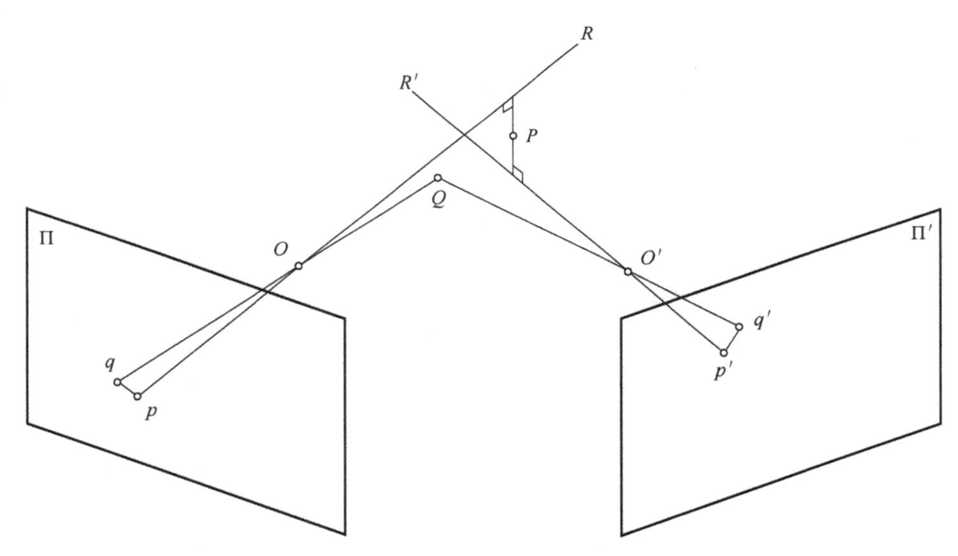

图 10-15　存在测量误差时的重建

另外，也可以使用纯代数的方法重构场景点：给定投影矩阵 $\boldsymbol{M}$ 和 $\boldsymbol{M}'$ 以及对应点 p 和 p'，可以把约束 $Zp=\boldsymbol{M}P$ 和 $Z'p'=\boldsymbol{M}'P$ 重写成如下形式：

$$\begin{cases}p\times\boldsymbol{M}P=0\\p'\times\boldsymbol{M}'P=0\end{cases}\Leftrightarrow\begin{pmatrix}[p_{\times}]\boldsymbol{M}\\[p'_{\times}]\boldsymbol{M}'\end{pmatrix}P=0 \tag{10-42}$$

上式是一个过约束的方程，有四个关于 P 的坐标的独立线性等式。用最小二乘法可以求解这个方程。和前面方法不同的是，这个重构方法没有明显的几何解释，但是可以很容易地推广到三台或者多台摄像机的情况，每增加一台摄像机只是增加两个约束。

最后，还有一种重构场景点的方法：设对应于 p 和 p' 的场景点为 Q，这个 Q 点实际的成像点是 q 和 q'，Q 点的选择要求使得 $d^2(p,q)+d^2(p',q')$ 最小，如图 10-15 所示。通过非线性最小二乘法来估计，这种方法适用于多幅图像的情况。

10.8 双目融合全局算法

基于局部的立体视觉技术主要针对局部，即它们围绕个别的像素周围的灰度值或者边缘模式进行匹配，但是其忽略了可能连接邻近点的约束。本节讨论立体视觉融合的全局方法，即将该问题建模为一个基于近邻像素的序列，并对其进行最小化。

考虑一个合理假设，沿着一对具有对极线匹配图像特征的排序，与沿着对极平面和被观察物体表面交线的匹配表面特征的顺序相反，如图 10-16 左图所示。这是 20 世纪 80 年代提出的顺序性约束。很有趣的是，在真实场景中，上述约束不一定能够满足。特别地，例如，当一个小物体挡住了部分大物体，如图 10-16 右图所示，或者当涉及透明物体时，上述顺序性约束可能都不成立。但是至少在机器人视觉领域，涉及透明物体的情况很少见。尽管有这些限制，顺序性还是一个合理的约束，它可以用来设计有效的基于动态规划的算法，以建立立体对应，见算法 10-1。

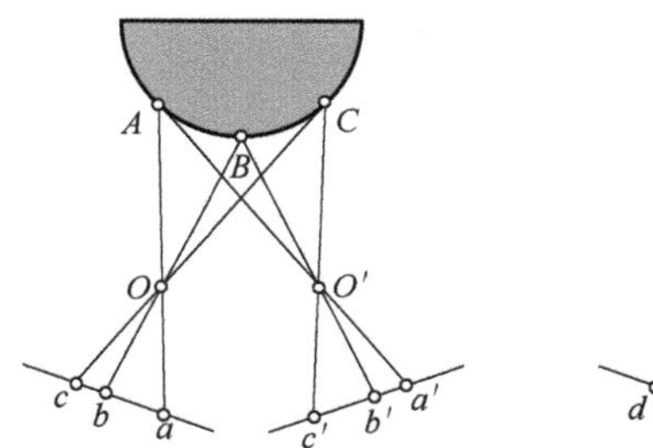

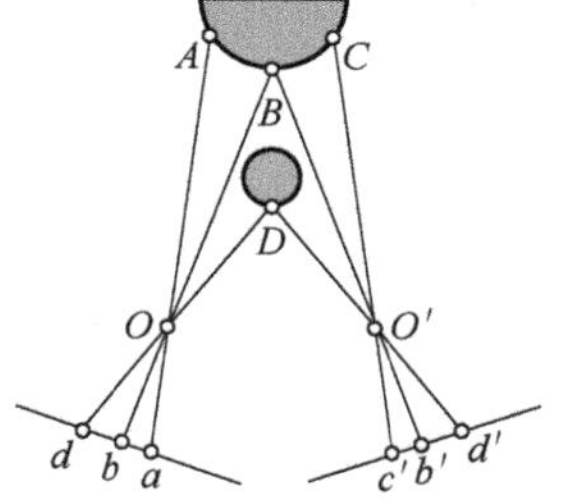

图 10-16 顺序性约束

在通常情况下，如图 10-16 左图所示，沿着同一方向的两个对极线上特征点的顺序是一样的。在图 10-16 右图所示的情况下，一个小物体位于大物体的前方。部分表面上的点在一个图像中是不可见的（例如，A 在右图中是不可见的），图像点的顺序在两幅图像中是不同的：b 在图中位于 d 的右边，但是 b' 在右图中位于 d' 的左边。

算法 10-1 用于在两条对应的扫描线上建立立体对应的动态规划算法。

假设两条扫描线上分别有 m 和 n 个边缘点（为了方便起见，扫描线的端点也被包含在内）。有两个辅助函数：下邻居节点函数 Inferior-Neighbors（k,l）返回节点（k,l）的邻居节点（i,j）的列表，要求 $i\leqslant k$ 且 $j\leqslant l$；弧代价函数 Arc-Cost（i,j,k,l），评价弧代价函数并返回匹配间隔（i,k）和（j,l）的代价。为了保证算法的正确，最优代价函数 $C(1,1)$ 应该初始化为零。

```
#在所有节点(k,l)中按照升序循环
```

```
for k =1 to m do
   for l =1 to n do
     #初始化最优代价函数C(k,l)和回溯指针B(k,l)
     C(k,l)←+∞;B(k,l)←nil;
     #在(k,l)的所有下邻居节点(i,j)中循环
     for(i,j)∈Inferior-Neighbors(k,l) do
     #计算新的路径代价并在必要的情况下更新回溯指针
     d←C(i,j)+Arc-Cost(i,j,k,l);
     if d<C(k,l)then C(k,l)←d;B(k,l)←(i,j)endif;
     endfor;
    endfor;
   endfor;
#根据回溯指针从(m.n)建立最优路径
P←{(m,n)};(i,j)←(m,n);
while B(i,j)≠nil do(i,j)←B(i,j);P←{(i,j)}∪P endwhile.
```

思考与练习

10-1　简述四个基本坐标系各有何特点。

10-2　简述四个坐标系之间的变换关系。

10-3　简述摄像机标定方法有哪些。

第 11 章 主动轮廓与跟踪运动

本章主要介绍主动轮廓模型、弹性形状模型、高斯混合模型、跟踪运行特征及基于视觉的运动特征提取与描述等。

11.1 主动轮廓模型

主动轮廓也称蛇模型（Active Contour or Snakes）是与特征提取完全不同的方法。主动轮廓是将目标特征、即待提取特征包围起来的一组点。类似于用一个气球找出形状：气球放在形状外部，将形状包围在内，然后把气球中的空气放出，使它慢慢变小，当气球停止缩小时，即找出了形状，此时气球与形状完全拟合。通过这种方式，主动轮廓对一组点进行排列，将目标形状包围在内以便对其进行描述。

在目标特征的外部设置一个初始轮廓，然后对其进行演变，并将目标特征包围在内。主动轮廓模型采用能量最小化方法进行处理。目标特征是能量泛函的最小值。该能量泛函不只包含边界信息，还包括控制轮廓伸缩和弯曲的特性。通过这种方式，蛇模型表示其自身特性（比如弯曲和拉伸能力）与图像特性（比如边缘强度）之间的一种折中。因此，能量泛函是轮廓内部能量 E_{int}、约束能量 E_{con} 以及图像能量 E_{image} 的相加函数，它们是组成蛇模型 $v(s)$ 的一组点，即蛇模型中所有点的 x 和 y 坐标。假设 $S\in[0,1)$ 是蛇模型的正规化长度，那么能量泛函是该蛇模型的所有函数的积分。因此，能量泛函 E_{snake} 为：

$$E_{snake}=\int_{s=0}^{1}E_{int}[v(s)]+E_{image}[v(s)]+E_{con}[v(s)]\mathrm{d}s \tag{11-1}$$

其中，$v(s)=[x(s),y(s)]$，$x(s)$ 和 $y(s)$ 分别是轮廓点的 x 和 y 坐标，$S\in[0,1)$，内部能量 E_{int} 决定蛇模型的自然变化，从而决定蛇模型所有点的排列；图像能量 E_{image} 引导蛇模型选择低层次特征（如边缘点）；约束能量 E_{con} 给出高层次信息以控制蛇模型的演变。蛇模型的目标就是通过式（11-1）的最小化来进行求解。新的蛇模型轮廓是指那些比初始点能量更低并与目标特征匹配更好的点，蛇模型就是从这些初始点演变而来的。通过这种方式，选择一组点 $v(s)$ 满足式（11-2）。

$$\frac{\mathrm{d}E_{snake}}{\mathrm{d}v(s)}=0 \tag{11-2}$$

能量泛函 E_{snake} 表示为蛇模型函数以及图像的形式。根据各自所选的权重系数，这些函数构成蛇模型能量。通过这种方式，曲线内部能量 E_{int} 定义为轮廓周围一阶和二阶导数的加权和，如式（11-3）所示。

$$E_{int}=\alpha(s)\left|\frac{\mathrm{d}v(s)}{\mathrm{d}s}\right|^{2}+\beta(s)\left|\frac{\mathrm{d}^{2}v(s)}{\mathrm{d}s^{2}}\right|^{2} \tag{11-3}$$

一阶微分 $\mathrm{d}v(s)/\mathrm{d}s$ 表示由伸缩而产生的弹性能量，该微分的值越大，意味着这个轮廓区域内的变化率越大。二阶微分 $\mathrm{d}^2v(s)/\mathrm{d}s^2$ 表示因弯曲而产生的能量，即曲率能量。由于受点间隔影响，使用权值 $\alpha(s)$ 控制弹性能量贡献；受点变动影响，使用权值 $\beta(s)$ 控制曲率能量贡献。α 和 β 的取值决定蛇模型最终形状。α 取低值表示点的间隔变化幅度大，而取高值则表明蛇模型得到均匀分隔的轮廓点。β 取低值意味着曲率不是最小值，并且轮廓在其边界上形成角点，而取高值表示预先设定蛇模型为光滑的轮廓。上述情形是轮廓自身的特性，它只是蛇模型自身特征与图像检测特征之间的部分折中。

图像能量 E_{image} 引导蛇模型提取低层次特征，比如亮度或边缘数据，目的是选取具有最小贡献的特征。式（11-1）表明线、边缘和端点可以作用于能量函数，这些能量分别标记为 E_{line}、E_{edge} 和 E_{term}，并且分别通过权重系数 w_{line}、w_{edge} 和 w_{term} 来控制。因此，图像能量如式（11-4）所示。

$$E_{image}=w_{line}E_{line}+w_{edge}E_{edge}+w_{term}E_{term} \tag{11-4}$$

线能量 E_{line} 可以设为特定点的图像亮度。如果黑色比白色取值低，那么将暗特征提取为蛇模型。改变 w_{line} 的符号可以将蛇模型变成较亮的特征。边缘能量 E_{edge} 利用边缘检测算子来计算，比如 Sobel 边缘检测算子输出的强度。端点能量 E_{term} 包括层次图像轮廓的曲率，但是很少用到。最常用的是边缘能量。

11.2　弹性形状模型

分析形状的方法主要关注的是图像数据的匹配。通常关注一个模型（即一个可以变形的模板或可以演变的形状）与单幅图像之间的匹配。主动轮廓是弹性的，但其演变实质上受局部曲率或边缘强度等局部特性的限制。那些泛函所赋予的参数值或可能范围可以通过学习所应用的同类图像数据库进行多方面测试，或根据经验进行选取。一个与此完全不同的方法是，考虑图像库中是否包含该形状的所有可能变化，比如外观或姿势，图像库可以形成一个该形状可能变化的模型。因此，如果把该模型作为一个整体约束条件，同时引导与最可能形状的匹配，那么可以得到一个可变形方法，通过对形状的可能变化进行统计来实现。上述方法称为弹性模板，利用从训练数据样例形成的整体形状约束。

其中的主要新方法称为主动形状建模。该方法实质上是由点组成的形状模型，这些点的变化称为点分布模型。在训练图像中标记所选择的点，这组训练图像旨在得到形状的所有可能变化。每个点都描述边界上的一个特定点，因此其顺序在标记过程中非常重要。这些样点的选择包括曲率高的位置（如眼睛角点）或弧长顶点，这样的地方对比度比较高（如眼睑上方）。对这些点的位置所产生的形状变化进行统计，可以描述形状的外观。实例应用包括在图像中找出人脸（如自动人脸识别中的人脸检测）。脸部可以获得不同模型的唯一部位是虹膜上的圆圈，除非分辨率非常高，否则该部位区域非常小。脸部的其余部分由一些未知的形状组成，而这些形状随脸部表情的变化而变化。由此可见，由于我们得到一组形状和一个固定的相互关系，其非常适合于将形状与分布结合在一起的方法，不过有些细节可能发生变化。这些细节变化正是主动形状模型所要得到的。

如果选择的点非常多，而且要用到很多训练图像，那么这样处理数据量非常大，即将有大量的点要处理，主成分分析可以将数据压缩成最重要项。主成分分析是一种非常成熟的数学工具。实质上，它对坐标系进行了旋转以便得到最大辨别能力：如果从两个不同的点观察一个事物，或许无法看到，但是如果从其中一个点进行观察，则可以看得非常清楚。此处要做的是：旋转坐标系以便从一堆杂乱的数据中找出最重要的变化。已知 N 个训练样本的集合，每个样本为 n 个点的集合，对于第 i 个训练样本 $\boldsymbol{x}_i$，有：

$$\boldsymbol{x}_i=(x_{1i},x_{2i},\cdots,x_{ni}),i\in 1,\cdots,N \tag{11-5}$$

式中，x_{ni}——第 i 个训练样本中的第 n 个变量。如果将其应用于形状，那么每个元素取每个点的两个坐标。然后，对整个训练样本集合计算平均值，如式（11-6）所示。

$$\bar{\boldsymbol{x}}=\frac{1}{N}\sum_{i=1}^{N}\boldsymbol{x}_i \tag{11-6}$$

于是根据平均值计算每个样本的偏差 $\delta\boldsymbol{x}_i$：

$$\delta\boldsymbol{x}_i=\boldsymbol{x}_i-\bar{\boldsymbol{x}} \tag{11-7}$$

这个差值说明每个样本与某点均值的距离。$2n\times2n$ 协方差矩阵 $\boldsymbol{S}$ 表示所有差值与均值之间的距离，如式（11-8）所示。

$$\boldsymbol{S}=\frac{1}{N}\sum_{i=1}^{N}\delta\boldsymbol{x}_i\delta\boldsymbol{x}_i^{\mathrm{T}} \tag{11-8}$$

该协方差矩阵的主成分分析显示这些样本数量，即其形状可能发生多少变化。事实上，形状的任何一个样例都可以近似为：

$$\boldsymbol{x}_i=\bar{\boldsymbol{x}}+\boldsymbol{Pw} \tag{11-9}$$

式中，$\boldsymbol{P}=[p_1,p_2,\cdots,p_t]$——第 t 个特征矢量矩阵；

$\boldsymbol{w}=[w_1,w_2,\cdots,w_t]^{\mathrm{T}}$——相对应的权值失量，其中每个权值控制一个特定特征矢量的权重。$\boldsymbol{w}$ 的不同值给出不同的模型或形状。如假设这些变化在一个设定的范围内，新的模型或形状将与基础（平均）形状类似。这是因为变化模式是由（单位）特征矢量来表示的，如：

$$\boldsymbol{Sp}_k=\lambda_k\boldsymbol{p}_k \tag{11-10}$$

式中，λ_k——特征值，特征矢量具有正交性，即：

$$\boldsymbol{p}_k\boldsymbol{p}_k^{\mathrm{T}}=1 \tag{11-11}$$

而且这些特征值是有序的，因而 $\lambda_k\geqslant\lambda_{k+1}$。式中，最大特征值对应数据中的最重要变化模式。训练数据中的变化部分对应每个特征矢量，与相应的特征值成正比。由此可见，一组数量有限的特征值和特征矢量可以用来包括大部分数据。其余特征值和特征矢量对应数据中那些几乎不出现的变化模式（如高频率部分对图像的权重，主要根据低频率分量对图像进行重构，同图像编码）。需要注意的是，为了对应用于新形状的训练集中贴有地标标记的点的统计进行检查，需要对这些点进行排序，从而得到确定的程序。

应用过程（如找出被建模形状的实例）利用迭代方法使模型和图像中的相匹配点不断增多。这可以通过检测模型点周围区域以确定最佳近邻匹配来实现。该方法对数据的最佳拟合模型计算适当的平移、缩放、旋转和特征矢量。不断重复以上处理，直到模型对数据收敛，这时参数几乎没有变化。由于只改变形状以便更好地拟合数据，并且形状受所期望的形状外观控制，所以这种模型被称为主动形状模型。将主动形状模型应用于找出脸部特征。该方法可以利用由粗到细的方式进行处理，即以低分辨率开始处理（使其快速进行），逐渐提高分辨率，直到处理结果没有改进，即最终收敛。很显然，这样的方法不受特殊情形或背景中的其他特征所误导。它可以用来自动找出人脸或自动人脸识别（找出或描述人脸的特征）。该方法无法处理太粗劣的初始化，其初始位置并不需要非常靠近人脸。

主动形状模型（Active Shape Model，ASM）已经应用于人脸识别、医学图像分析，以及工业检查。相似理论被用来开发一种与纹理相关的新方法，称为主动外观模型（Active

Appearance Model，AAM）。主动外观模型也是将形状表示为一组地标点，并利用一组训练数据确定形状变化的可能范围。一个主要区别在于 AAM 包括纹理，并通过重复搜索处理对纹理进行匹配来更新模型参数，使地标点向图像点靠近。ASM 和 AAM 的实质区别包括：

1）ASM 利用的是点局部的纹理信息，而 AAM 利用的是整个区域的纹理信息。

2）ASM 想要得到模型点与相应图像点之间的最小距离，而 AAM 想要得到合成模型与目标图像之间的最小距离。

3）ASM 在当前点附近尤其在垂直于边界的轮廓上进行搜索，而 AAM 只考虑当前位置的图像。

研究表明，虽然 ASM 比 AAM 实现更快，但是 AAM 需要的地标点更少，而且收敛会得到更好的效果，尤其以纹理的形式。我们期待弹性形状建模方面的这些方法得到进一步的发展。近来的研究关注的是处理遮挡的能力，改变三维（3D）朝向或姿势时都会出现遮挡。

11.3　高斯混合模型

11.3.1　高斯混合模型分布特征

如果一个类中的模式分布在不同的聚类中，通过一个高斯模型去近似类条件分布是不合适的。比如，图 11-1a 所示的情形，通过一个高斯模型去近似单峰模型分布，其结果是准确的估计。但是如图 11-1b 所示，如果用一个高斯模型去近似多峰模型分布，那么即使在训练样本足够多的情况下，其表现依旧会很差。

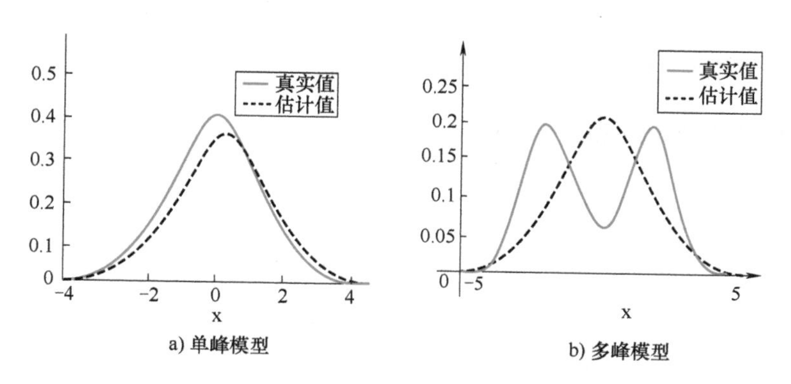

图 11-1　高斯模型的极大似然估计

定义高斯混合模型：

$$q(x;\theta)=\sum_{\ell=1}^{m}\omega_{\ell}N(x;\mu_{\ell},\boldsymbol{\Sigma}_{\ell}) \tag{11-12}$$

高斯混合模型很适合这样的多峰模型分布。这里，$N(x;\mu,\boldsymbol{\Sigma})$ 表示一个期望为 μ 和方差协方差矩阵为 $\boldsymbol{\Sigma}$ 的高斯模型：

$$N(x;\mu,\boldsymbol{\Sigma})=\frac{1}{(2\pi)^{d/2}\det(\boldsymbol{\Sigma})^{1/2}}\exp\left(-\frac{1}{2}(x-\mu)^{\mathrm{T}}\boldsymbol{\Sigma}^{-1}(x-\mu)\right) \tag{11-13}$$

所以，高斯混合模型是 m 个高斯模型根据 $\{\omega_\ell\}_{\ell=1}^{m}$ 加权线性组合而成。高斯混合模型的参数 θ 为：

$$\theta=(\omega_1,\cdots,\omega_m,\mu_1,\cdots,\mu_m,\Sigma_1,\cdots,\Sigma_m)$$

高斯混合模型 $q(x;\theta)$ 如果要成为一个概率密度函数，就应该满足下面的条件：

$$\forall x\in\mathcal{X},\ q(x;\theta)\geqslant 0 \text{ 且} \int_{\mathcal{X}} q(x;\theta)\mathrm{d}x=1$$

同时，$\{\omega_\ell\}_{\ell-1}^{m}$ 需要满足：

$$\omega_1,\cdots,\omega_m\geqslant 0 \text{ 且} \sum_{\ell=1}^{m}\omega_\ell=1 \tag{11-14}$$

图 11-2 所示的高斯混合模型的例子，通过多个高斯模型的线性组合来表示一个多峰模型分布。

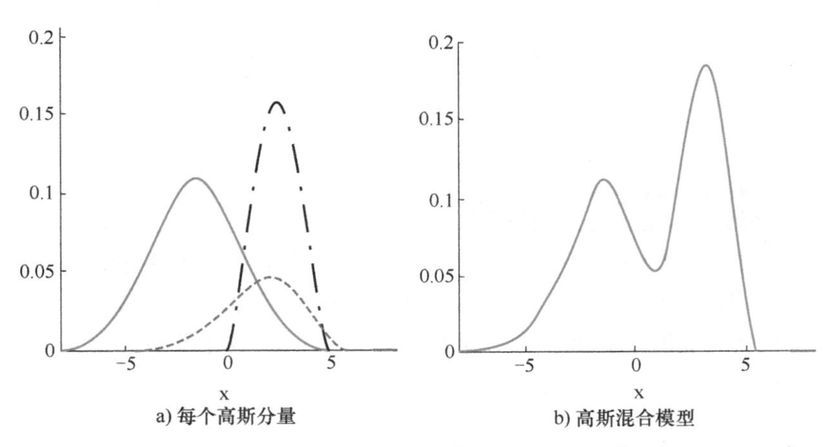

图 11-2 高斯混合模型 $q(x)=0.4N(x;-2,1.5^2)+0.2N(x;2.2^2)+0.4N(x;3,1^2)$ 示例

高斯混合模型的 Python 和 MATLAB 程序如下：

```
mu=[1 2;-3-5];
sigma=cat(3,[2 0;0 .5],[1 0;0 1]);
p=ones(1,2)/2;
obj=gmdistribution(mu,sigma,p);
ezsurf(@ (x,y)pdf(obj,[x y]),[-10 10],[-10 10])
#Python 调用 MATLAB 的 m 文件
import matlab
import matlab.engine
#import numpy as np
eng=matlab.engine.start_matlab()
eng.gmdistribution(nargout=0)
input()        #使图像保持
```

高斯混合模型三维图如图 11-3 所示。

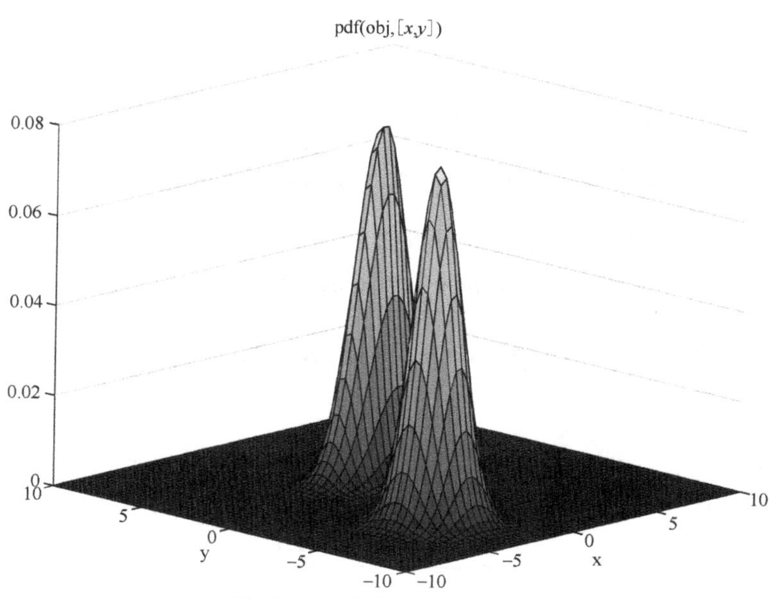

图 11-3　高斯混合模型三维图

11.3.2　高斯混合模型的参数极大似然估计

高斯混合模型的参数 θ 可以用极大似然进行估计，似然公式为：

$$L(\theta)=\prod_{i=1}^{n}q(x_i;\theta) \tag{11-15}$$

并且极大似然估计能找到使其最大化的参数 θ。当上述高斯混合模型的似然被最大化时，应该满足式（11-16）的约束：

$$\begin{cases}\hat{\theta}=\underset{\theta}{\operatorname{argmax}}L(\theta)\\ \text{约束条件 }\omega_1,\cdots,\omega_m\geqslant 0\text{ 且}\sum_{\ell=1}^{m}\omega_\ell=1\end{cases} \tag{11-16}$$

由于以上约束，θ 的最大值不能通过简单地对似然求导并令导数等于 0 来得到。这里，$\omega_1,\cdots,\omega_m$ 被重新参数化为：

$$\omega_\ell=\frac{\exp(\gamma_\ell)}{\sum_{\ell'=1}^{m}\exp(\gamma_{\ell'})} \tag{11-17}$$

其中，$\{\gamma_\ell\}_{\ell=1}^{m}$ 自动满足式（11-16）的约束，它可以被学习得到。对于 $\log L(\theta)$，最大似然解 $\hat{\theta}$ 满足下面似然等式：

$$\begin{cases}\frac{\partial}{\partial\gamma_\ell}\log L(\theta)\big|_{\theta=\hat{\theta}}=0\\ \frac{\partial}{\partial\mu_\ell}\log L(\theta)\big|_{\theta=\hat{\theta}}=\mathbf{0}_d\\ \frac{\partial}{\partial\Sigma_\ell}\log L(\theta)\big|_{\theta=\hat{\theta}}=\boldsymbol{O}_{d\times d}\end{cases} \tag{11-18}$$

式中，$\mathbf{0}_d$——d-维零向量；

$\boldsymbol{O}_{d\times d}$——$d\times d$ 零矩阵。

把式（11-17）代入式（11-15），对数似然被表示为：

$$\log L(\theta)=\sum_{i=1}^{n}\log\sum_{\ell=1}^{m}\exp(\gamma_\ell)N(x_i;\boldsymbol{\mu}_\ell;\boldsymbol{\Sigma}_\ell)-n\log\sum_{\ell'=1}^{m}\exp(\gamma_{\ell'}) \tag{11-19}$$

对上述的对数似然求关于 γ_ℓ 的偏导，得：

$$\begin{aligned}\frac{\partial}{\partial\gamma_\ell}\log L(\theta)&=\sum_{i=1}^{n}\frac{\exp(\gamma_\ell)N(x_i;\boldsymbol{\mu}_\ell;\boldsymbol{\Sigma}_\ell)}{\sum\limits_{\ell'=1}^{m}\exp(\gamma_{\ell'})N(x_i;\boldsymbol{\mu}_{\ell'},\boldsymbol{\Sigma}_{\ell'})}-\frac{n\gamma_\ell}{\sum\limits_{\ell'=1}^{m}\exp(\gamma_{\ell'})}\\&=\sum_{i=1}^{n}\eta_{i,\ell}-n\omega_\ell\end{aligned} \tag{11-20}$$

其中，$\eta_{i,\ell}$被定义为：

$$\eta_{i,\ell}=\frac{\omega_\ell N(x_i;\boldsymbol{\mu}_\ell,\boldsymbol{\Sigma}_\ell)}{\sum\limits_{\ell'=1}^{m}\omega_{\ell'}N(x_i;\boldsymbol{\mu}_{\ell'},\boldsymbol{\Sigma}_{\ell'})}$$

同理，对上述的对数似然求关于 $\boldsymbol{\mu}_\ell$ 和 $\boldsymbol{\Sigma}_\ell$ 的偏导，可得：

$$\frac{\partial}{\partial\boldsymbol{\mu}_\ell}\log L(\theta)=\sum_{i=1}^{n}\eta_{i,\ell}\boldsymbol{\Sigma}_\ell^{-1}(x_i-\boldsymbol{\mu}_\ell) \tag{11-21}$$

$$\frac{\partial}{\partial\boldsymbol{\Sigma}_\ell}\log L(\theta)=\frac{1}{2}\sum_{i=1}^{n}\eta_{i,\ell}(\boldsymbol{\Sigma}_\ell^{-1}(x_i-\boldsymbol{\mu}_\ell)(x_i-\boldsymbol{\mu}_\ell)^{\mathrm{T}}\boldsymbol{\Sigma}_\ell^{-1}-\boldsymbol{\Sigma}_\ell^{-1}) \tag{11-22}$$

令上述导数为零，最大似然解 $\hat{\omega}_\ell$，$\hat{\boldsymbol{\mu}}_\ell$ 和 $\hat{\boldsymbol{\Sigma}}_\ell$ 满足：

$$\begin{cases}\hat{\omega}_\ell=\dfrac{1}{n}\sum\limits_{i=1}^{n}\hat{\eta}_{i,\ell}\\[2ex]\hat{\boldsymbol{\mu}}_\ell=\dfrac{\sum\limits_{i=1}^{n}\hat{\eta}_{i,\ell}x_i}{\sum\limits_{i'=1}^{n}\eta_{i',\ell}}\\[2ex]\hat{\boldsymbol{\Sigma}}_\ell=\dfrac{\sum\limits_{i=1}^{n}\hat{\eta}_{i,\ell}(x_i-\hat{\boldsymbol{\mu}}_\ell)(x_i-\hat{\boldsymbol{\mu}}_\ell)^{\mathrm{T}}}{\sum\limits_{i'=1}^{n}\eta_{i',\ell}}\end{cases} \tag{11-23}$$

其中，$\hat{\eta}_{i',\ell}$是样本 x_i 的第 ℓ 组成部分的决定因素（Responsibility）：

$$\hat{\eta}_{i',\ell}=\frac{\hat{\omega}_\ell N(x_i;\hat{\boldsymbol{\mu}}_\ell,\hat{\boldsymbol{\Sigma}}_\ell)}{\sum\limits_{\ell'=1}^{m}\hat{\omega}_{\ell'}N(x_i;\hat{\boldsymbol{\mu}}_{\ell'},\hat{\boldsymbol{\Sigma}}_{\ell'})} \tag{11-24}$$

上述似然等式中的变量用很混乱和复杂的方式被定义及使用，目前还没有比较有效的方法能解决这个问题。11.3.3 和 11.3.4 小节介绍了找到数值解的方法：一个是梯度方法，一个是 EM 算法。

11.3.3 随机梯度算法

梯度方法是一种比较通用和简单的优化方法，如图 11-4 所示它通过不停地迭代更新参数来使得目标函数的梯度升高或者降低（在最小化的情况下）。在宽松的假设条件下，梯度上升的解能保证是局部最优的，就好比一个局部山峰的峰顶。任何局部参数的更新，目标值不会增加。梯度方法的一种随机变种是，随机选择一个样本，然后根据这个被选择的样本更新参数来上升梯度。这种随机方法被称为随机梯度算法，该算法也能找到局部最优解。注意（随机）梯度方法不仅要给出全局最优解，而且还要给出一个局部最优解。图 11-4 所示为梯度下降原理图。此外，算法的性能依赖于步长的选择，且步长的大小在实际使用中很难选择。如果步长设置较大，那么梯度在刚开始的时候上升很快，但是可能会翻过最高点，如图 11-5a 所示。另一方面，如果步长设置减小，那么虽然能够找到最高点，但是在刚开始的时候梯度上升的速度会很慢，如图 11-5b 所示。为了克服这个问题，开始把步长设置得较大，随后慢慢减小步长，这是比较有效果的，这就是模拟退火算法。但是，在实际使用的时候，初始步长的选择和步长的下降因子是不能直接确定的。因此，只能找到一个局部最优解，实际上，设置不同的初始值多次运行梯度算法，根据最好的解来选择一个初始值是很有用的。

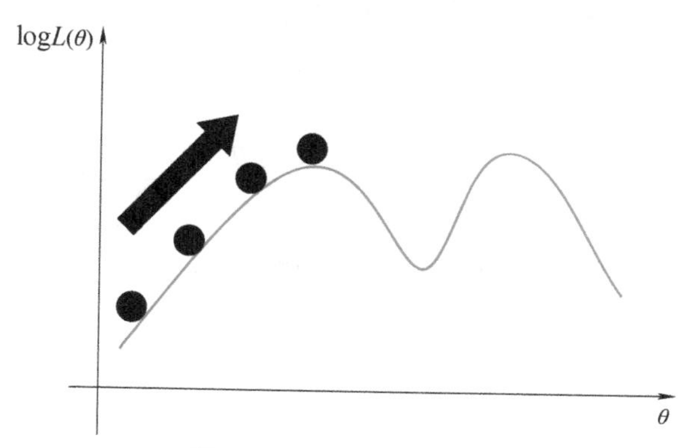

图 11-4　梯度下降原理图

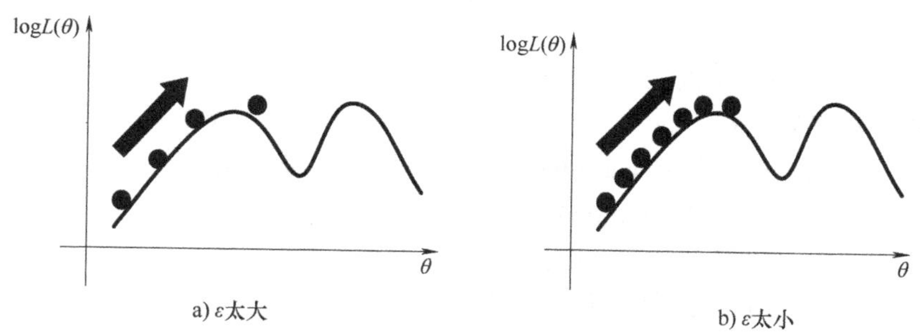

图 11-5　梯度下降过程中的步长设置

梯度下降算法如下：

1）给解 $\hat{\theta}$ 以适当的初值。

2）对于选定的初值，计算出对数似然 $\log L(\theta)$ 的梯度：

$$\frac{\partial}{\partial\theta}\log L(\theta)\Big|_{\theta=\hat{\theta}}$$

3）采用梯度上升的方式对参数进行更新：

$$\hat{\theta}\leftarrow\hat{\theta}+\varepsilon\frac{\partial}{\partial\theta}\log L(\boldsymbol{\theta})\Big|_{\theta=\hat{\theta}}$$

4）重复上述 2）、3）步，直到解 $\hat{\theta}$ 达到收敛精度为止。

11.3.4 EM 算法

在梯度方法中调整步长 ε 的困难能够被 EM 算法克服。EM 算法是在当输入 x 仅仅部分可观察的情况下为了得到极大似然估计解而发展出来的。高斯混合模型的极大似然估计实际上也能被视为从不完全的数据中学习而来，并且 EM 算法能给出一种有效的方式来得到一个局部最优解。EM 算法由 E 步和 M 步两部分组成，其描述如下。

1）对参数 $\{\hat{\omega}_\ell,\hat{\mu},\hat{\boldsymbol{\Sigma}}_\ell\}_{\ell=1}^m$进行初始化。

2）E 步。根据当前的参数 $\{\hat{\omega}_\ell,\hat{\mu},\hat{\boldsymbol{\Sigma}}_\ell\}_{\ell=1}^m$，可以计算出后验概率 $\{\hat{\boldsymbol{\eta}}_{i,\ell}\}_{i=1}^n,{}_{\ell=1}^m$：

$$\hat{\eta}_{i,\ell}\leftarrow\frac{\hat{\omega}_\ell N(x_i;\hat{\mu}_\ell,\hat{\boldsymbol{\Sigma}}_\ell)}{\sum_{\ell'=1}^m\hat{\omega}_{\ell'}N(x_i;\hat{\mu}_{\ell'},\hat{\boldsymbol{\Sigma}}_{\ell'})}$$

3）M 步。从当前的后验概率 $\{\hat{\eta}_{i,\ell}\}_{i=1}^n,{}_{\ell=1}^m$，对参数 $\{\hat{\omega}_\ell,\hat{\mu},\hat{\boldsymbol{\Sigma}}_\ell\}_{\ell=1}^m$进行更新：

$$\hat{\omega}_\ell\leftarrow\frac{1}{n}\sum_{i=1}^n\hat{\eta}_{i,\ell}$$

$$\hat{\boldsymbol{\mu}}_\ell\leftarrow\frac{\sum_{i=1}^n\hat{\eta}_{i,\ell}x_i}{\sum_{i'=1}^n\eta_{i',\ell}}$$

$$\hat{\boldsymbol{\Sigma}}_\ell\leftarrow\frac{\sum_{i=1}^n\hat{\eta}_{i,\ell}(x_i-\hat{\boldsymbol{\mu}}_\ell)(x_i-\hat{\boldsymbol{\mu}}_\ell)^{\mathrm{T}}}{\sum_{i'=1}^n\eta_{i',\ell}}$$

4）重复上述 2）、3）步的计算。

E 步和 M 步解释如下：

1）E 步。当解为 $\hat{\theta}$ 时，似然 $\log L(\theta)$ 的下界 $b(\theta)$ 的等号能被取得：

$$\forall\theta,\log L(\theta)\geqslant b(\theta)，且 \log L(\hat{\theta})=b(\hat{\theta}) \tag{11-25}$$

注意：下界 $b(\theta)$ 需要通过不可观察的变量来计算期望得到，这也是为什么把这一步称为 E（Expectation）步。

2）M 步。使下界 $b(\theta)$ 最大的 $\hat{\theta}'$可得：

$$\hat{\theta}'=\underset{\theta}{\operatorname{argmax}}\, b(\theta) \tag{11-26}$$

如图 11-6 所示，通过 E 步和 M 步的迭代，对数似然的值增加了（准确地说，对数似然是单调不减的）。

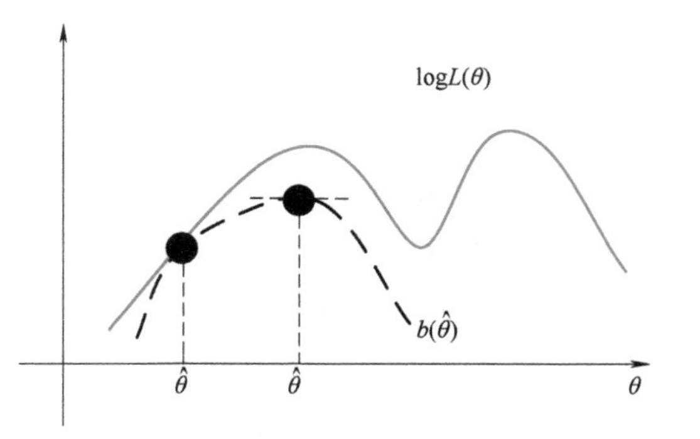

图 11-6　最大化 log-似然函数 $\log L(\theta)$ 的下界 $b(\theta)$

E 步的下界是基于 Jensen 不等式得到的。对于 $\eta_1,\cdots,\eta_m\geqslant0$，$\sum_{\ell=1}^m\eta_\ell=1$，有：

$$\log\left(\sum_{\ell=1}^{m}\eta_\ell u_\ell\right) \geqslant \sum_{\ell=1}^{m}\eta_\ell \log u_\ell \tag{11-27}$$

对于 $m=2$，如图 11-7 所示，通过对数函数的凸性，我们可以很直观地理解式（11-27），Jensen 不等式被简化为：

$$\log(\eta_1 u_1+\eta_2 u_2) \geqslant \eta_1 \log u_1+\eta_2 \log u_2 \tag{11-28}$$

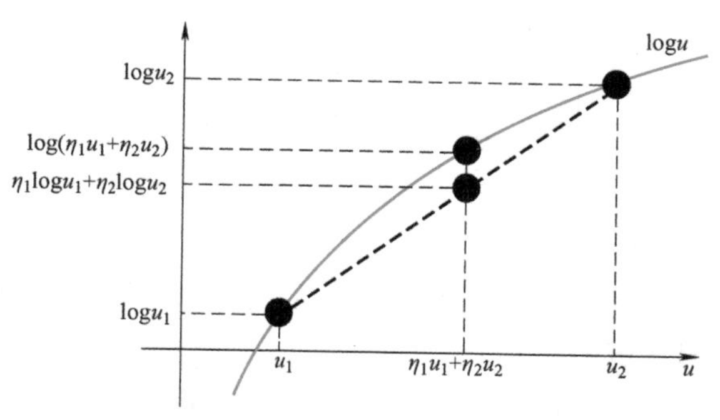

图 11-7　$m=2$ 时的 Jensen 不等式

对数似然 $\log(\theta)$ 可以使用式（11-24）所示的 $\hat{\eta}_{i,\ell}$ 来表达：

$$\begin{aligned}\log L(\theta) &= \sum_{i=1}^{n}\log\left[\sum_{\ell=1}^{m}\omega_\ell N(x_i;\mu_\ell,\boldsymbol{\Sigma}_\ell)\right] \\ &= \sum_{i=1}^{n}\log\left[\sum_{\ell=1}^{m}\hat{\eta}_{i,\ell}\frac{\omega_\ell N(x_i;\mu_\ell,\boldsymbol{\Sigma}_\ell)}{\hat{\eta}_{i,\ell}}\right]\end{aligned} \tag{11-29}$$

把式（11-29）中的 $\omega_\ell N(x_i;\mu_\ell,\boldsymbol{\Sigma}_\ell)/\hat{\eta}_{i,\ell}$ 和 Jensen 不等式（11-27）联系起来，对数似然 $\log(\theta)$ 的下界 $b(\theta)$ 可以表示为：

$$\log L(\theta) \geqslant \sum_{i=1}^{n}\sum_{\ell=1}^{m}\hat{\eta}_{i,\ell}\log\left[\frac{\omega_\ell N(x_i;\mu_\ell,\boldsymbol{\Sigma}_\ell)}{\hat{\eta}_{i,\ell}}\right] = b(\theta) \tag{11-30}$$

当 $\theta=\hat{\theta}$ 时，式（11-30）等号成立，由式（11-24）得到的下界 $b(\theta)$ 为：

$$\begin{aligned}b(\theta) &= \sum_{i=1}^{n}\left(\sum_{\ell=1}^{m}\hat{\eta}_{i,\ell}\right)\log\left[\frac{\hat{\omega}_\ell N(x_i;\hat{\mu}_\ell,\hat{\boldsymbol{\Sigma}}_\ell)}{\hat{\eta}_{i,\ell}}\right] \\ &= \sum_{i=1}^{n}\log\left[\sum_{\ell'=1}^{m}\hat{\omega}_{\ell'}N(x_i;\hat{\mu}_{\ell'},\hat{\boldsymbol{\Sigma}}_{\ell'})\right] = \log L(\hat{\theta})\end{aligned} \tag{11-31}$$

使下界 $b(\theta)$ 最大的 $\hat{\theta}'$ 在 M 步中应该满足：

$$\begin{cases}\dfrac{\partial}{\partial\gamma_\ell}b(\theta)\Big|_{\theta=\hat{\theta}'}=0 \\ \dfrac{\partial}{\partial\mu_\ell}b(\theta)\Big|_{\theta=\hat{\theta}'}=\mathbf{0}_d \\ \dfrac{\partial}{\partial\boldsymbol{\Sigma}_\ell}b(\theta)\Big|_{\theta=\hat{\theta}'}=\boldsymbol{O}_{d\times d}\end{cases} \tag{11-32}$$

根据最大 $\hat{\theta}'$ 可得：

$$\begin{cases}\hat{\omega}'_\ell = \dfrac{1}{n}\sum_{i=1}^{n}\hat{\eta}_{i,\ell} \\ \hat{\mu}'_\ell = \dfrac{\sum_{i=1}^{n}\hat{\eta}_{i,\ell}x_i}{\sum_{i'=1}^{n}\eta_{i',\ell}} \\ \hat{\Sigma}'_\ell = \dfrac{\sum_{i=1}^{n}\hat{\eta}_{i,\ell}(x_i-\hat{\mu}_\ell)(x_i-\hat{\mu}_\ell)^{\mathrm{T}}}{\sum_{i'=1}^{n}\eta_{i',\ell}}\end{cases} \tag{11-33}$$

上述解释说明对数似然通过 E 步和 M 步迭代的时候是单调不减的。此外，EM 算法被证明是可以找到一个局部最优解的。

下面是高斯混合模型的 EM 算法的 Python 和 MATLAB 代码，它的结果如图 11-8 所示。

```
x=[2*randn(1,100)-5 randn(1,50);randn(1,100) randn(1,50)+3];
[d,n]=size(x);
m=5;
e=rand(n,m);
S=zeros(d,d,m);
for o=1:10000
    e=e./repmat(sum(e,2),[1 m]);
    g=sum(e);
    w=g/n;
    mu=(x*e)./repmat(g,[d 1]);
    for k=1:m
        t=x-repmat(mu(:,k),[1 n]);
        S(:,:,k)=(t.*repmat(e(:,k)',[d 1]))*t'/g(k);
        e(:,k)=w(k)*det(S(:,:,k))^(-1/2)...
*exp(-sum(t.*(S(:,:,k)\t))/2);
    end
    if o>1 && norm(w-w0)+norm(mu-mu0)+norm(S(:)-S0(:))<0.001
        break
    end
    w0=w;
    mu0=mu;
    S0=S;
end
figure(1);clf;hold on
plot(x(1,:),x(2,:),'ro');
v=linspace(0,2*pi,100);
for k=1:m
    [V,D]=eig(S(:,:,k));
    X=3*w(k)*V'*[cos(v)*D(1,1);sin(v)*D(2,2)];
```

```
        plot(mu(1,k)+X(1,:),mu(2,k)+X(2,:),'b-')
end
#Python 调用 MATLAB 的 m 文件,高斯混合模型的 EM 算法
import matlab
import matlab.engine
#import numpy as np
eng=matlab.engine.start_matlab()
eng.Gaussmix(nargout=0)
input()  #使图像保持
```

这里，混合模型由五个高斯分量组成，能够解决两个高斯分布的混合。如图 11-8 所示，五个高斯混合分量能够很好地拟合真实的两个高斯分量的混合，并且剩下的三个高斯分量几乎被消除了。实际上，学习得到的参数如下：

$$(\hat{\omega}_1,\hat{\omega}_2,\hat{\omega}_3,\hat{\omega}_4,\hat{\omega}_5)=(0.09,0.32,0.05,0.06,0.49)$$

针对高斯混合模型，$\hat{y}_i=\underset{\ell}{\operatorname{argmax}}\hat{\eta}_{i,\ell}$ 为每个样本 x_i 所选择，那么混合模型的密度估计可以被认为是聚类。

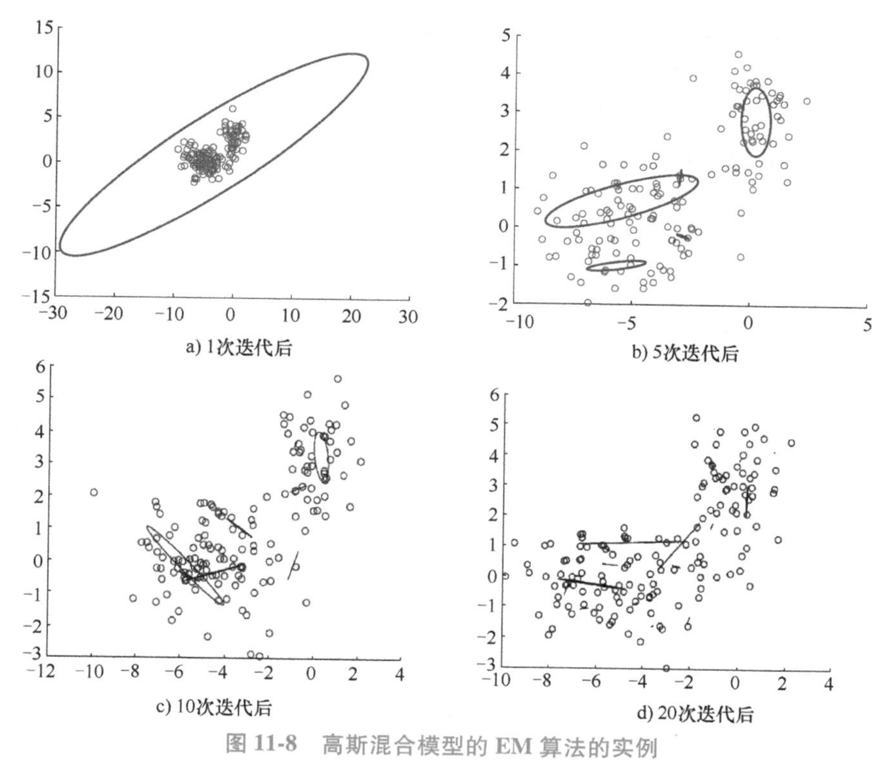

图 11-8　高斯混合模型的 EM 算法的实例

11.4　跟踪运行特征

本节将介绍如何处理一个视频信号以发现场景中的运动目标。描述的运动对象不再只是单一的图像，而是一系列的图像（视频帧）。因此，我们需要描述的对象是从一幅图像移动

到下一幅图像、从一个位置移动到另一个位置的运动对象。

11.4.1 基于高斯混合模型的背景建模

当图像中人物的衣服与背景类似时，为了快速和准确地提取背景，可通过对一系列图像进行处理来估计背景图像，即对每一幅新图像更新得到一个估计，如式（11-34）所示。

$$\mathrm{NTP}_{x,y}^{<i+1>}=\alpha\mathrm{NTP}_{x,y}^{<i>}+(1-\alpha)P_{i_{x,y}} \tag{11-34}$$

这里假定 $\mathrm{NTP}^{<0>}=0$，α 为学习因子（$0<\alpha\leqslant1$）。通过这种方式，一部分新图像被添加到背景图像中。这样，只需要恢复单一的背景图像即可。通过这个过程，图像中的人或物出现或者离开，都会被检测到。但如果一个人走进一个场景然后停下来，则将不会被检测到（学习因子所指的时刻），因为当他停止时，将变为背景的一部分。因此，实际上，人物确实有可能与背景混合。当新的物体出现在图像中时，它们可以被标记为背景（这种情况下，它们被添加到背景图像中）或者前景（此时，对背景图像没有影响）。可以使用高斯混合模型对背景进行建模，将运动对象从背景中分离出来。

将背景建模为一个系统时，每个像素均有一个概率分布。许多运动的图像，因为有很多一致的背景，其概率分布会出现峰值，背景模型将会出现多个因子。因此，我们可以将其建模为混合概率分布。如图 11-9 所示，图 11-9a 是单一的高斯分布的情况，图 11-9b 是三个高斯分布（点线）的情况，概率分布情况为它们加在一起（实线）时的情形。很明显，多个高分布具有更好的建模复杂背景的能力。

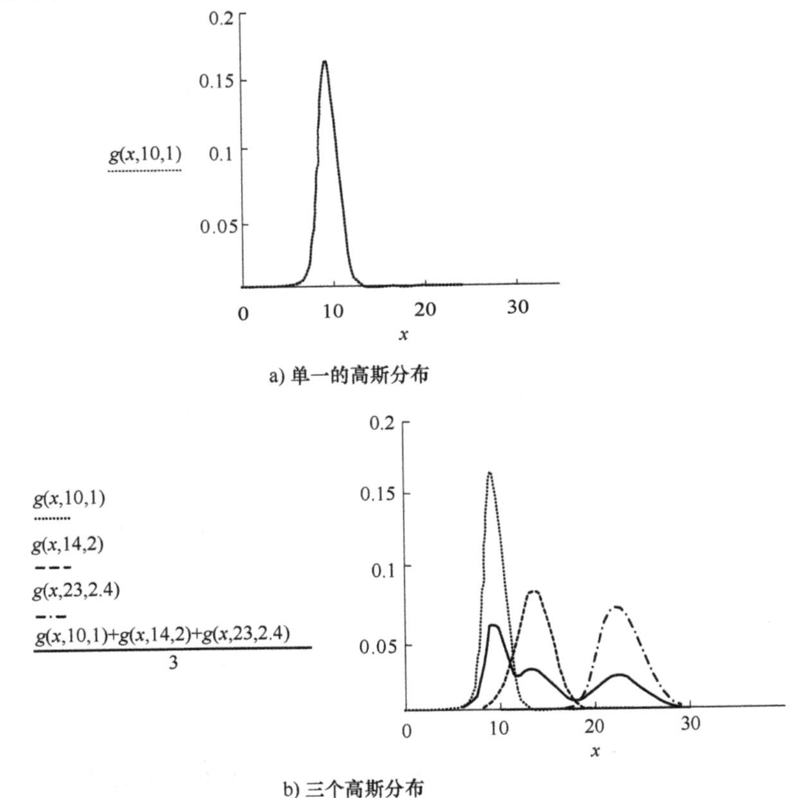

图 11-9　高斯和混合高斯分布

单变量 x 的中心高斯分布 g 是均值和标准偏差的函数：

$$g(x,\mu,\sigma)=\frac{1}{\sqrt{2\pi\sigma^2}}e^{\frac{-(x-\mu)^2}{2\sigma^2}} \tag{11-35}$$

对于 d 维，多元高斯分布（Multi-Variate Gaussian Distribution）G 标记为：

$$G(x,\mu,X)=\frac{1}{(2\pi)^{d/2}\ |X|^{1/2}}e^{\frac{-(x-\mu)^{\mathrm{T}}\Sigma^{-1}(x-\mu)}{2\sigma^2}} \tag{11-36}$$

其中，d 是多维 x 中变量的数目，μ 是变量的均值，X 是 $d\times d$ 的协方差矩阵。给定一个假设：协方差矩阵缩减为一个对角阵（假设变量独立，那些反映相关性的反对角线元素为 0），此时多元高斯模型简化为：

$$\mathrm{GS}(x,\mu_j,\sigma_j)=\frac{1}{(2\pi\sigma_j^2)^{d/2}}e^{\frac{-\|x-\mu_j\|^2}{2\sigma_j^2}} \tag{11-37}$$

将 k 个高斯多元分布加起来为：

$$p(x)=\sum_{j=1}^{k}w_j\mathrm{GS}(x,\mu_j,\sigma_j) \tag{11-38}$$

式中，w_j——第 j 个分布的权值或者重要度。

如果像素与任何的背景分布匹配，那么认为它是背景像素。背景模型是从 B 分布形成的，它按照排序满足：

$$\sum_{j=1}^{B}w_j>T \tag{11-39}$$

其中，阈值 T 的值控制背景模型的分布数量。减少 T 值，则增加分布能够形成部分背景模型的机会。

使用权值与方差的比率（w_j/σ_j），将分布进行排序。选择具有高权值和小方差的分布。如果像素与前景分布匹配，或者不与背景分布匹配，则认为该像素是一个前景像素，属于运动目标。对于权值 w_j，首先它们被设置为一个小的值，而每个分布的方差 σ_j 则设置为一个大的值。然后进行像素比较，并且在第一次迭代时像素不与任何分布匹配，因此变为一个新的分布。在第二次和后续迭代时，更新第 k 个分布的权值 $w_{j,t}$（其中，$w_{j,t-1}$ 是它先前的值）为：

$$w_{j,t}=(1-\alpha)w_{j,t-1}+\alpha M_{j,t} \tag{11-40}$$

其中，α 控制学习率，即该方法适应背景数据变化的速度。对于匹配的分布，$M_{j,t}=1$。对于其余的分布，$M_{j,t}=0$。该过程后，权值被归一化。然后，对于匹配的分布，更新均值 $\mu_{j,t}$ 和方差 $\sigma_{j,t}^2$ 的值为：

$$\mu_{j,t}=(1-\rho)\mu_{j,t-1}+\rho x_t \tag{11-41}$$

$$\sigma_{j,t}^2=(1-\alpha)\sigma_{j,t-1}^2+\rho(x_t-\mu_{j,t})^{\mathrm{T}}(x_t-\mu_{j,t}) \tag{11-42}$$

其中，

$$\rho=\alpha\mathrm{GS}(x_t,\mu_{j,t-1},\sigma_{j,t-1}) \tag{11-43}$$

式（11-39）~式（11-43）中几个参数可能影响性能。首先，学习率 α 控制适应背景时迭代的次数。其次，阈值 $0<T\leqslant 1$，并且 T 值越大，它对于多模背景的适应能力越强。最后，高斯分布的数量决定计算能力，初始方差值影响迭代次数。很自然地，高斯分布的个数少，

对于计算量来说具有吸引力。但是，复杂的背景需要较多的高斯分布个数。如果初始方差过大，当运动对象的颜色与背景类似时，会增加它被标记为背景的机会，直到方差的估计收敛时。另外，方差值大时，会要求更多的迭代。

由于这种方法比较受欢迎，因此自然会出现一些方法来对它的性能进行改进。一种明显的变化是采用不同的颜色空间：使用色调、饱和度、值/强度（HIS/HSV），而不是 RGB 颜色模型，受阴影的影响较小。

11.4.2 基于核函数的跟踪

背景建模可以简化物体跟踪，如果不需要对背景做任何特殊处理，将会更有价值。由于现在的视频序列的帧率都很高，所以都能满足相邻两帧间变化很小的要求。在满足了这个要求的基础上，可以完成基于梯度的物体定位和跟踪。基于核函数的跟踪是一种非常高效的实时跟踪方法，该方法基于如下过程：使用一个各向同性核函数来对物体在空间上施加一个掩膜，然后施加一个平滑相似函数，这样就将跟踪问题简化为在其前一帧的临近位置搜索最大相似度的问题。下面介绍基于核函数的物体跟踪。

首先，必须事先确定想要跟踪的目标特性，比如，从图像数据中估计出一个概率密度函数 q。对于真实环境下的视频跟踪，一般情况都是彩色的，所以通常利用颜色分布信息来形成特征空间。为了对目标进行逐帧跟踪，前一帧识别的目标模型被置于局部坐标系的中心，然后当前帧的目标候选置于 y 处。目标候选的特征描述可以使用概率密度函数 $p(y)$，它是从当前图像帧数据中估计出来的。为了使计算更高效，采用离散化的概率密度函数，用 m 个区间的直方图表示。因此，目标模型 $\hat{q}$ 和目标候选 $\hat{p}(y)$ 概率密度函数的定义如下：

$$\hat{q}=\{\hat{q}_u\},\quad \sum_{u=1}^{m}\hat{q}_u=1 \tag{11-44}$$

$$\hat{p}(y)=\{\hat{p}_u(y)\},\quad \sum_{u=1}^{m}\hat{p}_u=1 \tag{11-45}$$

其中，$u=1,\cdots,m$；$\hat{\rho}(y)$ 是 $\hat{p}$ 和 $\hat{q}$ 之间的相似度函数：

$$\hat{\rho}(y)\equiv\rho[\hat{p}(y),\hat{q}] \tag{11-46}$$

对于一个跟踪任务，相似度函数与在前一帧已经确定了位置的目标出现在当前帧的位置 y 处的可能性相符。因此，对于待分析的帧序列，$\hat{\rho}(y)$ 的局部最优值就对应着目标在当前帧出现的位置。

目标模型（**Target Model**）从一个椭圆形的区域中导出，这个椭圆形区域首先被规范化到一个单位圆中来去除目标尺度的影响，包括 n 个像素的目标区域由规范化后的像素坐标 $\{x_i^*\}$ 表示；规范化使用单位圆的中心作为原点。然后使用一个单调递减的凸核函数 K 和一个轮廓函数 $k(x)$ 来记录目标区域：

$$k(x):[0,\infty]\rightarrow\Re \text{ 满足 } K(x)=k(\|x\|^2) \tag{11-47}$$

Comaniciu 等人推荐使用 Epanechnikov 核函数。在 x_i^* 处的每一个目标模型像素必须与其在量化后的特征空间上的一个索引 $b(x_i^*)$ 相关联，其索引函数是 $b:R^2\rightarrow\{1,\cdots,m\}$。特征 $u\in\{1,\cdots,m\}$ 的概率 $\hat{q}_u$ 通过如下方式计算：

$$\hat{q}_u=C\sum_{i=1}^{n}k(\|x_i^*\|^2)\delta[b(x_i^*)-u] \tag{11-48}$$

其中，δ 是 Kronecker delta 函数，C 是一个规范化常量：

$$C=\frac{1}{\sum_{i=1}^{n}k(\|x_i^*\|^2)} \tag{11-49}$$

当前帧中以 y 为中心的**目标候选**（**Target Candidate**）用规范化的像素位置集合 $\{x_i\}(i=1,\cdots,n_h)$ 来表示，其中，h 表示具有与目标模型相同轮廓函数 $k(x)$ 的核函数 K 的带宽。规范化过程是从包含目标模型的帧中继承来的。带宽定义了目标候选的尺度，因此也决定了当前帧在定位过程中需要分析的像素数目。特征 $u\in\{1,\cdots,m\}$ 的概率 $\hat{p}_u$ 是：

$$\hat{p}_u=C_h\sum_{i=1}^{n_h}k\left(\left\|\frac{y-x_i}{h}\right\|^2\right)\delta[b(x_i)-u] \tag{11-50}$$

其中，规范化常量为：

$$C_h=\frac{1}{\sum_{i=1}^{n_h}k(\|(y-x_i)/h\|^2)} \tag{11-51}$$

由于 C_h 不依赖于 y，所以对于给定的核函数和带宽，它可以被事先计算出来。式（11-46）的相似度函数继承了所用核函数 K 的特性。选用一个平滑可微的核函数并利用爬山法来优化相似度函数。

很明显，相似度函数是对目标和每个候选之间距离的一个度量指标。这两个分布之间的距离 $d(y)$ 可以通过巴氏（Bhattacharyya）系数评估 p 和 q 之间的相似度来估计：

$$d(y)=\sqrt{1-\rho[\hat{p}(y),\hat{q}]} \tag{11-52}$$

其中，

$$\hat{\rho}[y]\equiv\hat{\rho}[\hat{p}(y),\hat{q}]=\sum_{u=1}^{m}\sqrt{\hat{p}_u(y)\hat{q}_u} \tag{11-53}$$

为了在当前帧找到目标最可能的位置，将式（11-52）的距离最小化，并且将式（11-53）的巴氏系数最大化。这个优化过程从目标在前一帧的位置出发，然后使用基于梯度的均值移位方法。

当前帧中，每一个独立跟踪步骤从目标模型在前一帧确定的位置 y_0 处开始。模型本身是从跟踪序列的初始帧估计出来的。由于随着时间可能会发生变化，因此必须有一个可以更新的目标模型机制。为了初始化每一个跟踪过程，需要计算 y_0 处于 $u=1,\cdots,m$ 时目标候选 $\{\hat{p}_u(\hat{y}_0)\}$ 的概率。在 $\{\hat{p}_u(\hat{y}_0)\}$ 附近的泰勒展开可以用式（11-54）近似。

$$\rho[\hat{p}(y),\hat{q}]\approx\frac{1}{2}\sum_{u=1}^{m}\sqrt{\hat{p}_u(\hat{y}_0)\hat{q}_u}+\frac{1}{2}\sum_{u=1}^{m}\hat{p}_u(y)\sqrt{\frac{\hat{q}_u}{\hat{p}_u(\hat{y}_0)}} \tag{11-54}$$

只要后续序列中的目标候选 $\{\hat{p}_u(\hat{y})\}$ 在初始 $\{\hat{p}_u(\hat{y}_0)\}$ 处不剧烈变化，由式（11-54）就可以得到一个合理且紧凑的近似结果。注意，$\{\hat{p}_u(\hat{y}_0)\}>0$（或者大于一个小数 ε）这个要求除了一些不符合的特征外，对于所有的 $u=1,\cdots,m$ 都是可以的。

跟踪过程根据式（11-50）优化目标候选的位置。使用式（11-55），必须最大化右边的第二项，因为第一项和 y 无关。

$$\rho[\hat{p}(y),\hat{q}] \approx \frac{1}{2}\sum_{u=1}^{m}\sqrt{\hat{p}_u(\hat{y}_0)\hat{q}_u} + \frac{C_h}{2}\sum_{u=1}^{n_h} w_i k\left(\left\|\frac{y-x_i}{h}\right\|^2\right) \tag{11-55}$$

其中，

$$w_i = \sum_{u=1}^{m}\sqrt{\frac{\hat{q}_u}{\hat{p}_u(\hat{y}_0)}}(\delta(b(x_i)-u)) \tag{11-56}$$

最大化第二项反映了在当前帧 y 处由核轮廓函数 $k(x)$ 计算的 w_i 作为权重的密度估计。使用式（11-57），均值移位过程可以以迭代的方式从 $\hat{y}_0$ 处开始找到最大值的位置。

$$\hat{y}_1 = \sum_{i=1}^{n_h} x_i w_i g\left(\left\|\frac{\hat{y}_0-x_i}{h}\right\|^2\right) \Big/ \sum_{i=1}^{n_h} w_i g\left(\left\|\frac{\hat{y}_0-x_i}{h}\right\|^2\right) \tag{11-57}$$

其中，$g(x)=-k'(x)$ 在 $x\in[0,\infty)$ 范围内除了有限个点外均可微。

算法 11-1　基于核函数的物体跟踪

1）假设：目标模型 $\{\hat{q}_u\}$ 对于所有的 $u=1,\cdots,m$ 均存在。跟踪到的物体在前一帧的位置 $\hat{y}_0$ 已知。

2）把目标在前一帧的位置 $\hat{y}_0$ 作为当前帧中目标候选的初始位置，对于所有的 $u=1,\cdots,m$ 计算 $\{\hat{p}_u(\hat{y}_0)\}$，然后计算：

$$\rho[\hat{p}(\hat{y}_0),\hat{q}] = \sum_{u=1}^{m}\sqrt{\hat{p}_u(\hat{y}_0)\hat{q}_u}$$

3）对于所有的 $i=1,\cdots,n_h$，根据式（11-56）推导权重。

4）根据式（11-57）确定目标候选的新位置。

5）对所有的 $u=1,\cdots,m$ 计算相似度值 $\{\hat{p}_u(\hat{y}_1)\}$，然后确定：

$$\rho[\hat{p}(\hat{y}_1),\hat{q}] = \sum_{u=1}^{m}\sqrt{\hat{p}_u(\hat{y}_1)\hat{q}_u}$$

6）如果新的目标区域和目标模型的相似度小于旧的目标区域和目标模型之间的相似度，即：

$$\rho[\hat{p}(\hat{y}_1),\hat{q}] < \rho[\hat{p}(\hat{y}_0),\hat{q}]$$

将目标区域移动到新旧位置的中间处，如式（11-58）：

$$\hat{y}_1 := \frac{1}{2}(\hat{y}_0+\hat{y}_1) \tag{11-58}$$

并且计算新位置处的相似度函数 $\rho[\hat{p}(\hat{y}_1),\hat{q}]$，返回到这一步的开始。

7）如果 $\|\hat{y}_1-\hat{y}_0\|<\varepsilon$，则停止，否则使用当前目标位置作为下次迭代的开始位置，$\hat{y}_0:=\hat{y}_1$，然后从第 3）步开始。

在第 7）步中，ε 为预先定义的值。通常情况下，迭代的最大次数有限，能够满足实时性需求。注意，引入第 6）步只是为了避免均值移位最大化过程中潜在的数值问题。

为了适应尺度的变化，核函数的带宽 h 必须在跟踪过程中进行适当调整。用 h_{prev} 表示前一帧使用的带宽，当前帧的最佳带宽为 h_{opt}，通过重复使用三个不同 h 值的目标定位算法来确定：

$$h = h_{\text{prev}} \tag{11-59}$$

$$h = h_{\text{prev}} + \Delta h \tag{11-60}$$

$$h = h_{\text{prev}} - \Delta h \tag{11-61}$$

取值一般与测试值相差 10%：$\Delta h = 0.1h_{\text{prev}}$。最佳的带宽值根据最大的巴氏系数来确定。为了避免对带宽进行过于敏感的修改，新的带宽值使用式（11-62）确定。

$$h_{\text{new}} = \gamma h_{\text{opt}} + (1-\gamma) h_{\text{prev}} \tag{11-62}$$

通常，$\gamma = 0.1$。最佳带宽作为时间的一个函数，包含着关于跟踪目标的潜在有价值的信息。

11.5　基于视觉的运动特征提取与描述

11.4 节介绍了基于高斯混合模型的背景建模与基于核函数的跟踪方法。为了描述物体运动形状，本节研究运动形状描述与运动形状检测。

11.5.1　运动形状描述

识别物体的运动形状方法取决于物体的基础性特征。如果形状是人造的目标形状，那么可以利用高斯混合或局部搜索的跟踪方法推导出一个可以决定运动的轨迹。跟踪过程特别依赖于外观，并且不变视点方法是无论目标相对于摄像机视角的方向如何，都能识别目标的方法。另外，我们可能寻求找到且识别生物的形状，它可能在目标移动时发生变形。

识别目标运动的方法是单一的识别运动。运动可以通过运动能量图像（MEI）进行描述，它显示哪些运动（在整个序列上）被遮挡了。运动还可以通过历史图像（MHI）进行描述，它说明运动的时间。MEI 和 MHI 之间的区别被用来增加辨别能力。MEI 被计算为运动（τ）的时域程度的函数为：

$$\text{MEI}(\tau)_{t_{xy}} = \bigcup_{t=0}^{\tau-1} P_{t-1_{x,y}} \tag{11-63}$$

并且，τ 的值可以被确定以优化区别能力。

MHI 的计算如式（11-64）所示。

$$\text{MHI}(\tau)_{t_{xy}} = \begin{cases} \tau, & P_{t_{xy}} = 1 \\ \max(0, \text{MHI}(\tau)_{t-l_{xy}} - 1), & P_{t_{xy}} \neq 1 \end{cases} \tag{11-64}$$

Hu 不变矩用于描述 MEI 图像和 MHI 图像，马氏（Mahalanobis）距离用于在矩描述之间的计算。这样，在不同视角下的单独行为被记录为多个视频序列。Hu 矩用来描述物体的平滑运动，并且行为可以被成功地识别。

在行为识别领域，有相当多的（持续的）研究，并且伴随着标准数据集及评价标准。在运动分析与识别中，从图像序列中恢复人的姿态与运动可以被视为复原/跟踪问题。其中，行为的识别是一个分类问题。在人运动的全局表示中，行为被描述为一个整体，并且通过背景减/跟踪方法得到。另一种方法是使用局部特征，通常采用学习的方法。通过使用的数据，行为通常被预先分割，尽管行为检测有一些应急的方法。因此，这些方法很少关注计算机视觉中的特征提取与描述，这里将就此展开阐述。我们应该通过将特征提取技术扩展应用到图像序列，并考虑那些致力于从图像序列中分割和描述运动对象的方法。

11.5.2 运动形状检测

前面小节介绍了提取运动目标的方法。通常，它是通过对背景建模，然后去除背景以寻找运动形状的方法实现的。一种替代的方法是对运动形状进行建模，以便能够把它从背景中分离出来。为了通过形状匹配提取运动目标，一种方法是在每个单独的图像帧进行运动形状的确定，校验的结果可以用来估计形状的运动。另一种方法是基于霍夫变换检测运动的形状（称为速度 HT）。该方法对形状以及它们的运动进行了参数化，这样允许对帧之间的运动进行集体描述。为此，需要建立一种待考虑的运动形状的模型。对于一个具有（线性）速度运动的圆圈，沿着 v_x 和 v_y 方向的速度分别为 x 和 y，则点坐标是时间 t 的函数，即：

$$\begin{aligned} x(t) &= c_x+v_xt+r\cos\theta \\ y(t) &= c_y+v_yt+r\sin\theta \end{aligned} \tag{11-65}$$

式中，c_x、c_y——圆心的坐标；

r——圆的半径，且允许画时刻 t 的圆轨迹。

那么，根据未知的参数 c_x、c_y、v_x、v_y 和 r 构造一个五维的累加器数组，然后在此累加器数组中给序列的每幅图像进行投票（在边缘检测和阈值化后）。在五维空间的投票，相对于其他的方法，该技术显然需要更多的计算量。但是，它保留了待考虑目标的精确描述。自然地，通过将贯穿序列的信息进行分组。该方法在遮挡条件下，相对于逐帧提取单一的圆并且将轨迹确定为提取到的圆圈的中心轨迹方法来说，表现得更为可靠。

该方法可以被扩展，以确定具有脉动型运动的形状。这要求一种脉动型运动的模型，可以通过改变圆圈的（固定的）半径为脉动型圆圈的半径 r_p 实现。脉动型运动的幅度为 a，脉冲宽度为 w，周期为 T，相角为 ϕ，则其半径为：

$$r_p=r-a\sin\left(\frac{t-iT-\phi}{w}\right),\ i=0,1,\cdots;\ \phi<t<\phi+w \tag{11-66}$$

该方法被扩展为寻找运动直线的方法，如同通过行人行走的方式（人臀部的运动）识别行人时所用的基于模型的方法。需要注意的是，人行走是周期性的，它通过脚步与地板接触的时间间隔定义周期，从而运动表现出一定的模式。该模型集中在人腿上半部分的运动。这里，模型不仅需要考虑行走的人的侧向偏移，也需要考虑人的臀部的倾角变化。该模型首先考虑行人臀部的水平偏移，它被推导为坐标为 (c_x,c_y) 的中心点的运动：

$$\begin{aligned} c_x(t) &= -\frac{\beta}{w_0}+\left(v_xt+\frac{\alpha}{w_0}\sin(w_0t)+\frac{\beta}{w_0}\cos(w_0t)\right) \\ c_y(t) &= -\frac{\beta}{w_0}+\left(v_yt+\frac{\alpha}{w_0}\sin(w_0t)+\frac{\beta}{w_0}\cos(w_0t)\right) \end{aligned} \tag{11-67}$$

式中，v_x——沿 x 轴方向的平均速度；

v_y——沿 y 轴方向的平均速度；

w_0——步态循环的角速度；

α、β——通过建模骨盆的运动所确定的。

进而可对臀部建模：

$$
\begin{aligned}
r_x &= c_{x0}+c_x(t)-\lambda\sin[\phi(t)] \\
r_y &= c_{y0}+c_y(t)-\lambda\cos[\phi(t)]
\end{aligned} \tag{11-68}
$$

其中，c_{x0} 和 c_{y0} 可以取任意的实数值，λ 表示那些从臀部到膝盖的点。对于恒定的行走速度，臀部的旋转 $\phi(t)$ 是周期 T 的周期函数。傅里叶级数可以表示基础频率为 $\omega_0=2\pi/T$ 的任意周期信号。对于一个实周期信号，傅里叶级数表示具有如下形式：

$$
x(t)=a_0+\sum_{k=1}^{N}\Re(a_k e^{jw_0kt}) \tag{11-69}
$$

函数 $\phi(t)$ 可以由式（11-69）表示。因此，大腿的倾角是由一系列谐波表示的，与较早的医疗研究以及基于模型的方法进行步态描述的观察结果相一致。实际上，通过这项技术及其他技术提取的描述行走步态的数据集看上去是独一无二的，并且对于每个个体可重复。步态是计算机视觉领域一种很好的生物信息，相关内容本书不再赘述，感兴趣的读者可自行查询相关文献资料。

速度 HT 也被用在广义霍夫变换（GHT）中进行运动形状检测，它在 GHT 提取过程中强加上运动轨迹。形状是从目标的图像中提取的，并且组成了关于头部和上半身的轮廓形象。对于简单平移的任意形状，都可以通过傅里叶描述符来进行描述。假设一个运动（非变形的）物体的形状为 s，初始尺度和旋转为 $a_s=[l_g\ \rho_g]$，它是由 FD 的 $\overline{\mathrm{FD}_x}$ 和 $\overline{\mathrm{FD}_y}$ 组成，转换为从原点到曲线上的一个点的矢量形式。那么，缩放和旋转后的形状可以描述为：

$$
\begin{aligned}
R_x(s,a_s) &= l_g u_x(s,\overline{\mathrm{FD}_x})\cos(\rho_g)-l_g u_y(s,\overline{\mathrm{FD}_y})\sin(\rho_g) \\
R_y(s,a_s) &= l_g u_x(s,\overline{\mathrm{FD}_x})\sin(\rho_g)+l_g u_y(s,\overline{\mathrm{FD}_y})\cos(\rho_g)
\end{aligned} \tag{11-70}
$$

那么，“投票支持”参考点的曲线 w（在这种情况下形状的中心）为：

$$
w(s,i,l,\rho,v_x,v_y)=R_x(s,l,\rho)\boldsymbol{U}_x+R_y(s,l,\rho)\boldsymbol{U}_y+iv_x\boldsymbol{U}_x+iv_y\boldsymbol{U}_y \tag{11-71}
$$

式中，i——序列内的图像号；

v_x、v_y——x 中心和 y 中心的速度参数；

$\boldsymbol{U}_x$、$\boldsymbol{U}_y$——x 轴和 y 轴的两个正交的单位矢量。

$$
A(\boldsymbol{b},l,\rho,v_x,v_y)=\sum_{i\in D_i}\sum_{t\in D_t}\sum_{s\in D_s}M(\boldsymbol{b},\lambda(t,i)-w(s,i,l,\rho,v_x,v_y)) \tag{11-72}
$$

其中，$\boldsymbol{b}$ 是平移矢量，如果 $a=b$，则匹配函数 $M(\mathrm{a},\mathrm{b})=1$。$D_i$、$D_t$ 和 D_s 分别是序列、图像和形状。并且，$\lambda(t,i)$ 是定义图像序列的图像 i 中的像素点的参数函数。该表达式给出了一种寻找运动的任意形状的累积策略。对于一帧中的每个边缘像素，投票的轨迹是从模板形状 s 的傅里叶描述计算得出的，并且进入累加器 A。轨迹的坐标被调整，以允许形状的预测运动，它取决于帧号，如同在速度 HT 中一样。这给出了一种利用 GHT 寻找以恒定速度运动（并且加速度也可以被建模）的任意形状的方法。

在人体运动中，因为腿是垂直的，身体部分（在姿态阶段）上下运动，所以行人身体的运动需要引入运动模板。期望的（准正弦）轨迹被加强，并且质心的位置在每帧都被描绘出来了。GHT 已发展到可以提取变形的（具有周期性的变形）运动形状。它在信息收集框架内使用傅里叶描述符，并且在户外的图像序列中成功地提取了行人。

思考与练习

11-1　主动轮廓模型包含哪几部分？各部分怎样计算？

11-2　编程实现图 11-2 的 Python 程序。

11-3　试说明随机梯度算法和 EM 算法的工作过程，并说明它们之间的优缺点。

11-4　试说明基于核函数算法跟踪的工作过程。

第12章 聚类分析

聚类分析是一种无监督学习，用于对未知类别的样本进行划分，将它们按照一定的规则划分成若干个类簇，把相似的样本聚集在同一个类簇中。与有监督的分类算法不同，聚类算法没有训练过程，直接完成对一组样本的划分。常用的聚类方法有 K-Means 聚类、FCM（Fuzzy C-Means）聚类和 SCM（Subtractive Clustering Method）聚类。

12.1 K-Means 聚类

K-Means 聚类算法由 Steinhaus（1955 年）、Lloyd（1957 年）、Ball&Hall（1965 年）、Mc Queen（1967 年）分别在各自不同的领域内独立提出的。尽管 K-Means 聚类算法被提出半个多世纪了，但仍是目前应用最广泛的聚类算法之一。

12.1.1 目标函数

对于给定的 d 维数据点的数据集 $X=\{x_1,x_2,\cdots,x_n\}$，其中 $x_i\in R^d$，数据子集的数目是 K，K-Means 聚类将数据对象分为 K 个划分，具体划分为 $C=\{c_k,i=1,2,\cdots,K\}$。每个划分代表一个类 c_k，每个类 c_k 的中心为 μ_k。取欧氏距离作为相似性和距离判断的准则，计算该类各个点到聚类中心 μ_k 的距离的平方和。

$$J(c_k)=\sum_{x_i\in c_k}\|x_i-\mu_k\|^2 \tag{12-1}$$

聚类的目标是使各类总的距离平方和 $J(C)=\sum_{k=1}^{K}J(c_k)$ 最小。

$$J(C)=\sum_{k=1}^{K}J(c_k)=\sum_{k=1}^{K}\sum_{x_i\in c_k}\|x_i-\mu_k\|^2=\sum_{k=1}^{K}\sum_{i=1}^{n}d_{ki}\|x_i-\mu_k\|^2 \tag{12-2}$$

其中，

$$d_{ki}=\begin{cases}1, & 若\ x_i\in c_k\\ 0, & 若\ x_i\notin c_k\end{cases}$$

K-Means 聚类算法从一个初始的 K 类别划分开始，然后将各数据点指派到各个类别中，以减少总的距离平方和。由于 K-Means 聚类算法中总的距离平方和随着类别的个数 K 的增加而趋向于减小，当 $K=n$ 时，$J(C)=0$，因此，总的距离平方和只能在某个确定的类别个数 K 下取得最小值。

12.1.2 K-Means 聚类算法流程

K-Means 聚类算法的核心思想是把 n 个数据对象划分为 k 个聚类，使每个聚类中的数据点到该聚类中心的平方和最小。这里，输入聚类个数为 k，数据集中的数据对象的个数为 n，算法如下：

1）从 n 个数据对象中任意选取 k 个对象作为初始的聚类中心种子点。

2）分别计算每个对象到各个聚类中心的距离，把对象分配到距离最近的聚类中心种子群。

3）所有对象分配完成后，重新计算 k 个聚类的中心。

4）重复步骤2）、步骤3）的过程，本次计算的结果与上一次计算得到的各个聚类中心比较，如果聚类中心发生变化，转至步骤2），否则转至步骤5）。

5）输出聚类中心结果。

12.1.3 K-Means 聚类模块库代码

K-Means 聚类在机器学习库 Scikit-learn 中，相应的函数为 sklearn. cluster. KMeans( )。

```
sklearn.cluster.KMeans(n_clusters=8,
    init='k-means++',
     n_init=10,
     max_iter=300,
     tol=0.0001,
     precompute_distances='auto',
     verbose=0,
     random_state=None,
     copy_x=True,
     n_jobs=1,
     algorithm='auto')
```

sklearn. cluster. KMeans( ) 函数的参数意义：n_clusters 为分类簇的个数；init 为初始簇中心的获取方法；n_init 为获取初始簇中心的更迭次数，为了弥补初始质心的影响，算法默认会初始十次质心，实现算法，然后返回最好的结果；max_iter 为最大迭代次数（因为 K-Means 算法的实现需要迭代）；tol 为算法收敛的阈值，即 K-Means 运行准则收敛的条件；precompute_distances 有三种选择，即 auto、True、False，表示是否需要提前计算距离，这个参数会在空间和时间之间做权衡。如果选择 True，则预计算距离，会把整个距离矩阵都放到内存中，如果选择 auto，在数据维度 featurs * samples 的数量大于 12×106 时不提前计算距离，如果选择 False，也不提前计算距离；verbose 默认是 0，不输出日志信息，值越大，打印的细节越多；random_state 为随机生成簇中心的状态条件，一般默认即可（随机种子）；copy_x 为布尔值，标记是否修改数据，主要用于 precompute_distances = True 的情况。如果为 True，则预计算距离，不修改原来的数据；如果为 False，则预计算距离，修改原来的数据以节省内存；n_jobs 指定计算所需的进程数；algorithm 为 K-Means 的实现算法，有 auto、full、elkan。其中，full 表示用 EM 方式实现。

例 12-1 实现不同聚类中心聚类的结果。

```
import numpy as np
from sklearn.cluster import KMeans
import matplotlib.pyplot as plt
from sklearn import metrics
from sklearn.datasets.samples_generator import make_blobs
plt.figure()
X,y=make_blobs(n_samples=1000,n_features=2,centers=[[-1,-1],[0,0],[1,1],[2,2]],
               cluster_std=[0.4,0.2,0.2,0.2],random_state=9)
```

```
    for index,k in enumerate((2,3,4,5)):
        plt.subplot(2,2,index+1)
        y_pred=KMeans(n_clusters=k,random_state=9).fit_predict(X)
        score=metrics.calinski_harabasz_score(X,y_pred)
        plt.scatter(X[:,0],X[:,1],c=y_pred,s=10,edgecolor='grk')
    plt.text(.99,.01,('k=%d,score:%.2f'%(k,score)),transform=plt.gca().transAxes,
size=10,horizontalalignment='right')
    plt.show()
```

K-Means 聚类输出结果如图 12-1 所示。

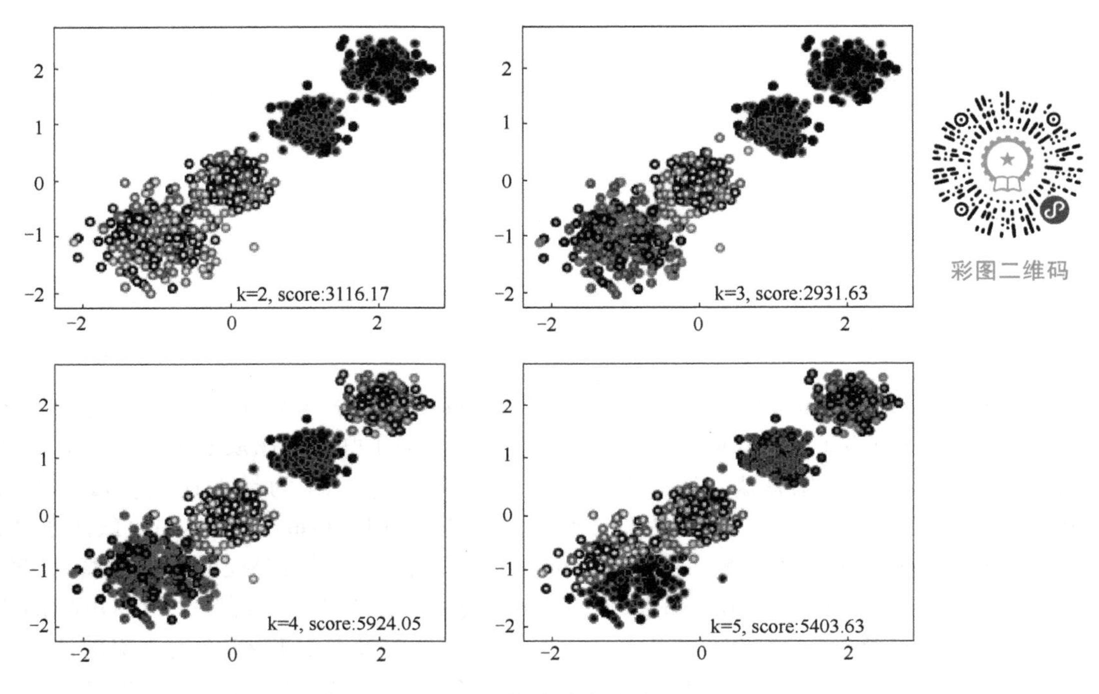

图 12-1　K-Means 聚类输出结果

12.1.4　Python 中基于 OpenCV 的 K-Means 聚类

OpenCV 提供了 cv2.kmeans() 函数用于实现 K 均值聚类，其一般格式为：

```
retval,bestLabels, centers = cv2.kmeans ( data, K, bestLabels, criteria, attempts,
flags)
```

返回值各参数的含义：retval 为距离值（也称密度值或紧密度），返回每个点到相应中心点距离的平方和；bestLabels 为各个数据点的最终分类标签（索引）；centers 为每个分类的中心点数据。

函数体内各参数的含义：data 为输入待处理数据集合，每个特征放在单独的一列中；K 为要分出的簇的个数，即分类的数目，最常见的是 K=2，表示二分类；bestLabels 表示计算之后各个数据点的最终分类标签（索引）。实际调用时，参数 bestLabels 的值设置为 None；

criteria 为算法迭代的终止条件。当达到最大循环数目或者指定的精度阈值时，算法停止继续分类迭代计算。该参数由三个子参数构成，分别为 type、max_iter 和 eps。其中，max_iter 代表最大迭代次数；eps 表示精确度的阈值；type 表示终止的类型，分别为 cv2. TERM_CITERIA_EPS（表示精度满足 eps 时，停止迭代）、cv2. TERM_CITERIA_MAX_ITER（表示迭代次数超过阈值 max_iter 时，停止迭代）和 cv2. TERM_CITERIA_EPS+cv2. TERM_CITERIA_MAX_ITER（上述两个条件中的任意一个满足时，停止迭代）。

attempts 为初始分类值尝试次数，在具体实现时，为了获得最佳分类效果，可能需要使用不同的初始分类值进行多次尝试，指定 attempts 的值，可以让算法使用不同的初始值进行多次尝试；flags 表示选择初始中心点的方法，主要有三种，分别为 cv2. KMEANS_RANDOM_CENTERS（表示随机选取中心点）、cv2. KMEANS_PP_CENTERS（表示基于中心化算法选取中心点）、cv2. KMEANS_USE_INITIAL_LABELS［表示使用用户输入的数据作为第一次分类中心点，如果算法需要多次尝试（attempts 值大于 1 时），则后续尝试都是使用随机值或者半随机值作为第一次分类中心点］。

例 12-2 使用函数 cv2. kmeans( ) 将灰度图像处理为只有两个灰度级的二值图像。

```
#K 均值聚类
import numpy as np
import cv2 as cv
#import matplotlib.pyplot as plt
#读取待处理图像
img=cv.imread("D:\Python\pic\smalldog52.jpg")
#使用 reshape 将一个 RGB 像素点值的三个值作为一个单元
data=img.reshape((-1,3))
#转换为 K-Means 可以处理的类型
data=np.float32(data)
#调用 K-Means 模块
criteria=(cv.TERM_CRITERIA_EPS + cv.TERM_CRITERIA_MAX_ITER,10,1.0)
K=2
ret,label,center=cv.kmeans(data,K,None,criteria,10,cv.KMEANS_RANDOM_CENTERS)
# 转换为 uint8 数据类型,将每个像素点值都赋值为当前组的中心点值
#将 center 的值转换为 uint8
center=np.uint8(center)
#使用 center 内的值替换原有像素点值
res1=center[label.flatten()]
#使用 reshape 调整替换后的图像
res2=res1.reshape((img.shape))
#显示处理结果
cv.imshow("img",img)
cv.imshow("res2",res2)
cv.waitKey(0)
cv.destroyAllWindows()
```

原始图像与 K-Means 聚类二值化图像如图 12-2 所示。

a) 原始图像

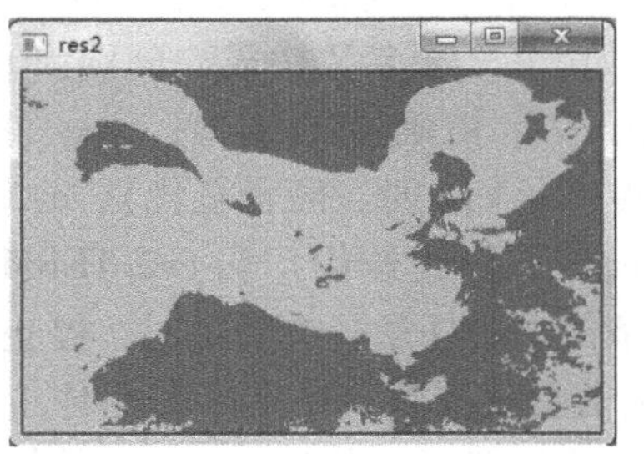

b) K-Means聚类二值化图像

彩图二维码

图 12-2 原始图像与 K-Means 聚类二值化图像

12.2 FCM 聚类

Ruspini 率先提出了模糊划分的概念。以此为基础，模糊聚类理论和方法迅速发展起来。实际中，最受欢迎的是基于目标函数的模糊聚类方法，即把聚类归结成一个带有约束的非线性规划问题，通过优化求解获得数据集的模糊划分和聚类。在基于目标函数的聚类算法中模糊 C 均值（Fuzzy C-Means，FCM）类型算法的理论最为完善、应用最为广泛。

12.2.1 FCM 聚类目标函数

Bezdek 给出了基于目标函数模糊聚类的一般描述：

$$\begin{cases} J_m(\boldsymbol{U},\boldsymbol{P})=\sum_{k=1}^{n}\sum_{i=1}^{c}(\mu_{ik})^m(d_{ik})^2, m\in[1,\infty) \\ \text{s.t.} \quad \boldsymbol{U}\in M_{fc} \end{cases} \tag{12-3}$$

式中，$\boldsymbol{U}=[\mu_{ik}]_{c\times n}$——由 c 个子集的特征函数值构成的矩阵；

m——加权指数，又称为平滑参数；

d_{ik}——样本 x_k 与第 i 类的聚类原型 p_i 之间的距离度量，如式（12-4）所示。

$$(d_{ik})^2=\|x_k-p_i\|_{\boldsymbol{A}}^2=(x_k-p_i)^{\mathrm{T}}\boldsymbol{A}(x_k-p_i) \tag{12-4}$$

式中，$\boldsymbol{A}$——$s\times s$ 阶的对称正定矩阵，聚类的准则为取 $J_m(\boldsymbol{U},\boldsymbol{P})$ 的极小值，如式（12-5）所示。

$$\min\{J_m(\boldsymbol{U},\boldsymbol{P})\} \tag{12-5}$$

由于矩阵 $\boldsymbol{U}$ 中的各列都是独立的，因此：

$$\begin{cases} \min\{J_m(\boldsymbol{U},\boldsymbol{P})\}=\min\left\{\sum_{k=1}^{n}\sum_{i=1}^{c}(\mu_{ik})^m(d_{ik})^2\right\}=\sum_{k=1}^{n}\min\left\{\sum_{i=1}^{c}(\mu_{ik})^m(d_{ik})^2\right\} \\ \text{s.t.} \quad \sum_{i=1}^{c}\mu_{ik}=1 \end{cases} \tag{12-6}$$

式（12-6）采用拉格朗日乘数法来求解。

$$F=\sum_{i=1}^{c}(\mu_{ik})^{m}(d_{ik})^{2}+\lambda\left(\sum_{i=1}^{c}\mu_{ik}-1\right) \tag{12-7}$$

最优化的一阶必要条件为：

$$\frac{\partial F}{\partial \lambda}=\left(\sum_{i=1}^{c}\mu_{ik}-1\right)=0 \tag{12-8}$$

$$\frac{\partial F}{\partial \mu_{\mu}}=[m(\mu_{jt})^{m-1}(d_{jt})^{2}-\lambda]=0 \tag{12-9}$$

由式（12-9）得：

$$\mu_{jt}=\left[\frac{\lambda}{m(d_{jt})^{2}}\right]^{\frac{1}{m-1}} \tag{12-10}$$

使得 $J_m(\boldsymbol{U},\boldsymbol{P})$ 为最小的 μ_{ik} 值为：

$$\begin{cases}\mu_{ik}=\dfrac{1}{\sum_{j=1}^{c}\left(\dfrac{d_{ik}}{d_{jk}}\right)^{\frac{2}{m-1}}}，\text{当 } I_k=\{i\mid 1\leqslant i\leqslant c,d_{ik}=0\}=\varnothing \\ \mu_{ik}=0，\ \forall i\in \bar{I}_k，\text{以及}\sum_{i\in I_k}\mu_{ik}=1，\text{当 } I_k\neq\varnothing\end{cases} \tag{12-11}$$

用类似的方法可以获得 $J_m(\boldsymbol{U},\boldsymbol{P})$ 为最小的 p_i 的值，令：

$$\frac{\partial}{\partial p_i}=J_m(\boldsymbol{U},\boldsymbol{P})=0 \tag{12-12}$$

得到：

$$\sum_{k=1}^{n}(\mu_{ik})^{m}\frac{\partial}{\partial p_i}[(x_k-p)^{\mathrm{T}}\boldsymbol{A}(x_k-p)]=0 \tag{12-13}$$

$$p_i=\frac{1}{\sum_{k=1}^{n}(\mu_{ik})^{m}}\sum_{k=1}^{n}(\mu_{ik})^{m}x_k \tag{12-14}$$

若数据集 X、聚类类别数 c 和权重 m 值已知，则可由式（12-11）和式（12-14）确定最佳模糊分类矩阵和聚类中心。

12.2.2 FCM聚类算法

为了优化聚类分析的目标函数，现在广泛流行的模糊 C 均值聚类算法得到广泛使用。该算法从硬 C 均值（Hard C-means，HCM）聚类算法发展而来。下面介绍 FCM 聚类算法。

初始化：给定聚类类别数 c，$2\leqslant c\leqslant n$，n 是数据个数，设定迭代停止阈值 ε，初始化聚类原型模式 $\boldsymbol{P}^{(0)}$，设置迭代计数器 $b=0$。

步骤一：用式（12-15）计算或更新划分矩阵 $\boldsymbol{U}^{(b)}$。

对于 $\forall i,k$，如果 $\exists d_{ik}^{(b)}>0$，则有：

$$\mu_{ik}^{(b)} = \left\{ \sum_{j=1}^{c} \left[\left(\frac{d_{ik}^{(b)}}{d_{jk}^{(b)}} \right)^{\frac{2}{m-1}} \right] \right\}^{-1} \tag{12-15}$$

如果$\exists i,r$，使得$d_{ik}^{(b)}=0$，则有：

$$\mu_{ir}^{(b)}=1，且对 \quad j\neq r,\mu_{ij}^{(b)}=0 \tag{12-16}$$

步骤二：使用式（12-17）更新聚类模式矩阵$\boldsymbol{P}^{(b+1)}$。

$$p_i^{(b+1)} = \frac{\sum_{k=1}^{n} (\mu_{ik}^{(b+1)})^m \cdot x_k}{\sum_{k=1}^{n} (\mu_{ik}^{(b+1)})^m}, \quad i=1,2,\cdots,c \tag{12-17}$$

步骤三：如果$\|\boldsymbol{P}^{(b)}-\boldsymbol{P}^{(b+1)}\|<\varepsilon$，则停止计算，输出矩阵$\boldsymbol{U}$和聚类原型$\boldsymbol{P}$；否则令$b=b+1$，转至步骤一。

12.2.3 基于 Python 与 OpenCV 的 FCM 聚类

例 12-3 在 Python 中编程实现 FCM 聚类算法。

```
import numpy as np
import matplotlib.pyplot as plt
import time
star=time.time()                                          #计时
image=plt.imread("D:\Python\pic\smalldog52.jpg")   #读取图片,存储在三维数组中
row=image.shape[0]
col=image.shape[1]
plt.figure(1)
#plt.subplot(221)
plt.imshow(image)
def fcm(data,threshold,k,m):
    #初始化
    data=data.reshape(-1,3)
    cluster_center=np.zeros([k,3])                     #簇心
    distance=np.zeros([k,row*col])                     #欧氏距离
    times=0                                            #迭代次数
    goal_j=np.array([])                                #迭代终止条件:目标函数
    goal_u=np.array([])                      #迭代终止条件:隶属度矩阵元素最大变化量
    #初始化 U
    u=np.random.dirichlet(np.ones(k),row*col).T
                                             #形状(k,row*col),任意一列元素和=1

    #  for s in range(50):
    while 1:
        times +=1
        print('循环:',times)
        #更新簇心
        for i in range(k):
            cluster_center[i]=np.sum((np.tile(u[i]**m,(3,1))).T*data,
```

```
axis=0)/np.sum(u[i]**m)
            #更新U
            #欧拉距离
            for i in range(k):
                distance[i]=np.sqrt(np.sum((data-np.tile(cluster_center[i],(row*
col,1)))**2,axis=1))
            #目标函数
            goal_j=np.append(goal_j,np.sum((u**m)*distance**2))
            #更新隶属度矩阵
            oldu=u.copy()                                    #记录上一次隶属度矩阵
            u=np.zeros([k,row*col])
            for i in range(k):
                for j in range(k):
                    u[i]+=(distance[i]/distance[j])**(2/(m-1))
                u[i]=1/u[i]
            goal_u=np.append(goal_u,np.max(u-oldu)) #隶属度元素最大变化量
            print('隶属度元素最大变化量',np.max(u-oldu),'目标函数',np.sum((u**m)*
distance**2))
            #判断:隶属度矩阵元素最大变化量是否小于阈值
            if np.max(u-oldu)<=threshold:
                break
        return u,goal_j,goal_u
    if __name__=='__main__':
        img_show,goal1_j,goal2_u=fcm(image,1e-09,5,2)
        img_show=np.argmax(img_show,axis=0)
        plt.figure(2)
        #plt.subplot(223)
        plt.plot(goal1_j)
        plt.rcParams['font.sans-serif']=['SimHei']
        plt.rcParams['axes.unicode_minus']=False
        #plt.title('目标函数变化曲线')
        plt.xlabel('迭代次数')
        plt.ylabel('目标函数')
        plt.figure(3)
        #plt.subplot(224)
        plt.plot(goal2_u)
        #plt.title('隶属度矩阵相邻两次迭代的元素最大变化量变化曲线')
        plt.xlabel('迭代次数')
        plt.ylabel('隶属度矩阵相邻两次迭代的元素最大变化量')
        plt.figure(4)
        #plt.subplot(222)
        plt.imshow(img_show.reshape([row,col]))
        end=time.time()
        print('用时:',end-star)
        plt.show()
```

FCM 聚类有关图像及曲线如图 12-3 所示。

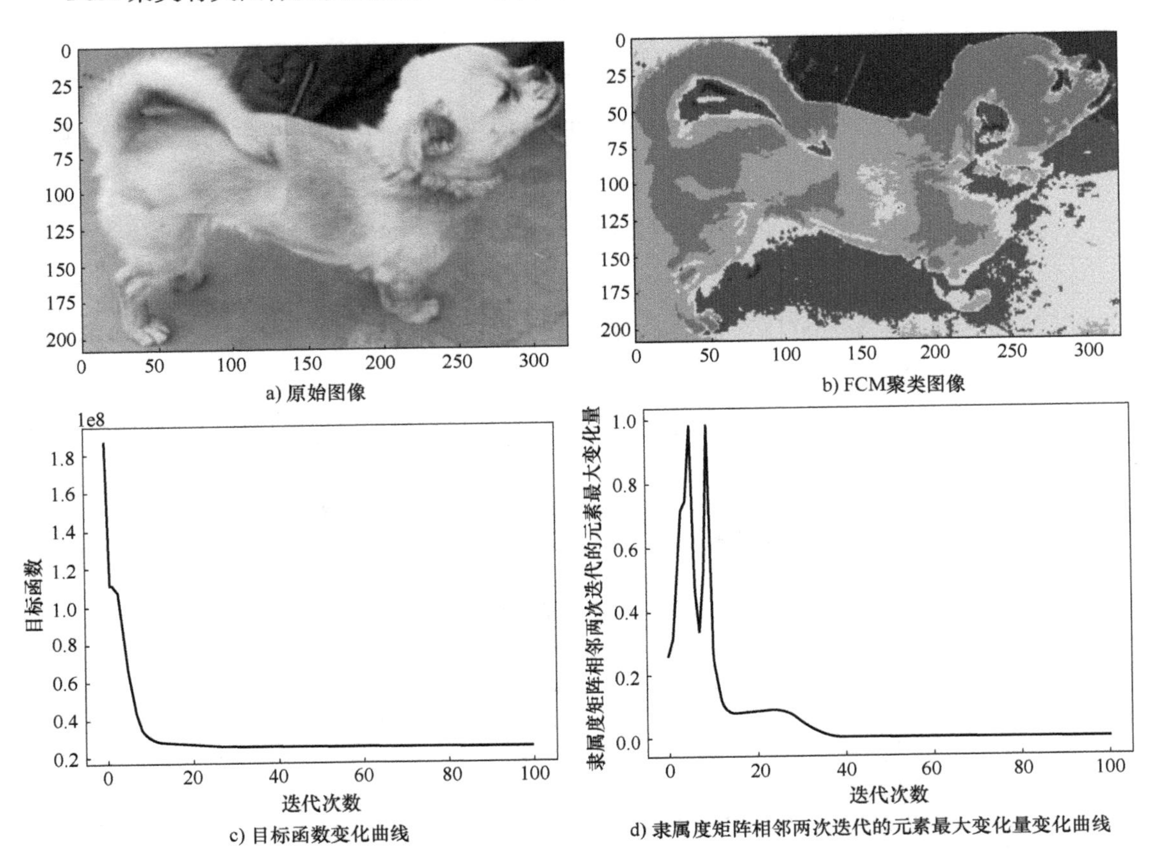

图 12-3　FCM 聚类有关图像及曲线

彩图二维码

12.3　SCM 聚类

12.3.1　SCM 聚类算法

由于采用 FCM 聚类方法确定规则的数时，需要事先知道聚类中心的个数。因此，在应用上受到很大影响。减法聚类（Subtractive Clustering Method，SCM）可以有效克服 FCM 对初始化敏感及容易陷入局部极值点的缺点。减法聚类是一种密度聚类，可将每个数据点都作为一个潜在的聚类中心，按照如下步骤来确定：

步骤一：假定每个数据点都是聚类中心的候选者，则数据点 x_i 处的密度指标定义为：

$$D_i^1 = \sum_{j=1}^{n} \exp\left(-\frac{\| x_i - x_j \|^2}{(r_a/2)^2}\right)$$

其中，x_j 为样本数据集，$i=1,\cdots,c$；r_a 是一个正数，定义了该点的一个邻域，半径以外的数据点对该点的密度指标影响非常小，取 $r_a=0.02$。

步骤二：计算最大密度值 $D_{c1}=\max(D_i^1)$，选择具有最大密度指标的数据点为第 1 个聚类中心，即 $x_1^*=x_i\mid_{\max(D_i^1)}$。

步骤三：选取 $r_b=1.3r_a$，按照下式修改密度指标：

$$D_i^2 = D_i^1 - D_{c1}\exp\left(-\frac{\| x_i - x_1^* \|^2}{(r_b/2)^2}\right),\quad i=1,\cdots,c;$$

计算最大密度值 $D_{c2}=\max(D_i^2)$，选择具有最高密度指标的数据点为第 2 个聚类中心，即 $x_2^*=x_i\mid_{\max(D_i^2)}$。

步骤四：重复步骤三，当新聚类中心 x_i^* 对应的密度指标 D_{ci} 与 D_{c1} 满足 $\frac{D_{ci}}{D_{c1}}\leqslant\delta$ 时，则聚类过程结束，否则进入步骤三，取 $\delta=0.3$。

12.3.2 SCM聚类工业应用

基于上述分析，以新型干法水泥熟料生产过程生料分解率目标值设定为例，如图 12-4 所示。

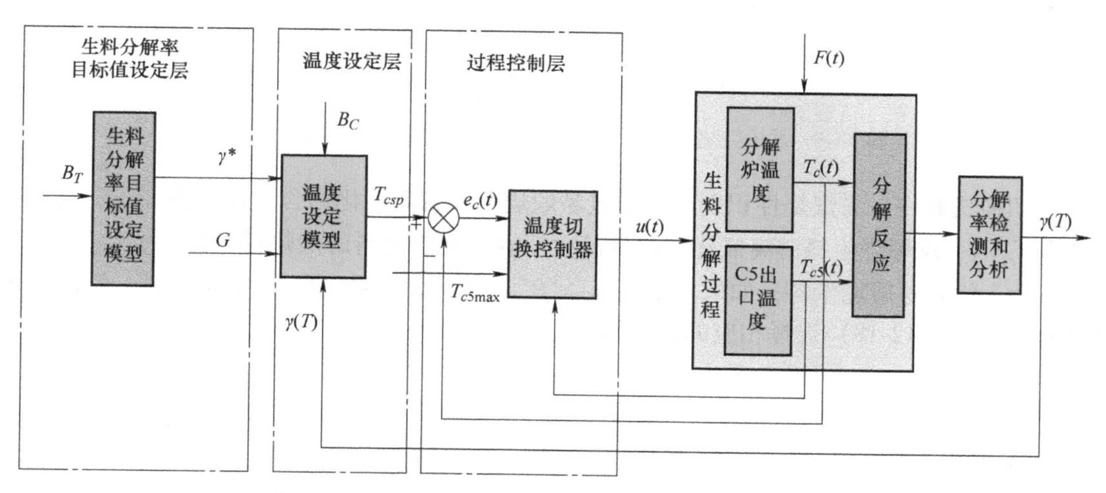

图 12-4 易煅烧生料或难煅烧生料智能控制结构简图

这里采用 ANFIS 建立生料分解率目标值设定模型，采用减法聚类方法确定隶属函数中心及规则数量，模型如图 12-5 所示。

图 12-5 中，生料分解率目标值设定模型由易煅烧生料的生料分解率目标值设定模型、难煅烧生料的生料分解率目标值设定模型和切换机制组成。为了描述方便，生料分解率目标值设定模型中的输入变量集 $B=[B_1,B_2,B_3]$ 简写为 $x=[x_1,x_2,x_3]$。

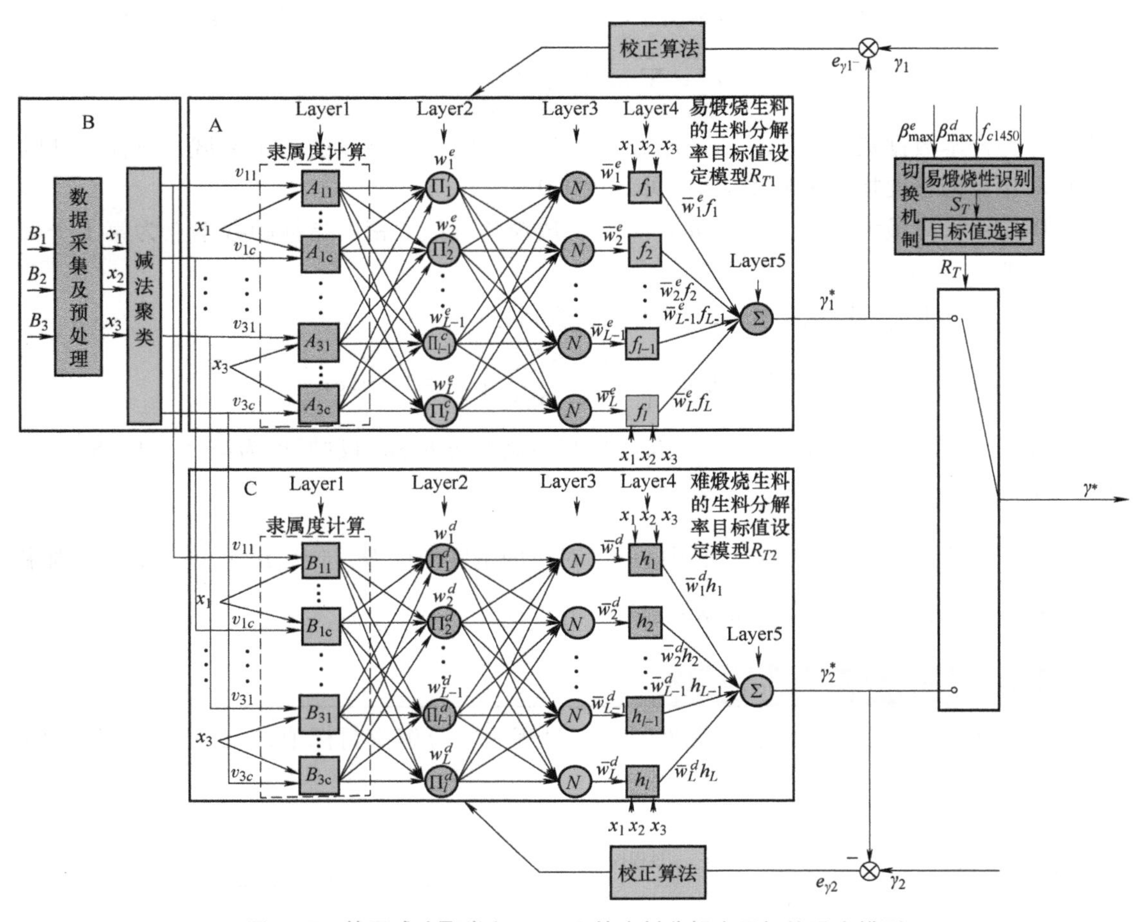

图 12-5 基于减法聚类和 ANFIS 的生料分解率目标值设定模型

在切换机制中，易煅烧性识别模块通过易煅烧生料游离氧化钙含量最大值$\beta_{\max}^{e}$、生料煅烧指数f_{c1450}、难煅烧生料游离氧化钙含量最大值$\beta_{\max}^{d}$判断生料的煅烧性。如果$f_{c1450}\leqslant\beta_{\max}^{e}$，那么$S_T=1$代表易煅烧生料；如果$\beta_{\max}^{e}<f_{c1450}\leqslant\beta_{\max}^{d}$，那么$S_T=0$代表难煅烧生料。目标值选择模块根据式（12-18）选择相应的目标值设定模型。

$$\begin{cases}R_T=R_{T1}, & S_T=1\\ R_T=R_{T2}, & S_T=0\end{cases}\tag{12-18}$$

在 A 部分的第 1 层，每个节点都是一个方形，并且可以表示为：

$$O_h^1=\mu_{A_{ik}}(x_i),\ i=1,\cdots,c,\ k=1,2,3\tag{12-19}$$

一般来说，我们选择$\mu_{A_{ik}}(x_i)$为高斯隶属函数，即：

$$\mu_{A_{ik}}(x_i)=\exp\left(-\left|\frac{x_i-v_{ik}}{\sigma_{ik}}\right|^2\right),\ i=1,\cdots,c,\ k=1,2,3\tag{12-20}$$

式（12-20）中，$\{v_{ik},\sigma_{ik}\}$，$i=1,\cdots,c$，$k=1,2,3$是前提参数，记为P^p。$v_{ik}>0,\sigma_{ik}\in(-\infty,+\infty)$，$v_{ik}$和$\sigma_{ik}$分别是隶属函数的中心和宽度，隶属函数的中心$v_{ik}$通过 SCM 来确定。将上述 SCM 算法得到的聚类中心$x_i^*=(v_{i1},v_{i2},v_{i3})$，$(i=1,\cdots,c)$中的元素作为隶属函数的中心$v_{ik}$。

隶属函数的宽度 σ_{ik}（$i=1,\cdots,c;k=1,2,3$）使用式（12-21）确定。

$$\sigma_{ik}=\rho\frac{U_{ik\max}-U_{ik\min}}{\delta} \tag{12-21}$$

式中，$U_{ik\min}$、$U_{ik\max}$——邻域的最小值和最大值；

ρ——数据对聚类中心的影响，$\delta\in[2,3]$。

在 A 部分的第 2 层，每个节点都是一个圆形，并标记为 Π。使用 AND 运算符产生第 l 条规则的激活强度 w_l^e。激活强度 w_l^e 如式（12-22）所示。

$$w_l^e=\prod_k^3\mu_{A_{ik}}^l(x_i),\ i=1,\cdots,c,\ l=1,\cdots,L \tag{12-22}$$

在 A 部分的第 3 层，每个节点都是一个圆形，并标记为 N。所有规则的激活强度均正规化。这层节点函数表示为 $\bar{w}_l^e=w_l^e\Big/\sum\limits_{l=1}^{L}w_l^e$，$l=1,\cdots,L$。

在 A 部分的第 4 层，每个节点 l 都是一个方形，并具有如式（12-23）所示的线性函数。

$$\bar{w}_l^e f_l=\bar{w}_l^e(p_0^l+p_1^l x_1+p_2^l x_2+p_3^l x_3),\ l=1,\cdots,L \tag{12-23}$$

式中，f_l——第 l 条模糊规则的最终输出；

$\{p_0^l,p_1^l,p_2^l,p_3^l\}$，$l=1,\cdots,L$——结论参数，记为 p^c。

在 A 部分的第 5 层，每个节点都是一个圆形，并具有如式（12-24）所示的函数。

$$\gamma_1^*=\sum_{l=1}^{L}\bar{w}_l^e f_l=\sum_{l=1}^{L}w_l^e f_l\Big/\sum_{l=1}^{L}w_l^e \tag{12-24}$$

同理得出图 12-5 中 C 部分难煅烧生料的生料分解率目标值设定模型，如式（12-25）所示。

$$\gamma_2^*=\sum_{l=1}^{L}\bar{w}_l^d h_l=\sum_{l=1}^{L}w_l^d h_l\Big/\sum_{l=1}^{L}w_l^d \tag{12-25}$$

式中，h_l——第 l 条模糊规则的最终输出，并具有如式（12-26）所示的线性函数。

$$h_l=q_0^l+q_1^l x_1+q_2^l x_2+q_3^l x_3,\ l=1,\cdots,L \tag{12-26}$$

式中，$\{q_0^l,q_1^l,q_2^l,q_3^l\}$，$l=1,\cdots,L$——结论参数，记为 q^c。

（1）数据描述　采用 12.3.1 节提出的基于 SCM 与 ANFIS 相结合的生料分解率目标值设定模型设定生料分解率目标值。首先将经过数据预处理的 300 组数据作为离线训练数据，$n=300$，用来确定模型参数，其中，$\gamma(T)$ 表示生料分解率离线化验值。测试数据如表 12-1 所示。

表 12-1　测试数据

变量	B_1(%)	B_2(%)	B_3(%)	$\gamma(T)$
1 组	2.34	13.72	3.59	0.93
2 组	2.12	13.53	3.46	0.89
3 组	2.08	12.89	3.28	0.88
⋮	⋮	⋮	⋮	⋮
300 组	2.13	12.62	3.31	0.91

(2) 模型参数选择　根据本节的问题描述，首先选择 B_1、B_2 和 B_3 作为模型的输入变量，γ_1^* 和 γ_2^* 分别作为易煅烧生料和难煅烧生料模型的输出变量，即易煅烧生料模型和难煅烧生料模型分别有三个输入变量，一个输出变量。$\rho=0.7$，$\delta=2.3$。根据表 12-1 可知，$n=300$。

(3) 实验结果与分析　表 12-1 中的数据经过标准化处理后，使用 SCM 聚类算法，得聚类中心 $v_i(i=1,\cdots,5)$，如表 12-2 所示。

表 12-2　基于 SCM 聚类的聚类中心

聚类中心 v_{ik} ($i=1,\cdots,6$; $k=1,2,3$)	B_1	B_2	B_3
v_{1j}	0.3282	0.7282	0.3553
v_{2j}	-2.7070	0.2070	-1.3716
v_{3j}	-0.5050	-1.5050	-0.5312
v_{4j}	-0.3000	-0.5700	0.8617
v_{5j}	0.9484	0.8917	1.4060

根据表 12-1 可以得出式（12-20）中隶属函数的中心 $v_{ik}(i=1,\cdots,5;\ k=1,2,3)$，隶属函数宽度 σ_{ik}（$i=1,\cdots,5$；$k=1,2,3$）按照式（12-21）计算。采用梯度下降法训练网络权值（$\bar{w}_l^e$ 和 $\bar{w}_l^d$）和结论参数（p^c 和 q^c）。利用上述所建立的基于 SCM 和 ANFIS 的模型，RMSE=0.0117。训练误差曲线、生料分解率实际目标值曲线与 ANFIS 输出曲线如图 12-6 所示，误差自相关函数输出曲线如图 12-7 所示。

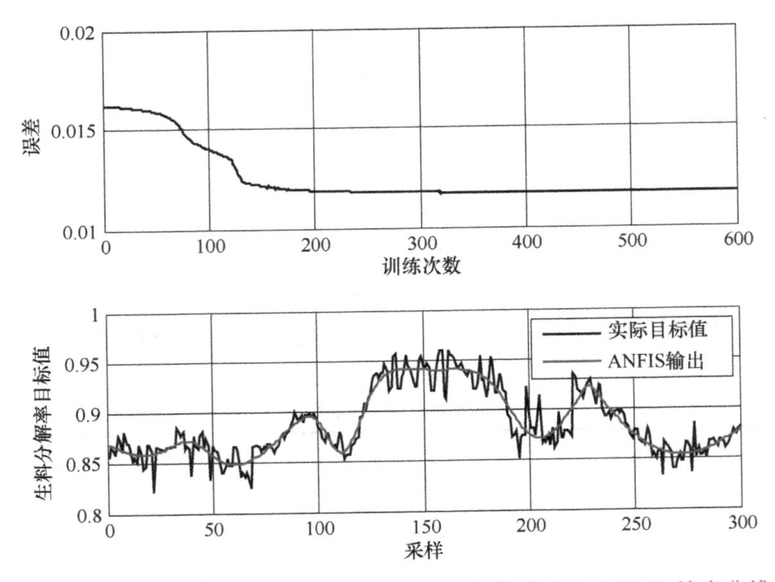

图 12-6　训练误差曲线、生料分解率实际目标值曲线和 ANFIS 输出曲线

从测试结果曲线和误差自相关函数输出曲线可以看出，生料分解率目标值计算值曲线趋势正确，且精度较高。

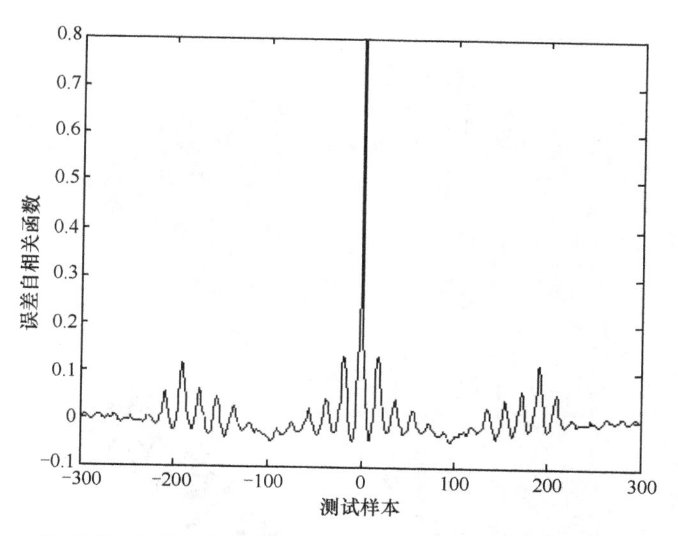

图 12-7 生料分解率目标值测试误差自相关函数输出曲线

思考与练习

12-1 简述常用的聚类方法有哪些。它们之间的区别是什么?

12-2 简述 K-Means 聚类算法的步骤。

12-3 使用手机拍摄一张图片，编写使用函数 cv2. kmeans( ) 将灰度图像处理为只有两个灰度级的二值图像的 Python 程序。

12-4 简述 FCM 聚类算法的步骤。

12-5 简述 SCM 聚类算法的步骤。

第13章 随机配置网络

学习本章的基础是矩阵论及应用泛函分析，同时还应具有神经网络基础及概率论知识。本章首先介绍随机配置网络基础，对三个定理进行简单的证明；然后对鲁棒随机配置网络原理及应用进行简要说明；最后对基于随机配置网络的 PET 油瓶智能识别进行介绍。

13.1　随机配置网络基础

给定一个实值函数 $\Gamma:=\{g_1,g_2,g_3,\cdots\}$，$\Gamma$ 所张成的函数空间定义为 $\mathrm{span}(\Gamma)$，对于 $D\subset\mathbf{R}^d$，$\mathbf{R}^d\rightarrow\mathbf{R}^m$，$L_2(D)$ 表示所有勒贝格测度函数 $f=[f_1,f_2,\cdots,f_m]$ 的空间，L_2 范数定义为：

$$\|f\|:=\left(\sum_{q=1}^{m}\int_D|f_q(x)|^2\mathrm{d}x\right)^{1/2}<\infty \tag{13-1}$$

$\theta=[\theta_1,\theta_2,\cdots,\theta_m]$：$\mathbf{R}^d\rightarrow\mathbf{R}^m$ 与 $f=[f_1,f_2,\cdots,f_m]$ 的内积定义为：

$$\langle f,\theta\rangle:=\sum_{q=1}^{m}\langle f_q,\theta_q\rangle=\sum_{q=1}^{m}\int_D f_q(x)\theta_q(x)\mathrm{d}x \tag{13-2}$$

给定一个目标函数 $f:R^d\rightarrow R^m$，假设已经构建了一个具有 $L-1$ 隐层的随机配置网络（Stochastic Configuration Networks，SCN），$f_{L-1}(x)=\sum_{j=1}^{L-1}\boldsymbol{\beta}_j g_j(\boldsymbol{\omega}_j^{\mathrm{T}}x+b_j)$，其中 $L=1,2,\cdots,f_0=0$，$\boldsymbol{\beta}_j=[\beta_{j,1},\cdots,\beta_{j,m}]^{\mathrm{T}}$ 定义残差 $e_{L-1}=f-f_{L-1}=[e_{l-1,1},\cdots,e_{L-1,m}]$。如果 $\|e_{L-1}\|$ 不能够达到预先指定的误差水平，则需要产生一个新的随机基函数 g_L，这样 $f_L=f_{L-1}+\beta_L g_L$。

定理 13-1　假定 $\mathrm{span}(\Gamma)$ 在 L_2 空间稠密，对于 $\forall g\in\Gamma$，当 $b_g\in\mathbf{R}^+$ 时，$0<\|g\|<b_g$。给定 $0<r<1$，对于任意一个非负实数序列 $\{\mu_L\}$ 满足 $\lim_{L\rightarrow+\infty}\mu_L=0$ 且 $\mu_L\leqslant(1-r)$。对于 $L=1,2,\cdots$，式（13-3）成立。

$$\delta_L=\sum_{q=1}^{m}\delta_{L,q},\ \delta_{L,q}=(1-r-\mu_L)\|e_{L-1,q}\|^2,\ q=1,2,\cdots,m \tag{13-3}$$

如果随机基函数 g_L 满足不等式（13-4），则输出权通过式（13-5）计算。

$$\langle e_{L-1,q},g_L\rangle^2\geqslant b_g^2\delta_{L,q},\ q=1,2,\cdots,m \tag{13-4}$$

$$\beta_{L,q}=\frac{\langle e_{L-1,q},g_L\rangle}{\|g_L\|^2},\ q=1,2,\cdots,m \tag{13-5}$$

那么 $\lim_{L\rightarrow+\infty}\|f-f_L\|=0$，其中 $f_L=\sum_{j=1}^{L}\boldsymbol{\beta}_j g_j$，$\boldsymbol{\beta}_j=[\beta_{j,1},\cdots,\beta_{j,m}]^{\mathrm{T}}$。

证明　根据式（13-3）~式（13-5）得：

$$\begin{aligned}
&\|e_L\|^2-(r+\mu_L)\|e_{L-1}\|^2\\
&=\sum_{q=1}^{m}(\langle e_{L-1,q}-\beta_{L,q}g_L,e_{L-1,q}-\beta_{L,q}g_L\rangle-(r+\mu_L)\langle e_{L-1,q},e_{L-1,q}\rangle)\\
&=\sum_{q=1}^{m}((1-r-\mu_L)\langle e_{L-1,q},e_{L-1,q}\rangle-2\langle e_{L-1,q},\beta_{L,q}g_L\rangle+\langle\beta_{L,q}g_L,\beta_{L,q}g_L\rangle)\\
&=(1-r-\mu_L)\|e_{L-1}\|^2-\frac{\sum_{q=1}^{m}\langle e_{L-1,q},g_L\rangle^2}{\|g_L\|^2}
\end{aligned}$$

$$
\begin{aligned}
&=\delta_L-\frac{\sum_{q=1}^{m}\langle e_{L-1,q},g_L\rangle^2}{\|g_L\|^2}\\
&\leqslant\delta_L-\frac{\sum_{q=1}^{m}\langle e_{L-1,q},g_L\rangle^2}{b_g^2}\leqslant 0
\end{aligned}
\tag{13-6}
$$

因此，有式（13-7）成立：

$$
\|e_L\|^2\leqslant r\|e_{L-1}\|^2+\mu_L\|e_{L-1}\|^2 \tag{13-7}
$$

由已知条件 $\lim_{L\to+\infty}\mu_L=0$，所以式（13-7）中的 $\lim_{L\to+\infty}\mu_L\|e_{L-1}\|^2=0$；由已知条件 $0<r<1$，所以 $\lim_{L\to+\infty}\|e_L\|^2=0$。

定理 13-2 假定 $\text{span}(\Gamma)$ 在 L_2 空间稠密，对于 $\forall g\in\Gamma$，当 $b_g\in\mathbf{R}^+$时，$0<\|g\|<b_g$。给定 $0<r<1$，对于任意一个非负实数序列 $\{\mu_L\}$ 满足 $\lim_{L\to+\infty}\mu_L=0$ 且 $\mu_L\leqslant(1-r)$。对于 $L=1, 2,\cdots$，式（13-8）成立。

$$
\delta_L^*=\sum_{q=1}^{m}\delta_{L,q}^*,\ \ \delta_{L,q}^*=(1-r-\mu_L)\|e_{L-1,q}^*\|^2,\ \ q=1,2,\cdots,m \tag{13-8}
$$

如果随机基函数 g_L 满足不等式（13-9），则输出权通过式（13-10）计算。

$$
\langle e_{L-1,q}^*,g_L\rangle^2\geqslant b_g^2\delta_{L,q}^*,\ \ q=1,2,\cdots,m \tag{13-9}
$$

$$
[\beta_1^*,\beta_2^*,\cdots,\beta_L^*]=\underset{\beta}{\operatorname{argmin}}\left\|f-\sum_{j=1}^{L}\beta_j g_j\right\| \tag{13-10}
$$

那么 $\lim_{L\to+\infty}\|f-f_L^*\|=0$，其中 $f_L^*=\sum_{j=1}^{L}\boldsymbol{\beta}_j^*g_j$，$\boldsymbol{\beta}_j^*=[\beta_{j,1}^*,\cdots,\beta_{j,m}^*]^{\mathrm{T}}$。

证明 很容易证明 $\|e_L^*\|^2\leqslant\|\tilde{e}_L\|^2=|e_{L-1}^*-\tilde{\beta}_L g_L\|^2\leqslant\|e_{L-1}^*\|^2\leqslant\|\tilde{e}_{L-1}\|^2$ 成立。因此，$\{\|e_L^*\|^2\}$ 单调递减且收敛的。

$$
\begin{aligned}
&\|e_L^*\|^2-(r+\mu_L)\|e_{L-1}^*\|^2\\
&\leqslant\|\tilde{e}_L\|^2-(r+\mu_L)\|e_{L-1}^*\|^2\\
&=\sum_{q=1}^{m}(\langle e_{L-1,q}^*-\tilde{\beta}_{L,q}g_L,e_{L-1,q}^*-\tilde{\beta}_{L,q}g_L\rangle-(r+\mu_L)\langle e_{L-1,q}^*,e_{L-1,q}^*\rangle)\\
&=\sum_{q=1}^{m}((1-r-\mu_L)\langle e_{L-1,q}^*,e_{L-1,q}^*\rangle-2\langle e_{L-1,q}^*,\tilde{\beta}_{L,q}g_L\rangle+\langle\tilde{\beta}_{L,q}g_L,\tilde{\beta}_{L,q}g_L\rangle)\\
&=(1-r-\mu_L)\|e_{L-1}^*\|^2-\frac{\sum_{q=1}^{m}\langle e_{L-1,q}^*,g_L\rangle^2}{\|g_L\|^2}\\
&=\delta_L^*-\frac{\sum_{q=1}^{m}\langle e_{L-1,q}^*,g_L\rangle^2}{\|g_L\|^2}\\
&\leqslant\delta_L-\frac{\sum_{q=1}^{m}\langle e_{L-1,q}^*,g_L\rangle^2}{b_g^2}\leqslant 0
\end{aligned}
\tag{13-11}
$$

因此，有式（13-12）成立：

$$\|e_L^*\|^2 \leqslant r\|e_{L-1}^*\|^2+\mu_L\|e_{L-1}^*\|^2 \tag{13-12}$$

由已知条件 $\lim_{L\to+\infty}\mu_L=0$，所以式（13-12）中的 $\lim_{L\to+\infty}\mu_L\|e_{L-1}^*\|^2=0$，由已知条件 $0<r<1$，所以 $\lim_{L\to+\infty}\|e_L^*\|^2=0$。

定理13-2直接使用Moore-Penrose广义逆对输出权进行评价，这种评价方法对大数据分析是不可行的。为了解决这个问题，当隐含层的节点数目超过给定数目时，采用优化部分输出权的方法，如定理13-3。

定理13-3　假定 $\text{span}(\Gamma)$ 在 L_2 空间稠密，对于 $\forall g\in\Gamma$，当 $b_g\in\mathbf{R}^+$ 时，$0<\|g\|<b_g$。给定 $0<r<1$，对于任意一个非负实数序列 $\{\mu_L\}$ 满足 $\lim_{L\to+\infty}\mu_L=0$ 且 $\mu_L\leqslant(1-r)$。对于给定的窗口尺寸 K 和 $L=1,2,\cdots$，式（13-13）成立。

$$\delta_L^*=\sum_{q=1}^{m}\delta_{L,q}^*,\ \delta_{L,q}^*=(1-r-\mu_L)\|e_{L-1,q}^*\|^2,\ q=1,2,\cdots,m \tag{13-13}$$

如果随机基函数 g_L 满足不等式（13-14）：

$$\langle e_{L-1,q}^*,g_L\rangle^2 \geqslant b_g^2\delta_{L,q}^*,\ q=1,2,\cdots,m \tag{13-14}$$

当 $L\leqslant K$ 时，输出权通过式（13-15）计算。

$$[\beta_1^*,\beta_2^*,\cdots,\beta_L^*]=\underset{\beta}{\operatorname{argmin}}\left\|f-\sum_{j=1}^{L}\beta_j g_j\right\| \tag{13-15}$$

令 $\boldsymbol{\beta}^*=[\beta_1^*,\beta_2^*,\cdots,\beta_L^*]^{\mathrm{T}}\in R^{L\times m}$ 通过标准的最小二乘方法计算得到，如式（13-16）所示。

$$\boldsymbol{\beta}=\underset{\beta}{\operatorname{argmin}}\|H_L\beta-T\|_F^2=\boldsymbol{H}_L^{\dagger}T \tag{13-16}$$

式中，$\boldsymbol{H}_L^{\dagger}$——Moore-Penrose广义逆矩阵；

$\|\cdot\|_F^2$——Frobenius范数。

当 $L>K$ 时，保持 $\beta_1^*,\beta_2^*,\cdots,\beta_{L-K}^*$ 不变，更新 $\beta_{L-K+1},\cdots,\beta_L$，输出权通过式（13-17）计算。

$$[\beta_{L-K+1}^*,\beta_{L-K+2}^*,\cdots,\beta_L^*]=\arg\min_{\beta_{L-K+1},\cdots,\beta_L}\left\|f-\sum_{j=1}^{L-K}\beta_j^* g_j-\sum_{j=L-K+1}^{L}\beta_j g_j\right\| \tag{13-17}$$

令 $\boldsymbol{\beta}^{\text{window}}=[\beta_{L-K+1}^*,\beta_{L-K+2}^*,\cdots,\beta_L^*]^{\mathrm{T}}\in R^{(K-1)\times m}$ 通过全局最小二乘法计算得到，如式（13-18）所示。

$$\boldsymbol{\beta}^{\text{window}}=\underset{\beta}{\operatorname{argmin}}\|H_K\beta-T\|_F^2=\boldsymbol{H}_K^{\dagger}T \tag{13-18}$$

式中，$\boldsymbol{H}_K^{\dagger}$——Moore-Penrose广义逆矩阵；

H_K——H 的最后 K 列，即 $H_K=[h_{L-K+1},\cdots,h_L]$，$\beta_1,\cdots,\beta_{L-K}$ 保持不变。那么 $\lim_{L\to+\infty}\|f-f_L^*\|=0$，其中 $f_L^*=\sum_{j=1}^{L}\beta_j^* g_j$，$\boldsymbol{\beta}_j^*=[\beta_{j,1}^*,\cdots,\beta_{j,m}^*]^{\mathrm{T}}$。

13.2　鲁棒随机配置网络原理

实际的复杂工业过程存在多种工况且边界条件频繁变化，为了解决如成分波动对产品指标的影响，需要采取具有逼近任意复杂非线性函数且具有很强鲁棒性的方法。拟采用鲁棒随机配置网络（RSCN）与自适应权的建模方法。

引理 假定 span(Γ) 在 L_2 空间稠密，对于 $\forall g \in \Gamma$，当 $b_g \in \mathbf{R}^+$ 时，$0<\|g\|<b_g$。给定 $0<r<1$，对于任意一个非负实数序列 $\{\mu_L\}$ 满足 $\lim_{L\to+\infty}\mu_L=0$ 且 $\mu_L\leqslant(1-r)$。对于 $L=1,2,\cdots$，式（13-19）成立。

$$\delta_L=\sum_{q=1}^{m}\delta_{L,q},\ \delta_{L,q}=(1-r-\mu_L)\|e_{L-1,q}\|^2,\ q=1,2,\cdots,m \tag{13-19}$$

如果随机基函数 g_L 满足不等式（13-20），则输出权通过式（13-21）计算。

$$\langle e_{L-1,q},g_L\rangle^2\geqslant b_g^2\delta_{L,q},\ q=1,2,\cdots,m \tag{13-20}$$

$$[\beta_1^*,\beta_2^*,\cdots,\beta_L^*]=\underset{\beta}{\operatorname{argmin}}\left\|f-\sum_{j=1}^{L}\beta_j g_j\right\| \tag{13-21}$$

那么 $\lim_{L\to+\infty}\|f-f_L\|=0$，其中 $f_L=\sum_{j=1}^{L}\boldsymbol{\beta}_j^* g_j$，$\boldsymbol{\beta}_j^*=[\beta_{j,1}^*,\cdots,\beta_{j,q}^*,\cdots,\beta_{j,m}^*]^{\mathrm{T}}\in\mathbf{R}^{\mathrm{m}}$，残差 $\boldsymbol{e}_L=f-f_L=[e_{L-1,1},\cdots,e_{L-1,q},\cdots,e_{L-1,m}]^{\mathrm{T}}$，优化输出权 $\boldsymbol{\beta}^*$ 如式（13-22）所示。

$$\boldsymbol{\beta}^*=\begin{pmatrix}\boldsymbol{\beta}_1^{*\mathrm{T}}\\ \vdots\\ \boldsymbol{\beta}_j^{*\mathrm{T}}\\ \vdots\\ \boldsymbol{\beta}_L^{*\mathrm{T}}\end{pmatrix}=\begin{pmatrix}\beta_{1,1}^* & \cdots & \beta_{1,q}^* & \cdots & \beta_{1,m}^*\\ \vdots & & \vdots & & \vdots\\ \beta_{j,1}^* & \cdots & \beta_{j,q}^* & \cdots & \beta_{j,m}^*\\ \vdots & & \vdots & & \vdots\\ \beta_{L,1}^* & \cdots & \beta_{L,q}^* & \cdots & \beta_{L,m}^*\end{pmatrix}_{L\times m} \tag{13-22}$$

为了使拟提出的方法具有一般性，构建隐层节点 $j=1$ 的网络并按照式（13-21）计算输出权，然后逐渐增加隐含层节点数，即 $j=1,2,\cdots,L$，直到模型满足给定的终止条件，如 $\lim_{L\to+\infty}\|f-f_L\|=0$。令目标函数 $f:\mathbf{R}^d\to\mathbf{R}^m$，采样数据 $X=\{x_1,x_2,\cdots,x_N\}$，$\boldsymbol{x}_i=[x_{i,1},\cdots,x_{i,d}]^{\mathrm{T}}\in\mathbf{R}^d$，输出为 $T=\{t_1,t_2,\cdots,t_N\}$，$t_i=[t_{i,1},\cdots,t_{i,m}]^{\mathrm{T}}\in\mathbf{R}^m$，其中 $i=1,\cdots,N$，通过求解式（13-23）的权最小二乘问题构建鲁棒随机配置网络模型。

$$\min_{\beta,\theta}\sum_{i=1}^{N}\theta_i\left\|\sum_{j=1}^{L}\beta_j g(w_j,b_j,x_i)-t_i\right\|^2 \tag{13-23}$$

式中，$\theta_i\geqslant0$（$i=1,\cdots,N$）是惩罚权，$g()$ 是激活函数，L 代表隐含层节点的数量，w_j 和 b_j 分别代表输入权和偏置，β_j 是输出权。

13.3 鲁棒随机配置网络应用

这里以新型干法水泥生料分解过程生料分解率为例。根据生料分解过程采样数据 $X=\{x_1,x_2,\cdots,x_N\}$，$\boldsymbol{x}_i=[x_{i,1},\cdots,x_{i,d}]^{\mathrm{T}}\in\mathbf{R}^d$，定义 $\boldsymbol{e}_{L-1}(X)=[e_{L-1,1}(X),\cdots,e_{L-1,m}(X)]^{\mathrm{T}}\in\mathbf{R}^{N\times m}$，其中，$e_{L-1,q}(X)=[e_{L-1,q}(x_1),\cdots,e_{L-1,q}(x_N)]\in\mathbf{R}^N$，$q=1,2,\cdots,m$。当新增隐含层节点数 $j=L$ 时，对于输入 $X=\{x_1,x_2,\cdots,x_N\}$，隐含层第 L 个节点的输出 $\boldsymbol{h}_L(X)=[g_L(\boldsymbol{w}_L^{\mathrm{T}}x_1+b_L),\cdots,g_L(\boldsymbol{w}_L^{\mathrm{T}}x_N+b_L)]^{\mathrm{T}}$，这样隐含层输出权 H_L 如式（13-24）所示。

$$\boldsymbol{H}_L=\begin{pmatrix}h_1\\ \vdots\\ h_L\end{pmatrix}^{\mathrm{T}}=\begin{pmatrix}g_1(\boldsymbol{w}_1,b_1,x_1) & \cdots & g_L(\boldsymbol{w}_L,b_L,x_1)\\ \vdots & & \vdots\\ g_1(\boldsymbol{w}_1,b_1,x_N) & \cdots & g_L(\boldsymbol{w}_L,b_L,x_N)\end{pmatrix}_{N\times L} \tag{13-24}$$

取对角矩阵 $\boldsymbol{\Theta}=\text{diag}\{\sqrt{\theta_1},\cdots,\sqrt{\theta_N}\}$，令 $\tilde{e}_{L-1}(X)=\boldsymbol{\Theta}e_{L-1}(X)$，$\tilde{h}_L(X)=\boldsymbol{\Theta}h_L(X)$，如式（13-25）所示。

$$\begin{cases}\tilde{\boldsymbol{e}}_{L-1}(X)=[\tilde{e}_{L-1,1}(X),\cdots,\tilde{e}_{L-1,m}(X)]^{\mathrm{T}}\\ \tilde{\boldsymbol{h}}_L(X)=[\tilde{g}_L(\boldsymbol{w}_L^T x_1+b_L),\cdots,\tilde{g}_L(\boldsymbol{w}_L^T x_N+b_L)]^{\mathrm{T}}\end{cases} \tag{13-25}$$

根据引理，令 $\tilde{\xi}_L=\sum_{q=1}^{m}\tilde{\xi}_{L,q}$，$\tilde{\xi}_{L,q}$ 如式（13-26）所示。

$$\tilde{\xi}_{L,q}=\frac{(\tilde{\boldsymbol{e}}_{L-1,q}^{\mathrm{T}}(X)\cdot\tilde{\boldsymbol{h}}_L(X))^2}{\tilde{\boldsymbol{h}}_L^{\mathrm{T}}(X)\cdot\tilde{\boldsymbol{h}}_L(X)}-(1-r-\mu_L)\tilde{\boldsymbol{e}}_{L-1,q}^{\mathrm{T}}(X)\tilde{\boldsymbol{e}}_{L-1,q}(X) \tag{13-26}$$

当 $\tilde{\xi}_{L,q}\geqslant 0$，$q=1,2,\cdots,m$，通过多次计算选择最大的 $\tilde{\xi}_L$，随机配置隐含层参数 w 和 b。

对于惩罚权 $\theta_i\geqslant 0$（$i=1,\cdots,N$），构造残差 e_L 的概率密度函数，如式（13-27）所示。

$$\Phi(e_L)=\frac{1}{N}\sum_{k=1}^{N}K(\|e_L-\boldsymbol{e}_L(x_k)\|) \tag{13-27}$$

其中，$\boldsymbol{e}_L(x_k)=[e_{L-1,1}(x_k),\cdots,e_{L-1,m}(x_k)]^{\mathrm{T}}\in\mathbf{R}^m$，$K()$ 是核函数，广义高斯分布和非高斯分布的核函数分别记为 $K_{GG}()$ 和 $K_{NG}()$。

对于核函数 $K()$ 的选择，现有研究均假设数据符合高斯分布，这样对于 Silverman 的带宽选择器才有效。但是实际中的采样数据受到噪声和扰动影响，具有多种分布特征。因此，本研究拟采用偏度、峰度定量检测离线数据与在线实时数据分布类型，根据采样数据的分布，选择广义高斯分布核函数或非高斯分布经过 Yeo-Johnson 转换后的核函数。

当采样数据是广义高斯分布时，选择广义高斯分布的核函数，经过适当处理后如式（13-28）所示。

$$K_{GG}(x)=\frac{\gamma}{2\sigma\alpha(\gamma)\Gamma(1/\gamma)}\exp\left\{-\left[\frac{x}{\sigma\alpha(\gamma)}\right]^{\gamma}\right\} \tag{13-28}$$

式中，$\Gamma(z)=\int_0^{\infty}e^{-t}t^{z-1}\mathrm{d}t$——伽马分布；

$\alpha=\sqrt{\frac{\Gamma(1/\gamma)}{\Gamma(3/\gamma)}}$——比例参数；

γ——形状参数。

当采样数据具有非高斯分布特征时，采用 Yeo-Johnson 转换后的变量 $x_i^{\lambda}\sim N(\mu,\sigma^2)$，$i=1,\cdots,n$，核函数如式（13-29）所示。

$$K_{NG}(x^{\lambda})=\frac{1}{\sigma\sqrt{2\pi}}\exp\left[-\frac{(x^{\lambda})^2}{2\sigma^2}\right] \tag{13-29}$$

因此，根据式（13-28）、式（13-29）及采样数据的分布，令第 i 个惩罚权 $\theta_i\geqslant 0(i=1,\cdots,N)$ 的值等于第 i 个残差 $e_L(x_i)(i=1,2,\cdots,N)$ 或 $e_L(x_i^{\lambda})(i=1,2,\cdots,N)$ 的概率，如式（13-30）所示。

$$\begin{cases}\theta_i=\Phi(e_L(x_i))=\frac{1}{N}\sum_{k=1}^{N}K_{GG}(\|e_L(x_i)-e_L(x_k)\|)\\ \theta_i=\Phi(e_L(x_i^{\lambda}))=\frac{1}{N}\sum_{k=1}^{N}K_{NG}(\|e_L(x_i^{\lambda})-e_L(x_k^{\lambda})\|)\end{cases} \tag{13-30}$$

式（13-30）的惩罚权 $\theta_i \geqslant 0(i=1,\cdots,N)$。通过式（13-31）的最小二乘问题，计算输出权 $\boldsymbol{\beta}^*=[\beta_1^*,\cdots,\beta_j^*,\cdots,\beta_L^*]$。

$$\begin{aligned}\beta^* &= \underset{\beta}{\operatorname{argmin}}(\boldsymbol{H}_L\beta-T)^{\mathrm{T}}\Lambda(\boldsymbol{H}_L\beta-T)\\ &=(\boldsymbol{H}_L^{\mathrm{T}}\Lambda\boldsymbol{H}_L)^{\dagger}\boldsymbol{H}_L^{\mathrm{T}}\Lambda T\end{aligned} \tag{13-31}$$

其中，$(\boldsymbol{H}_L^{\mathrm{T}}\Lambda\boldsymbol{H}_L)^{\dagger}$——矩阵 $\boldsymbol{H}_L^T\Lambda\boldsymbol{H}_L$ 的 Moore-Penrose 广义逆，隐含层输出矩阵 $\boldsymbol{H}_L$ 如式（13-24）所示，权值 β 和对角矩阵 $\boldsymbol{\Lambda}$ 如式（13-32）所示。

$$\begin{cases}\beta=\begin{pmatrix}\boldsymbol{\beta}_1^{\mathrm{T}}\\ \boldsymbol{\beta}_2^{\mathrm{T}}\\ \vdots\\ \boldsymbol{\beta}_L^{\mathrm{T}}\end{pmatrix}=\begin{pmatrix}\beta_{11} & \beta_{12} & \cdots & \beta_{1m}\\ \beta_{21} & \beta_{22} & \cdots & \beta_{2m}\\ \vdots & \vdots & & \vdots\\ \beta_{L1} & \beta_{L2} & \cdots & \beta_{Lm}\end{pmatrix}\\ \boldsymbol{\Lambda}=\Theta^2=\operatorname{diag}\{\theta_1,\cdots,\theta_{\mathrm{N}}\}\end{cases} \tag{13-32}$$

采用交替优化（简称 AO）的方法，用 v 表示 AO 方法第 v 次迭代，那么 $\theta_i^{(v+1)}$、$\beta^{(v+1)}$ 和 $\Lambda^{(v+1)}$ 如式（13-33）所示。

$$\begin{cases}\theta_i^{(v+1)}=\dfrac{1}{N}\displaystyle\sum_{k=1}^{N}K[e_L^{(v)}(x_i)-e_L^{(v)}(x_k)]\\ \Lambda^{(v+1)}=\operatorname{diag}\{\theta_1^{(v+1)},\theta_2^{(v+1)},\cdots,\theta_N^{(v+1)}\}\\ \beta^{(v+1)}=(\boldsymbol{H}_L^{\mathrm{T}}\Lambda^{(v+1)}\boldsymbol{H}_L)^2\boldsymbol{H}_L^{\mathrm{T}}\Lambda^{(v+1)}T\end{cases} \tag{13-33}$$

对于本研究的生料分解率 RSCN 模型，输出 $q=1$，根据上面的 RSCN 进行鲁棒性分析：研究惩罚权 $\theta_i \geqslant 0(i=1,\cdots,N)$ 变化对模型预测精度的影响；研究广义高斯核函数的形状参数 γ 及非高斯分布的参数 λ 对模型精度的影响，如 RMSE 等，并给出上述参数变化的合理范围；解决隐含层节点数 L 和 AO 算法迭代次数 v 对模型性能的影响，如平均 RMSE。

13.4 基于随机配置网络的 PET 油瓶智能识别

聚对苯二甲酸乙二酯（Polyethylene Terephthalate，PET）液体包装瓶是生活中的常见容器，因其加工简单、实用性及经济性高，被广泛应用于各行业。PET 制品大量制造和使用，对环境造成了较大污染。PET 瓶回收作为固废处理的关键环节，常用的方法有颜色筛选、破碎、造粒、改性等。目前，PET 瓶回收分类以人工分拣操作为主，存在环境恶劣、工作单一及效率低等问题。因此，具有自动分类的智能识别系统已成为该行业的研究热点。目前，PET 瓶回收系统多以识别颜色特征为主，通过机器视觉对 PET 瓶进行识别，使用高压喷嘴或工业吸盘等执行装置完成空瓶分拣。然而在实际生产过程中，工人常把润滑油随手存储在 PET 空瓶内，待整瓶润滑油用尽后，原瓶中残留的油液会使颜色识别结果出现偏差。另外，固废处理过程中的 PET 瓶通常无序排放，若瓶身发生重叠，则将直接影响图像处理。为了在非油瓶中实现油瓶识别，首先使用轮廓匹配方法识别重叠 PET 瓶，将其取出后重新放置于滚筒输送机起始端，随后训练颜色分类器，对常见 PET 瓶进行颜色分类，使用近红外光谱成像仪提取油液形状灰度图像，最后对其进行形态学处理，完成分拣动作。

综上所述，PET 瓶回收是固废处理的关键环节，衡量该过程的重要指标是 PET 油瓶识别率。分拣 PET 油瓶的过程受瓶身颜色影响，致使 PET 油瓶识别率低。为了解决上述难题，提出了基于张量距离的随机配置网络（SCN-TD）的油瓶智能识别算法。算法通过节点去除机制，降低块增量算法导致的高复杂度，并通过引入张量距离减少建模过程中所需的迭代次数，缩短计算时间。实际应用结果表明，所提出的算法能够准确识别瓶身颜色，提高了 PET 油瓶识别率，实现了 PET 瓶回收过程的油瓶智能识别。

针对 PET 油瓶识别工艺过程，设计了六自由度机器人为主体的自动化系统，PET 瓶回收过程工艺流程如图 13-1 所示。

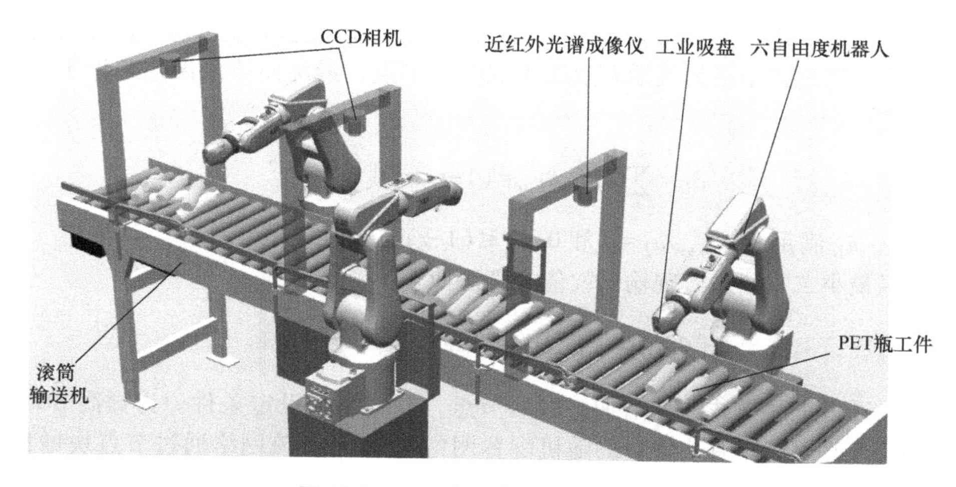

图 13-1　PET 瓶回收过程工艺流程

如图 13-1 所示，将待测 PET 瓶放置于滚筒输送机上，通过 CCD 相机采集所有 PET 瓶图像，经重叠识别后，使用六自由度机器人将位于上方的重叠瓶取出并放置在滚筒输送机开始端；再次使用相机采集当前图像，经颜色分类后，使用六自由度机器人将不同颜色的 PET 瓶分类放置在滚筒输送机的不同区域；最后使用光谱相机采集光谱图，经油瓶识别后，使用六自由度机器人将油瓶取出，以上为一个操作周期。完成一个周期后继续执行下一个周期，直至所有油瓶被识别和取出。

（1）基于张量距离的随机配置网络瓶身颜色分类　本项目提出基于张量距离的随机配置网络（SCN based on Tensor Distance，SCN-TD）瓶身颜色分类。在去除重叠瓶后，将图像转换到 HSV 空间，对其分量提取相关特征，为后续颜色分类做准备。使用 SCN-TD 训练 PET 瓶的颜色分类。SCN 首先通过不等式的约束随机分配参数，并自适应地选择随机参数的范围；然后，通过最小二乘法得到当前网络的输出权重；最后，直至达到设定的最大隐含层节点数或达到期望的精度时，停止增加隐含层节点。

令 $\Gamma=\{g_1, g_2, g_3, \cdots\}$ 表示一组实值函数，span(Γ) 表示 Γ 张成的函数空间；令 $L_2(D)$ 表示定义在 $D\subset\mathbf{R}^d$ 上的所有勒贝格可测函数 $f=[f_1, f_2, \cdots, f_m]:\mathbf{R}^d\rightarrow\mathbf{R}^m$ 的空间。

给定一个目标函数 $f:\mathbf{R}^d\to\mathbf{R}^m$，假设存在一个带有 $L-1$ 个隐含层节点的 SCN，那么其输出可表示为：

$$f_{L-1}(x)=\sum_{j=1}^{L-1}\boldsymbol{\beta}_j g_j(\boldsymbol{w}_j^{\mathrm{T}}x+b_j) \tag{13-34}$$

其中，$L=1,2,\cdots$，$f_0=0$，$\boldsymbol{w}_j$ 和 b_j 分别为第 j 个隐含层节点与输出层节点的输出权值和偏置，$\boldsymbol{\beta}_j=[\beta_{j1},\beta_{j2},\cdots,\beta_{jm}]^{\mathrm{T}}$ 为连接第 j 个隐含层节点与输出层节点的输出权值，g_j 为第 j 个隐含层节点的激活函数。

当前网络残差 e_{L-1} 可以表示为：

$$e_{L-1}=f-f_{L-1}=[e_{L-1,1},e_{L-1,2},\cdots,e_{L-1,m}] \tag{13-35}$$

为增加第 L 个隐含层节点，SCN 算法构造一个不等式约束条件，其形式如下：

$$\langle e_{L-1,q},g_L\rangle^2\geqslant b_g^2\delta_{L,q},\quad q=1,2,\cdots,m \tag{13-36}$$

其中，$\forall g\in\Gamma$，$b_g\in\mathbf{R}^+$，使得 $0<\|g\|<b_g$ 成立，这种监督机制不仅可以随机分配隐藏参数，还使得在网络构造过程中更为灵活有效地生成隐藏节点，最终使残余误差趋近于零。其中，δ_L 的形式为：

$$\delta_L=\sum_{q=1}^{m}\delta_{L,q},\delta_{L,q}=(1-r-u_L)\|e_{L-1,q}\|^2 \tag{13-37}$$

其中，$0<r<1$，u_L 满足 $\lim_{L\to+\infty}u_L=0$ 和 $0<u_L\leqslant(1-r)$。

通过全局最小二乘法来实现输出权值的算法如下：

$$[\beta_1^*,\beta_2^*,\cdots,\beta_L^*]=\operatorname{argmin}\left\|f-\sum_{j=1}^{L}\beta_j g_j\right\| \tag{13-38}$$

SCN 算法通过上述方式逐一增加隐含层节点，直到满足设定条件。为提高 SCN 的计算效率，有些研究提出了具有块增量的随机配置网络（BSC），该网络通过节点块增量机制提高计算效率，隐含层节点块输出值为：

$$H_{\Delta k}(\boldsymbol{X})=[h_{L-\Delta k+1}(\boldsymbol{X}),\cdots,h_L(\boldsymbol{X})]_{N\times\Delta k} \tag{13-39}$$

式中，Δk——第 k 次迭代时新增节点块所包含的节点数，作为块宽。

训练过程中产生的冗余节点数会导致模型结构复杂，为此这里在 BSC 的基础上采用节点移除机制，去除部分冗余节点，降低模型复杂程度，去除后的块宽 $\Delta k'$ 应取满足设定的累计贡献率的最小值。块宽 $\Delta k'$ 与累计贡献率的关系如下：

$$\varphi\leqslant\frac{\sum_{n=1}^{\Delta k'}e_n}{\sum_{n=1}^{\Delta k}e_n}(\Delta k'=1,2,\cdots,\Delta k) \tag{13-40}$$

式中，φ——累计贡献率，φ 越大，块宽 $\Delta k'$ 越大，保留的节点越多。

然而在处理高阶数据时，SCN 中使用的欧氏距离无法正确反映两个数据点之间的真实距离，故引入张量距离（TD）。与受正交性假设约束的传统欧氏距离不同，TD 通过考虑不同坐标之间的关系来测量数据点之间的距离，可以有效衡量张量空间中数据对象的相似性。

给定张量 $\boldsymbol{X}\in\mathbf{R}^{I_1\times I_2\times\cdots\times I_N}(N>1)$，$\boldsymbol{x}$ 为其向量化形式，张量元素 $\boldsymbol{X}_{i_1i_2\cdots i_j}(1\leqslant i_j\leqslant I_j,1\leqslant j\leqslant N)$

对应向量元素 x_l，其中 $l=i_1+\sum_{j=2}^{N}(i_j-1)\prod_{o=1}^{j-1}I_o(2\leqslant j\leqslant N)$。

对于张量 $\boldsymbol{X}$ 和 $\boldsymbol{Y}$，它们之间的张量距离可以表示为：

$$d_{\mathrm{TD}}=\sqrt{\sum_{l,m=1}^{I_1\times I_2\times\cdots\times I_N}g_{lm}(\boldsymbol{x}_l-\boldsymbol{y}_l)(\boldsymbol{x}_m-\boldsymbol{y}_m)}=\sqrt{(\boldsymbol{x}-\boldsymbol{y})^{\mathrm{T}}\boldsymbol{G}(\boldsymbol{x}-\boldsymbol{y})} \tag{13-41}$$

式中，g_{lm}——度量系数，由元素位置决定；

$\boldsymbol{G}$——反映元素位置距离的度量矩阵。

$\boldsymbol{G}$ 中元素 g_{lm} 的计算公式如下：

$$g_{lm}=\frac{1}{2\pi\sigma_1^2}\exp\left\{\frac{-\|\boldsymbol{p}_l-\boldsymbol{p}_m\|_2^2}{2\sigma_1^2}\right\} \tag{13-42}$$

式中，σ_1——正则化参数；

$\|\boldsymbol{p}_l-\boldsymbol{p}_m\|_2$——张量元素 $\boldsymbol{X}_{i_1i_2\cdots i_N}$（对应向量 $\boldsymbol{x}_l$）与 $\boldsymbol{X}_{i'_1i'_2\cdots i'_N}$（对应向量 $\boldsymbol{x}_m$）之间的位置距离，其定义为：

$$\|\boldsymbol{p}_l-\boldsymbol{p}_m\|_2=\sqrt{(i_1-i'_1)^2+(i_2-i'_2)^2+\cdots+(i_N-i'_N)^2} \tag{13-43}$$

故 d_{TD} 可以改写为：

$$d_{\mathrm{TD}}=\frac{1}{2\pi\sigma_1^2}\times\sqrt{\sum_{l,m=1}^{I_1\times I_2\times\cdots\times I_N}\exp\left\{\frac{-\|\boldsymbol{p}_l-\boldsymbol{p}_m\|_2^2}{2\sigma_1^2}\right\}(\boldsymbol{x}_l-\boldsymbol{y}_l)(\boldsymbol{x}_m-\boldsymbol{y}_m)} \tag{13-44}$$

（2）应用结果及分析　为验证 SCN-TD 效果，将这里提出的算法与原 SCN、BSC 进行对比实验，以训练速度和模型复杂度作为评价指标。仿真实验在 Python 3.7 环境下运行，所用 PC 的 CPU 为 i7、2.8GHz、内存为 16GB RAM。基准数据集属性如表 13-1 所示。

表 13-1　基准数据集属性

基准数据集	属性			
	输入	输出	样本数	目标精度
Energy Efficiency	8	1	768	0.05
Abalone	8	1	4174	0.075
Wankara	9	1	321	0.015
Electrical Grid Stability Simulation	12	1	10000	0.055

表 13-1 记录了不同算法在基准数据集上的训练结果，所有输入和输出数据都归一化为 [0,1]。实验参数如下：$r=\{0.9\quad 0.99\quad \cdots\}$，$L_{\max}=150$，$T_{\max}=100$，$\Delta k=10$。训练时间 t、节点数 L 和迭代次数 k 的平均值通过 50 次独立的重复实验测试获得。

图 13-2 所示为不同累计贡献度对 SCN-TD 算法性能的影响。

随着累计贡献率 φ 的增加，训练时间和迭代次数呈现下降趋势，但节点数也随之增加。

为直观体现不同算法之间收敛性能的差异，将数据集 Energy Efficiency 训练过程进行比较，实验结果如图 13-3 所示。其中，SCN-TD 的累计贡献率 $\varphi=0.9$，收敛特性曲线的起点表示迭代次数为 0 时训练输出 T 的 RMSE 值。

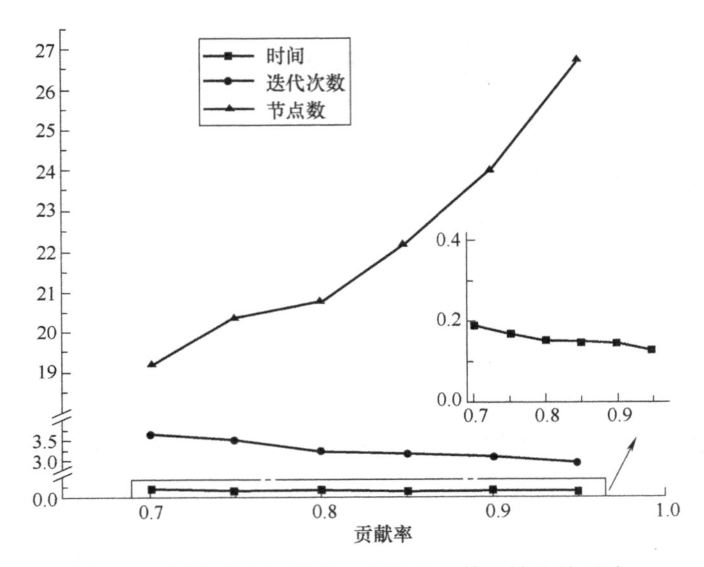

图 13-2　不同累计贡献度对 SCN-TD 算法性能的影响

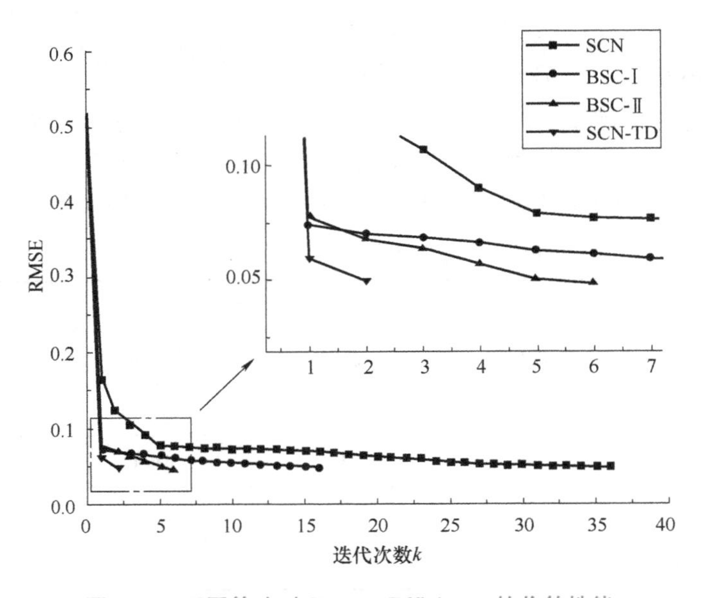

图 13-3　不同算法对 Energy Efficiency 的收敛性能

从表 13-2 中可以看出，相对于 SCN、BSC-Ⅰ和 BSC-Ⅱ算法，SCN-TD 的训练速度有着显著提升，且节点数也少于原有算法。其中，在数据集 Electrical Grid Stability Simulation 中，SCN-TD 平均每次迭代所需的时间较长，这是因为张量距离计算在处理大数据集时的所需时间较长，但因为迭代次数的下降，相较 SCN、BSC-Ⅰ和 BSC-Ⅱ算法仍能提高运算速度。对于颜色识别，采集 580 张结果作为输入图像，选择白色、绿色和蓝色三个颜色等级，每一种颜色选择 160 张图像作为训练样本，剩余的 100 张图像作为测试样本。对特征值归一化处理，对于训练分类模型输入参数，设 $\mu=0.5$，计算获得分类超平面并根据分类模型判断 100 个样本所属的颜色等级，结果如图 13-4 所示。

表 13-2　不同算法在基准数据集上的性能比较

数据集	算法	t	L	k	RMSE（训练集）
Energy Efficiency	SCN	1.03	36.88	36.88	0.0769
	BSC-Ⅰ	0.21	56.80	5.68	0.0780
	BSC-Ⅱ	0.53	31.26	15.16	0.0761
	SCN-TD	0.15	24.02	3.09	0.0709
Abalone	SCN	1.59	24.60	24.60	0.0733
	BSC-Ⅰ	0.35	46.00	4.60	0.0733
	BSC-Ⅱ	0.74	20.00	9.50	0.0735
	SCN-TD	0.06	9.00	1.00	0.0758
Wankara	SCN	1.17	42.08	42.08	0.0250
	BSC-Ⅰ	0.23	65.00	6.50	0.0289
	BSC-Ⅱ	0.97	35.34	28.32	0.0255
	SCN-TD	0.09	26.78	3.32	0.0243
Electrical Grid Stability Simulation	SCN	18.70	141.04	141.04	0.0569
	BSC-Ⅰ	5.34	231.60	23.16	0.0578
	BSC-Ⅱ	11.09	142.82	66.48	0.0566
	SCN-TD	3.97	75.76	11.10	0.0710

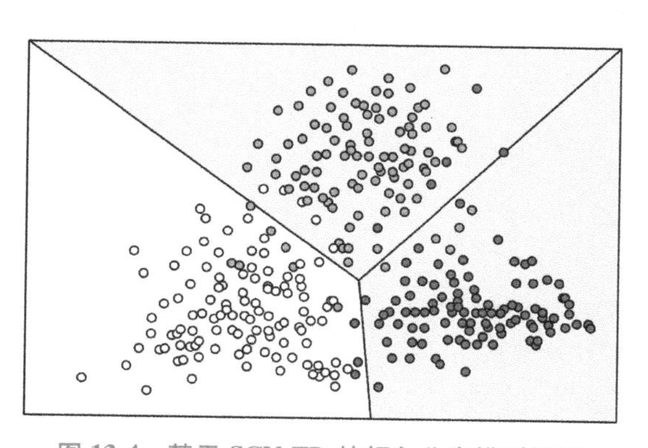

图 13-4　基于 SCN-TD 的颜色分类模型结果

思考与练习

13-1　试证明定理 13-1。

13-2　试证明定理 13-2。

13-3　试证明定理 13-3。

13-4　简述鲁棒随机配置网络的工作原理。

13-5　简述 SCN 与基于张量距离的随机配置网络（SCN-TD）的工作原理。

参考文献

[1] GOLUB G H，VAN LOAN C F. 矩阵计算：英文版　第4版［M］. 北京：人民邮电出版社，2019.

[2] 盛骤，谢式千，潘承毅. 概率论与数理统计［M］. 北京：高等教育出版社，2015.

[3] 戴华. 矩阵论［M］. 北京：科学出版社，2018.

[4] 孙继广. 矩阵扰动分析［M］. 北京：科学出版社，2016.

[5] 同济大学数学系. 线性代数［M］. 北京：高等教育出版社，2015.

[6] 罗家洪，方卫东. 矩阵分析引论［M］. 广州：华南理工大学出版社，2019.

[7] 李广民，刘三阳. 应用泛函分析［M］. 西安：西安电子科技大学出版社，2003.

[8] 白福忠. 视觉测量技术基础［M］. 北京：电子工业出版社，2013.

[9] 乔景慧. 机器学习理论与应用［M］. 北京：机械工业出版社，2022.

[10] 宋丽梅，朱新军. 机器视觉与机器学习算法原理、框架应用与代码实现［M］. 北京：机械工业出版社，2020.

[11] 张明文，王璐欢. 工业机器人视觉技术及应用［M］. 北京：人民邮电出版社，2021.

[12] 贾云得. 机器视觉［M］. 北京：科学出版社，2000.

[13] GONZALEZ R C，WOODS R E. 数字图像处理：第四版［M］. 阮秋琦，阮宇智，译. 北京：电子工业出版社，2020.

[14] 岳亚伟. 数字图像处理与Python实现［M］. 北京：人民邮电出版社，2020.

[15] SONKA M，HLAVAC V，BOYLE R. 图像处理、分析与机器视觉［M］. 兴军亮，艾海舟，译. 北京：清华大学出版社，2016.

[16] NIXON M S，AGUADO A S. 计算机视觉特征提取与图像处理［M］. 杨高波，李实英，译. 北京：电子工业出版社，2016.

[17] 高敬鹏，江志烨，赵娜. 机器学习［M］. 北京：机械工业出版社，2020.

[18] 李立宗. OpenCV轻松入门：面向Python［M］. 北京：电子工业出版社，2020.

[19] FORSYTH D A，PONCE J. 计算机视觉：一种现代方法［M］. 高永强，等译. 北京：电子工业出版社，2017.

[20] HARTLEY R，ZISSERMAN A. 计算机视觉中的多视图几何［M］. 韦穗，章权兵，译. 北京：机械工业出版社，2021.

[21] 戴琼海，索津莉，季向阳，等. 计算摄像学［M］. 北京：清华大学出版社，2016.

[22] SOLEM J E. Python计算机视觉［M］. 朱文涛，袁勇，译. 北京：人民邮电出版社，2020.

[23] 高新波. 模糊聚类分析及其应用［M］. 西安：西安电子科技大学出版社，2004.

[24] WANG D H，LI M. Stochastic configuration networks：fundamentals and algorithms［J］. IEEE Transactions on Cybernetics，2017，7（10）：3466-3479.

[25] DAI W，LI D，ZHOU P，et al. Stochastic configuration networks with block increments for data modeling in process industries［J］. Information Sciences，2019，484：367-386.

[26] QIAO J H，CHEN Y X. Stochastic configuration networks with chaotic maps and hierarchical learning strategy［J］. Information Sciences，2023，629：96-108.

[27] LIU Y，LIU Y，CHAN K C C. Tensor distance based multilinear locality-preserved maximum information embedding［J］. IEEE Transactions on Neural Networks，2020，21（11）：1848-1854.

[28] 李岭. 图像与数据融合的抓取机构控制系统研究［D］. 沈阳：沈阳工业大学，2019.

[29] 赵校伟. 图像与数据驱动的连接器生产智能设备研究［D］. 沈阳：沈阳工业大学，2020.

[30] 何鑫达. 基于图像的电视生产过程 Wire 线组装建模与控制系统研究 [D]. 沈阳：沈阳工业大学，2021.
[31] 张皓博. 基于图像的 LB 组装建模与控制系统研究 [D]. 沈阳：沈阳工业大学，2022.
[32] 崔景研. 图像驱动的 PC 生产过程钢筋绑扎建模与控制系统研究 [D]. 沈阳：沈阳工业大学，2022.
[33] 赵燕松. 视觉驱动的 PET 油瓶辨识与智能控制系统研究 [D]. 沈阳：沈阳工业大学，2022.
[34] 韩玉明. 基于双目视觉的工业机器人粘胶系统研究 [D]. 沈阳：沈阳工业大学，2023.